普通高等教育"十一五"国家级规划教材

高等院校园林专业通用教材

盆 景 学

（第 3 版）

彭春生　李淑萍　主编

中国林业出版社

图书在版编目（CIP）数据

盆景学/彭春生，李淑萍主编．－3 版．－北京：中国林业出版社，2009.5（2016.8 重印）

普通高等教育"十一五"国家级规划教材，高等院校园林专业通用教材

ISBN 978-7-5038-5595-5-01

Ⅰ．盆… Ⅱ.①彭……②李… Ⅲ. 盆景－观赏园艺－高等学校－教材 Ⅳ. S688.1

中国版本图书馆 CIP 数据核字（2009）第 074010 号

国家林业局生态文明教材及林业高校教材建设项目

中国林业出版社·教育出版分社

策划编辑：牛玉莲　康红梅　　责任编辑：康红梅
电话：83143551　　　　　　　传真：83143516

出版发行　中国林业出版社（100009　北京市西城区德内大街刘海胡同 7 号）
　　　　　　E-mail：jiaocaipublic@163.com　电话：（010）83143500
　　　　　　网　址：http://lycb.forestry.gov.cn
经　销　新华书店
印　刷　中国农业出版社印刷厂
版　次　1994 年 4 月第 1 版
　　　　2002 年 10 月第 2 版
　　　　2009 年 5 月第 3 版
印　次　2016 年 8 月第 10 次
开　本　850mm×1168mm　1/16
印　张　28.25
字　数　629 千字
定　价　50.00（附光盘）

高等院校园林专业通用教材

编写指导委员会

《盆景学》（第3版）编写人员

主　　编　　彭春生　李淑萍

副 主 编　　宋希强　于晓南　吕英民

编写人员　　于晓南　王　珏　刘宗海

　　　　　　朱正洪　吕英民　李庆卫

　　　　　　李　青　李淑萍　张卫东

　　　　　　宋希强　杨　华　杨　倩

　　　　　　钟云芳　彭春生　梁艳华

　　　　　　戴纪袖　缪雄伟

主　　审　　张启翔　陈有民

第 3 版前言

《盆景学》自 1988 年出版以来，作为全国农林高校盆景课程唯一的一本正规教材，已经走过了 20 个年头。该教材最初由《花木盆景》社出版，之后由中国林业出版社分别于 1992 年和 2002 年两次修订再版和多次印刷，迄今已发行 10 万余册，其社会效益是不言而喻的。2002 年，《盆景学》（第 2 版）被列为北京市高等教育精品教材立项项目，并于 2004 年获中国林业教育学会"首届林科类优秀教材二等奖"。2006 年被列为普通高等教育"十一五"国家级规划教材。其间几经修订补充，作为一门新学科，盆景学理论体系业已成熟。然而学无止境，艺无终结，随着改革开放的不断深入和盆景事业的日益发展，盆景理论和实践方面的创新成果（包括原始创新、集成创新和引进吸纳创新）频频涌现，流派纷呈，风格各异，学术活跃。业内突飞猛进的新形势，迫使《盆景学》必须做到与时俱进，重修再版《盆景学》第 3 版势在必行。

本次修订，增加了反映改革开放 30 年来盆景发展最新成就，即"现代创新盆景创作"和"现代草书盆景创作"两章新内容，还增加了附录中盆景诗词 80 首，旨在强化中国盆景民族风格与时代内容以及盆景的文化内涵。此外，根据近年来盆景史学研究最新成果，山水盆景起源北齐改为起源安平。第 9 章桩景创作改为传统桩景创作，以区别于现代创新盆景。同时本次修订出版配套光盘，有利于读者更直观、更形象地学习。

彭春生
于江苏阳光梦侃斋
2008 年 12 月

第 2 版前言

　　《盆景学》为当前国内高等农林院校盆景课程唯一的一本正规教材。现已先后印刷 9 次，发行近 10 万册。2002 年初，经北京市有关专家评审委员会审定和北京市教委批准，北京林业大学有 5 本教材被选定列入北京市高等教育精品教材工程计划，《盆景学》第 2 版属其中一本。此次再版，除保持原教材的优点外，还强调了与时俱进、开拓创新；增写了山水盆景起源、盆景苗圃、树石盆景、盆景养护各论、国际互连网与盆景业、盆景大师及其代表作、世界盆景、枯艺盆景、盆景实习指导书等新章节、新内容，并新增了一些插图，附有盆景学多媒体课件。

　　本书由北京林业大学园林学院张启翔教授、陈有民教授主审，崔娇鹏、谢文璇参加了插图绘制，所引文献均列入书后参考文献中，在此一并致谢。

彭春生

2002 年 7 月

第 1 版前言

《盆景学》教材的编写是根据林业部高等院校教材出版计划进行的。

本书是在笔者从事盆景教学、科研和参考大量有关文献的基础上撰写出来的，先后花去了近 10 年的功夫。全书共分 4 篇 12 章，内容包括盆景概说、盆景创作、养护、欣赏、销售和盆景园简介，强调基本理论、基本知识、基本操作和系统性，可供有关大专院校和盆景培训班教学之用，并可供一切盆景爱好者参考。

为使盆景早日形成一个独立的学科，作者首次使用了"盆景学"这个概念。曾于 1988 年由《花木盆景》杂志社刊校编印成册，受到读者的青睐，书很快销售一空。此次正式出版，除文字有所增删外，增加了大量插图，旨在加强直观效果和提高本书的实用性。参加编写的还有李淑萍副教授，由苏雪痕教授主审，吴武汉、康喜信在文字校对上做了许多工作。再此，一并感谢！

希望读者提出宝贵意见。

彭春生
1992 年 11 月

目 录

第 1 篇　盆景概述

第2篇　盆景学理论基础

第4篇 盆景园、盆景欣赏与世界盆景

CONTENTS

Section Ⅱ   Fundamental Theories of Chinese Penjing

Section Ⅲ   Creation and Maintenance of Penjing

Section IV   Penjing Park, Penjing Appreciation and Worldwide Penjing

第1篇　盆景概述

第1章 绪 论

[**本章提要**] 本章讲述了以下 5 个问题：盆景的定义及盆景的英文名称，盆景艺术的 9 个属性；盆景的效益，包括社会效益、经济效益和生态效益；开设盆景课的 3 个意义和选修课具有的特点；盆景学所要讲述的内容；学习盆景学的方法是理论联系实际，在学时安排上，一半讲课，一半用来操作。

　　本章核心是要搞清盆栽和盆景的本质区别以及它们在历史上的来龙去脉。

1.1　定　义

　　所谓盆景，是在我国盆栽、石玩基础上发展起来的以树、石为基本材料在盆内表现自然景观并借以表达作者思想感情的艺术品。这里有几层意思：①盆景起源于我国；②其反映了盆栽、石玩与盆景的内在联系；③盆景的基本材料是树、石；④盆内的自然景观，既包括了树桩盆景，又包括了山水盆景和树石盆景；⑤阐明了盆景是一种艺术品。

　　但是，有关盆景的文献，国内外使用的英文名称不尽相同，本书作者归纳了一下，大致有以下 7 种：①《盆景艺术展览》和《小小汉英词典》上叫做 Potted Landscape；②《上海盆景》中叫 Miniature Landscape；③《当代汉英词典》把盆景解释为 Miniature Landscape or Flower Arrangement in a Basin or Bowl；④《上海盆景》称之为 Miniature Gardening；⑤《盆栽技艺》一书中叫 Bonsai，国外的一些有关专著也叫 Bonsai，如英国的 The Essentials of Bonsai，美国的 Bonsai Techniques 和美国的 Bonsai，The Art and Techniques 等；⑥《苏州盆景》则叫 Pot Scenery；⑦《龙华盆景》取名 Penjing。这些不同叫法，不仅在国内会造成文字、语言上的混乱，而且还会直接影响国际间的交往，实有尽早统一之必要。所幸的是，英文名称目前已统一于 Chinese Penjing。

1.2　盆景艺术的特点

　　概括起来讲，盆景艺术有以下属性或特点：

(1) 盆景艺术的世界性

盆景是我国造园艺术中的瑰宝，目前已成为一种世界性艺术。德国、美国、意大利、泰国等许多国家都掀起了一股盆景热。据不完全统计，现在世界上至少有 30 个国家和地区掀起以盆景为内容的热潮，老年人和家庭主妇尤其喜好。世界上盆景团体也逐渐增多，如美国有300多个，澳大利亚100个，法国130个。如果说，我国盆景艺术在过去主要是通过日本才在世界得以流传的话，那么今天则对许多国家都发生了直接的影响，并且随着改革开放的步伐的深入而不断扩大。

（2）盆景艺术的边缘性

盆景艺术和许多艺术有联系，所以如同其他边缘学科一样，称为边缘艺术。那么，它和哪些艺术、技术有联系呢？归纳起来有：①园林艺术（钱学森先生把盆景称为"小园林"，将其划入园林的范畴，认为属于园林艺术的一部分）；②文学艺术、盆景的立意和命名，都和诗词、典故有着密切的关系；③绘画艺术，盆景创作与欣赏都离不开绘画理论；④雕塑艺术，尤其是软石山水盆景的创作实际上就是雕塑出来的；⑤陶瓷艺术，盆景用的盆钵、配件都属于陶瓷艺术；⑥根雕艺术，盆景几架中一部分属于根雕艺术；⑦园艺栽培技术；⑧书法艺术，盆景展览陈设时总是配以书法艺术，用来点景，因而有人称盆景是"无声的诗，立体的画，活的雕塑品"。陈毅元帅则视盆景为"高等艺术"。由此可见，盆景艺术的综合性是很强的。

（3）构图的复杂性

盆景不像照相、绘画那样，只在平面上构图。盆景是"立体的画"，四维空间艺术（第四维空间是指时间要素，桩景随时间变化而变化。不过不像电视、电影那么快罢了）。此外，还要兼顾不同视野、视距的变化。不论苏派、扬派、川派、海派、浙派、徽派，还是岭南派，都十分注重立体空间构图，兼顾仰视、俯视、平视、正视和侧视的观赏效果。尤其川派古桩盆景，在空间构图上更是颇费匠心。

（4）表现技巧的高度概括性

盆景艺术同园林艺术相比，虽然艺术原理相同，但它是比一般园林小得多的微型景观，它不能像园林那样，以大地为纸来作画，它只能在很有限的小小盆盎中作文章，要求"藏参天复地之意于盈握间"，即所谓"一峰则太华千寻，一勺则江湖万里"，倘无高度的概括性是不能达到的。

（5）创作的连续性

因为盆景（尤其桩景）是有生命的艺术品，因而决定了盆景创作的技术性和连续性，桩景的生命过程也就是桩景的连续创作过程。一幅图画、一座雕塑，创作一经完成，即不再变更，然而在盆景这个有生命的艺术品中，树木的幼年、青年、壮年、老年各个年龄阶段，其外部形态表现完全不同，艺术效果也很不一样，因而决定了其创作过程也就连年不断地进行。比如现在陈设在扬州瘦西湖公园里的300余年的那盆古柏，相传是明末清初天宁古寺的遗物，不就等于创作了300余年了吗？即使是过去野外挖取的一盆普通的盆景，往往也得三年五载才能完成。树桩一旦死亡，它的艺术生命也即终结。

（6）美感的可变性

盆景又有点像音乐，给人的美感随时间而变，时移景异，一年四季不同，一日朝夕而变。此外，盆景还可以和舞台布景一样，创造特定的艺术环境，给人以特定的艺术感染，夏季表现冬景，隆冬表现春色，就是几块石头摆法不一样，也会创造出不同的意境来。

（7）艺术风格的多样性

盆景创作，虽说都是运用"小中见大""缩龙成寸""师法造化"等手法，都讲求诗情画意，但由于地域不同、风土人情和生活习俗不同、采用材料不同，加上作者性格和文化素养各异，因而，在创作上形成了很多个人风格、地方风格和艺术流派，所以在盆景的百花园里似乎比其他艺术更充满生机，更能体现出百花齐放、百家争鸣的繁荣景象来。

（8）浓厚的趣味性

由于盆景是边缘艺术、高等艺术，因而它给予人们的欣赏趣味也是高级的、含蓄的、多层次的。盆景中自然景色的升华，又是诗情画意的再现，是现实主义和浪漫主义的结合；它给予人们的美感既是自然的，又是艺术的，既是具体的，又是抽象的，因而，它比其他许多艺术形式有更高的艺术魅力，这可能是许许多多的人为之废寝忘食的一个重要原因吧。

另外，盆景还有科学性、历史悠久性等特点，这些内容下文还会讲到，此处不再赘述。

1.3 盆景的效益

盆景的效益是指盆景的社会效益、经济效益和生态效益。

1.3.1 盆景的社会效益

（1）为国争光，增进友谊

中国盆景在国际上连夺金牌，轰动了西方和整个世界，令西方人所倾倒，甚至眼花缭乱。中国盆景以它独特的艺术形式和内容说明了我们中华民族是个有着悠久历史和光辉灿烂文化的民族。中国盆景自1979年以来，曾参加过几次国际园艺展览或博览会，每次都载誉而归。

通过国际展览，增进了我国与世界各国人民的了解和友谊。

我们坚信，随着中国盆景艺术的复兴，今后在国际上的影响将越来越大，它也必将为增进各国文化交流和人民友谊做出新贡献。

（2）歌颂社会主义和党的方针政策，直接为"四化"服务，为精神文明建设服务

大家知道，艺术是通过塑造形象具体地反映社会生产，表现作者思想感情的一种社会意识形态，属于上层建筑，是为经济基础服务的，盆景艺术当然也不例外。近年来，盆景界出现了一批努力反映现实生活的佳作，归纳起来有这几方面的内容：①歌颂安定团结、安居乐业，如作品"晨练"。在六月雪"大树"下，几位老者安然练太极拳，表现了人民安居乐业的景象；②歌颂农村改革的大好形势，如作品"丰收在望"，一位老农在"柳荫"之下，眼望责任田的一片麦浪，对农村发展充满了希望；③渴望祖国大陆和台湾和平统一，如作品"乡思"；④反映十一届三中全会以来祖国百业俱兴的繁荣景象，如作品"群峰竞秀"；⑤反映科技战线取得的伟大成果，如"南极企鹅迎客来"，企鹅迎的"客"显然是我国南极考察队，充满了时代气息；⑥歌颂祖国大好河山，激发人们的爱国热情，如作品"不到长城非好汉""峨眉天下秀""漓江图""轻舟已过万重山"等，这方面盆景佳作数不胜数；⑦歌颂伟大祖国悠久历史和灿烂的文化，其作品也不在少数，如"秦汉遗韵""西游记""刘松年笔意"等。

（3）陶冶情趣，丰富生活

经常欣赏盆景还能提高人们的艺术修养，培养人们热爱大自然、热爱生活、热爱祖国锦绣山河的高贵品质。对于促进人们的工作也是有益的。劳动之余，能通过盆景神游峨眉之巅、青城峡谷、剑门雄关、桂林山水、长城内外、大河上下，一定会使人胸襟开阔、心旷神怡、解除疲劳，因为艺术欣赏可以使人们的头脑兴奋中心发生转移，从而获得良好的积极的休息。唐代大诗人白居易对此有一首赞美的诗："泉石粼粼声似琴，闲眠静听洗尘心；莫轻两片青苔石，一夜潺湲值万金。"试想：当你看到那一盆盆苍劲古朴、青翠秀丽的树桩盆景，你能不感到六月忘暑，寒冬迎春吗？你能不感到生机盎然、春风常驻吗？能不给你的生活增添幽雅的情趣吗？当你看到那峰峦叠嶂、波光岛影的山水盆景时，你能不感到虽身居斗室，却能神游名山大川，饱览山水之美吗？看到这些，你也许会情不自禁地吟起古人的名句："试观烟雨三峰外，都在灵仙一掌间。"也有不少盆景是根据古代诗词的意境来创作和命名的。你看到以唐诗"映竹无人见"命名的盆景时，脑海里就会浮现出云雾弥漫的松涛、竹林，并自然而然地吟起那"山僧对棋坐，局上竹阴清，映竹无人见，时闻下子声"的诗句，仿佛看到树荫下奕棋者风度翩翩、举子从容的情景。又如根据"轻舟已过万重山""断桥相会""赤壁夜游"等诗意、神话、典故创作的盆景，就会勾起你无限的联想，趣味无穷。至于盆景的千姿百态、巧夺天工、神韵含蓄、景中求景、景外寻意的趣味，那就只能心领神会，而非言语所能表达，所以说盆景创作和欣赏也是精神文明建设的一部分，这不无道理。

（4）普及科学知识

盆景又是普及科学知识的活教材，因为它涉及的知识面相当广泛。识别不同的桩景植物，其中，就包含着植物分类（树木分类）的知识；识别山石品种，里边又有地质学知识；提到盆景布局设计，属于园林学知识；至于造型，当然就是美学理论了。盆景的诗情画意，其中还包含着古代诗词、绘画、历史、雕塑等方面的知识。凡盆景中的植物萌芽、抽枝、开花、结果、落叶、休眠等生长发育现象都有其一定规律，这就是物候学的知识。桩景生长在一个特定的生态系统之中，水、气、光、热、土、人、整形、修剪、灭虫除病……时时处处都有科学道理。所以，盆景虽小，学问大，科普中起的作用也大。尤其对儿童、少年来说，盆景更可以培养他们热爱科学和艺术的感情和兴趣。

1.3.2 盆景的经济效益

发展盆景有利于搞活经济、增加收入。大家知道，盆景艺术品所用的原材料是取之不尽、用之不竭的廉价的树桩和石料，然而它们所创造出来的经济价值却是难以估价的。可以说花费的成本最小，经济效益最大，甚至有些工业品、农产品都无法和它比拟。苏州有位盆景老艺人有句名言："养花是银罐子，做盆景是个金罐子"。就是说搞盆景可以创造很高经济收入，为国家换取大量外汇，何乐而不为呢？

目前，我国的花卉生产，虽在郁金香、月季等方面比不了荷兰、美国，然而在盆景出口方面，除日本之外，我国占有绝对优势。盆景是我国花卉生产和出口的拳头产品，盆景的国际市场已经被打开，而且销路还相当不错。

1.3.3　盆景的生态效益

盆景可以作为家庭摆设，起到美化环境、净化空气的作用。阳台明窗之前摆几件盆景，辗转轮回，承露阳光，四季景异，浇水施肥，萌芽抽枝，赏花观叶，吟诗作画，其乐无穷！用盆景这种高等艺术品来美化家庭，可以把人们的生活打扮得像鲜花一样美好，使人们的精神面貌像苍松翠柏一样生机盎然。它还可以用来点缀园林、装饰大小公共建筑的环境。盆景，尤其是桩景，它和养花一样，可以起到净化空气的作用。有关研究表明，盆景植物在白天进行光合作用时制造出来的氧气，比植物本身夜间呼吸时消耗的氧气高出 20 倍。因而在室内摆几盆桩景，对有限的室内空气净化作用是显而易见的。另外，还有的盆景植物能吸收生活用煤和工厂所释放出来的有毒气体如二氧化碳和一氧化碳以及氟化氢、二氧化硫、氮气等，故可在环境保护上发挥一定作用。如松类每天可从 $1m^3$ 空气中吸收 20mg 二氧化碳。据测定桩景植物榆树类、女贞、大叶黄杨都有较强的吸硫能力。而氟化氢对人体毒害作用比二氧化硫大 20 倍，据测定一些桩景植物有一定的吸氟能力，如榉树吸氟量可达 33.1mg/L，女贞为 48.2 mg/L，大叶黄杨为 48.8 mg/L。某些果树盆景植物，如石榴、柑橘类、葡萄、苹果、桃也有一定的吸氟能力。此外，桩景植物柽柳、朴树、圆柏、水杉则有较强的吸氯能力；大叶黄杨还可以吸收较多的汞的气体；榆、女贞、石榴、大叶黄杨又可吸收一定量的铅蒸汽。

桩景有一定的降温作用，但从降温的绿化效能来看，桩景减少辐射热的作用要比降低气温的作用大得多。经验告诉我们，在夏季即使有时气温不太高，但人们会由于辐射热而眩晕，可是就在此时人们走进诸如杭州的盆景园，就会感到清凉宜人。因此，运用桩景来改善辐射热的情况，是一件非常有意义的工作。我国夏季绝大部分地区日光强烈、气温较高，因此桩景在降温方面的作用，实有研究的必要。

桩景也有改善空气湿度的作用，夏天通过不断地向桩景浇水，桩景植物不断地蒸腾而起到改善周围空气湿度的作用，从而使人们感到舒适。不同桩景植物的蒸腾能力是不同的，桩景植物松类的蒸腾强度为 152g/(h·kg)，金银花为 252g/(h·kg)，杨类 344g/(h·kg)，苹果 530g/(h·kg)。除此以外，桩景植物还有除尘杀菌作用，如瓜子黄杨、紫薇、圆柏、雪松、黄栌、大叶黄杨、树锦鸡儿、女贞、石榴、枣、水栒子、狭叶火棘、四蕊柽柳等都能分泌杀菌素或有杀灭细菌等微生物的能力。

盆景有减弱噪声的作用。其减弱数据，有待进一步测定。个别的盆景植物如苏铁、银杏、榕树、女贞等又是强阻燃的防火树种。总之，盆景是人类之友，其生态效益是显而易见的。

1.4 《盆景学》学习内容及方法

1.4.1 为什么要开设盆景课

（1）盆景事业的发展，需要培养盆景人才，尤其是盆景理论方面的人才

在我国盆景界，盆景艺人不乏其人，而学术人才不足。我们不但应该有一大批盆景艺术家，而且要造就一批盆景理论家。盆景虽然起源于我国，但到目前为止却尚未形成一个单独的学科分支。

（2）盆景教育事业的需要

我国盆景教育事业已落后于美国。曾在北京林业大学园林学院工作的美籍华人乔治迈先生说：在加州大学，盆景课有 70 学时，由 2 个日本人任教。有人预言，100 年后美国或一些欧洲国家的盆景发展将会超过我们，很可能把我们头上的盆景桂冠夺去，这是值得我们认真考虑的。

（3）园林事业的发展，需要园林工作者具备盆景知识

现在各城市公园几乎都有盆景"园中园"，因此，作为一个园林工作者，就必须懂得盆景的基本知识。

1.4.2 盆景学的内容

盆景学着重于基本知识的介绍，即基本概念、基本理论、基本材料、基本技法和盆景养护管理的知识等。具体地说包括概论、盆景的属性、盆景分类、盆景材料、桩景创作、山水盆景创作、盆景发展史以及盆景的包装、运输和盆景园的规划设计等。

1.4.3 怎样学好盆景课

1.4.3.1 学好盆景课尤其要注重理论联系实际

在认真学好系统理论的基础上，努力学好实习课。通过实践，培养动手能力、独立创作的能力，最后通过对习作的相互评比，提高对盆景的欣赏能力。

1.4.3.2 关于盆景学习方法

《花木盆景》杂志2001年7~8期刊登了冯如林先生的《论盆景学习方法》，我们认为写得很好，特推荐如下，以供参考。

中国的盆景艺术，在经历了数百年甚至数千年的嬗变之后，终于形成了今天的鼎盛。由于摄影、摄像、电脑制作等现代化媒体的介入，为盆景的发展与学习提供了许多便利条件，使盆景进入寻常百姓家成为现实，学习盆景制作的人越来越多。然而，论述盆景创作的文章多侧重于局部，如树桩的栽培、蟠扎的技艺、留枝的方法、流派的分布等，使初学者很难形成一个总体的盆景创作的学习思路。现就实践中探索的一些体会，谈谈学习盆景创作应注意的几个方面。

（1）学习传统，提高技能

盆景界先贤耐翁先生曾经指出，中国的盆景艺术始于 1200 年前的唐朝，至元、明出现过鼎盛。遗憾的是，无论盆景的历史多么辉煌，由于这种艺术的特殊性，今天能够提供给我们的遗产并不丰富，再美的盆景（树桩），都会随着它的死亡而烟消云散，实际上连画家们的写真画都很难见到，而只能看文人们经过润色后的描述，但文人的话一向和实际的操作之间相距甚远。盆景艺术最大的缺憾就是不能像书画遗产那样被完整地保留下来，供我们学习和借鉴。所以，就某种程度而言，可以说盆景是一门古老而年轻的艺术，甚至可以说是青年艺术，正在走向鼎盛。

由于盆景艺术本身的特殊性，如其制作技法，一直是父子相传或师徒相授，旁人只知其美，而不知其所以能美，便自然而然地增加了神秘感，这也是阻碍盆景发展的原因之一。今天我们具备了学习盆景的最好的条件，有专论的书，有实在的景，有 VCD 上制作的技巧，有各门各派的技能介绍等，所以比古人学习起来就要快得多，想欣赏各种流派也容易得多了。这样就更要求我们要潜下心来，像学习书法那样，选择一种流派，下几年功夫，打下牢固根基，然后再旁通博览，集众家之长。初学之时，切记不可东一鳞、西一爪，把自己手下的桩景弄成"四不像"，因为每一流派既然能够在历史上占有一席之地，说明它必然有过人之处，有与众不同之处。比如苏派的蟠枝、扬派的扎法、岭南派的截干、川派的吊拐等，前人已经给我们创造了足够借鉴的"砖瓦"，形成了中国所特有的带有很浓重的文人气息的"中国盆景"。可以说，这些基本技法是中国盆景不可或缺的一部分，是审视中国盆景的最基本的要素，正是我们要探讨的东西，是盆景艺术上程序化的东西，恐怕也正是大师们表现自我风采所必备的技法。要学习传统，研究传统从传统中汲取营养，而不是讥笑传统、放弃传统，认为要创新就必须打倒传统，传统真得过时了吗？曾宓在《中国写意画构成艺术》中关于传统的一段话很有见解："重要的不是传统缺少表现力，更不是传统的工具、材料的性能有什么限制，而是缺乏运用和发挥工具、材料性能的才能，缺乏传统技法的再创造能力"。中州盆景，把苏、扬派的扎法运用到柽柳和黄荆的造型中去，不就取得了突破性的成功吗？而传统的假桩造型被京派运用到小菊盆景的塑造中去，同样也取得了突破性进展。关键是要舍得下功夫，高粱浸润得久了还怕酿不出美酒？"四十年来画竹枝，日间挥洒夜间思"——郑板桥这种潜心一艺的精神不正是我们应该借鉴的吗？只有各种技法烂熟于胸，才能够在制作时挥洒自如而不逾规矩。没有传统，就没有创新。不想在传统的技艺上下功夫，而只想着急于成名成家，那么，你的作品便是无源之水，无本之木，即使搞到了一两棵好桩子，甚至靠桩子得了奖，但终究难成大器而有所建树。

（2）向外国盆栽学习，汲取精华

近年来，由于外国盆栽的崛起，特别是日本盆栽在世界盆景市场上的畅销，使许多盆景界的有识之士有一种压力感和危机意识，认识到了借鉴外国盆栽技艺的重要性。今年第一期《花木盆景》杂志（盆景赏石版）韦金笙先生的文章就明确提出对日本盆栽的借鉴问题，说得很好。

闭关自守，夜郎自大，是中国文人思想中存在的劣根，而中国盆景又是在中国文化浸润中成长起来的一株艺术奇葩。所以，在谈到向外国盆栽借鉴的时候，首先要谈的是心态问题，然后，才是技法、经营问题。

从历史的角度看，日本人、欧美人可以汲取我们的东西，我们为什么不能汲取别人的东西呢？从书画艺术看，这些年有很多传统的书画家借鉴了西方的、日本的东西后而悟出新的东西，这是很值得盆景界学习的。近年来，日本、我国台湾推崇小苗培育而禁乱挖滥采，是否可以推而广之？像德国人的水培、无土栽培法是否可以引用？香港盆景能汲取岭南技法而脱颖而出，上海能化江浙而为海派，我们为什么不能放下门户之见而互相学习、共同提高呢？中国盆景争到了世界"盆景之母"的美称，但看到充斥国际盆景市场的盆景多是日本甚至韩国的商标，这说明了什么？盆景商的出现，是中国盆景发展的一大契机，但还远远不够，这就要求我们的盆景创作应该把外国盆栽繁茂自然与中国盆景的景深意远结合起来，而不能靠单一的甚至是病态的文人树去闯世界——因为你不可能让西方人先去解读中国的"老庄哲学"，研究中国的儒家思想及佛教的明静之后，再去欣赏中国的盆景艺术。

民族的，就是世界的。作为一门艺术，必须有强烈的民族特色，但要走向市场、走向世界，就必须要求我们在研讨中国文化的同时，也要研究西方的文化及其审美特征，只有这样，中国盆景才能征服世界，才能大放异彩，才能无愧于"盆景之母"的桂冠。

（3）研究大师的作品，学习创新的方法

继承是手段，创新才是目的。记得有位国画大师说过："学习三五年，创新一辈子"。要学习一种技艺并不难，但要创出一种属于自己的风格来，谈何容易。这就要求我们除了向传统学习外，更要向大师们学习，去研究他们的作品，特别是研究他们的成名作品，从中品味他们的造景方法，领略其中的文化品味，为自己的创新之路找到突破口。比如素仁和尚的文人树，清雅飘逸，就那么几个小树杈，内涵似乎了了，但其所传给欣赏者的感受却极其丰富，每一个有较深传统文化积淀的人都会从中感悟出一番做人的道理来，如果仅从树的造型上看是很难看出有什么高深的技法的。如果你研究一下中国古代的文人画，看一看石涛、八大山人笔下那清劲疏朗瘦骨嶙峋的文人树，看一看八怪之一郑板桥那"冗繁删尽留清瘦"的铁竹，看一看弘一大师那不急不躁、了无挂碍的书法，再研究一下他们思想中的共性，就不难理解素仁和尚的文人树。整个盆景无一丝尘俗之气，明静超脱，不张不弛，就其技法而言，早已被他高超的思想境界陶冶得无迹可寻，正所谓致法无法。同是岭南派的代表人物，陆学明大师就是从无法之中找到了路径，像他的力作《仙姿飘逸》不仅有素派的"超世脱俗，飘逸欲仙"的气质，同时也多了几分坚贞不屈、奋发向上的骨气。有人说，文人盆景占了一个"清"字，但清从何来？"学问不深不能够清，人品不高不能够清，技法不到同样不能够清"，看似容易，实则是一种天人合一的修为。

如果我们不去研究桩景背后的东西，仅仅靠技法的模仿，几无成功的可能性。潘仲连大师的《刘松年笔意》，整体气息如一，静穆中透出端壮，骨气洞达，英气逼人。细审，其所用树桩，并非十分合乎盆景的要求，为什么能够成为不朽的作品呢？他都运用了哪些传统的制景手法呢？三干是如何和谐的，结顶是如何处理的？不要用某门某派的技法去套，不按规矩，造不出景来，全按规矩，同样也造不出景来。两棵五针松落入潘大师之手，是它们的幸运，如果到了一般人的手里，中间细长无变化，一干可能会随着咔嚓一声而永逝，甚至两株树都可能被别人列入不可造就之材而遗弃。

要学习他首先要弄清楚刘松年何许人也，画风如何？画意如何？画境如何？对盆景的贡献如何？如果不去考究刘松年而仅仅去研究扎片的薄厚，结顶的向背，留空的大小方圆，不能说毫无益处，但只能是取皮遗神。就像练书法学王羲之，有人成了大师，多数人则"欲换凡骨五金丹"。大师从王字中找取了精华，汲取了神髓；众人看到了俊雅秀丽的外表，汲取了其外在的皮毛，自然有天壤之别，这也是盆景界很多人叹息"都是弄了一辈子盆景，人家成了大师，我却成了工匠"的原因之一吧。

研究大师，学习大师，不仅要学习技法，取其貌，更应该探讨其技法以外的东西，抽丝剥茧，抓其神髓。"学我者生，仿我者死"——这是白石老人的名言。研究名家、学习名家，甚至模仿名家，在某种程度上可以说是学习盆景创作的一条捷径。然而，超越名家才是我们应该树立的信念和终生追求的目标。

（4）师法自然，胸罗万象

"外师造化，中得心源"的名言，被历代书画家奉为圣典，郑板桥论画时也说："善画者，大都以造物为师，天之所生，即吾之所画也。"有东方达芬奇之誉的石涛说得更直接："搜尽奇峰打草稿"。这些不都说明师法造化的重要性吗？

所谓造化，就是自然客观世界。所谓心源，就是艺术家的主观世界。外界造化，就像酿酒的原料，没有原料自然酿不出酒，有了原料能否酿出美酒，这就要看艺术家的学识和修养了。

大自然的鬼斧神功，造就了很多妙绝人寰的奇景，如黄山之松、中岳之柏、贵阳名胜中的石上树、壮乡的古榕、热带雨林中望天树四射的板根、湖南的张家界、河南的嵯峨山等等不都是盆景创作最好的蓝图吗？要创作悬崖式，除了研究传统，研究大师的作品外，是否可以亲自到高山绝壁下看一看奇松倒挂的景观？如果，你能到大沙漠里看一看成片枯死的胡杨林，那恢宏静穆的场面，就会感叹日本盆栽中的神枝、舍利、扭曲盘缠实在是一种小玩艺。对于那些整日忙碌于按图索骥，照着图片上塑造片片盆景或按二弯半或三弯九顶去扭捏的朋友们，何不到大自然中去看一看，看一看自然界的树是怎样出枝的，山是怎样出坡角的，或许会顿悟而立地成佛。

罗万象于胸，自然便会胸中有树，胸中应该贮存什么样的树，便有一个取与舍的问题。

岭南派创始人之一的孔泰初，不就是从岭南荔枝年复一年的修枝截干中悟出了截枝蓄干的岭南技法？"西方艺术之能事便是尽量去模仿自然的表象，这恰恰是东方智慧所不加采信的"（郭玖宗《中国画艺术欣赏》）这里便有一个师法造化的方法问题，中西文化的差异问题，也就是取与舍的问题，移华山于盆盎，算不算好盆景？迎客松，算不算好盆景？荆浩《笔法记》云："何以为似，何以为真？"叟曰：似者，得其形，遗其气；真者，气、质俱盛"。可见，画其形，只能算似，而气质俱佳才谓真。高山之巅，绝壁之险，风吹式的古松老柏时而可见，是谓之形；《海风吹拂五千年》中，幼树不幼，小树不小，其神态苍古入画，是谓之形，而其反映出的文化底蕴则谓之质。

贺老把山野之形，转而化之为饱含时代气息的盆景，揭示出古老艺术的新生机，是其对盆景的最大贡献，这不正是艺术家所追求的"天人合一"吗？可谓之真，谓之神，实现了"气质俱盛"的高妙境界。

师法造化难，得心源更难，能胸罗万象最难。

(5)谈谈景外功夫

"汝果欲学诗，功夫在诗外"，盆景创作同样需要较强的景外功夫。记得当年赵庆泉拜徐晓白为师时，徐先生并不是教他如何一招一式地剪扎造型，而是送给他一套古典诗词，可见徐先生寓意之深。诗赋重比兴、重想象、重意境，这些不正是优秀盆景所必备的吗？有了诗情画意，便有了盆景创作的广阔的想象空间。

西方人画鱼，就是把一条死鱼放在盘子里面，美其名曰静物；中国人画鱼，是见到水中游鱼后再参考其所熔炼的老庄、儒佛后画出的心中之鱼。外国盆栽，在某种程度上更像自然界中的树，而中国盆景中的树则是从大自然的树中抽象出来，经过盆景大师的学识、修养及文化底蕴酝酿后的结果，这恐怕就是盆景与盆栽的根本区别，也就是为什么西方人造不出中国式的文人盆景的根源吧。近年来，日本的微型文人盆景也在迅猛发展，但像其他盆景一样，明显地带有原子弹留下的压抑、扭曲的伤痕与强悍的民族精神之间的抗争中孕育出的和谐统一。如果不去研究中日文化的差异，而一味追求神枝舍利和屈曲如龙的造型，最终只能步入死胡同。其道理就像日本不可能有中国式的淡泊宁静的文人盆景一样。

"独坐幽篁里，弹琴复长啸。深林人不知，明月来相照。"——这不正是《竹林隐逸》里恬静清幽的意境吗？看了《八骏图》，是否有一种放马南山的恬淡？赵大师的很多作品，常让我回味到五柳先生渴求的田园韵味。"柳丝袅袅风缲出，草缕茸茸雨剪齐"，这不正是王选民大师的柽柳水旱盆景吗？木村正彦的《登龙之舞》不也同样蕴涵着日本民族的人文精神？

景外功夫，除了对传统文化的积淀，对古代诗词的浸润，还要学习借鉴相关艺术的表现手法，比如绘画中关于画境的论述及布局中的计白当黑、疏密轻重等的理解，画论中的"攒三聚五"、"三笔撇兰"不就是丛林盆景的布局规则吗？再如摄影家的取景艺术，书法家的线条艺术等，都是盆景创作中所必备的素质。"一个伟大的艺术家，决不肯俯就成规。在这个意义上，个性或风格即是艺术的灵魂"（林语堂）。只有具备了深厚的景外功夫，才有可能经过多年的努力，甚至是一生的心血，创造出完全属于自己的风格来，在历史的长河中有一席立足之地。

(6)甘淡泊，远功利

今天，随着经济大潮的波涛汹涌，不追求名利，实不容易，但太过功利往往得不偿失。盆景越整越大，树桩越挖越老，狂怪之风盛行，文人之意益远，更有甚者，竭泽而渔，杀鸡取卵，大树被毁，生态失衡。有的作品，锯口尚未修平，刚生出几个毛毛枝的大桩子便急着参展，还美其名曰有霸气。一株不成熟的小树，即使美其名曰"何日能凌云"，也掩盖不了其树之羸弱，其内涵之贫乏。"板凳要坐十年冷，文章方无一字空"，写文章如是，诸艺莫不如是。盆景创作同样要耐得住寂寞，摒弃浮躁之气、功利之心，登山涉远，养胸中浩然之气，面对绝壁危松，静坐默思，自生灵犀，

"无心偶会，则收点金之功"。陶冶于诗情画意之中，品赏五柳先生的田园风光，辛弃疾的金戈铁马，王维的大漠孤烟、长河落日，时日即久，自然会"物我两化，形神兼备"。我们崇尚自然，但绝不能以此为缘而毁灭自然。多研究大师的成名作品，多参悟自然山川的穷通变化，多创造一些妙合自然的上乘之作，只要我们能心甘淡泊，加深传统文化的积淀与修养，远离功利，盆景界的春天必然会更加灿烂。

思考题

1. 你对开设盆景学课程有何感想？其意义何在？
2. 阐明盆景与盆栽的区别。
3. 盆景艺术与雕塑艺术、园林艺术、绘画艺术相比较有何特点？盆景艺术属于什么艺术范畴？
4. 盆景怎样做到古为今用？
5. 你如何看待盆景发展前景？
6. 你认为盆景学课程应该怎样教，怎样学？

推荐阅读书目

1. 盆景. 徐晓白，张人龙，赵庆泉. 中国建筑工业出版社，1983.
2. 成都盆景. 潘传瑞. 四川科学技术出版社，1985.
3. 论盆景学习方法. 冯如林. 花木盆景，2001：(7，8)
4. 中国盆景艺术. 吴泽椿，等. 城市建设杂志社出版，1981.

第2章　中国盆景史

[**本章提要**]本章系统地阐述了关于盆景起源的9种学说，包括其学术观点、论据、论述和代表人物。在此基础上，运用对比和历史唯物主义的观点对各种学说进行了分析和讨论；接下来系统、简要地讲述了原始时期、汉、唐、宋、元、明、清和近代各历史时期的盆景发展概况及其特点，还简要讲述了中国盆景传向日本和西方的史实；最后介绍了现代盆景简史及盆景著述与期刊。

学习中国盆景史能够激发我们的民族自尊心、自信心和爱国主义热情。我国是拥有5000多年悠久文化历史的国家，在历史长河中，我国劳动人民创造了辉煌的古代文化，盆景艺术就是其中的一个组成部分，它是我国独特的一门艺术形式。早在7000年前（公元前5000年）的新石器时期，我国就有了草本盆栽，汉代（公元前206—公元220年）则出现了木本盆栽并出现了水旱盆景形式的"缶景"，到唐代盆景艺术就已经达到了相当高的水平。真可谓历史悠久，渊源流长。这是中华民族的骄傲，它能使每个中国人感到无比自豪。

学习中国盆景史是继承、借鉴、发展和创新的需要。历史是不能割断的，今天的盆景都是在过去盆景的基础上发展起来的，没有过去的盆景岂能有今日盆景？没有继承岂能有发展创新？以盆景艺术创作而言，任何一个盆景艺术家的盆景艺术作品，都不能离开对过去的成就的吸收，即过去时代盆景艺术匠师们通过历代筛选出来的盆景材料、从盆景艺术实践中积累起来的经验、原理、方法。因此，所谓"创新"，只不过是个相对的说法，是形式的复旧、内容上进，就某些方面说来，有一定的传统关系、借鉴关系，离不开树、石基本材料、一景二盆三几架、剪扎以及诗情画意和中国气派，也就是说不能离开中国盆景史而孤立地去搞盆景创新。

我国历代的盆景艺术匠师们和盆景艺术理论家们通过他们的辛勤耕耘，在盆景材料、立意、造型、技法、欣赏品评等方面积累了丰富的经验并上升为盆景艺术理论。通过学习古代这些理论，使我们能够了解我国古代盆景的发生、发展规律和艺术实质以及在社会中的作用。所以，盆景艺术理论一旦产生，就会影响社会的盆景事业的发展，影响盆景艺术家、爱好者的创作实践，并活在千万人的意识之中。因而，过去的盆景艺术发展对今天乃至未来的盆景艺术活动将会发生深远的影响，正因为如此，研究文化遗产和优秀传统、研究盆景史是完全必要的。

古代盆景艺术中的哪些东西是值得我们学习和借鉴的？我们认为应该学习古代盆景艺术家的创作方法和创作经验，学习他们如何取得内容和形式的统一、思想性和艺术性的结合，学习他们为什么能够在创作中符合一定时期、能够正确而生动地反映自然和生活的盆景作品，符合当时人们的审美心理以及他们严谨治学、严肃创作的精神等，以便创造出更多的反映时代精神并符合今日民族形式的这二者完美结合的盆景艺术品来。

当然，在做到古为今用的同时，还应该做到洋为中用，还要批判地吸收世界各国在盆景艺术和技术方面先进的东西。在改革开放的今天，在盆景艺术作为商品加入世界经济大循环的今天，洋为中用则更有现实意义。

2.1　关于盆景起源的几种学说

盆景起源于中国，然而到底起源于什么时代呢？对此我国盆景学术界众说纷纭。因此，很有必要对这个问题进行深入的研究。搞清盆景起源问题，不但在学术上有一定意义，而且对于提高民族自尊心、自信心还有着一定的现实意义和深远的历史意义。

不管什么样的艺术都是起源于人类的社会劳动实践，都是一定社会生活在人们头脑中的反映产物。从空间艺术或造型艺术范畴的盆景艺术来看，其起源也不例外，也就是说，盆景艺术也是起源于人类的社会劳动实践，这似乎已经成为定论，无需再去研究。然而，一般认为所谓的盆景起源，其实都是指盆景何时起始而言，所以严格地讲，在这里用"盆景起始"似乎更确切些。可是既然都习惯于用"起源"一词且又都明白其中含义，那么在此处不妨也使用"起源"这个概念了，这一点是需要说明的。

迄今为止，对于盆景起源，归纳起来有如下 9 种学说，现将各家论点、论据、代表人物综述如下，以便大家讨论分析。

（1）唐代起源说

持这种观点的文献颇多，其论据都是陕西乾陵唐代章怀太子墓壁考古。如傅珊仪先生在《盆景艺术展览》中写道："我国盆景源于唐代，已有一千二百年的历史。"

（2）唐代前起源说

《盆栽技艺》（作者耐翁）中写道："盆景创始唐代以前。"其根据亦是乾陵考古，只是结论不同而已。

（3）晋代起源说

《盆景》（作者徐晓白等）认为："六朝《南齐书》曾经载有'会稽剡县刻石山，相传为名'，这可以算是盆景假山的滥觞。"

（4）东汉起源说

其论据是河北省望都县东汉墓壁画考古，参见《中国盆景艺术》。

（5）西汉起源说

《盆景制作》（作者胡良民等）中说："……早在西汉就出现了盆栽石榴的记载。"

（6）古代园林造景起源说

"中国盆景起源于古代园林造景，如夏有瑶台、商有庙台、周有灵台……进而缩龙成寸，出现假山盆景与树桩盆景。"（宋德钧《中国花卉盆景》1986 年 9 月）。

（7）夏朝起源说

《岭南盆景》（作者孔泰初等）一书载"……盆景的起源远远早于唐代，有近四千年的历史。"论据是《史记》中有记载。

（8）尚待进一步考证

"究竟起源于何时，尚待进一步考证。"（吴泽椿等《中国盆景艺术》）。

（9）起源新说

本书作者彭春生研究认为：盆景起始于 7000 年前的新石器时期，物证是浙江余姚河姆渡考古，陶片绘有盆栽万年青图案。最初报道见 1985 年 1 月 2 日《北京晚报》，而后香港、伦敦转载，1986 年 4 月日本《近代盆栽》也转载了此文（图 2-1），后来又写入了日本《美术盆器名品大成》。龚若栋先生在《园林》1986 年第 4 期发表了同样论点的文章，论据亦然。

综上所述，盆景溯源已从 1200 年前的唐朝（胡运骅等）追溯到了唐代以前（耐翁）的晋代（徐晓白）、东汉（韦金笙）、西汉（胡良民等）、夏商（孔泰初、宋德钧）直至 7000 年前的新石器时期（彭春生、龚若栋）。其考证手段一是文物考古，二是文字记载（图 2-2）。

以上这些研究成果，在我国盆景研究史上都具有一定的学术价值，占有一定的学术地位，它也反映了人们认识事物的渐进过程。

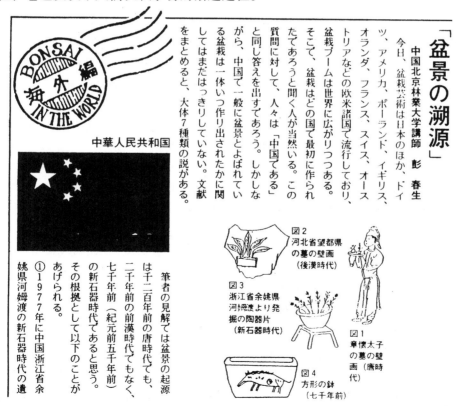

图 2-1 日本《近代盆栽》

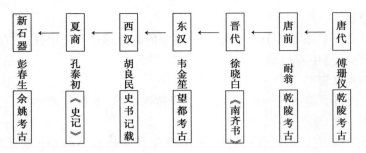

新石器	←	夏商	←	西汉	←	东汉	←	晋代	←	唐前	←	唐代
彭春生		孔泰初		胡良民		韦金笙		徐晓白		耐翁		傅珊仪
余姚考古		《史记》		史书记载		望都考古		《南齐书》		乾陵考古		乾陵考古

图 2-2　盆景溯源（论点、论据、代表人物）

（10）关于盆景起源的讨论分析

①乾陵考古中发现的唐代盆景是相当高级的树石盆景或附石式盆景艺术形式，且已进入宫廷生活，因而它不是盆景的最原始形式，也不是盆景起源的证据。

②望都考古中发现的"盆栽"其实是插花艺术形式，因为作为一株植物来说，它有主干、主枝侧枝之分，而"六枝小红花"根本就不具备这些条件，因此，与其说是盆景，倒不如说是插花。以此证明盆栽起源于东汉，值得商榷。

③汉代山形陶砚也是比较高级的山水盆景形式，而不是盆景的最初形式。

④汉代缶景有山有水有树有鸟，也不是最简单的盆景形式；缶景和山水陶砚可以证明汉代已有了比较高级的盆景，但不是起源。

⑤是先有园林后有盆栽呢，还是先有盆栽后有园林呢？回答是园林在盆栽之后。"因为园林的营造需要相当富裕的资力，即一定的社会经济基础和相当的土木工事，即一定的生产力发展水平。"（汪菊渊《园林史》）而盆景艺术比园林简单易行，用不着花费多大财力、人力，从事实来看也是如此，盆栽的出现比园林的出现早得多，因而园林起源说是不成立的。

⑥从逻辑推理来看，石玩比盆栽技艺技术上更为简单，因而很可能石玩的出现早于盆栽。但是，作为盆景的最简单的形式是景和盆的结合，从这一基本观点出发，石玩与盆二者结合或者说石头走入盆内的迫切性远远不如盆栽中植物与盆的关系那么密切，因而可以断定盆栽比石玩入盆出现得要早些，夏商的怪石、玉琼不入盆仍然不能算做盆景或山水盆景的简单形式。所以，从先后出现顺序来看盆栽是源，而石玩是流。

⑦从地栽转向盆栽是一次关键性的飞跃，它标志着盆栽艺术的起始，亦即盆景的起源。

⑧一般来说，草本盆栽比木本盆栽来得更为简单容易，二者相比，草本盆栽应当是盆栽的最初形式，所以，盆景的最初形式是草本盆栽。

⑨陶盆的出现是产生盆栽的先决条件和物质基础，在陶盆未诞生的新石器时期以前的旧石器时期不可能出现盆栽形式。

总之，盆景是在盆栽的基础上发展起来的，从新石器时期草本盆栽出现到汉代出现树石盆景缶景，其间经历了漫长的盆栽阶段（盆景的原始阶段）。起初以草本为主，后来转向以木本为主；刚开始以生产为目的，而后转向以观赏植物为主，并逐渐增添人工艺术美。此期间盆栽还受到了古代园林、石玩、玉雕、木雕、编织、插花、书法、绘画、诗歌、神话传说等因子的影响（构成盆景发生、成长的特定历史环境）而不断得到提高和发展，最终使盆栽在形式上、内涵上得到升华而进入盆景的高级阶段。原始盆栽发展到今天，至少经过了唐宋的意境飞跃、元代的体量飞跃和明清的理论飞跃等 8 个历史阶段（图 2-3）。唐代、南宋和元代，日本先后派使者来华学习盆栽技艺和盆景技艺。因而，盆栽一词在日本一直沿用至今，也说明我国古代盆景就叫盆栽，这也是"盆景是在盆栽基础上发展起来的"的一个佐证。盆栽乃盆景之源是无可非议的。

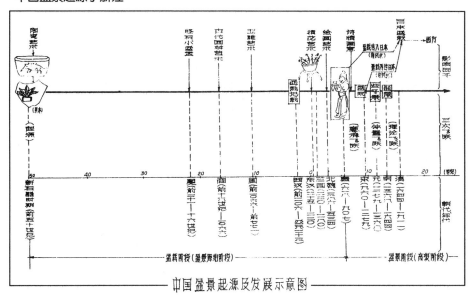

图 2-3 盆景起源及发展

（示意图设计 彭春生 绘图 李淑萍）

2.2 新石器时期草本盆栽与夏商石玩

2.2.1 盆景最初形式——草本盆栽

1977 年在我国浙江余姚河姆渡新石器时期遗址距今约 7000 年的第四文化层中，出土了 2 块刻画有盆栽图案的陶器残块（图 2-4）。一块是五叶纹陶块，刻画的图案保存完整。在一带有短足的长方形花盆内，阴刻着 1 株万年青状的植物（据陈俊愉教授讲，浙江余姚为万年青原产地之一），共 5 叶，1 叶居中挺拔向上，另 4 叶对称分列两侧。整个画面统一、均衡，比例协调，充满生机。另一块是三叶纹陶块，在一刻有环形装饰图案的长方形花盆上，也阴刻着 1 株万年青状的植物（经吴涤新教授鉴定为万年青），共 12 叶，3 叶均略斜向上挺立，生机盎然，富于动感。这是原始美术家对当

图 2-4　余姚考古——草本盆栽　　　　　　　　图 2-5　余姚考古——方形陶盆

时盆栽植物所做的艺术再现，它是我国迄今为止发现的最早的盆栽了，或者说是最原始、最初级、最简单的盆景，也是世界上发现的最早的盆景。

长江流域的河姆渡遗址属于湿润的亚热带气候，对植物的生长和移栽较之干旱寒冷的黄河流域更有利。因此，首先在这里出现盆栽是符合事物发展规律的。另外，从综合分析来看，应该把盆景艺术看做是中华民族文化艺术不可分割的一个组成部分，它作为造型艺术或空间艺术，总是和制陶业、绘画、雕塑等艺术形式的发生发展紧密联系在一起的，不能把它们彼此分割开来孤立地去分析研究。从河姆渡出土文物来看，当时已经有了制陶业（参阅中国硅酸盐学会编写的《中国陶瓷史》），据文献记载，当时已经有了方形陶盆（图 2-5）、圆形陶盆（参看《文物》1980 年第 5 期第 7 页有关河姆渡遗址考古队写的文章"浙江河姆渡遗址第二期发掘的主要收获"）。方形陶盆上刻有猪的形象，圆形陶盆上刻有稻穗的形象，这就是说，有了陶盆就等于具备了盆栽的物质基础。再者，河姆渡文化遗址还出土了数量众多、种类丰富的植物果实、枝叶和稻谷等样纹。植物样纹在装饰艺术上应用也极为广泛，说明新石器时期的河姆渡虽然生产力还很低，但人们已经能够从大自然所给予人类的花卉中获得美感，并且进行了美的再创造而记录在当时的陶器上。当时的绘画技术也已经达到了一定水平，如万年青、猪、稻穗等物的描绘，形象逼真，线条流畅，并注意到了均衡、协调、统一、比例、尺度等形式美。这些都说明当时人们已经有了一定的审美观的思想基础。那时候还有了象牙雕、雕塑、木雕、陶塑、编织等艺术形式，如鸟形象牙雕、象牙雕小盅、刻兽纹骨片、圆雕木鱼、编织纹骨等；陶塑艺术品有人体塑像、猪、羊和鱼等物塑像，《文物》杂志上都有详细报道。这些造型艺术作品的水平，都足以证明 7000 年前我国生产力的发展已经具备了产生盆栽艺术的艺术土壤。

基于上述史实，本书作者认为盆景起源的年代应该定为 7000 年前的新石器时期（公元前 50 世纪），也就是说盆景起源的年代应该比过去大家认为的 1200 年前再向前追溯 5000 年。

从以上论述不难看出，我国盆景最初形式——草本盆栽的主要特点是：①从发生地域来看，它首先诞生在适宜植物栽培的温暖、湿润、雨量充沛的良好条件下和人们生活条件比较富裕的地方，在条件比较差甚至是干旱恶劣的其他地方盆栽不会如此早期出现；②形式简单，只具备了植物和盆钵两个盆栽的基本要素；③从植物的材料看，以比较容易栽种的草本植物为主，以生产目的为主（万年青是药材）。即便是为了观赏，也是以自然美为主，很少人为干预（剪扎），也谈不上什么意境；④从构图上看，已经开始考虑到了统一、均衡、比例（如植物与盆钵比例协调）、尺度等形式美，但仅仅是一种朴素的审美意识的反映；⑤原始、低级、简单是它最大的特点，只能叫做原始盆栽，称不上艺术盆栽。

2.2.2 夏商石玩与玉雕

马克思主义理论告诉我们，人类总是按照美学的原理去生产的。所以，不管旧石器时期还是新石器时期，人们制造的简单的石斧、石刀、石针，一方面既是简单的生产工具，一方面又是最初级的工艺品。到殷商以后，铜器工具逐渐替代了石器工具而进入铜器时代。与此同时，石器也渐渐向偏重于艺术品方向转化，最后完全变成装饰、赏玩的艺术品。也由于人们审美能力的不断提高，进而由粗糙的石料转向以细腻、坚硬、透明、美观玲珑的玉石为原料，出现了玉雕、赏石的社会风尚。说是"风尚"一点也不过分，上至王室下至黎民百姓都喜爱赏玉赏石。《史记·五帝本记》中就记述了轩辕皇帝欣赏玉石的情景，还记述了舜把墨玉制成工艺品（玄圭）送给禹。禹规定各地的贡品中，有"怪石"一项。从这里可以得知；早在4000多年前，我国已有玉雕、石玩。除文字记载外，尚有实物考证：1983年在江苏武进县出土的夏代文物中，发现一件雕有花纹图案的精致玉琮，高8.2cm，宽8.4cm，类似现代微型盆景中常用的小盆盂。其实，夏、周及其以后的春秋战国时期，玉雕、赏石达到极盛时期，时时处处皆有玉。这从现代文字中也能分析出来，140多个带王字旁的汉字（《新华字典》）都是描写玉石的（文字统一于秦始皇时代，但在此以前已初步形成）。人际交往用玉（琼琚、琼瑶、琼玖），妇女装饰用玉（珈——女手饰），帝王名字用玉（琐——上古帝名），政治斗争用玉——完璧归赵，听到的声音是玉（玉玲、玲珑、玎珰），看到的颜色是玉（瑛），祭天地用玉（瑄），最宝贵的东西是玉（珍），就连科学仪器也是玉作成的（璇玑）。据载，到了周朝，周公曾用几座将一块珍贵玉雕竖起，陈设在神台上。《周礼》注称，周公植壁于座。这就是石供。老庄崇尚自然的思想是盆景产生的思想土壤。总之，夏商周秦这个时期的玉雕、石玩和老庄思想为中国山水盆景的选材、造型、审美、技法等方面打下了深厚的物质基础和思想基础，对以后汉代缶景的形成影响深远。

2.3 汉代木本盆栽与缶景

汉代可谓我国盆景形成的关键时期。在这个时期里既完成了草本盆栽向木本盆栽的转化，又实现了原始盆栽向艺术盆栽——真正盆景的转化。

2.3.1 汉代木本盆栽

早在西汉时期，张骞出使西域时，为了把西域的石榴引种到中原来，就采用了盆栽石榴的办法。这是迄今为止我国最早的木本植物盆栽的文字记载。从此也就完成了草本盆栽向木本盆栽的过渡。从中我们也了解到，汉代盆栽的目的主要是为了生产，为了引种驯化，仍然属于原始盆栽的形式，它离艺术盆栽即真正的盆景还有一定的距离。但它出现的意义却远远超过了它本身，它为汉代缶景的出现打下了栽培技术基础。

图 2-6　望都考古
——古代插花

至于不少文献上说到河北省望都东汉考古中所发现的所谓盆栽，其实是一种误传，如上述，与其说是一种盆栽形式，倒不如说是插花形式。因为作为一株植物来说，一般情形（或就大多数来说）是有主干、主枝、侧枝和分枝的，而望都考古中的植物只有 6 枚小红花，很难说它是 1 株或 6 株盆景植物。然而出于欣赏需要，出现了有景有盆、有几架配合的艺术形式，无疑为以后盆景"一景二盆三几架"统一艺术整体打下了基础，或者说这种形式对日后盆景的发展起到了很大的启发作用（图 2-6）。

2.3.2　汉代缶景

据野史所载："东汉费长房能集各地山川、鸟兽、人物、亭台楼阁、帆船舟车、树木河流于一缶，世人誉为缩地之方。"这就是此书中所谓的缶景。从以上描述可以清楚地看出，缶景已不再是原始的盆栽形式了，它已经成了盆栽基础上脱胎而出的艺术盆栽——即真正的盆景艺术了。这又是盆景发展史上的一次关键性的突破，是迄今为止我国艺术盆栽的最早的记载。就是说艺术盆栽起始于汉代。

发掘出土的汉代山形陶砚（《文物》1964 年 1 月）就是上述文字记载中的缶景的物证（图 2-7）。从图中可以看出，山形陶砚内有山川（十二峰）、重峦叠嶂、湖光山色，与缶景景观内容描写如出一辙，已略具山水盆景之大观。

图 2-7　汉代缶景
——山形陶砚

缶，从现代字典上解释来看，它是一种口小肚大的瓦器，看来令人费解，山水景观怎么能置入这样的容器中呢？同样，宋代"壶中九华"之壶也有这样的问题。所以只要联系起来分析，我们不难看出，缶就是壶（读音极似），它是古代专门用来制作山水盆景的盆皿（当时陶器分类不细，故把水底盆划到缶的范畴了），缶的形式应该像山形陶砚、唐代三彩山形陶砚、乾陵考古之盆景等所用之盆那样，而不是一般缶所指的口小肚大的那种瓦器。

2.3.3　汉代盆景的艺术风格与特点

（1）形式上

汉代在出现比较高级的木本盆栽的同时，盆栽逐渐与盆景区分开来，出现了在盆内（缶内）表现自然景观的艺术品即真正的盆景形式。所以说，汉代是从盆栽向盆景飞跃的关键时期，并在汉代形成了"十二峰"的艺术风格（简称汉代盆景风格）。这种风格一直影响到唐"十二峰前月"（李德裕）、宋"云民纵横十二峰"（黄庭坚）。

（2）内容上

丰富多彩，既有树木，又有亭台楼阁、人物鸟兽，内容反映了自然美与生活美。从此以后，盆栽不只是为生产而生产，而变成了一种以欣赏为主要目的的特殊艺术形式。

（3）汉代盆景以缶为容器

缶就是壶。"九华今在一壶中"（苏轼），就是山水盆景之水底盆。不应该把它理解为肚大口小的那种容器。

（4）技法上

应用了"缩龙成寸"（缩地之方）、"咫尺山林"的艺术手法，已经开始把画意注入到盆景中。

由此可以得出结论：过去认为盆景起源于汉代或形成于唐代的观点应该改为盆景起源于新石器时期成熟于汉代更为确切。

2.4　山水盆景起源安平

对于中国山水盆景起源这个学术问题，国内一直处于争鸣之中。归纳起来有4种说法。一说起源于晋代。《盆景》一书认为《南齐书》中曾记有'会稽剡县刻石山，相传为名'，这可以算是盆景假山的滥觞"。二说起源于夏朝。《岭南盆景》一书载："盆景起源……有近4000年的历史。"论据是《史记》记载有"玄圭""怪石"等。三说起源于北齐。认为山东临朐海浮山前山坳发现北齐武平四年（573年）古墓绘有山水盆景壁画，证明山水盆景起源于北齐。四说起源于东汉时期。新书《中国盆景文化史》云：河北安平东汉墓中有一幅描绘主人生活的壁画，在主人背后有一侍者手端一只三足圆盆的盆山。这是有关山水盆景最早的绘画资料（图2-8），这证明东汉时期的122—220年间，中国山水盆景已经出现。

对于上述第一种说法，笔者认为实属于石雕之类，书中未讲明石山置于盆中，难以说明是山水盆景的起源，只能说明它是中国山水盆景的前奏。对于第二种说法，应属于玉雕、石玩之列，也不能证明是山水盆景起源。第三种才是真正的山水盆景起源，只是第四种说法东汉安平起源（117年）比北齐（571年）起源，向前推了394年。所以，山水盆景起源应为河北安平。

对于山水盆景起源于安平一说，近来笔者带着浓厚的兴趣，驱

图2-8　河北安平东汉墓壁画

车现场进行了一番考证。从古代安平国地理位置和发达的汉文化遗产分析以及汉墓现场实况考察来看，河北安平具备作为汉文化的一个组成部分——盆景文化诞生的根基和土壤。笔者认为中国山水盆景起源于安平一说是令人信服的。

2.5　唐代盆栽、盆池、小滩及赏石

魏晋以后，由于社会动乱，政治腐朽，在士大夫中追求隐逸的风气日盛，他们发扬了老庄思想，以山林为乐土，以隐居为清高，将理想的生活与山林之秀美结合起来。晋朝南渡之后，江南经济得到较大发展，贵族们大量建筑园林别墅，过着游山玩水的清闲生活。当时盛行的玄学引导士大夫从自然山水中寻求人生的哲理与趣味（以陶渊明为代表），这种风气促进了我国山水诗和山水画的形成与发展，进而也促进了盆景艺术的发展，盆景艺术开始向诗情画意的方向飞跃。

唐代（618—907），是我国封建社会的盛世，在文化艺术方面，如诗歌、绘画、雕塑、旅游等，都取得了辉煌的成就。当然，盆景艺术也得到了突飞猛进的发展，主要表现在形式多样、题材丰富、景中寓情、情景交融、诗情画意等方面，而且用途广泛，美学理论也日渐成熟。

2.5.1　唐代盆景异名考

唐代是我国盆景发展的一个重要转折时期，因此，弄清唐代盆景的异名对于我们系统研究中国盆景史有着重要的意义。

据考证，唐代盆景无统一的名称，而且也不曾直呼盆景，异名颇多，从诗中内容看有如下叫法：

（1）唐代桩景

唐代称桩景为"花栽""盆栽""五粒小松"。

①花栽　　出自元稹《花栽》。

②盆栽　　出自钱众仰《咏盆栽》。

③五粒小松　　出自李贺《五粒小松歌》。

（2）唐代山水盆景

异名有"假山""山池""盆地""小滩""小潭""厅池""叠石""累土山"或以石名命名之，如"赤城石""奇石""怪石"等。

①假山　　出自杜甫《假山》，此为中型盆景，以下多为大型盆景。

②山池　　出自王维《从歧王夜宴卫家山池应教》。

③盆池　　出自韩愈《盆池五首》。

④小滩　　出自白居易《新小滩》《滩声》。

⑤小池　　出自白居易《小池》《官舍内新凿小池》《过路山人野居小池》《酬裴下相公题尖化小池见招长句》。

⑥池　　出自白居易《又和令公新开龙泉晋水二池》《崔十八新池》《池畔》《双池》，

与张碧《题祖山人池上怪石》及杨巨源《池上竹》。

⑦厅池 出自杨巨源《秋日韦少府池上咏后》。

⑧小潭 出自白居易《对小潭寄远上人》。

⑨累土山 出自白居易《累土山》。

⑩竹石 出自白居易《北窗竹石》。

⑪莲石 出自白居易《莲石》。

⑫以石名命名 叠石，出自李德裕《叠石》与赤城石、李德裕《临海太守惠予赤城石报以是诗》。

(3) 赏石和石料

因为诗中没有关于盆的描写，所以很难断定是不是盆景，故暂列为赏石、石料之列（亦属盆景内容之范畴）。

①太湖石 出自白居易《奉和思黯相公以李苏州所寄太湖石奇状绝伦，因题二十韵见示兼呈梦得》《杨六尚书留太湖石在洛下借置庭中因对举杯寄赠绝句》《太湖石》。

②支琴石 出自白居易《问支琴石》。

③双石 出自白居易《双石》。

④奇石 出自李德裕《奇石》。

⑤罗浮石 出自李德裕《题罗浮石》。

⑥似鹿石 出自李德裕《似鹿石》。

⑦石笋 出自李德裕《海上石笋》。

⑧泰山石 出自李德裕《泰山石》。

⑨巫山石 出自李德裕《巫山石》。

⑩漏潭石 出自李德裕《漏潭石》。

2.5.2 唐代盆景的类别与形式

盆景发展到唐代，凡桩景、山水盆景、附石盆景、水旱盆景、石供几大类别已基本具备，桩景造型手法（扎剪）也有了记载。

(1) 唐代桩景——盆栽形式

盆栽在唐代主要有 3 种形式：直干式、曲干式和观花盆栽。

①直干式盆栽 "爱此凌霄干，移来独占春"，树干挺拔通直，枝条低垂繁茂，连鸟都飞不进去；"枝低无宿羽"，这种形式盆栽经常陈设在有窗的长廊或小室内；"当轩色转新"，主要观赏其坚贞、刚劲的气势和幽新的枝；"贞心初到地，动节始伊人，晚烟翠方落……叶净不留尘，每与芝兰静……"。这种直干式在当时很受人们的青睐和称赞，"幸因逢顾盼"。

②曲干式盆栽 曲干式五针松看上去"蛇子蛇孙鳞蜿蜒"，充分运用了"枝无寸直"的画理，可见唐代已开创曲干式之先河。其枝条紧凑，叶片簇簇，好像一粒粒香米，"新香几粒供崖饭"，而且养护技术高超，使得叶色浓绿碧翠、生机盎然，"绿波绿叶浓满光"，看上去十分惹人喜爱。这种曲干式的枝干和叶片完全是用娴熟的攀扎和修剪技术来实现的，"细束龙髯铰刀剪"，也达到了雅俗共赏的艺术境界，"主人堂

前多宿儒"。弯弯枝条的曲线最能引起观赏者的丰富的想象,所以在明月的夜晚面对此树,游子抬头望明月,低头思故乡,想起了家乡的石笋、溪云,不由得流下眼泪,希望寄书故里,"月明白露秋泪滴,石笋溪云肯寄书"。曲干式盆景达到了诗情画意、情景交融的艺术境界。

③观花盆栽　观花盆栽是以山花为植物材料的,"买来山花一两栽"。之所以采用盆栽形式是因为南花北移之缘故,再者南方人身居北方但还想看到南方的山花,也只好盆栽,"欲知北客居南意,看取南花北地来,南花北地种应难,且向船中尽日看。"这种盆栽山花有时也陈设在阳台栏杆里,但主人为了每天观看,才把它放在船上,这样才"优胜抛掷在空栏。"

(2)唐代山水盆景——盆池、假山、小滩及其他

从唐代文物和盆景诗看唐代山水盆景:对于唐代山水盆景迄今已报道的文物考证,其中主要是乾陵考古、西安中堡村考古和阎立本《职贡图》。

①乾陵考古　1972年陕西乾陵发掘的唐章怀太子李贤之墓(建于706年)角道东壁上生动地绘有"侍女一,圆脸、朱唇、戴噗头、圆脸长袖袍、窄裤腿、尖头鞋、束腰带。双手托一盆景、中有假山和小树"(图2-9)。"侍女二,高髻、圆脸、朱唇、黄衫黄裙绿披巾、云头鞋。手持莲瓣形盘,盘中有盆景、绿叶、红果"(1972年7月《文物》)。

②《职贡图》考证　台湾故宫藏画中有唐代阎立本绘制的《职贡图》,画中有以山水盆景为贡品进贡的形象。左边一人双手捧一体量较小的"三峰式"山水盆景,右边一人用右肩扛着一体量较大的"三峰式"山水盆景,盆内山石玲珑剔透、奇形怪状(图2-10)。

③西安中堡村考古　据《文物》1961年第3期报道,在盛唐墓中出土了一只唐三彩砚,砚池底部如平坦的浅盆,前半是水池,后半群峰环立,山上云雾缭绕,树木繁茂,尚有小鸟站立(图2-11)。

图2-9　乾陵考古　　　　图2-10　唐代《职贡图》局部　　　图2-11　唐代山水盆景式三彩砚

④唐代盆景诗　笔者从840多万文字的诗歌中查找到了46首，盆景诗的作者有元稹、李贺、钱众仲、杜甫、韩愈、白居易、牛僧儒、张碧、李德裕、杨巨源，诗中记录了盆池、假山、小滩、小潭等各种山水盆景的类别形式等。

此外，唐人冯贽《记事珠》一书中还记述了"王维以黄瓷斗贮兰蕙，养以绮石，累年弥盛"的事实。

2.5.3　唐代盆景的艺术特色

从以上文物、考古与盆景诗的分析中，不难得出如下一些结论。

(1)乾陵考古中发现的盆景形式是附石式盆景或树石盆景或水旱式盆景，从体量上来看(以人作为尺度)，缶径(汉唐时称山水盆景之浅盆为缶，宋代称之为壶，今人叫浅盆或水底盆)为一尺(30～40cm)左右，景高亦一尺左右，盆中明显有3个主要山峰和植物，表现的是山林野趣。从侍女恭恭敬敬地捧着盆景的情景来分析，可能是民间献来的贡品或友人当做礼品来献寿的，也许是经养护后拿入宫室作装饰之用。此情此景极像杜甫笔下的(假山)："一篑功盈尺，三峰意出群；望中疑在野，幽处意出云；慈竹春萌复，香炉晓势分；惟南将献寿，佳气日氤氲。"只不过在杜甫笔下把它诗意化了而已。

从诗画中也可以看出，唐代上层社会欣赏盆景、以盆景作为室内装饰品、作为人际交往中的礼品已成为社会风尚。

(2)阎立本的《职贡图》(见图2-10)中左边一人捧着的是一盆30cm左右的"三峰式"山水盆景，它与右边一人肩扛着的那盆，从造型上来说大同小异，也是没有植物配植的"三峰式"山水盆景，不同的是右面一盆体量较大(60cm左右)。这说明唐代山水盆景已初步形成三峰式艺术风格，达到了"程式化"的成熟程度。而且"三峰式"山水盆景在诗中也有多处见到："三峰意出群""三峰具体小"等。这种风格一直影响到宋代，如"试观烟雨三峰外"(苏轼)。

(3)唐代山水盆景式三彩陶砚实为山水盆景造型与砚台二者完美结合的工艺品，它是从汉代山形陶砚发展而来的，但从山峰气势、布局、内容(有山有树有鸟)来看，比汉代陶砚艺术水平高得多。山水盆景式陶砚的欣赏价值与实用价值得到了充分的发挥。

(4)从唐代文人画(盆景画在内)和盆景诗来看，其主流是把生活诗意化，实质是脱离生活(所谓超脱)，文人画的绘画理论和诗歌之意境反过来又影响到盆景创作上，就是以诗情画意写入盆景，形成了文人构思的写意山水盆景形式，这类盆景的思想主题是以冷洁、超脱、秀逸等概念为高超的意境(所谓意境飞跃，宋代亦然)，多以游山玩水、吟风咏月、饮酒赋诗、载歌载舞、花鸟鱼虫等为风雅的内容，在布局上努力在一块小小的境地里布置千山万壑、河溪池沼甚至大千世界为主体的生活境域，充满了浪漫主义色彩，反映了士大夫阶层的理想和要求，像这样的盆景诗句数不胜数。足见封建文化极盛时期的唐代，也是盆景艺术的极盛时期，唐代不是什么"起源"之时，更不是什么"形成"时期。

唐代文人这种复归大自然、超脱现实的思想，实则是春秋战国时期老庄的思想，也是晋代陶渊明思想影响的结果，是在他们的思想基础上发展而来的。

（5）唐代盆地、小池、小滩、小潭实为一种大型盆景，形状多样，内容各异、丰富多彩，这又是唐代盆景的一大特色。兴盆池之风是受汉武帝时代上林苑造园思想的影响的结果。汉代上林苑中穿凿有不少池沼，池名见于古籍的"有昆明池、镐地、祀池、麋池、牛首池、蒯池、东陂池、当路池、大一池、郎池等。建章宫中有太液池、唐中池……"，唐代文人造不起像汉代皇家林苑中那样大规模的池沼，只好根据自己的经济实力在自己家中建起了厅池、小池、小潭、小滩来，强调池沼不在大小，有意境者为上，"但问有意无，勿论池大小""有意不在大，湛湛方丈余""勿言不深广，但幽然人适"。

（6）在唐代，盆景既是艺术品，又是商品；既有观赏价值，又有经济价值。这一点在盆景诗中已见多处。采运太湖石"利染千余里，山河叹百程"，说的是劳动创造了价值，下边接着写道："池塘初展见，金玉又比轻"，太湖石一下子变得比金比玉还贵重。还有"此抵有千金""莫轻两片青苔石，一夜潺湲值万金""何乃言人意，重重如千金"，到宋代描写得就更直接了。

（7）唐代盆景的容器，一般以圆形莲瓣形缶即浅泥瓦盆为主。从乾陵考古、阎立本《职贡图》中的盆景之盆可见一斑。诗中也有描述："瓦沼晨朝木自清""泥盆池小讵成地"、《咏盆栽》等。至于"汲水埋盆做小池"或许是另一种形式的盆。白居易笔下的方池则是"中底铺白沙，四隅盆甃石。"

（8）盆景所用植物大致有松、竹、慈竹、莲、萍、苔、山茶、五针松、兰、荪、桃、菊、柳等。

（9）唐代盆景石料，据盆景诗中描写的有：青石、白石、太湖石、罗浮石（《题罗浮石》）、似鹿石（《似鹿石》）、石笋（《海上石笋》）、泰山石（《泰山石》）、巫山石（《巫山石》）、漏潭石（《漏潭石》）、赤诚石（《临海太守惠予赤诚石投以是诗》）等。

（10）在色彩构图上唐代盆景也有一定的考虑。乾陵考古所用多为黄色，它与红花绿叶灰石相互辉映，起到了衬托的作用。

（11）唐代时人们对盆景的鉴赏能力已达到一定程度。如对艺术盆栽已懂得了欣赏其刚劲之美，"爱此凌霄干"和曲线美、苍老美，"蛇子蛇孙鳞蜿蜿"，对石头品评强调了形、声、神、韵统一美、协调美。"透""漏""皱""瘦""丑"的品评标准已见雏形。"厥状奇可丑""嵌空华阴洞""风气通岩穴""摇身鳞甲隐，透穴洞天明""丑凸隆明准，深凹刻儿觿""寒姿数片奇突兀""及此闻彼漏"……

（12）唐代盆栽开始随着佛教和其他文化传入日本。因此，日本将"盆栽"一词沿用至今。

2.6　宋代盆景、盆玩、盆山

2.6.1　宋代盆景名称

伍宜孙先生在《盆景艺术纵横谈》（见《中国花卉盆景》1985 年 12 月）一文中写道：

"降至宋代(960—1280)有配以景物而称为盆玩"。赵希鹄《洞天清录·怪石辩》记载中就含有盆玩的意思(见下文)。此外,据宋诗所载,有的地方叫盆山,"盆山苍然日在眼"也有含"壶景"之意;《壶中九华》《和壶中九华》。另有称"假山""盆池""假山小池"者:《假山》《和人假山》《吕氏假山》《假山小池》《盆地》《假山拟宛陵先生作》等。

2.6.2 宋代盆景实证及记载

(1)实证

据徐晓白、吴诗华、赵庆泉著《中国盆景》所载,今扬州瘦西湖公园,尚陈列有宋代花石纲的遗物,它是由钟乳石制作而成的一盆山水盆景,看上去山峦起伏、溪壑渊深,为世上罕见,誉为国宝。它是宋代山水盆景之实证。

(2)物证

今北京故宫博物院内收藏的宋人绘画《十八学士图》四轴中,有两轴绘有苍劲古松、老干虬枝、悬根出土的盆桩。这可作为宋代盆景的又一证据(图2-12)。

图2-12 宋代十八学士图(局部)

(3)诗文记载

①宋代盆景诗词,经我们系统搜集整理,共20首左右,宋代盆景诗人主要有苏轼、陆游、黄庭坚、吕胜乙、梅尧臣、王令、方岳。

②王十朋(玉梅溪)在《岩松记》中曾说:"友人有以岩松至梅溪者,异质丛生,根衔拳石茂焉,非枯森焉,非乔柏叶,松身气象耸焉,藏参天复地于盈握间,亦草木之英奇者。余颇爱之,植以瓦盎,置之小室。"

③宋代论述盆石的专著不断出现,主要有《宣和石谱》《渔阳公石谱》《云林石谱》等。《宣和石谱》是记述宋徽宗经营艮岳山石的书;《渔阳公石谱》辑录着许多嗜石故事;杜绾著《云林石谱》载录了全国各地出产的石品116种,并且阐述了石头的产地、形状、颜色、质地、采集方法以及在园林假山堆叠和盆景中应用的价值,可算是我国古代一本较完整的论石之书。

④赵希鹄《洞天清录·怪石辩》曾对山水盆景的制作方法有较详细的记述:"怪石小而起峰,多有岩岫耸秀,镶嵌之状。可登几案观玩,亦奇物也;色润者固甚可爱玩,枯燥者不足贵也。道州石办起峰可爱,川石奇耸;高大可喜,然人力雕刻后,置急水中春撞之,纳之花栏中,或用烟熏,或染之色,亦能微黑有光,宜作假山。"

⑤人称"米颠"的大书画家米芾,爱石成癖,他论石有透、漏、瘦、皱之说。透,就是要求石块里有孔道可以相互通达;漏,有洞眼,可通过视线;瘦,有棱有角,不臃肿;皱,皮面纹理丰富,非平滑。《奇石记》载:"米芾曾宦游四方,所积惟石而已。其最奇者五,其中仇池石大如拳,声如响磬,峰峦洞壑,奇巧殊绝,公刻其底曰:'小武夷'"。

⑥宋代田园诗人范成大爱玩英德石、灵壁石和太湖石,并在奇石上题"天柱峰"

"小峨眉""烟江叠嶂"等名称，足见宋人就有了盆景题名之举。

2.6.3　宋代盆景的特点及发展

根据对宋代盆景实证的研究，不难得出以下几点结论：

（1）宋代盆景是唐代盆景的继续，在继承的基础上有所发展，主要是将宋代绘画理论更多地应用于盆景之中，使盆景艺术有所提高。宋代，不论宫廷民间，以奇树怪石为观玩品已蔚然成风。

（2）到宋代，桩景与山水盆景的区别更加明确，并对石附式盆景有了文字记载。

（3）宋代有了对盆景的题名之举。

（4）赏石标准更为明确，对石品研究取得了新的突破。山水盆景的制作技艺较唐代也有了显著提高。

（5）盆景植物分类，出现了"十八学士"的记载。

（6）由于日本的"宋风化"，盆景再度传入日本。

（7）宋诗中出现了"枯艺"的记载，它与盆景发展关系密切。

2.7　元代些子景

唐宋以来，除"假山""盆栽"为中型盆景以外，其余"盆池""小池""小滩""厅池"等虽说比汉代以来园林中之池沼小多了，但仍为大型盆景，是布置在门槛两旁或窗前或厅前。这样大的盆景本身就是对其发展的一个限制因素。虽说唐代也提倡过池不在大小、有意为上，但都没有实现小型化。乃至元代（1271—1368），制作盆景，才大力提倡小型化，并实现了体量小型化的飞跃，这对盆景的大力普及和推广起到了促进作用。当时有一位高僧，法名韫上人，他云游四方，饱览祖国名川大山，胸有丘壑，师法自然，并善于运用盆景制作的各种技法，打破一般格局，极力提倡小型化，称做"些子景"。关于这一点，清代刘銮在《五石瓠》中有记载："今人以盆盎间树石为玩，长者屈而短之，大者削而弱之，或肤寸而结果实，或咫尺而蓄虫鱼，概称盆景，元人谓之些子景"。再者，元代回族诗人丁鹤年专门为此作过诗《为平江韫上人赋些子景》，诗曰："咫尺（有的著作上是"尺树"）盆池曲槛前，老禅清共拟林泉。气吞渤解波盈掬，势压崆峒石一拳。仿佛烟霞生隙地，分明日月在壶天。旁人莫讶胸襟隘，毫发从来立大千"。这首诗描述了韫上人些子景的体量、陈设、气势、形态、意境、内容、用盆（壶即缶）等，描写得活灵活现，有声有色、淋漓尽致。由此可见，元代些子景与今人中型盆景差不多，与微型盆景尚有差别。也从中看出这位高僧很懂画理，受过山水画理的熏陶。

元代画家饶自然所著《绘宗十二忌》，运用中国山水画理论，精辟地论述了山水盆景的制作及用石方法，对盆景造型起到了一定的指导作用。

此外，元代画家李士纡《偃松图》是一幅艺术精品，松树抱石而偃，其姿态气势、结构布局，为后人制作松树盆景提供了有益启示。

然而，由于元代统治时间不长，统治者崇尚武功而轻视文化艺术，致使盆景艺术没有得到更好的发展。不过韫上人提倡的些子景，对后人盆景小型化有一定影响。笔者特称元代盆景发展为"体量飞跃"，除新石器时期的上盆飞跃、汉代的盆栽飞跃、唐代的意境飞跃以外，此次飞跃也是中国盆景史上的一次重大突破。

2.8 明清盆景

2.8.1 明代盆景

(1)实证

明代桩景尚存留两盆，堪称国宝。

①天宁寺遗物——圆柏　扬州至今还保存一盆明末圆柏盆景(据悉 1988 年死去)，原为扬州古刹天宁寺遗物，干高二尺，屈曲如虬龙，树皮仅余1/3，苍翠古雅，头顶一片用"一寸三弯"棕法将枝叶蟠扎而成的"云片"，形神不凡(图 2-13)，为扬派盆景代表作，树龄 400 年。

图 2-13　明代天宁寺遗物——圆柏盆景图　　　图 2-14　泰州明代古柏盆景

②泰州古柏　据载，泰州至今也保存一盆明末崇祯年间的古柏，原系泰兴县(分属扬州市)，季驸马赏玩的龙真柏盆景，其中三干，虬曲多姿，枝片龙飞凤舞(图 2-14)。

(2)文献记载

明代盆景专著较多，文字记载的也颇多，《中国盆景艺术》一书论述得较详细。

①《考槃余事》　明代屠隆著。他在"盆玩"笺中写道："盆景以几案可置者为佳，其次则列之庭榭中物也"，除了把盆景大小应用配植写得比较详细外，同时还很注重画意，提出以古代诸画家马远、郭熙、刘松年、盛子昭等笔下古树为模特的盆景为上品。"最古雅者，如天目之松，高可盈尺，本大如臂，针毛如簇。结为马远之欹斜结曲，郭熙之露顶攫拿，刘松年之偃亚层叠，盛子昭之拖拽轩翥等状，载以佳器，搓桠可观。"书中还指出了合栽组景之妙处："更有一枝两三梗者，或栽三五巢，结为山林排匝，高下参差，更以透漏窈窕奇古石笋，安插得体，置诸庭中。对独木者，若坐岗陵之巅与孤松盘桓。对双木者，似入松林整处，令人六月忘暑。如闽中石梅，乃天生

奇质，从石本发枝，且自露其根。如水竹，亦产闽中，高五六寸许，极则盈尺，细中萧疏可人；盆植数竿，便生谓川之想。此三友者，盆景之商品也。"《考槃余事》中还介绍了树桩的蟠扎枝艺："至于蟠结，柯干苍老，束缚尽解，不露做手，多有态若天生。"指出民间制作盆景，多以师法自然，强调虽由人作，宛自天成。

②《吴风录》 作者曾勉之。书中道："至今吴中富豪竟以湖石筑峙峰谋洞，至诸贵占据名岛以凿，凿而嵌空为妙绝，珍花异木错映阑圃，间间下户，亦饰小小盆岛为玩。"说明明代盆景十分盛行。

③《嘉令三艺人传》 隆庆、万历年间（1567—1620）王鸣韶著。其中写道："……子小松亦善刻，与李长衡、程柏园诸先生犹将小树剪扎供盆盎之玩，一树之植几至十年，故嘉定之竹刻盆树闻于天下后多年之者。"这说明明代桩景很重视蟠扎，并将盆景与雕刻结合在一起，互相借鉴，互相渗透，互相促进，互相提高。

④《南村随笔》 作者陆廷灿。书中提到："邑人朱三松摹仿名人图绘，择花树修剪，高不盈尺，而奇透苍古具虬龙百尺之势，培养数十年方成或逾百年者栽以佳盎，……三松之法，不独枝干粗细、上下相称，更搜剔其根，使屈曲必露，如山中千年老树，此非会心人未能遽领其妙也。"可见明代对桩景根、干、枝的造型技艺已经相当高超，颇有独到之处。

⑤《长物志》 天启年间文震亨著。书中"盆玩"一节谈及："盆玩，时尚以列几案者为第一，列庭榭中者次之，余持论反之，最古者以天目松为第一，高不过二尺，短不过尺许，其本如臂，其针如簇，结为马远之'欹斜诘屈'，郭熙之'露顶张拳'，刘松年之'偃亚层叠'，盛子昭之'拖拽轩翥'等状，栽以佳器，槎牙可观。又有古梅，苍藓鳞皴，苔须垂满，含花吐叶，历久不败者，亦古。……又有枸杞及水冬青、野榆、圆柏之属，根若龙蛇，不露束缚锯截痕者，俱高品也。"这些论述既谈出了桩景品评的标准，指出桩景制作以名人之画意为楷模，又介绍了制作桩景之植物种类。不过前段叙述与《考槃余事》内容相同。

⑥《广东新语》 番禺诗人屈大均论述："九里香，木本，叶细如黄杨，花成尤，花白有香，甚热。又有七里香，叶稍大。其木皆不易长。广人多以最小者制为古树，枝干拳曲作盘盂之玩，有寿数百年者，予诗风俗"家家九里香"。

⑦《盆景》（吴初泰）、《素园石谱》（林有麟）等 都详细记述了盆景制作技艺。

2.8.2 清代盆景

(1) 物证

扬州八怪之一郑板桥题画《盆梅》，形象地展现了当时的梅花盆景艺术（图 2-15）。

(2) 文献记载

清代记载盆景的文字则更多。论述盆景的著作犹如雨后春笋，纷纷问世。

①《花镜》 清代陈扶摇著。陈是武林人（今杭州），自称"终老西泠，寄怀十亩"，他躬耕课花，对盆栽、盆景的制作有很深的造诣。书中《课花十八法》里有《种盆取景法》一节，专门述及盆景用树的特点和经验。特别指出："盆中之保护灌溉，更难于园圃；花木之燥、温、冷、暖，更烦于乔林。"还写道："近日吴下出一种仿云

图 2-15 郑板桥题画

林山树画意，用长大白石或紫砂宜兴盆，将最小柏松或枫、榆、六月雪，或虎刺、黄杨、梅桩等，择取十余株，细视其体态，倚山靠石而栽之，或用昆山白石，或用广东英石，随意叠成山林佳景，置数盆高轩书屋之前，诚雅人清供也。"也谈到了点苔法："几盆花拳石上，景宜苔藓，若一时不可得，以菱泥、马粪和匀，涂润湿处及桠枝间，不久即生，严如古木华林。"

②《扬州画舫录》 李斗所著。书中提到乾隆年间，扬州已有花树点景和山水点景的创作，并有制成瀑布的盆景。由于广筑园林和大兴盆景，那时扬州正如书中所说："家家有花栽，户户养盆景"。也曾提到有一个苏州名离幻的和尚专长制作盆景，往往一盆价值百金之多。

③《盆景偶录》二卷 嘉庆年间五溪苏灵著。书中以叙述树桩盆景为多，把盆景植物分成四大家、七贤、十八学士和花草四雅。足见当时盆景发展之盛。

四大家 金雀、黄杨、迎春、绒针柏。

七贤 黄山松、缨络松、榆、枫、冬青、银杏、雀梅。

十八学士 梅、桃、虎刺、吉庆、枸杞、杜鹃花、翠柏、木瓜、蜡梅、天竹、山茶、罗汉松、西府海棠、凤尾竹、石榴、紫藤、六月雪、栀子花。

花草四雅 兰、菊、水仙、菖蒲。

④《岭南杂记》 作者石门吴震方。书中说："英德石大者可以置园庭，小者可列几案。"

⑤《石谱》 作者钱塘惕庵居士诸九鼎。其自序中说："今偶入蜀，因忆杜子美诗云：蜀道多草花，江间饶奇石。这个童子向江上觅之，得石子十余，皆奇怪精巧，后于中江县真武潭，又得数奇石，乃合之为石谱，各记其形状作一赞。"

⑥《练水画征录》 作者清代人程庭鹭。他发表评论说："小松（明代人）能以画意剪裁小树；供盆盎之玩。今论盆栽者必以吾邑（嘉定）为最，盖犹传小松画派也"。朱小松将竹刻与盆景技艺相互因借，还把绝招传给后人朱三松。

⑦乾隆时期沈三白（苏州人） 他不但是一个文学爱好者，同时亦是一个艺术爱好者。他对于树木盆景的造型，主张采用修剪法；"若新栽花木，不妨歪斜取势，听其叶侧，一年后枝叶自然向上。如树树直栽，即难取势矣。""至剪裁盆树，先取根露鸡爪者，左右剪成三节，然后起枝，一枝一节，七枝到顶，或九枝到顶。枝忌对节如

肩臂，节忌臃肿如鹤膝须盘旋出枝，不可光留左右，以避袒胸露背之病。又不可前后直出，有名双起、三起者，一根而起两三树也。如根无爪形，便成插树，故不取。"他主张露根才美。

⑧《五石瓠》 作者清初刘銮。书中载："今人以盆盎间树石以玩"（略，已如前述）。

⑨清光绪年间（1875—1908）苏州盆景专家胡炳章 最善于制作枯干虬枝的古桩盆景，曾将山中老而不枯的梅桩，截其根部的一段，移入盆内，随用刀凿雕琢树身，变作枯干，点缀苔藓，苍古可爱，并删去大部枝条，仅留疏枝数根，就其自然生长，不加束缚。这是人工结合自然造型的范例，对开创和发展苏派盆景有重要贡献。

⑩盆景诗词 据我们搜集，共辑清代盆景诗词近十首。诗作者有康熙皇帝、盛枫、李符、龚翔麟、郑板桥。诗词有《盆中松》《咏御制盆景描花》《盆中梅》《古风》《小重山》等。

2.8.3 明清盆景特点及发展

明清是我国盆景史上发展的又一个重要时期，在这一时期内，盆景理论和制作的专著纷纷问世，盆景技艺亦趋成熟。在苏杭一带，盆景得到了大普及。在盆景理论上，对盆景树种、石品都有了较系统的论述。可以说在明清时期我国盆景理论是一个飞跃的时期。在盆景类别形式上，至清代，更加多样，除山水盆景、旱盆景、水旱盆景外，还有带瀑布的盆景及枯艺盆景。可以说是我国盆景理论在清代得到了全面的发展。

2.9 近代盆景史略

中华民国时期（1912—1949），是一个政局动荡的时期，长期军阀混战，经济萧条，民不聊生，导致盆景事业日趋衰败，一蹶不振。日本帝国主义侵略中国，更是给中国人民带来无数灾难，盆景艺人连家园都没有，何以谈得上盆景创作呢？"西眺苏台不见家，更从何处课桑麻""计数只开花十朵，瘦寒应似我。"解放战争时期，解放区经济也十分困难，人民连温饱都解决不了，更没有力量发展盆景事业。

2.10 中国盆景通过日本传向西方

如上所述，日本"唐风化""宋风化"，使盆景传向日本。

日本自绳文、弥生的史前原始时代以来，从中国接受了先进的文化并加以发展，在公元 4 世纪前后建立起大和政权。此后，为了寻求治国之道，常向隋唐（589—907）派出使臣。使团中的正使随员、留学僧、留学生等从中学习并带回去律令、宗教、思想、文物、习俗等，其中就包括学习唐代盆栽。因而在日本国历史上开创了飞鸟、白凤文化。从而，向往仰慕唐风和珍重唐人文物的风气开始风行于日本上层社会，之后普及于民间。甚至日本有的家庭中陈列当时礼品文物借以夸耀自己的门第和权势。

日本从平安时代后期至镰仓时代初期（1192—1334）这一阶段（相当南宋时期1127—1279），日本北九州的大宰相与南宋都会临安相近的宁波之间，每年有宋日之间的贸易船数十对互相往来，通过这些船舶海运，为日本的僧侣重源、觉阿、荣西等入宋学习提供了方便。此间南宋文人生活风尚包括"盆玩""盆山""假山"也同时输入了日本。因此，在南宋也即日本镰仓时代，在日本也称盆景为"盆山""盆假山"，同中国当时叫法完全一致。当时，日本社会普遍追随南宋风俗，这是在以往由遣唐使发端所已形成的"唐风化"基础上，经由南宋高僧陆续东渡再度激发而形成的"宋风化"。日本镰仓时代有不少画卷保留下来，在这些画卷中已存在着相当多的盆山画面就是物证。经考证这些物证是由南宋高僧引入日本的。

日本的室町时代大致相当于中国的明代，明代是中国盆景的又一个兴盛时期。恰好，此时也是日本的盆玩、盆石流行时期。

日本江户时代中期，上层知识界全盘接受了中国"文房清玩，琴棋书画"的清高的生活方式，以余谢芜村、池大雅等为代表的日本文人，把中国在明末刊行的雅游手册——《考槃余事》和清初的《花镜》以及指导中国画入门的《芥子园画谱》等列为常备必读之书。作为文人"煎茶"席间的点缀品的盆景，日本俗称"文人植木"。在维新后，于东京发展成为一种正式流派，把盆景的赏玩看做是对社会风尚具有教养陶冶作用的潮流。这一风气在盆景爱好者们的影响下，普及了整个日本社会，凡出入高官门第的，都把原来附带培育盆景转而当做一种专业经营，日本盆景事业趋向繁荣。

二次世界大战后，在东京举行奥林匹克运动会以来，西方对日本盆景的兴趣与关注急剧上升，以至造成了一种错觉：西方人认为盆景是日本人传统固有的"适应自然"的艺术观表现。这完全是错觉，完全是由于不了解中国盆景悠久历史和传向日本的经过所造成的。

盆景在第二次世界大战后，传向西方，当前欧美各国的盆景也逐渐兴起。在美国一些大学农科中，盆栽艺术常被作为一项正式课程，大学盆景教育已经走在了我们的前面，这是不可忽视的事实。

2.11 现代盆景简史及盆景著述与期刊

2.11.1 现代盆景简史

自1949年到现在，盆景发展大致经历了3个阶段即恢复发展阶段、停滞阶段和大发展阶段。

（1）恢复发展阶段（1949—1965）

中华人民共和国成立后，中央和各级政府对祖国这一宝贵的文化遗产，采取了保护、发展和提高的政策，在盆景界积极贯彻了双百方针，盆景在继承的基础上不断得到创新，恢复发展很快。

1956 年，广州盆景研究会成立，有会员 300 余人。

1957 年，周瘦鹃父子编著的《盆栽趣味》和冯灌父等编著的《成都盆景》同年问世。此后又出版了一些盆景专著(见下文)。

1959 年，成都南郊公园举办盆景展览，陈毅元帅前往参观并题了词："高等艺术，美化自然"，轰动了中国盆景界。

1961 年，中国农业科学院成立香花、盆景组，并在苏州拙政园举行了一次规模较大的盆景展览，展出江苏和上海两地盆景，影响很大。

1962 年，上海盆景协会成立，会员 110 人。

1964 年，南京玄武湖举办江苏省第一次花卉盆景展览。

(2)停滞阶段(1966—1976)

1966 年，"文化大革命"开始，盆景和其他传统艺术一样，被打成"四旧"，被诬蔑为封、资、修的黑货，打入冷宫，遭到摧残。人们的文化生活十分贫乏，正如彭春生诗中所写的那样"乌云四起闹魑妖，壶内九华不见了；难过难过天天过，无聊无聊日日聊。"

(3)大发展阶段(1977 年至今)

1977 年以来，盆景艺术也迎来了自己的春天，发展十分迅速。中华人民共和国成立 30 周年之际，在北京北海公园举办了全国盆景艺术展览，参加展出的有 13 个省、自治区、直辖市的 54 个单位，展出面积 6600m²，展出作品 1100 盆，参观人数 10 万余人。中央新闻纪录电影制片厂摄制了彩色纪录片《盆中画影》。

1981 年，在北京成立了中国花卉盆景协会。

1982 年，江苏、浙江、安徽、湖北、河南、江西、福建、甘肃、上海等地先后举办了盆景艺术展览。

1983 年，中国花卉盆景协会在江苏扬州举办了全国盆景老艺人座谈会，同时附设了盆景艺术研究班。

1985 年，在殷子敏、胡运骅的倡议下，中国花卉盆景协会于上海举办"中国盆景艺术评比展览"，许德珩副委员长为展出题字。

1986 年，于武汉召开中国盆景学术讨论会，在彭春生的倡议下，得到中国花卉盆景协会和湖北花木盆景协会的全力支持，同时举办了"中国盆景地方风格展览"。

1988 年，在胡乐国倡议下，在北京北海公园成立了中国盆景艺术家协会。

1989 年，中国花卉盆景协会于武汉组织第二次中国盆景艺术评比展览。截至 2001 年已办了 5 届。

中国盆景近年来又先后参加不少国际展览，为祖国赢得了荣誉。

2.11.2　专著与期刊

(1)有关盆景专著

新中国成立后到现在，我国先后出版了近百种盆景专著。

①《盆栽趣味》，周瘦鹃等，上海文化出版社，1957；

②《成都盆景》，冯灌父等，四川科学技术出版社，1957；

③《中国盆景及其栽培》，崔友文，商务印书馆，1958；

④《广州盆景》，广州盆景研究会著，1962；

⑤《盆景》，徐晓白、张人龙、赵庆泉著，中国建筑工业出版社，1979；

⑥《盆景艺术展览》，傅珊仪、柳尚华，1979；

⑦《中国盆景》（画册），刘春田等著，北京特种工艺画册编辑部，1980；

⑧《上海龙华盆景》，上海盆景协会编，1980；

⑨《微型盆栽艺术》，沈荫椿著，江苏科学技术出版社，1981；

⑩《成都盆景》，潘传瑞等著，四川人民出版社，1981；

⑪《中国盆景艺术》，吴泽椿等著，《城乡建设》编辑部出版，1981；

⑫《盆栽技艺》，耐翁著，中国林业出版社，1981；

⑬《五针松盆景》，沈冶民著，上海文化出版社，1982；

⑭《盆景桩头蟠扎技艺》，陈思甫著，四川人民出版社，1982；

⑮《树桩盆景设计与制作》，冯钦铎著，山东科学技术出版社，1985；

⑯《盆景制作与欣赏》，姚毓醪、潘仲连、刘延捷著，浙江科学技术出版社，1996；

⑰《中国盆景》（画册），胡运骅编，1986；

⑱《岭南盆景》，孔泰初等，广东科学技术出版社，1985；

⑲《苏州盆景》，章本义、吴国荣，江苏人民出版社，1981；

⑳《家庭小盆景》，陈时璋等编，福建科技出版社，1982；

㉑《山水盆景技艺基础知识》，汪彝鼎，上海园林局印制，1984；

㉒《自制家庭盆景》，马文其、果永毅，宁夏人民出版社，1985；

㉓《中国盆景佳作赏析与技艺》，胡运骅等编，安徽科技出版社，1985；

㉔《家庭树桩盆景快速成型法》，周脉常等编著，河南科技出版社，1986；

㉕《苹果盆栽技艺》，张尊中编著，上海科技出版社，1988；

㉖《中国盆景制作技术》，吴诗华、赵庆泉，安徽科技出版社，1988；

㉗《盆景学》，彭春生主编，花木盆景杂志社出版，1988；

㉘《湖北盆景》，泥元等编，花木盆景杂志社出版，1989；

㉙《怎样制作山水盆景》，汪彝鼎编，中国林业出版社，1989；

㉚《中国盆景造型艺术分析》，赵庆泉，同济大学出版社，1989；

㉛《盆景制作》，彭春生、李淑萍，解放军出版社，1990；

㉜《岭南盆景艺术与技法》，刘仲明、刘小羽编著，广东科技出版社，1990；

㉝《盆栽艺术》，梁悦美，汉光文化事业股份有限公司出版，1991；

㉞《图解盆栽入门》，苏志新编译，中国林业出版社，1991；

㉟《花卉与盆景》第二版，谢保昌、吴伟廷编，广东科技出版社，1992；

㊱《家庭植物盆景造型与养护》，马文其编著，北京科技出版社，1992；

㊲《盆景学》，彭春生、李淑萍主编，中国林业出版社，1992；

㊳《树木盆景造型》（上），王志英、赵庆泉，同济大学出版社，1993；

㊴《树木盆景造型》（下），王志英、赵庆泉，同济大学出版社，1993；

㊵《花汉民盆景集》，花永怒编著，江苏美术出版社，1993；

㊶《盆景制作与养护》，马文其主编，金盾出版社，1993；

㊷《世界盆景》，彭春生译，北京林业大学印刷厂出版，1993；

㊸《盆景艺术》，陈象川编著，南京林业学校印刷出版，1994；

㊹《中国奇石、盆景、根艺、花卉大观》（上），陈东升编，新华出版社，1995；

㊺《中国奇石、盆景、根艺、花卉大观》（下），陈东升编，新华出版社，1995；

㊻《中国盆景欣赏与创作》，马文其主编，金盾出版社，1995；

㊼《树木盆景造型》，连智兴编著，金盾出版社，1995；

㊽《树桩盆景》，胡运骅主编，上海画报出版社，1996；

㊾《中国盆景论文集》第 2 集，傅珊仪、郑秉娟，内部印刷，1997；

㊿《当代中国盆景艺术》，苏本一、马文其主编，中国林业出版社，1997；

51《徽派盆景》，胡一民编著，中国林业出版社，1998；

52《中国盆景流派技法大全》，彭春生主编，广西科技出版社，1998；

53《中国盆景艺术大观》，韦金笙主编，上海科技出版社，1998；

54《图解微型盆景栽培》（1），日·群境介著，李东杰等译，世界图书出版公司，1999；

55《图解微型盆景栽培》（2），日·群境介著，李东杰等译，世界图书出版公司，1999；

56《图解微型盆景栽培》（3），日·群境介著，李东杰等译，世界图书出版公司，1999；

57《图解微型盆景栽培》（4），日·群境介著，李东杰等译，世界图书出版公司，1999；

58《图解微型盆景栽培》（5），日·群境介著，李东杰等译，世界图书出版公司，1999；

59《树木盆景造型养护与欣赏》，曾宪烨、马文其编著，中国林业出版社，1999；

60《盆景栽培要诀》，戴茵等译，湖南文化出版社，1999；

61《家庭盆景制作》修订本，江鼎康，上海科技文献出版社，1999；

62《家庭盆景制作养护与观赏》，余皖苏等编，福建科技出版社，1999；

63《北京赏石与盆景》，彭春生等主编，中国林业出版社，1999；

64《北京盆景艺术》，马文其主编，中国林业出版社，1999；

65《中国园艺精品选》，中国园艺学会编，中国科普出版社，1999；

66《东莞盆景》，袁衍优等编，东莞内部印刷，1999；

67《中国岭南盆景》，吴培德主编，广东科技出版社，1999；

68《家居盆景》，明军、彭春生主编，香港新时代出版社，2000；

69《鲁新派侧柏盆景》，牛文生、彭春生主编，香港新时代出版社，2000；

70《中州盆景艺术》，游文亮，河南科技出版社，2000；

71《盆景工》，建设部编，中国建筑工业出版社，2000；

72《盆景艺术与制作技法》，王红兵、谭端生，云南科技出版社，2000；

⑦③《东亚盆景》，吴劲章等编，上海三联书店出版，2001；

⑦④《盆景学》第 2 版，彭春生、李淑萍编著，中国林业出版社，2002；

⑦⑤《中国盆景艺术》，邵忠编著，中国林业出版社，2002；

⑦⑥《中国山水盆景艺术》，邵忠编著，中国林业出版社，2002；

⑦⑦《潮汕盆艺》，陈少志等编，汕头大学出版社，2002；

⑦⑧《中外盆景名家作品鉴赏》，苏本一、林新华主编，中国农业出版社，2002；

⑦⑨《桩景养护》，彭春生等编，湖北科技出版社，2003；

⑧⓪《榕树盆景》，蔡幼华等编著，福建科技出版社，2003；

⑧①《树石盆景》，林鸿鑫等编著，上海科技出版社，2004；

⑧②《杂木类盆景培育造型与养护》，马文其主编，中国林业出版社，2004；

⑧③《松柏类盆景培育造型与养护》，马文其主编，中国林业出版社，2004；

⑧④《观果类盆景培育造型与养护》，马文其主编，中国林业出版社，2004；

⑧⑤《观花类盆景培育造型与养护》，马文其主编，中国林业出版社，2004；

⑧⑥《观叶类盆景培育造型与养护》，马文其主编，中国林业出版社，2004；

⑧⑦《罗维佳盆景艺术》，罗维佳著，中国摄影出版社，2005；

⑧⑧《中国川派盆景艺术》，杨水木、刘光新主编，中国林业出版社，2005；

⑧⑨《中国海派盆景赏石》，陆明珍主编，世纪出版集团出版，2005；

⑨⓪《中州盆景》，张守印、赵富海主编，河南美术出版社，2005；

⑨①《中国盆景文化史》，李树华著，中国林业出版社，2005；

⑨②《中国草书盆景》，彭春生等编，中国林业出版社，2008；

⑨③The art of Chinese miniature Landscape by Hu yunhua，FOREIGN LANGUAGES PRESS Beijing，1989。

（2）有关盆景期刊

①《大众花卉》，天津园林局主办（20 世纪 80 年代中停办）；

②《花木盆景》，中国花卉盆景协会协助，湖北花木盆景协会主办；

③《中国花卉盆景》，中国环境科学学会主办；

④《中国花卉报》，经济日报报业集团主办；

⑤《盆景赏石》，湖北花木盆景协会主办；

⑥《中国花卉园艺》，中国花卉协会主办。

思考题

1. 关于盆景起源有哪几种学说？其论点、论据是什么？各种学说的代表人物是谁？你倾向哪种论点？

2. 为什么说草本盆栽是盆景的最初形式？你认为盆景的最初形式是什么？为什么？

3. 夏、商、周、秦时期，赏石盛况如何？

4. 形成中国盆景的历史环境是什么？为什么说盆景偏偏是在中国诞生而不是在西方国家诞生？

5. 汉代缶景是什么样子？为什么说缶景已不再是盆景的原始状态了？你对盆景形成于汉代怎么看？

6. 为什么说望都东汉考古文物是插花形式而不是盆栽形式？你怎么看？

7. 唐代盆景异名有哪些？唐代盆景类别有哪些？唐代桩景特点是什么？山水盆景特点是什么？

8. 为什么说唐代既不是盆景起源的时代又不是盆景形成的时代，而是盆景兴盛时代？

9. 宋代盆景的名称及特点。唐宋盆景有什么共同之处？有什么不同？

10. 元代些子景的特点及其对我国盆景发展的意义。

11. 明清盆景有哪些专著？发展状况如何？

12. 中国盆景如何传向日本？又如何传向西方？

13. 概述中华民国时期盆景发展状况。

14. 现代盆景史分哪 3 个阶段？现代盆景专著有哪些？这么多专著说明了什么？

15. 从阅读历代盆景诗中你得到了什么启示？你对盆景感兴趣吗？为什么？

16. 试作盆景诗一首。

推荐阅读书目

1. 中国盆景艺术. 吴泽椿，等. 城市建设杂志社出版，1981.

2. 中国盆景. 徐晓白，吴诗华，赵庆泉. 安徽科学技术出版社，1985.

3. 当代中国盆景艺术. 苏本一，马文其. 中国林业出版社，1997.

4. 中国盆景艺术大观. 韦金笙. 上海科学技术出版社，1998.

5. 盆景艺术展览. 傅珊仪，等. 人民美术出版社，1980.

6. 盆栽技艺. 耐翁. 中国林业出版社，1981.

7. 盆景制作. 彭春生，李淑萍. 解放军出版社，1990.

8. 盆景溯源. 彭春生. 中国园林，1985.

9. 美术盆器名品大成，大西胜人［日］. 1989.

10. 盆景制作. 胡良民，等. 江苏科学技术出版社，1985.

11. 中国盆景起源于古园林. 宋德钧. 中国花卉盆景，1996(9).

12. 岭南盆景. 孔泰初，李伟钊，樊衍锡. 广东科学技术出版社，1985.

第3章　中国盆景分类

[**本章提要**]本章主要介绍以下几方面内容：盆景分类在学术上的重要性；盆景的各种分类法：包括一、二、三级分类法、规格分类法及按观赏特性分类法；阐明了两个分类系统：韦金笙分类系统和彭春生分类系统；盆景分类的基本单位是"式"，用图文并茂的形式介绍了各式盆景；盆景分类的关键是各级的分类标准，各级次的标准不能搞混，不能重复出现；还要注意以大管小；超出盆景定义的"盆景"，不应列入。

中国盆景分类问题，也是盆景界长期悬而未决的学术理论问题之一。由于分类上的混乱，直接给盆景生产、科研、展销、包装、运输、教学、著述、学术交流等带来一系列的争论和麻烦，中国盆景分类问题值得认真研究。

3.1　分类法概述

3.1.1　一级分类法

中华人民共和国成立初期的盆景专著中，比如周瘦鹃的《盆栽趣味》和崔友文著的《中国盆景及其栽培》，只有树桩盆景的分类而没有山水盆景的分类，而且桩景分类也只是根据造型样式分为若干式，属于一级分类法。国外一些盆景专著多根据干形、干数而分，基本上属于一级分类。

3.1.2　二级分类法

20世纪70年代后期，徐晓白、张人龙、赵庆泉合著的《盆景》一书，采用了二级分类法，根据取材与制作把盆景分为树桩盆景、山水盆景两大类，再根据盆景样式分为若干式，简称"类—式"法。另外，有的书上则是"型—式"法，比如浙江储椒生、姚毓醪合写的一篇盆景分类的文章"试论盆景分类"《杭州盆景资料选编》就是如此，把盆景分为三大型、若干式。还有的书把桩景分为规律类、自然类两大类，类下分若干式。如陈思甫著《盆景桩头蟠扎技艺》一书就是这样。近日出版的《盆景制作与欣赏》（姚毓醪、潘仲连、刘延捷著），将盆景分为四大类型（树桩盆景、山石盆景、树石盆景、花草盆景），若干式，也基本上属于"类—式"二级分类法。

3.1.3　三级分类法

潘传瑞先生所著《成都盆景》一书中，采用了"类—型—式"三级分类法比较系统。

按照潘氏分类系统，把盆景分成了两类、五型、若干式（详见《成都盆景》）。

3.1.4　按规格分类法

20 世纪 80 年代中期有些专著，根据盆景规格大小而将盆景分为特大型、大型、中型、小型和微型。

3.1.5　系统分类法

3.1.5.1　韦金笙系统分类法

中国盆景原分树桩盆景、山石盆景两大类。随着盆景事业的蓬勃发展以及在继承传统基础上进行创新，原分类办法已不能概括全貌，且用词不尽其意。根据中国盆景发展史和第一至第四届"中国盆景评比展览"展出的类型，参考综合要素以及出于便于展览和评比的角度考虑，按观赏载体和表现意境的不同形式，将盆景分为树木盆景（又称树桩盆景）、竹草盆景、山水盆景（又称山石盆景）、树石盆景（又称水旱盆景）、微型组合盆景（又称微型盆景）和异型盆景六大类。

3.1.5.2　彭春生系统分类法

本书作者在系统整理各家分类的基础上，博采众家之长，并从中国盆景发展的现阶段实际情况出发，尝试提出了一个新的分类系统即"类—亚类—型—亚型—式—号"六级分类系统。将中国盆景分为三类、若干亚类、五型、七亚型、若干式、五个号。

（1）增加"亚类、亚型"两级会使盆景分类更科学、更确切。事实上，即使不叫它亚类、亚型，而亚类、亚型的确还是存在，因而不如加之为好。

（2）为区别型与规格，拟按规格分类一级，不再叫微型、小型……而改为号。

（3）使用时，只要写清"××类、××亚类、××型、××亚型、××式、××号"即不会出现分类的混乱现象。

（4）六级分类系统标准

①类　依据取材不同而把盆景分为三大类，即桩景类、山水类、树石类。

②亚类　桩景类按观赏特性分为松柏亚类、杂木亚类、观花亚类、观叶亚类。山水类按石质分为硬石亚类、软石亚类。树石类也可以分为硬石亚类、软石亚类。

③型　依据造型规定是自然还是有规律而把桩景类划分为自然型和规则型，依据用盆构造不同而将山水类划分为旱盆型、水盆型、水旱型和壁挂型。

④亚型　根据树桩根、干、枝的造型变化又分为根变亚型、干变亚型、枝变亚型……

⑤式　再根据桩景树木形态、数目和山水盆景布局而把各个型、亚型分成若干式。

式是中国盆景分类的最基本单位。其中：

自然型干变亚型　有直干式、斜干式、卧干式、曲干式、悬崖式、枯干式、劈干式、附石式、单干式、双干式、三干式、丛林式、象形式。

自然型根变亚型 有提根式、连根式、提篮式。

自然型枝变亚型 有垂枝式、枯梢式、风吹式。

规则式干变亚型 有六台三托一顶、游龙式、扭旋式、一弯半、鞠躬式、疙瘩式、方拐式、掉拐式、对拐式、三弯九倒拐式、大弯垂枝式、滚龙抱柱式、直身加冕式、老妇梳妆式。

规则型枝变型 有屏风式、平枝式、云片式、圆片式。水盆型峰形亚型有立山式、斜干式、横山式、悬崖式、峭壁式、怪石式、象形式、峡谷式、瀑布式。

山盆型峰型亚型 有孤峰式、偏重式(对山式)、开合式、散置式、群峰式、石林式。

旱盆型 也可以有以上各式。

水旱型 目前只有溪涧式、江湖式、岛屿式、综合式。

此外，还有壁挂式。树石类以下分类可以参照水旱型等。

⑥号 所有各式又都有大小之分，再依据大小规格而把各式分为 5 种规格。

采用这种新系统完全可以避免混乱，它将会给盆景生产、展销、包运的标准化、商品化带来极大的方便。

3.2 各式简介

3.2.1 桩景类自然型干变亚型各式

(1)直干式

树干直立，枝条分生横出，疏密有致，层次分明。此式能表现出雄伟挺拔、巍然屹立，古木参天的树姿神韵。我国岭南盆景的大树型和浙派盆景的风格形式多属此种(图3-1)。常用树种有五针松、金钱松、水杉、榆、榉、九里香、罗汉松等。

(2)斜干式

树干向一侧倾斜，一般略弯曲，枝条平展于盆外，树姿舒展，疏影横斜，飘逸潇洒，颇具画意。所用树材，有来自山野老桩，也有以老树加工制作而成。一般桩景多采用斜干式(图3-2)。常用树种有五针松、榔榆、雀梅、罗汉松、黄杨等。

(3)卧干式

树干横卧于盆面，如卧龙之势，树冠枝条则昂然向上，生机勃勃，树姿苍老古雅，有似风倒之木，富于野趣(图3-3)。配盆多用长方形盆，可配山石加以陪衬，以求均衡美观。常用树种有雀梅、榆树、朴树、铺地柏、九里香等。

(4)曲干式

树干弯曲向上，犹如游龙(图3-4)。常见的形式取三曲式，形如"之"字。枝叶层次分明，树势分布有序。川派、徽派、扬派、苏派盆景常用此种形式。常用树种有梅花、黄杨、真柏、紫薇、紫藤、罗汉松等。

(5)悬崖式

树干弯曲下垂于盆外，冠部下垂如瀑布、悬崖，模仿野外悬崖峭壁苍松探海之势，

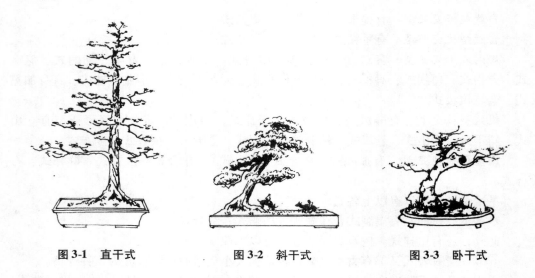

图 3-1　直干式　　　　　　图 3-2　斜干式　　　　　　图 3-3　卧干式

呈现顽强刚劲的性格。用盆多取高筒式，适于几案陈设，因树冠悬垂程度不同而分为下列 3 种情况：

①小悬崖　冠顶悬垂程度不超过用盆高度 1/2 者；

②中悬崖　冠顶不超过盆底部以下为中悬崖；

③大悬崖　冠顶在盆底以下为大悬崖(图 3-5)。

悬崖式盆景常用树种有五针松、铺地柏、黑松、圆柏、黄杨、雀梅、凌霄、葡萄、六月雪、榆等。

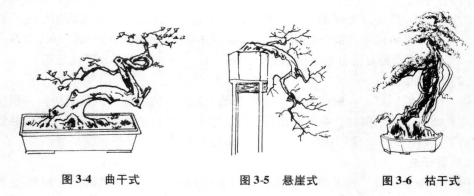

图 3-4　曲干式　　　　　　图 3-5　悬崖式　　　　　　图 3-6　枯干式

(6) 枯干式(枯峰式)

树干呈枯木状，树皮斑剥，多有孔洞，木质部裸露在外，尚有部分韧皮部上下相连，冠部发出青枝绿叶，枯木逢春、返老还童又不失古雅情趣(图 3-6)。常用树种有荆条、圆柏、檫木、紫薇、雀梅、榆树、鹅耳枥等。日本常用人工造成枯干式。

(7) 劈干式

主干劈成两半，或劈去一边，使树干呈枯皮状态，然后让这一劈干长出新枝叶，再进行艺术加工，使其古拙、奇特(图 3-7)。常用树种有梅、石榴、荆条等。

(8)附石式

这种形式还是以突出树桩为主，山石为配景（有时也以山石为主），树根附在石头上长，再沿石缝深入土层，或整个根部生长在石洞中，好像山石上生长的老树有"龙爪抓石"之势，古雅如画（图3-8）。树桩主干有直干、斜干、曲干、枯干等多种形式。常用树种有三角枫、五针松、黑松、圆柏、榔榆等。如附在一块枯木上生长，称之为木附式或叫贴木式。

采用贴木式有以下2种情况：一是桩景主干过直，无什么观赏价值，用贴木以遮其丑；二是利用死桩树干的奇特，植以小苗于死木洞隙之中，日后蟠扎使之浑然一体，可收到以假乱真的艺术效果。

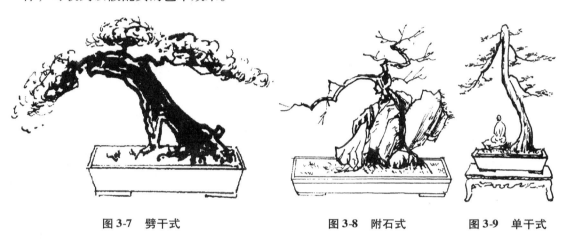

图3-7 劈干式　　　　图3-8 附石式　　　　图3-9 单干式

(9)单干式

每盆只种树1株，一个主干。主侧枝分布均匀，构图简洁，挺秀庄重，这是盆景中最常见的一种形式，它可以是直干、斜干、曲干等形式（图3-9）。

(10)双干式

树2株或树1株，干为二，而造型可以多样化，分主次、高低、正斜，生动幽雅，富于画意（图3-10）。

(11)三干式

树1株（或3株），干为三。要有主次之分，忌雷同，应做不等边三角形构图，有高有低，有直有斜，使其具活泼古雅之趣（图3-11）。

(12)丛林式

一盆中有多株丛植，模仿山林风光，反映大自然的千姿百态。可配亭、台、楼、阁、小桥流水、草地湖泊、山石小品，做成"微型园林"的形式，其内容丰富多彩，意境各不相同。所有树木，不分老幼皆可应用。常用树种有金钱松、六月雪、满天星、五针松、榆树、朴树、圆柏、榉、红枫等（图3-12）。如一盆中采用两个以上的树种丛林式，有人称合栽式。

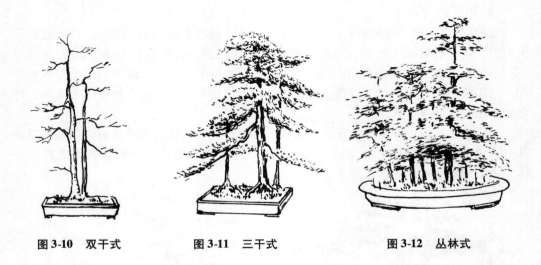

图 3-10　双干式　　　　图 3-11　三干式　　　　图 3-12　丛林式

3.2.2　自然型根变亚型各式

(13) 提根式

又叫露根式，以欣赏根部为主。树木根部向上提起，侧根裸露在外，盘根错节，悬根露爪，古雅奇特(图 3-13)。川派盆景无不提根。常见树种有金弹子、银杏、六月雪、黄杨、椿树、榔榆、雀梅等。

(14) 连根式

连根式地上部分多干或丛林，根部裸露相连(图 3-14)，这种形式多选用植株根部易萌发不定芽的树种，如福建茶、火棘等。另有一种假连根式，日本叫"筏吹"，卧干上形成很多不定根，提根出土，即形成假连根式。

另有两种根枝相连的"过桥式"(图 3-15)、"提篮式"(图 3-16)。

图 3-13　提根式　　　　　　　　　图 3-14　连根式

 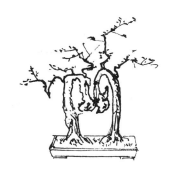

图 3-15 过桥式   图 3-16 提篮式

3.2.3 自然型枝变亚型各式

(15) 垂枝式

利用某些树种或品种枝条下垂的生长习性稍微加工而成，如垂柳姿态（图 3-17）。常用树种有迎春、柽柳、垂枝梅、垂枝碧桃、龙爪槐、枸杞、金雀等。

(16) 枯梢式

模拟自然界老树枯枝或受雷击的现象，树木显得老态龙钟，奇特古雅（图 3-18）。有的树顶是欹斜式结顶（图 3-19），有的枝条则成风吹式（图 3-20）。还有一种枯枝式的神枝造型。

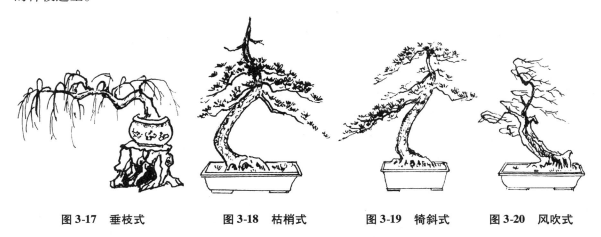

图 3-17 垂枝式   图 3-18 枯梢式   图 3-19 欹斜式   图 3-20 风吹式

3.2.4 规则型干变亚型各式

(17) 六台三托一顶

苏派传统树型（图 3-21），常熟一带多见。树木主干弯成六曲，9 个侧枝左右分开，每边扎成 3 片，即成"六台"，后边 3 片即"三托"，顶端一大片即"一顶"，整株树木，共计 10 片，端庄平稳，层次分明。陈设时常采取对称形式，称"十全十美"。造型需 10 年以上的功夫。富有浓厚的地方色彩。

图 3-21 六台三托一顶

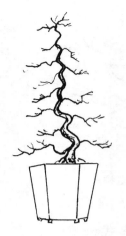

图 3-22 游龙式

图 3-23 扭旋式

(18) 游龙式

又称"之"字弯。徽派传统造型,徽州多见。树木主干弯曲如游龙,但多在同一平面上弯曲,宜于正面观赏(图 3-22)。常作对称式陈设,常用于梅花和碧桃。

(19) 扭旋式(磨盘弯)

主干扭曲向上(图 3-23),多见于金银花、圆柏、紫薇、罗汉松等。

(20) 一弯半

主干从基部弯成一个弯,再扎半个弯做顶,整株树向前微倾,云片左右对称(图3-24)。

(21) 鞠躬式

又叫二弯半。通派代表树型,多见于南通、扬州、泰州等地。树干从基部开始扎成两个弯,即成"S"形,再扎半个弯做顶,主干上部前倾,下部后仰,顶部伸出一片,像鞠躬者的头部,两侧各形成两片,一长一短,一高一低,像伸向背后的两臂(图 3-25),常见于罗汉松、垂丝海棠、五针松等。

(22) 疙瘩式

又叫打结式。扬州、徽州多见,将盆树幼苗在主干幼嫩时在基部打结 1～4 节,常用于梅、罗汉松、圆柏等(图 3-26)。

图 3-24 一弯半

图 3-25 鞠躬式

图 3-26 疙瘩式

(23)象形式

利用树干和整个树体形态进行动物形象造型。福建多见。所用树种有榕树、金弹子、黄杨(图3-27)。

(24)方拐

川派造型之一,方拐树干为"方"形的弯(呈90°弯),均在同一平面上弯曲(图3-28)。此法从幼苗扎起,少也要二三十年方能成形,时间长,难度大,现已少见。

(25)对拐

见于成都。主干在同一平面上左右来回弯曲,做成5个弯,基部弯大,顶部弯渐小,侧面观犹若直干。对拐多用于建筑物前、大门两侧,作为向自然之过渡,用以点缀花台,恰到好处(图3-29)。

 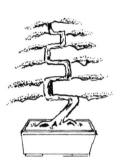 

图3-27 象形式　　　图3-28 方 拐　　　图3-29 对 拐

(26)掉拐

主干弯曲是"一弯、二拐、三出、四回、五镇顶"(图3-30),即将斜栽树干作反向压倒,造成第一道弯,再将主干向外呈螺旋状横拐,造成第二道弯,掉拐由此而得名,一再将主干向上扳成第三弯,接着把主干往怀里弯,造成第四拐,最后随弯做成顶盘,使顶与根颈在一垂直线上。掉拐不同角度观赏景观不同:正面观一二三道弯,三弯以上不见弯,侧面观则相反,半侧视则5个弯都可看见。为川派造型之一。

(27)三弯九倒拐

主干正面看三大弯,侧面观9个小弯(图3-31)。从不同角度看有不同的观赏效果,但技术要求高,难度较大。在成都多见,为川派造型之一。

(28)滚龙抱柱

类似扭旋式,主干螺旋而上,其形若游龙绕柱(图3-32)。下大上小,自然稳健。图3-32 滚龙抱柱、图3-33 大弯垂枝都多见。

图3-30 掉 拐

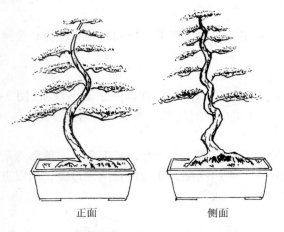

正面　　　　　　　　侧面

图3-31　三弯九倒拐

图3-32　滚龙抱柱

(29)大弯垂枝

主干成一大弯,于内弯顶用嫁接法,倒接一下垂大枝,枝梢端部超过盆面以下,垂枝上有三五个枝盘(图3-33),外弯及顶部或做枝盘,或做弯拐适当点缀,犹如悬崖绝壁,垂枝倒挂,给人以临危立险的感觉。

(30)直身加冕

多流行于川西。自然式老桩坯顶部萌生新枝,在新枝主干上做1~2层枝盘,如戴桂冠(图3-34)。如若将新生枝条按掉拐法造型,并将老桩粗干当做半弯,则为接弯掉拐式。此法见效快,造型易。

(31)老妇梳妆

姿态奇古的老桩树蔸上萌发新枝后,留1~3枝作干,加以蟠扎,意如老妇梳妆打扮,若留2干称为双出头,留3干称为三出头(图3-35),也是川派造型之一。

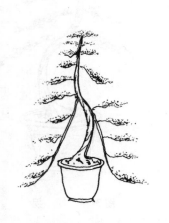

图3-33　大弯垂枝　　　　图3-34　直身加冕　　　　图3-35　老妇梳妆

3.2.5　规则型枝变亚型各式

(32) 屏风式

徽派采用的树型之一，北京丰台也有采用。枝干编成一个平面，有似屏风或"拍子"状，主要见于紫薇、迎春、海棠、梅等。

(33) 平枝式

每一枝盘是由主枝和分枝蟠成卵圆形或扁圆形、阔卵圆形。枝势平稳或微向下倾，无拱翘偏斜。枝盘基部着力表现筋骨，既苍劲又健茂。全株桩头 10～14 盘，左右对称排列，整株雄浑壮观，形若翠塔。此枝盘用途最广，可普遍应用于一切扎片的树形上。

(34) 云片

扬派代表树形。模仿黄山迎客松形态，枝叶平展概括加工而成。一般顶片为圆形，中小片掌状，好似蓝天飘浮的薄云。云片 1～3 层者称之为"台式"（图 3-36）；多层者称之为"巧云式"（图 3-37），云片上下错落，层次分明，平整端庄。

图 3-36　云片（台式）　　　　　　　图 3-37　巧云式

(35) 圆片

苏派造型特点之一，典型树形如上述六台三托一顶枝片所示。

3.2.6　山水类各型

(1) 水盆型

把山石置于浅口水盆（水底盆）中，盆中盛水不盛土，或只在山缝中放些土，以植物、配件作为点缀。这种形式主要用于表现有山有水的自然景观，如桂林山水、太湖风光，海岛、山峡等。它的特点是养护管理方便，如山石上不种植物，盆景可终年放在室内，管理更为方便。

(2) 旱盆型

浅盆中有山石和土而不放水，植物及配件点缀在山石上的，也有点缀在土上的，按照"旱晨"自然景观配植。其管理方法与桩景大致相同。

(3) 水旱型

浅盆中一部分是土壤、山石、树木，而另一部分是水。以山石或树木为主体，配件根据立意巧妙地布置其间。近年来，水旱型盆景发展迅速，表现内容丰富，富于自然野趣。

3.2.7 山水类各式

（1）立山式

山体形式线直立（图 3-38）。

（2）斜山式

山体形式线倾斜（图 3-39）。

图 3-38 立山式

图 3-39 斜山式

（3）横山式

山体形式线横卧（图 3-40）。

（4）悬崖式

一崖悬挂似瀑布状（图 3-41）。

图 3-40 横山式

图 3-41 悬崖式

（5）峭壁式

山体有一面垂直陡峭（图 3-42）。

（6）怪石式

山体形状古怪，甚至像人物、动物造型（图 3-43）。

（7）峡谷式

两山体形成峡谷状（图 3-44）。

（8）瀑布式

山体上有瀑布飞流直下（图 3-45）。

图 3-42　峭壁式

图 3-43　怪石式

图 3-44　峡谷式

图 3-45　瀑布式

(9) 孤峰式

山体只有一个山峰(图 3-46)。

(10) 对山式(偏重式)

山体有二峰，分主次、高低、大小(图 3-47)。

图 3-46　孤峰式

图 3-47　对山式

(11) 开合式

山峰分大、中、小和远、中、近布置(图 3-48)。

(12) 散置式

山体随机散落布置，但有大小、远近之分(图 3-49)。

图 3-48 开合式　　　　　　　　　　　图 3-49 散置式

(13) 群峰式
山体形成层峦叠嶂群峰竞秀之势(图 3-50)。

(14) 石林式
山体为石林景观(图 3-51)。

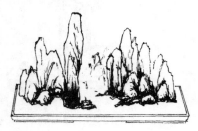

图 3-50 群峰式　　　　　　　　　　　图 3-51 石林式

(15) 溪涧式
山体为小溪山林景观(图 3-52)。

(16) 江湖式
山体为如江或狭湖(图 3-53)。

图 3-52 溪涧式　　　　　　　　　　　图 3-53 江湖式

(17) 水畔式
山体为驳岸岸边景观(图 3-54)。

(18) 岛屿式
山体为海岛景观(图 3-55)。

图 3-54 水畔式

图 3-55 岛屿式

(19) 综合式

山体为江河湖海、森林岛屿皆有(图 3-56)。

(20) 沙漠式

山体为大漠景观(图 3-57),分为挂屏式和异形式(置几案)两种(图 3-58,图 3-59)。

图 3-56 综合式

图 3-57 沙漠式

图 3-58 挂屏式

图 3-59 异形式

思考题

1. 目前我国盆景分类法有哪几种?你赞成哪一种?理由何在?

2. 潘传瑞分类法和彭春生分类法有何区别、有何联系？

3. 请阅读有关分类法(《北京园林》3 期)。

4. 在参考诸家分类法后，你能否提出自己的分类法？

5. 你知道外国盆景怎样分类吗？为什么外国的分类不像中国的如此复杂？

推荐阅读书目

1. 盆景制作与欣赏．姚毓醪，潘仲连，刘延捷．浙江科学技术出版社，1996.

2. 中国盆景．徐晓白，吴诗华，赵庆泉．安徽科学技术出版社，1985.

3. 成都盆景．潘传瑞．四川科学技术出版社，1985.

4. 盆景制作．彭春生，李淑萍．解放军出版社，1990.

5. 盆景桩头蟠扎技艺．陈思甫．四川人民出版社，1982.

6. 中国盆景艺术大观．韦金笙．上海科学技术出版社，1998.

7. 盆栽趣味．周瘦鹃，周铮．上海文化出版社，1957.

8. 中国盆景及其栽培．崔友文．商务印书馆，1948.

第4章 盆景风格及风格类型——流派

[**本章提要**] 本章主要讲述了 3 个问题：有关流派问题的上一些定义、各种盆景流派赏析以及风格、流派理论问题的探讨，它属于哲学范畴。

风格、风格因子、个性、类型、共性、个性与共性的辩证关系、风格类型即流派等是主要的一些概念，也是盆景流派理论的精髓。

流派赏析部分配合多媒体课件从多角度赏析了 8 大传统流派和 8 个创新流派。

4.1 盆景流派概念、划分及属性

4.1.1 概念

为了弄清盆景流派概念，先让阐述一下与它密切相关的美学上的一些概念，其中包括盆景要素、风格、类型等。

(1) 要素（风格因子）

要素是构成事物的必要因素。如词汇是语言的基本要素。那么，构成盆景的必要因素是哪些呢？盆景树木、石料、造型、意境、技法，还有盆器、盆土、几架配件等都是盆景要素。然而，这些要素在盆景中所占的地位并不是等量齐观的，其中材料、造型、技法是构成盆景的重要因素。意境虽说也比较重要，但作为外国桩景（盆栽），并没有意境，它仍不失为盆景。在我国，意境是根据创作者、观赏者的感受或联想、立意而人为加上去的，并非是可见因素。盆景风格常常以盆景的可见主要因素体现出来。这可见主要因素也可以叫做风格因子。如苏派之圆片，扬派之云片，川派之弯拐，岭南派之大树型、高耸型，海派之自然型，浙派之高干型合栽式，徽派之游龙式，通派之二弯半，赵派之水旱式，贺派之风动式……都是决定其风格的主要因子或风格因子。

(2) 风格

风格指作家、艺术家在创作中所表现出来的艺术特色和创作个性。

所谓盆景风格是指盆景艺术家在创作中所表现出来的（可以用眼睛鉴别）艺术特色和创作个性。盆景风格体现在盆景作品内容与形式的各种要素之中，已如上述。盆景内容和形式诸要素大致包括树种、石种、造型、意境、技法、盆器、盆土、配件和几架等。那么，我们要寻找某个或某些盆景的风格就应该从树种、石种、造型、意境、技法、盆、土、配件和几架等方面（尤其是从材料、造型、组合技法）研究它们具有哪些特色和个性。有特色、有个性就叫有风格，反之就是一般化，就是没有形成风格或者风格不明显。

盆景的个人风格系指某个盆景艺术家在其作品的内容和形式的各种要素中所表现出来的艺术特色和创作个性。从本质上来说，盆景个人风格很大程度上来自于盆景作者本人的个性特点。由于我国历史悠久。地域辽阔，自然地理条件各异，盆景资源不一，人口众多，不同时代、不同阶层、不同民族、不同职业、不同年龄、不同经历和不同文化艺术素养的盆景创作者，有着多样的生活习俗、文化传统、审美意识和艺术爱好，因而他们的个性特点，严格地说都是有差异的，因而他们的作品也就表现出了各种不同的特色：粗犷或细腻，端庄或诙谐，抒情或哲理，自然或规则，仿真或求古，清秀或雄壮，苍劲或妩媚等，造成数也数不清的个人风格。盆景个人风格中的佼佼者，很可能就是未来地方风格或流派的雏形。弄清了盆景的个人风格，那么，盆景的地方风格、民族风格等也就不难理解。

（3）类型

类型是指按照事物的共同性质、特点而形成的类别。如苏州、无锡、常州、常熟一带的盆景是六台三托一顶类型和圆片类型。扬州、泰州、泰兴、盐城一带的盆景是云片类型，……全国各地还流行着一种水旱树石盆景类型，等等。它们在造型上都有着共同特征，因而都称其为一种类型。实质上是指盆景的共性、一致性、统一性而言。缺少类型的盆景风格只能属于个人风格而不能称其为流派。类型有大小之分，因之，流派亦就有了大小之别。

（4）流派

流派是指学术思想或文艺创作方面因风格类型之差异而形成的派别，从另一个角度来看，风格类型也就是艺术流派。

所谓盆景流派就是盆景创作和盆景学术理论方面因风格类型之差异而形成的派别，换句话说，盆景的风格类型就是盆景流派。一般说来，盆景艺术流派是一批风格、观点相近的盆景艺术家或理论家自觉或不自觉形成的，他们或者由于其作品造型、形式上的共同点，或者由于所用树种、石种的一致，或者由于创作技法上的接近，或者由于学术观点上的一样，而与另一些风格、观点相近的盆景艺术家、理论家相区别，从而出现不同风格类型即不同流派。

（5）盆景的地方风格

盆景地方风格是指某一地域的盆景艺术家们在盆景作品中表现出来的地方艺术特色和创作个性。一种盆景地方风格就是一种盆景风格类型或一个盆景地方流派，就是说，地方风格和地方流派是同义词，比如说，徐晓白先生在《盆景》中称盆景的地方风格为扬州风格、苏州风格、四川风格、安徽风格、岭南风格、上海风格；而在他主编的另一本专著《中国盆景》中则称盆景的艺术流派为扬派、苏派……可见，地方风格和地方流派的含义是一样的，只是叫法不同而已。

（6）盆景的民族风格

盆景民族风格是指一个民族或一个国家盆景个人风格、地方风格、艺术流派的特点的总和。

所谓中国盆景民族风格就是指中华民族的盆景艺术家们在其创作的盆景艺术品中所表现出来的总的艺术特色和创作个性。它同样包含在盆景作品内容和形式的各种要素中，它只能在与世界各国各民族的盆景交流、盆景贸易中表现出来。更具体地讲，中国盆景各流派、地方风格和个人风格的优秀作品在外国人、外民族看来，就集中地体现了中华民族的特点和个性，或者称做"具有中华民族特色的中国派"。中国盆景民族风格的特点是：①它是在中华大地上诞生和成长起来的，它和中国传统盆栽园艺、中国诗词歌赋、中国画艺术、书法艺术、陶瓷艺术、插花艺术、雕塑艺术、石玩艺术、园林艺术等都有着密切联系，为龙的传人所喜闻乐见，是具有鲜明的本民族特点的独特艺术形式；②在用料上，中国的树种、石料、盆器、几架、配件，都显示十足的中国味，十足的中国人气质；③在立意上讲究诗情画意，尤其注重意境的创造，强调源于自然，高于自然，而不是自然美高于一切，还有拟人化等；④在造型上，有扬派的云片、川派的弯拐、徽派的游龙、苏派的圆片、岭南派的大树型和高耸型……丰富多彩，形式多样，流派纷呈，是其他国家所没有的；⑤在艺术整体上是典型的中国传统形式，讲究一景、二盆、三几架协调统一；⑥在技法上，它是中国画论、园艺栽培、园林艺术等技艺的娴熟应用，都是中国气派。可见，中国盆景的民族风格早已客观存在。中国盆景的这些特点，是中国盆景的共性，但拿到世界上，对于其他国家、民族的盆景说来，都又成了个性的东西了，这是矛盾论中共性与个性的辩证法则所规定的。我们的民族风格就叫做中国派。

日本盆栽（桩景）虽源于中国，但其民族风格却与我们中华民族的大不一样。日本盆栽形式虽也不少，但其主体都无疑是三角形（指 V 面投影）。他们视富士山为民族精神的象征。三角形在日本文化中如影随形，不论武士坐姿、茶道仪式、盆栽造型、生活起居概莫能外。这里有其深刻的历史文化背景所在。日本盆栽只提"国魂""国风"，而不提地方风格，是因为地域狭窄的缘故。不过，日本风格在当今世界上影响可谓大矣。

（7）盆景的个人风格、地方流派和民族风格的辩证关系

盆景的个人风格是形成流派、民族风格的物质基础。盆景的个人风格、地方流派、风格类型，尤其是各个流派的优秀作品都集中地体现了本民族盆景的特点和精华，所以，各流派是民族风格的集中体现。

个人风格、地方流派和其他风格类型都是在一定历史时期，在民族风格前提和制约下形成的，民族风格也只能通过个人风格、地方风格或地方流派等各种风格类型体现出来。所有这些就是它们之间的辩证关系。

4.1.2 盆景流派的划分及命名

盆景流派的划分就是按风格划分成多少个类型，其中的问题包括：①盆景流派是由谁来划分的；②如何划分；③20 世纪 80 年代的划分情况；④本书的划分法；⑤盆景流派命名法。

4.1.2.1　盆景流派由谁划分和如何划分

当代美学权威王朝闻先生说:"风格类型是艺术评论家从大量不同风格的作品的比较研究中总结出来的,是对各个不同作品的风格进行归纳、分类,研究了它们的共性的结果……例如,刘勰《文心雕龙》中所归纳的'八体',肖子显在《南齐书文学传说》中把齐梁时期文学风格分为三大类型,司空图在其《诗品》中将诗分为二十四品等等,都是他们对风格类型的研究成果。"

由此可见,盆景流派不是盆景创作者自封的,不能把自己的盆景作品想叫什么派就叫什么派;盆景风格类型也不是由行政命令决定的,更不是某个盆景学术团体(学会、协会、研究会)开会表决出来的。盆景流派划分应该是由盆景艺术评论家根据盆景流派的实际发展情况而总结、划分出来的。盆景艺术评论家能否准确地、客观地、公正地划分盆景流派,取决于他们的学术水平和对全国各地、个人一系列作品全面的而不是片面的第一手材料的把握。具体地说,评论家要做到吃透"两头"和两个正确区分。

所谓吃透"两头",就是一要吃透"上头",即美学权威对于盆景流派定义含义的准确理解,即有一定的学术水平;二要吃透"下头",即对来自全国各地、各家大量而不是少量盆景进行深入细致的调查研究,不能走马观花,不能投其所好地挑着看一看,更不能事先带着某种偏见或人情(如地方保护主义倾向)和结论去进行考察。在总结中要反复观察、反复比较、反复深入研究。首先找出各自在选材、造型、技法、形式等方面的风格特点,看看哪些作品在国内盆景界独树一帜,自成一家,而后再分析这些作品有哪些共同点,能够构成多少个风格类型,这样,划分流派就做到心中有数了。

在具体划分中,要做到两个正确区分:①正确区分是不是国内第一流且独树一帜。假如说在国内评奖中从未获奖,则一般不必去考虑,否则会降低流派的标准。再者就是在博采众长中有独家之长,在造型技法、盆景形式、所用材料、学术观点方面独树一帜、自成一家;有独家所长。倘若只是博采众长,唯独没有自己所长,那也不必考虑。"以老见长",非也,谁家树桩不苍老?"老"是众家所共有的东西,并非一家之个性。②正确区分是个人风格还是类型。区分之关键是有无作者群。无该风格的作者群即为个人风格,有该风格的作者群即为风格类型或流派。过去的地方流派或地方风格,其作者群都是按地域"块块"分布的,比较容易发现也容易理解,如川派的作者群在四川,扬派的作者群分布在扬州、泰州等;而今创新流派的作者群大多是按"点"分布的,有些人对此不好理解,因此,最初不承认这些流派或类型的存在,一向将其漏划。如赵氏水旱盆景、胡氏壁挂盆景等,他们的作者群不完全分布在扬州、上海,而是按风格分布在全国各地,也就是说,在全国好多地方都能找到这些风格的作者。

因此,本书提出一个划分盆景流派的新标准供大家参考:①是否达到了国内先进水平;②在造型技法、材料、形式、观点某一方面,是否独树一帜、自成一家、形成风格;③有无该风格的作者群(一群艺术家或理论家)。

4.1.2.2 20世纪80年代研究成果

由于评论家们对"两头"吃透的程度、理解的深度、掌握的标准不尽相同，因而在20世纪80年代盆景流派划分中出现了众说纷纭的现象，归纳起来，大致有11种说法。

（1）一大流派之说

"我主张大家叫中国派……愿大家共同努力，创立具有民族风格的中国派！"（耐翁《关于盆景流派之我见》. 花木盆景，1986（5）：10. ）。

（2）两大流派之说

①"就树桩盆景而言，目前主要有南北两大派系，南派以广东为主，还有广西、福建等地称岭南派，其枝叶多不成片，特点是苍劲自然、飘逸豪放；北派以长江流域的上海、苏州、扬州、成都、南通、杭州等为代表，盆中树木枝叶成片状，层次分明。"（胡运骅《上海盆景欣赏与制作》. 金盾出版社，1990. ）。

②"那么，我国目前到底有多少流派呢？我认为，只能分为两大流派"。（胡乐国《盆景艺术的风格流派及其鉴赏初探》. 中国盆景学术论文集·花木盆景，1986. ）。

（3）两宗之说

"我们不妨将川派、徽派、苏派、扬派、通派笼统地称之'北宗'；将岭南派所辖两广、福建地域内各具地方特色的盆景合起来冠以'南宗'。南北两宗分属于不同时代"。（俞剑岳，陈祖刚《探讨盆景艺术表现力的开发——论盆景传统的反思》. 中国盆景学术论文集·花木盆景，1986. ）。

（4）三大流派之说

"从地域、选材、手法和整体造型等方面分析，我以为我国现代桩景风格、流派已不再是北派与岭南派两军对峙局面，而已形成了以成都、扬州和南通等地为代表的北派；以厦门和广州等地为代表的岭南派与以苏州、杭州和上海等地为代表的苏派这现代桩景三大主要流派的三足鼎立之势。"（蔡昌茂《也谈我国现代桩景的风格流派》. 中国花卉盆景，1986（4））。

（5）五个流派之说

"我国盆景可以大致分为五个派别：岭南盆景、上海盆景、扬州盆景、苏州盆景和四川盆景"。（潘传瑞《成都盆景》修订本. 四川科学技术出版社，1985. ）。

（6）六个地方风格之说

盆景的地方风格有"扬州风格、苏州风格、四川风格、安徽风格、岭南风格、上海风格"。（徐晓白，张人龙，赵庆泉《盆景》目录. 中国建筑工业出版社，1979. ）。

（7）七个流派之说

"盆景的艺术流派主要有扬派、苏派、川派、岭南派、徽派、通派、海派等等"。（徐晓白，吴诗华，赵庆泉《中国盆景》. 安徽科学技术出版社，1985. ）。

（8）八大流派之说

①"现存盆景主要地方流派：苏州盆景、岭南盆景、扬州盆景、上海盆景、四川盆景、浙江盆景、南通盆景、徽州盆景"。（姚毓醪，潘仲连，刘延捷《盆景制作与欣

赏》目录．浙江科学技术出版社，1986．）。

②"目前，我国……盆景流派（实为桩景流派）有岭南派、浙派、海派、苏派、扬派、通派、川派和徽派，统称八大流派"。（彭春生，李淑萍《盆景制作》．解放军出版社，1990．）。

（9）只提风格不提流派

"我觉得现在的'派'字带着浓厚的地方气味，不利于盆景艺术进步，有时倒起了不少副作用，还是采用'风格'的提法好，创立各自的'风格'团体"。（耐翁《关于盆景流派之我见》．中国盆景学术论文集．花木盆景，1986．）。

（10）无派之说

①"现代盆景应无流派"（陈茂林《现代盆景应无流派》．中国花卉盆景，1987（11））。

②"水平达到互相接近的时候，有派又归于无派"。（耐翁《中国盆景学术论文集》．花木盆景，1986．）。

（11）以人划派之说

《岭南盆景艺术与技法》作者刘仲明、刘小翎在其专著中，谈到了孔派、素派、陆学明大飘枝和"酸味黄"。实则以人划派。

以上这些划派方法，各有所长，都属于盆景流派划分的研究成果，在我国盆景流派划分的研究上都具有一定的学术价值，占有一定的学术地位，它反映了人们从不同侧面认识事物的渐进过程。

综上所述，中国盆景流派划分法共有 4 种：①以地划派，亦称以型划派。这是绝大多数人的主张。如上述"（1）、（2）、（4）、（5）、（6）、（7）、（8）"皆是。②以时代划派。上述中"（3）"是以时代来划分的，将其分为古典的和现代的。③以风格类型划派。第"（9）"中提到了以"风格团体"划派，也即以风格类型划派。④以人划派。"（11）"是按姓氏即以人划派。

4.1.2.3　中国盆景流派综合划分系统

从上述 20 世纪 80 年代中国盆景流派划分的研究成果不难看出，有关盆景流派的理论不够完善，需要进一步发展和完善。由于现代盆景信息"开放型"传递方式、速度与旧时代和过去"地方封闭型"传递方式、速度相比，已经发生了根本的改变，频繁的盆景展览、电脑网络、电视、电台、报刊、杂志、通信、会议等，使得有些盆景创新风格传播得异常迅速，能很快在国内各地形成一种跨省跨地区的风格团体或风格类型，或创新流派。在这一点上说来，过去传统的以地划派的思维方式就显得有些不足了。不发展原来的划派理论，这些跨省、跨市、跨地区的风格类型即创新流派，就会被漏划，而在流派园地里没有一席之地，事实上也是如此。迄今为止，有谁把赵庆泉的水旱树石盆景这个跨越地区分布的风格类型叫做赵派呢？没有。这种总是把跨地域的风格类型排斥在流派园地之外的现象，对于发展中国盆景流派、繁荣盆景事业是十分不利的。盆景流派理论的现状，说明非常需要一个比较综合的、系统的、完整的盆景流派划分理论体系，这就是本书提出综合划分法的全部理由和依据。

博采划派方面的众家之长，现提出 20 世纪 80 年代"类—类型—派—小派"四级分类系统。

（1）类

根据流派是以地划派还是以人划派而将盆景流派分为传统类和创新类两大类。

（2）类型

①传统类中再根据时代、形式之不同而划分为古典规则风格类型和现代自然风格类型。

②创新类中也根据时代、形式（或内容）不同而划分为形式创新风格类型、材料创新风格类型以及造型创新风格类型。

（3）派（图 4-1 至图 4-9）

①古典规则风格类型包括苏派、扬派、川派、徽派、通派、滇派，号称古典桩景六大派。它们都是按照一定格律、口诀造型的地方流派。现代自然风格类型包括岭南派、海派、浙派、中州派、闽派，号称现代桩景五大派。它们都是偏重于自然型，都不是按一定格律、口诀造型的地方流派。

②现代形式创新风格类型包括赵派水旱盆景、贺秦派超大型组合盆景、吕派微型

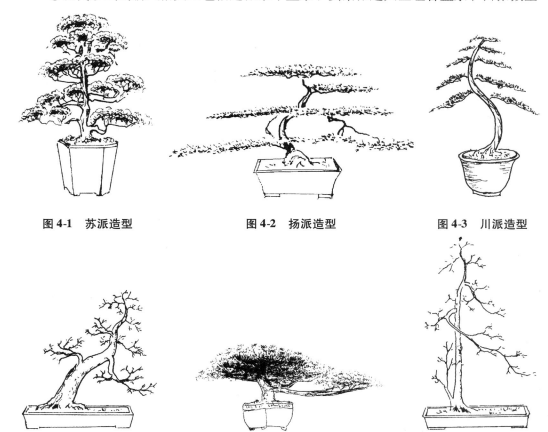

图 4-1　苏派造型　　　　　图 4-2　扬派造型　　　　　图 4-3　川派造型

图 4-4　岭南大树型　　　　图 4-5　海派自然型　　　　图 4-6　岭南派高耸型

图 4-7　浙派造型　　**图 4-8　徽派游龙式**　　**图 4-9　通派鞠躬式**

盆景、胡派壁挂盆景、戴派异型盆景、张派砚式盆景。现代材料创新风格类型包括张派果树盆景、周派京桩盆景、于派小菊盆景、石派天山圆柏盆景。现代造型创新风格类型包括贺派动势盆景、张派超悬崖盆景。

（4）小流派

很多流派是由一些小流派或小范围地方风格或新旧派组成的。如苏派有新旧派之分（旧派六台三托一顶，新派圆片）；川派分东派、西派；徽派分旧派、新派（游龙式为旧派，小游龙为新派）；通派分旧派、新派（旧派二弯半，新派为自然型圆片）；岭南派由孔派、素派、陆派和"酸味黄"组成；浙派有杭州风格、温州风格和黄岩风格；中州派有张瑞堂、王选民的垂枝桧柳风格类型，还有李春泰等人的圆片式桧柳风格类型；闽派有 4 个小流派：杨派象形盆景、许派附石榕景、许派倒栽榕盆景、傅派附石悬崖盆景或厦门风格。

表 4-1　桩景八大流派简介

派别	分布地域	代表人物	常用树种	造型特点	技法	艺术风格
苏派	苏州、无锡、常州、常熟	周瘦鹃，朱子安	雀梅、榆、枫、梅、石榴	圆片，六台三托一顶为典型树形	粗扎细剪（棕丝蟠扎）	清秀古雅
扬派	扬州、泰州、泰兴、盐城	万觐堂，王寿山	松、柏、榆、杨（黄杨）	云片，寸枝三弯	精扎细剪（棕丝蟠扎）	严整壮观
川派	成都、重庆、灌县、温江	李宗玉、冯灌父、陈思甫、潘传瑞	金弹子、六月雪、贴梗海棠、竹、花果类	规则型为主弯弯拐拐	讲究身法（棕丝蟠扎）	虬曲多姿、典雅清秀
岭南派	广东、广西、福建	孔泰初、陆学明，莫眠府、素仁	榕、榆、雀梅、九里香、福建茶	大树型、高耸型、大飘枝	蓄枝截干	苍劲自然、飘逸豪放
海派	上海	殷志敏，胡运骅	松柏类为主，锦松、真柏	微型，自然型	金属丝缠绕	明快流畅，精巧玲珑
浙派	杭州、温州	潘仲连，胡乐国	五针松为主	高干型合栽式	针叶树以扎为主，阔叶树以剪为主	刚劲自然，有时代气息
徽派	歙县、绩溪、休宁、黟县	宋钟铃	梅、黄山松、柏、檵木	规则型为主，游龙式	粗扎粗剪（棕皮树筋）	奇特古朴
通派	南通、如皋	朱宝祥	小叶罗汉松为主	两弯半	以扎为主（棕丝蟠扎）	端庄雄伟

为了使读者一目了然，现将 20 世纪 80 年代综合划派系统归纳如表 4-1。
①传统类各派系

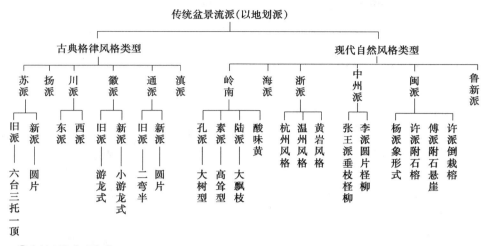

②创新类各派系
详见第 10 章内容。
③山水盆景流派

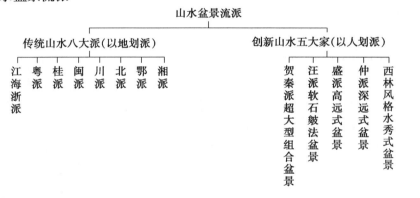

④盆景学派之划分

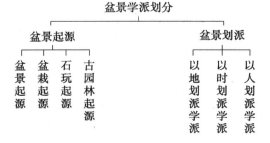

4.1.2.4 流派命名法

（1）传统地方流派命名法

传统地方流派，仍坚持以地称派，即过去的按地名命名法，如苏派、川派、扬派、浙派、岭南派、海派、徽派、通派、中州派、闽派。因为大家都已经叫习惯了，况且国内外都这么称呼，故而不宜改动。

（2）创新流派命名法

对于创新流派，除少数外如鲁新派，绝大多数不宜以地称派，因为其作者群大多不是按地域范围分布的，故采取以"人（姓氏）+ 风格类型"来划分和称呼流派。本书称做双词命名法。如赵氏水旱树石盆景、贺氏动势盆景、张氏果树盆景、于氏小菊盆景，依此类推。

"风格即其人"，以风格划派和以人划派原则上是一致的。风格、流派归根结底是人创造出来的，历史是人民创造的，所以划派问题上应该突出人。但由于单独以人（以姓氏）划派会出现姓氏重复混乱现象，如张派之"张"，是指张尊中呢？还是指张瑞堂、张夷、张国森呢？令人费解。倘只以风格类型而不加姓氏称派，如水旱盆景派、果树盆景派……则会出现传统划派中见物不见人的倾向，也会出现混乱。故而采用"姓氏 + 风格类型"二个因子（或二元或双词）命名较为科学些。当你提起赵氏水旱式时，不但能想起赵庆泉其人，并且能使对方知道其风格特点是个什么样子，给人以深刻印象。

关于流派代表人物的确定，其原则有三点：①传统地方流派，由当代该流派作者群中最有影响、最有权威的人物组成。如苏派之周瘦鹃、朱子安；扬派之万觐棠、王寿山；川派之陈思甫、李忠玉；通派之朱宝祥、花汉民等，这也是大家公认的。其各派创始人大多已无法考证。②创新流派创始人自然是当之无愧的该派代表人物。如胡氏壁挂盆景之胡荣庆、戴氏异形盆景之戴修信，石氏新疆圆柏盆景之石启业，于氏小菊盆景之于锡昭等。③创新流派中还有一种情况，即某种盆景风格类型并非是当代某人创造发明的，但在 20 世纪 80 年代以后此人创作得最好，在国内盆景界独树一帜，自成一家，那么，他就应当是这种风格类型的代表人物。如赵氏水旱盆景之赵庆泉、张氏果树盆景之张尊中、贺氏动势盆景之贺淦荪等，皆属于此种情况。

创新流派也不一定全都以人称派，对于在材料上（因为有的材料分布局限性很大）创新的新派，也可以人称派，也可以地称派，如石氏天山圆柏盆景和鲁新派侧柏盆景，但周氏京桩盆景就不能叫北京派或北京风格，因为北京还有别的风格类型。

（3）主流命名法

在一定时期内盆景界占统治地位的大流派往往概括为某种主义，如桩景古典主义、桩景现实主义、桩景"双革"主义等。

4.1.3 盆景流派的属性

为了加深对盆景的理解和认识，在这里我们不妨剖析一下盆景流派的属性。

(1)盆景流派的客观性

过去，由于交通闭塞、信息落后，交流困难，因而盆景流派形成于一地，亦发展于一地，因此人们对于地方流派的出现比较容易理解；而到了现代，上述情况已经发生了根本的变化，因而认为"现代盆景应无流派"了，"强调流派的做法，对于现代盆景已经没有多大意义"了。事实上恰恰相反，当代盆景正是由于风格林立、流派纷呈才显示出盆景事业生机勃勃的繁荣景象的。

流派乃中国盆景艺术中一种客观存在的艺术现象，是盆景艺术发展到一定阶段的必然产物，就其本质说来，它是矛盾特殊性与普遍性对立统一关系的反映，或者说是盆景创作个性与共性对立统一的反映。而由于在任何时候人们的审美思想是千差万别的，反映到盆景的创作个体上也是千差万别的，这种对立统一关系是永远也消灭不了的，旧的打破了，新的又会出现，流派不是没有了，而是被新的流派所代替了，形式复归，内容上进。所以，只要存在着创作个体上的差异，就会有风格差异，就会有评论家出来归纳、总结风格类型，这不是说我们不承认它，它就不存在。就像京剧、书法、绘画等艺术中风格、流派的存在和更替一样，永远也不会终结。

(2)流派的时代性

流派的发生、发展和衰败是受时代所制约的。流派的时代性决定于某一时代的社会物质生活条件所产生的某种占主导地位的审美需要和审美思想。作者的审美观、创作思想、艺术情趣以及技艺必是他所处时代经济基础、政治、哲学和其他各种文化艺术、社会风尚以及个人生活经历综合影响的结果，随着时代的变迁，人们审美思想的进步，有些新流派诞生了，有些旧流派消亡了，这是必然的。就是风格区分为怎样一些类型，这些类型具有什么样的意义，也决定于某一时代、某一阶级的社会生活、审美思想和艺术发展的状况。因此，如前所述，不能设想有某种适用于一切时代的风格类型即流派存在。一个流派它可以只存在于一个时代，活跃于一个时期，也可以有相当长远的继承性和连续性。虽然有些流派在不同时代同样存在着，但它们所包含的具体内容在各个时代是不同的。

当一个流派比较突出地反映了某一时代的社会思潮和审美思想，并在造型或表现方法上有所创新时，它就可能成为在该时期占统治地位的流派，这样的流派往往概括为某种主义。如20世纪80年代以前，传统的规则造型的苏派、扬派、川派、通派、徽派在盆景界占统治地位，我们把它们归纳为盆景古典主义；进入80年代以后，有创新韵味的自然型盆景占了统治地位，我们把它们归纳为盆景的"双革"主义(革命现实主义与革命浪漫主义相结合，下同)。

(3)盆景流派的区域性

尤其在过去，中国盆景的教育方式是师傅带徒弟(包括父子相传在内)，加之交通不畅、信息闭塞，因此，往往形成相对稳定的"门户家教"，按其比较固定的模式，一代一代往下传，并进而提出一套套的"清规戒律"和鉴赏标准，天长日久，这种门户之见就形成了封建家长式的地方传统，加之地方文化、习俗、植物、石料资源、气候条件等地理学上的因素和区域性限制，因而形成了盆景流派的区域性，以至于流派的名称也用地名命名之。即使到了现代，这种区域性还依然存在，未来的盆景流派转而以人以艺术风格划分，将会使这种区域性的限制大大减弱，以至于在某些盆景流派中完全消失，如赵氏水旱树石盆景、于氏小菊盆景、张氏果树盆景等，东西南北中，处处都有流传。虽然由于地域差异的绝对性，地方流派也许会永久存在下去，但总的趋势在减弱。

（4）盆景流派的成熟性与保守性

流派的成熟性与保守性是由于风格类型中的"类型"所决定的。类型是与典型相对的一种艺术现象，"类型"强调风格的一致性会导致作品的雷同，以至于产生程式化、概念化。一般说来，流派的出现是艺术家创作达到成熟的重要标志，往往代表着一个艺术家创作的最高水平。然而，世间一切事物都有其两面性，流派一旦形成后，那种程式化、概念化的东西就很难打破而成为向前发展的思想桎梏，成为进一步创新的思想阻力，当然，这种阻力也并非是完全打不破的，旧派区也会冒出新风格来。

（5）盆景流派的可创性

这个问题将在本章的盆景流派的形成与发展中谈及。

（6）盆景流派的多样性

多样性也是盆景流派的客观属性，主要是由以下几个因素决定的：

①盆景材料种类（树种、石料）的多样性；

②盆景造型的多样性；

③盆景反映出来的大千世界的自然景观、社会生活的多样性；

④不同盆景艺术家思想情感、生活经验、审美思想、创作才华的多样化；

⑤同一盆景艺术家不同时期不同作品中的多样性；

⑥群众层次的多样性，他们对盆景艺术的需求和爱好的多样性。

我国古代许多有关艺术史的著作表明，艺术繁荣的时代，往往伴随着艺术风格、流派的多样化而发展。

辩证地把握多样性与一致性的统一，对于正确认识艺术风格和流派问题具有重要的意义，只承认多样性而否认一致性，必然导致否定风格、流派的时代性、阶级性、民族性；相反，否认多样性，而只承认一致性，一味地强调创民族风格、创中国派，在创作上必然会导致千篇一律，阻碍盆景艺术的繁荣和发展。

（7）盆景流派与民族风格的一致性

我们不要把发展盆景流派和发展盆景民族风格对立起来看待，其实二者是一致的，中国盆景民族风格是各个盆景流派的总和。

4.2 盆景流派的形成与发展

4.2.1 盆景流派的形成

（1）人们对盆景流派形成的认识

20 世纪 80 年代，国内在围绕着盆景流派形成的学术问题上，争论得也比较热烈，但归纳起来有两种观点：

①盆景流派是自然形成的　此种观点认为风格不是创出来的，流派也不是创出来的，是自然形成的。倘为创派而创派，其结果会落入形式主义泥坑。

②盆景风格、流派是可创的　此种观点提出创风格、创流派。持这种观点的人认为：盆景流派归根结底是人创造出来的，人们在认识到流派形成规律之后，完全可以发挥人的主观能动性，创出新风格新流派来。

其实，两种观点道出了流派形成一个问题的两个侧面。过去的苏派、扬派、川派、岭南派、海派、徽派、通派，都是自然或不自觉经过长期过程而形成的，每代名师都认为那么做就美，别的做法就不美，压根儿就没有想到要创派，但经过长期流传下来就成了派。这就是说，在人们没有认识到流派形成规律之前，形成流派是无意识的或自然的。而在人们认识到盆景流派形成的规律之后，提出创派，朝着流派标准去努力，也是可能奏效的，如浙派、中州派、闽派和诸如很多跨地区的创新流派，都是很有说服力的实例。

盆景流派形成规律是能够被人们所认识的。它的形成看来与盆景艺术家的创作个性形成与发展，盆景个人风格的传播和风格类型的形成密切相关。因此，先从盆景的创作个性谈起。

（2）盆景艺术家创作个性的形成与发展

每个盆景艺术家的创作活动中都带有各不相同的特点，这种表现在盆景艺术家的创作活动和作品中，使一个盆景艺术家同其他所有盆景艺术家相区别的特殊性，就是盆景艺术家的创作个性。

①创作个性形成内因　盆景艺术家审美意识的个性差异是产生盆景创作个性的思想基础或内因。人们对现实（社会现实、自然景观现实）的审美意识同个人的爱好、趣味、艺术修养相关，具有无限丰富多样的个性差异，因盆景创作是盆景艺术家的自然美、社会美和艺术美的审美意识的表现，因此，它不可避免地要显示出不同盆景艺术家的个性差异来。换句话说，盆景艺术的创作个性，也就是盆景艺术家的审美意识的个性差异在盆景艺术创作上的特殊表现。

我们不能把盆景的创作个性理解为盆景艺术家主观随意性的东西，审美主体个人主观方面的特点，只有同时又恰好是客观存在的美的一种独特的反映，才能形成真正的创作个性。相反地，如果其盆景作品不包含客观的美的内容，那么，不论它如何独特，都不可能构成与群众的审美需要相适应的盆景艺术家所特有的创作个性。如果盆景创作者把盆景创作个性理解为主观随意的东西，那么，他的创作个性难免是一种虚假的不具有客观的美学价值的东西。

总之，盆景创作个性，从内因来看是一个盆景艺术家在一定的生活实践、艺术实践、世界观和艺术修养基础上所形成的独特的生活经验、艺术经验、思想情感、个人气质、审美思想以及创作才能的结晶。这种创作个性集中体现在其艺术作品的形式与内容的要素之中。

每一个具有自己鲜明的创作个性的盆景艺术家，对客观存在的自然景观、社会现实的美都有一种不同于其他盆景艺术家的独特的感受力，特别适合于敏锐地捕捉那打动他的某一种特殊的美。这种和盆景艺术家的个性气质、天才相连的独特的审美感受的能力，就是构成盆景艺术家的创作个性的最基本的东西。如果盆景艺术家对现实的审美感受没有他自己独特的敏感性，他就不可能形成自己所特有的创作个性。

②创作个性形成的外因　盆景艺术家所处的环境条件是形成其创作个性的外部因素，环境条件包括家庭环境、时代社会环境、民族、阶级环境、地理环境、地方人文环境、生活习俗及盆景信息接受传媒方式等。

③创作个性的形成与发展　盆景艺术家创作个性的形成也遵循着内因是根据、外因是条件，外因通过内因而起作用这一客观规律。应该说，它是内因、外因即天时、地利、人为综合起作用的结果，缺一不可。

在形成创作个性的过程中，外因是必不可少的。常言道"艺术家是时代的产儿"，盆景艺术家也不例外。从社会历史发展看，一定历史时代的审美需要对盆景艺术家的创作个性的形成有着非常重要的影响，它规定着盆景艺术家朝着怎样的方向去形成和发展自己的创作个性，并给他的创作个性打上深刻的社会历史的烙印，赋予它以具体的社会历史内容。

不论盆景艺术家是不是意识到这一点，他的盆景作品的命运决定于这些作品能否满足一定时代的一定社会统治阶级或民众的审美要求，他的盆景创作个性不可能不受到时代的审美要求的影响。明清封建时代的古典盆景适合地主阶级的审美情趣，而现代自然型盆景适合当前群众的审美趣味就是这个道理。

社会历史、地理因素对于盆景创作个性形成所起的作用也表现在地方文化、习俗、地方文学、诗歌、绘画、雕塑以及乡土树种、石种等方面的影响。如苏州之"吴门画派"、扬州之"扬州八怪"、徽州之"新安画派"、岭南之"岭南画派"、浙派之"刘松年笔意"等，都对当地盆景艺术的创作个性的形成起着重要影响作用。

社会历史因素对于盆景艺术家创作个性形成所起的作用，还表现在传统的继承和同时代盆景艺术家之间的互相影响方面。盆景艺术家只有广泛地从前代大师的成就中吸取适合自己需要的营养，方能丰富和发展自己的创作个性。每个盆景艺术家创作个性的形成，都同对前代的盆景艺术的伟大创造的批判继承分不开。大量的事实告诉我们，盆景艺术家在形成自己的创作个性之前，最初都要经历对前代盆景艺术家精品的摹仿这样一个幼稚的阶段。艺术都是从摹仿开始的，这既是学习汲取前人的成就所必需的，又是通过了解前人的成就从中受到启发，进而发现自己特有的个性气质所必需的。但是，如果忽视自己的个性气质，止于机械地模仿前人，就是一种不利于形成创作个性的因素。有个著名盆景艺术家说得好："我们要博采众家之长，但不能简单地摹仿别人，因为艺术是有个性的，太像别人，就没有自己了。"所以，摹仿只应该成为盆景艺术家形成自己的创作个性的一种必要的准备和手段，它本身绝不是目的。

盆景艺术家的创作要避免与他人雷同，首要的一点，就是必须在对复杂社会现实和千姿百态的自然景观的认识方面多下功夫，努力发掘别人尚未认识或认识不深的方面、特点和意义，争取达到感受与认识的新的高度和深度，这样才能产生具有美学价值的创新，才能为创作个性的形成发展打下牢固的基础。否则就难免流于平庸，形成盆景作品"千人一面"。

对于创作个性探索的艰苦性，有时由于外部条件的影响而变得复杂化，尤其是腐朽的审美需要在社会上占统治地位的时候。所以，盆景艺术家为形成与新的审美需要相适应的创作个性，不但需要在艺术上进行紧张艰苦的探索，而且还要同腐朽的、保守的审美思想作斗争。

为了有利于创作个性的形成，盆景艺术家应当既了解社会的健康的审美需要，同时又要了解自己的个性气质的特点和优点之所在，在长期的生活实践和艺术实践中，扬长避短，通过充分发展自己个性气质的优越性，去找到自己的个性气质同社会的审美需要的联结点或通道，最后形成自己所特有的创作个性。历史上许多艺术家的经验告诉我们，发挥自己的个性气质之所长，而避其短，对艺术家创作个性的形成具有重要意义。相反，偏要追求某种同自己的个性气质格格不入的创作个性，其结果只能遭到丧失个性的失败或造成走弯路的结局。

盆景艺术家创作个性形成之后，并不是一成不变的，而是自觉或不自觉地处在变化之中。一种是量的变化，一种是质的变化，使之更完善更成熟。因此，盆景艺术家的创作个性形成之后，还需要不断地丰富和完善，只有这样，他的创作个性才可能保持着崭新的生命力。否则这种个性会一天天变得淡漠起来，甚至像影子似地消失掉。

对于盆景艺术家来说，为了不断强化自己的创作个性，最重要的是始终努力保持着自己对生活、自然所特有的活跃的和新鲜的感受，在深入生活的过程中不断开拓自己的创作新领域，并且在对盆景艺术的形式、造型、技法、树种、石种诸方面，孜孜不倦地进行探索性的艺术实践，始终不满足于已取得的成就，不断地从"零"开始。如果艺术家总是用同一种方式讲述着人们已经听厌了的故事，那么，他的创作个性虽仍存在，然而他的艺术生命却已经完结了。

综上所述，盆景艺术家创作个性的形成不只是一种个人的现象，而是一种社会的历史的现象，史实告诉我们，某门艺术高度繁荣的时期，也正是艺术家的多种多样的创作个性得到充分发展的时期。相反，当艺术走向衰退的时候，艺术家的创作个性就会变得模糊不清、单调一律，或者用各种主观随意的虚假的创作个性来冒充真正的创作个性。当然，盆景艺术也包括在内。

当强调盆景艺术家的创作个性时，虽说他们也有共同点，但他们之间的相互区别却占着优势，个人的独特性显得十分突出。

(3) 盆景个人风格及其传播方式

当一个盆景艺术家一系列作品中具有显著的创作个性时，也就具备了盆景的个人风格。艺术风格也就是创作个性的具体表现。

衡量一个盆景艺术家的作品是否已经形成个人风格，只要将这个盆景艺术家的一系列作品与全国各地盆景比较，如果他（她）的作品在形式上、造型技法上、树种或石种上独树一帜、自成一家，即具备了创作个性也即具备了个人风格。这种个人风格只要得到流传，出现一个这种风格的作者群，那就形成盆景风格类型即盆景流派了。现在来讨论一下盆景个人风格的传播方式。

①家教　多出现在盆景世家，是种世袭关系，它是形成地方流派的一个重要途径。

②拜师　古今也有。通过拜师方式把个人风格言传身教传出去，从而形成地方风

格或风格类型。

③教学　盆景教学对于学派的形成发展起着至关重要的作用。盆景教学一般都强调盆景基本理论、基本知识和基本技法的传授，因而，它对形成盆景风格类型似乎作用不大。个别专题教导除外。

④展览　通过全国的、地方的盆景展览活动，盆景艺术家的个人风格能够得到迅速传播，从而形成跨地区的风格类型即流派。

⑤现代信息渠道传播　如电视、盆景报刊杂志、电台等，也能使盆景艺术家的个人风格得到迅速传播而形成跨地区的风格类型。

(4)盆景流派的形成

综上所述，盆景流派是通过自觉和不自觉两种形式形成的。盆景艺术家审美意识和创作才能为内因或根据，在一定的环境条件作用下形成盆景的创作个性；创作个性的外在表现就是个人风格，盆景个人风格经过不同方式的传播而出现同风格作者群或其团体，形成风格类型即盆景流派。最后它是经盆景艺术评论家从大量作品中比较、归纳出来的。其过程可概括为：

盆景艺术家的审美意识和创作才能 $\xrightarrow{\text{（在环境条件作用下）}}$ 创作个性 $\xrightarrow{\text{（表现为）}}$ 个人风格 $\xrightarrow{\text{（传播）}}$ 风格类型即流派（由评论家总结出）。

不妨，我们参照京剧界划分流派的 5 个条件(①有自师承；②有独创的代表剧目；③有个人独特的艺术风格；④内外公认；⑤必有传人)，结合我国盆景界的实际情况，也提出划分盆景流派的 5 个条件或 5 条标准，以此作为盆景评论家划分盆景流派的 5 个根据。

①继承传统　取其精华，诗情画意，博采众长，扬长避短，弘扬民族主旋律。

②有独创的盆景代表作品　代表作中其风格、特长得到充分发挥，充分体现出了作者的创作个性和艺术特色。

③有个人独特的艺术风格　取材、创意、造型、形式、技法(如京剧中的唱、念、作、打)有其艺术个性。创作上跳出了模仿、制作阶段，达到了艺术独创阶段，独树一帜，自成一家。

④内外公认　公认的重要标志是在全国或世界重要盆景展览中拿到大奖，作品达到国内先进水平或世界一流水平，达不到这个水平不可称派。这样可以避免夜郎自大，关起门来自吹自擂现象。

⑤必有传人　有其代表作的追随者，即作者群。这个作者群，代表共性，代表流派在"流"，与时俱进。这个作者群有大有小。无作者群，只能叫个人风格。比如，赵派水旱盆景等之所以划为一派，因为他们都具备了以上 5 个条件或标准。

4.2.2　盆景流派发展史

中国盆景起源于 7000 年前的浙江河姆渡时期。

纵观中国盆景 7000 年的文明史，其风格、流派走过了自然—雕饰—自然的曲折道路。其间也出现过盆景浪漫主义萌芽、现实主义倾向以及"双革"主义初期等一些小小的插曲。

这里所说的盆景流派，主要是对桩景流派而言。

（1）自然之风一统天下

从公元前5000年产生一直到明清以前这个漫长的时期内，中国盆景的主流始终是崇尚自然、强调生活、反映生活，以自然型盆景占据统治地位，与中国自然式山水园林如出一辙，一脉相承。有关这一点，从新石器时期河姆渡草本盆栽，汉代自然式缶景，东晋木本盆栽，唐代章怀太子墓壁画、职贡图、三彩砚，宋代十八学士图以及唐宋以来大量盆景诗文中都可以看得出来。先秦老庄崇尚大自然、天人合一，东晋陶渊明主张回归大自然，始终是盆景创作和欣赏的思想沃土，尽管太极图中的"S"主宰着人们的思维模式，但盆景中"爱此凌霄干"与并存的"蛇子蛇孙鳞蜿蜿"或"错彩镂金"与共处的"出水芙蓉"却始终离不开自然造型，离不开"虽由人作，宛自天开"。明清以前的盆景真可谓自然之风一统天下。

（2）盆景古典主义

古典主义是欧洲文艺复兴后所产生的一种文艺思潮。古典主义主张用民族规范文字语言、按照规定的创作格律（如戏剧的三、一律）进行创作，崇尚理性和"自然"，以古代希腊、罗马的文艺为典范。有较重的保守性、抽象性和形式主义倾向。

中国历史发展不同于西方，当然不能生搬硬套，但就中国明清时代的传统盆景主张用地方材料、民族规范的手法，按照规定的格律进行创作（如苏派的六台三托一顶，川派的一弯二拐三出四回五镇顶等）以及保守性、形式主义倾向而言，倒是有其不少共性的，或者说有较重的古典主义色彩，然而又不完全等于西方的古典主义，故而我们在前边加了"盆景"二字，以示区别之，叫做盆景古典主义，说白了，就是明清流传下来的传统盆景的意思。它是过去苏派、扬派、徽派、川派、通派、滇派六大传统流派的总称。

明清两代重科学，讲经术，崇八股，由此流风所及，在造型艺术上逐渐形成的审美观就十分崇尚严谨、工整、对仗，越来越追求横向而精细的线条和图案式的装饰风味，就连家具制作与陈设格调也莫不如此，带有肃穆文静的庙堂气息，影响到盆景艺术界，也自然越发以曲为贵，所有操作技巧、艺术水平，都以是否曲到家和绝对严谨对称作为评判和鉴赏的唯一标准。盆景造型上的规则化、程式化"对称扎片"的风格也就在这样的社会文化背景下应运而生，这是当时上层社会在闭关锁国的生活环境中安逸而又保守的一种精神状态在美学上的反映。尤其在清代成了树桩盆景装饰风的极盛时期。

传统盆景的"一寸三弯""一波三折""方拐""对拐""二弯半""游龙""滚龙"，看起来好像是各自标新立异，以此分派，实际上它们都是一个"S"形或圆形在起作用，中国古代的太极图早就反映了这种互为依存、变化统一的形式美，它们之间只是大同小异而已。

传统盆景还有许多共同特点，在树种方面，以常绿树为主，它们之间共同采用的树种有罗汉松及其他各种松、柏类，杂木有梅花、雀梅、六月雪、榔榆等。造型方法都是以棕法为主，修剪为辅，枝条处理都采用传统的扎片形式，讲究层次分明、结顶平齐等。此外，如欣赏习惯、形式分类、用盆、栽培养护等，各地基本相似。

传统盆景还以诗情画意题款，成为点睛之笔，还常常以画派而立身，如苏派盆景之"吴门画派"，徽派古桩之"新安画风"，扬派盆景之"扬州八怪"等。传统盆景创作常常是树木造型出于一人，吟诗题款又一人，修枝养护一人，为之结为神韵又一人，整个创作过程并非一人连贯完成。

对于古典主义盆景应该采取批判继承的态度，努力做到古为今用。

(3) 盆景浪漫主义萌芽

西方古典主义到了末期，逐渐流入僵死的公式主义，脱离了丰富生动的现实生活，终于在 18 世纪末和 19 世纪初为突起的浪漫主义流派所取代。浪漫主义是在同已经僵死的古典主义的斗争中发展起来的，它提倡创作自由，主张大胆地表现艺术家的个性、理想和激情，重在抒发对理想世界的热烈追求，表现了资产阶级反封建的进步思想。

我国清代末年著名学者、进步思想家、诗人、文学家龚自珍(1792—1841，杭州人)，正是处在 18 世纪末和 19 世纪初的人，他渴望变革、追求理想(代表着中国资本主义的萌芽)，正好与西方浪漫主义不谋而合。他以思想家的敏锐眼光，一眼看到了传统盆景奉行的艺术格律扼杀了盆景艺术的生机的一面，于是他站出来勇敢地否定传统盆景，斥长江流域一带的疙瘩梅、游龙梅、劈梅等干式梅桩为病梅。一篇《病梅馆记》似乎可以当做盆景浪漫主义的一篇"独立宣言"。文章中写道："予购三百盆，皆病者，无一完者。既泣之三日，乃誓疗之，纵之顺之，毁其盆，悉埋于地，解其棕缚，以五年为期，必复之，全之。予本非文人画王，甘堂诟厉，始病梅之馆以贮之。呜呼！安得使予多暇日，又多闻田？以广贮江宁、杭州、苏州之病梅，穷予生之光阴以疗梅也哉！"

病梅之馆的开拓，可视为盆景浪漫主义创作实践之壮举。《病梅馆记》以其清新犀利的笔锋给盆景古典主义的一统天下捅了个大窟窿，丰富的激情包含在精巧的暗喻之中，倾诉了诗人对时代的深刻感受和渴望变革的理想。《病梅馆记》不但是文学史上引人注目的篇章，而且也在中国盆景流派史上具有划时代的意义。文章不足三百言，然而字字珠玉，"以曲为美，直则无姿；以欹为美，正则无景；以疏为美，密则无态"的精辟论述是盆景美学中难以多得的格言。"斫其正，养其旁枝"的说法似乎是岭南盆景截干蓄枝造型技法的先声。"删其密，夭其稚枝"又可视为广州素仁法师一派的创作心法。因此，又可以说一篇《病梅馆记》从理论上开辟了现代自然桩景创作思想的先河。

在这一历史时期，盆景浪漫主义并未取代盆景古典主义的统治地位，所以，我们只能把它叫做盆景浪漫主义萌芽。

(4) 盆景现实主义倾向

现实主义为 19 世纪中叶取代浪漫主义的一种自觉的创作方法和文艺流派，主张按生活的本来面目反映现实。作为中国盆景说来，在 20 世纪 50 年代之前形成的岭南派盆景和从传统盆景脱胎出来的上海、苏州、浙江一带的自然型盆景，形成了带有现实主义倾向的现代盆景，它们代表着盆景界的一种新生力量，只是在比较开化的沿海大城市占了统治地位，但就全国范围来说，就整个盆景界来说，它们还没有完全取代盆景古典主义的地位，至多形成了今古对峙的局面。

（5）盆景"双革"主义

"双革"主义即革命现实主义与革命浪漫主义相结合，它运用现实主义的创作方法，但又带有浓重的浪漫主义色彩。

20世纪50年代后，盆景古典主义统治地位逐渐让位给盆景"双革"主义，80年代中叶，终于完全确立了"双革"主义的统治地位，产生了质的飞跃，1985年第一次全国盆景评比展览，正是"双革"主义趋于成熟的标志。

而今，为盆景界很多人所公认的盆景十一大流派即苏派、扬派、川派、滇派、岭南派、海派、浙派、徽派、通派、闽派、中州派，其中的苏派、扬派、川派、徽派、通派五大流派与岭南派、海派、浙派三大流派，虽然二者共同使用着没有多大变化的盆景艺术语汇系统，然而在作时代特点的划分中，它们却分属于两个时代。岭南派盆景、海派盆景和苏派中的现代盆景又是现代盆景艺术的先锋，自然式盆景的开拓者孔泰初、素仁、孔志清、殷子敏、周瘦鹃、朱子安、朱宝祥等诸位大师当是现代盆景的先驱。

现代盆景是从传统盆景脱胎出来的，人们还有一个认识过程和习惯过程。可喜的是，现代盆景出现了众多的风格、流派，在20世纪80年代出现了前所未有的兴盛时期。

4.2.3　如何发展我国盆景流派

盆景流派是中国文化的一个组成部分，如何发展我国盆景流派问题，具体说来，应该坚持如下几条原则：

（1）发展我国盆景流派要有一个正确的指导思想，必须坚持盆景"百花齐放、百家争鸣"及"古为今用、洋为中用"的重要方针，弘扬主旋律，倡导多样化。

（2）要积极进取，健康向上，寓教于乐。

（3）各流派都是中国盆景园地的一个组成成员，它们之间应该建立平等、团结、友爱、互助的新型关系，取长补短，共同进步，不能互相拆台，尤其在国外，一定要互相维护。

（4）每个盆景流派，不论是古典的还是现代的，都拥有各自的一批爱好者、欣赏者、作者群，各派别都有存在、发展之必要，只有这样，才能满足人们不同层次的、多方面的、丰富的、健康的精神需要。只发展一个流派不行，把某一些流派说得一无是处甚至随意取消也不对。

（5）"百花齐放、百家争鸣"和"古为今用、洋为中用"，是繁荣盆景文化、发展盆景流派的重要方针。我国古典盆景有很高的成就，历史悠久。要发展新的盆景流派及其理论，不能割断历史，对传统盆景要一分为二，取其精华，去其糟粕，赋予新意，推陈出新，弘扬光大。流派创新既不能搞历史虚无主义、排外思想，也不能搞复古主义和崇洋媚外。

发展盆景新流派还必须吸收外国盆景的新思想、新材料、新技术、新成果，把它拿过来融于中国盆景的"血液"中作为营养，但不能搞全盘西化和全盘日本化。

（6）在盆景流派的园地里，要努力创造勇于探索和创新的活跃气氛，提倡不同学术观点、不同流派的争鸣和切磋，把学术气氛再搞浓一点。要保护少数。要鼓励各派创作出更多健康文明、积极向上、为人民大众所喜闻乐见的盆景作品来，在这些作品中，时代精神应该成为主旋律。

（7）积极开展对当地盆景材料（树种、石种等）的调查、开发、试制，以发展更多的盆景地方风格或地方流派。

（8）对创新流派，要多宣传、多扶持，使其健康发展，逐步完美起来。

（9）流派划分，可以自由争论，各抒己见，不要搞整齐划一，允许各个评论家有一家之言。这样做有益于盆景事业的健康发展。

4.2.4　盆景流派理论精髓的讨论

近年来，有关盆景流派理论的文章在报刊上见到不少，然而对盆景流派理论精髓问题的专门探讨却不曾见过，实有必要进行深入探索。

盆景流派理论归根结底是个哲学上的问题。具体言之，个性、共性以及个性与共性的辩证关系就是盆景流派理论的精髓和核心。不懂得它，搞不清这个"精髓"和"核心"，也就搞不清盆景流派理论，甚至等于抛弃了盆景流派理论。

所谓个性是指人或事物的特性，即矛盾的特殊性。一切个性都是有条件地、暂时地存在的，所以是相对的。对于盆景来说，盆景个性就是指盆景的特殊性，它亦是有条件地、暂时地存在的，所以亦是相对的。不妨让举些大家熟知的例子来加以说明：赵庆泉先生的水旱盆景《八骏图》《小桥流水人家》所表现出来的田园风光和贺淦荪先生的《秋思》《风在吼》为代表作的风动式盆景所呈现出来的多层次的动态美，在当代说来，与国内盆景界一般人的盆景作品比较，就显得大不一样，令人耳目一新，可谓独树一帜、自成一家；也就是具有盆景的特殊性或盆景个性。因他们的盆景各个特殊，所以造成了盆景个性。说这些盆景个性也是"暂时地存在的"，是说它们在古今以及未来盆景发展的无限的历史长河中，还是属于一种暂时的艺术现象，不是任何时代都一个模式；说它们是"有条件地存在的"，是说它们在国内范围，而不是在美国、日本或其他国家，而且是"盆景界"，不是政界、电子界、数学界等；说它们是"相对的"，是说这些代表作的个性是一般大量的盆景作品比较中而得出的特点，所以只能具有相对的意义。所有盆景方面的个性都是如此，古往今来，概莫能外。因此，论及盆景个性，离开时空条件和与一般大量作品比较，是不成立的。

盆景个性就是盆景风格。所以，上述赵庆泉、贺淦荪的盆景个性也就是两种盆景风格。看盆景有无风格，就看它是否具备盆景个性。有个性就叫有风格，没个性就等于没有形成风格，属于一般的大路货。

风格即其人，这种盆景风格首先表现为个人风格。倘若在一定地域和一些盆景作者范围内这种盆景风格得到了传播，形成了一个地域性或非地域性的这种风格的作者群，也就是这种风格形成了一种类型（共性的东西）。那么，这种个性与共性对立统一的风格类型，就是盆景流派了。既然我们说盆景流派就是盆景风格类型，那么，判定盆景流派的标准也就由此变得明确起来了：第一，盆景个性表现在盆景的要素造型、意境、技法、材料上面，判定它有无风格，就具体地看这些要素在某一方面或几个方面是不是在国内盆景界独树一帜、自成一家；第二，再看这种个性或风格是否已经形成一种类型，也就是已经形成作者群并在他们中间得到流传。只要够上述这两个条件，就离流派标准不远了（划分流派5个标准见上文）。

我国桩景风格大都带有显著的地域性特点，故而称为地方风格，如苏、扬、川、岭、海、浙、徽、通等地的盆景皆然。这些地方风格实际上都属于地方风格类型，所以通常也叫地方流派。对于这些地方流派，先前很多盆景专著中都做了肯定和描述，大家已经接受、认可。现在的问题是，上述的赵、贺二位先生的盆景算不算两个流派？如果依过去按地方流派划分的理论来衡量，肯定不算，他能说赵先生的水旱盆景属于扬派、贺先生的风动式盆景属于湖北派吗？定然漏划，那就永远也称不上派。但按上述笔者提出的新理论、新标准来衡量，它们就属于两个流派了。因为其一，他们的盆景有个性、有风格，在国内独树一帜，自成一家；其二，水旱盆景、风动式盆景在国内已经形成了作者群，得到了流传，也即形成了新的风格类型或创新流派，只不过这些的风格类型或流派的作者群不是集中在扬州、武汉，而是跨地域地零星地分布在大江南北，在国内说来是非地域性风格类型或流派罢了。依此类推汪彝鼎的软石山水画盆景，张尊中的果树盆景，于锡昭的小菊盆景，陆学明的大飘枝盆景，胡荣庆的挂壁式盆景，许文护的倒栽桩景，……都应该算做一个个盆景流派才对。如此说来，传统的、创新的、古典的、现代的、地方的、跨地域性的，凡此种种，只要是个人风格类型（未形成"类型"之前只能算个风格），就都应该在盆景流派百花园中有一席之地。过去之所以没有它们的一席之地，是因为传统的地方流派理论不完善、不健全所造成的。所以，盆景流派理论必须有所发展，不能只停留在单一的地方流派理论水平上，否则是不能适应发展了的今天的盆景事业的。

从问题的实质上看，盆景流派就是流派代表人物的创造个性在一定范围内流传的产物，因而，谈及盆景流派时就应该突出人的重要位置（过去是突出地名）。笔者一再撰文提倡创流派，其用意一来是强调艺术要突出个性、突出风格；二来是鼓励人们的创造精神，充分发挥人的主观能动作用。这亦是笔者一向主张创新流派应以人划派的理论之所在。如以赵庆泉为代表的水旱盆景可以称做"赵派水旱盆景"，以贺淦荪为代表的风动式盆景可叫"贺派风动式盆景"等。这个创新流派的双词命名法，既突出了流派代表人物，又突出了代表作的风格特点，本人认为这是对传统流派命名法的补充和发展。所以在拙作《中国盆景流派及技法大全》一书，就采用了这个思路。

盆景流派是评论家依据自己掌握的大量盆景信息按照各自认为的划分标准，通过综合比较而归纳出来的。由于各个评论家掌握的盆景信息、判断尺度以及对问题的分析能力不尽相同，故而国内出现了一派、二派……八大流派之说。

所谓共性是指矛盾的普遍性、绝对性而言，盆景论坛上出现"无派论"就牵涉到共性问题。盆景流派是盆景艺术发展到一定阶段的必然产物，但就其本质来说，它是盆景的差异性的反映，只要存在着这种差异性，就会有产生盆景流派的土壤。然而，差异就是矛盾，它无时不在，无所不在，因而，盆景艺术发展到有了流派以后，盆景流派不会不存在的，只是随着时代的发展和人们的审美观的改变而出现"新陈代谢"而已。这是"共性"的普遍性、绝对性所决定的。可见"有派发展下去则无派"的说法欠考虑。

我们不但要弄清盆景个性、共性的含义，而且还要弄清它们二者之间的辩证关系，这是盆景流派理论精髓与核心的另一个方面。共性包含于一切个性之中，无个性即无共性。这就是说，中国盆景（或者说华派盆景）的共性包含于苏、扬、川、岭、海、浙、徽、通、赵派水旱盆景、贺派风动式盆景等各流派个性之中。换句话说，每个流派代表作本身不但有自己流派的个性，而且也包含了中国盆景的共性。假如除去各流派盆景，那还有什么华派可言呢？盆景论坛上的"一派论者"之所以在理论上站不住脚，就是因为他们离开各流派而奢谈创立华派，把二者绝然对立起来之缘故，到头来只不过是一种不切实际的空想。

个性和共性不但同处于一个统一体中，而且二者在一定条件下相互转化。在一定场合为共性的盆景，而在另一个场合下则变为个性；反之，在一定场合为个性的东西，而在另一场合则变为共性。扬州盆景的云片和寸枝三弯，在扬州地面说来，是共性的东西，普遍存在，而在全国范围说来则变为带特殊性（个性）的盆景了。各流派盆景在国内比较起来，各有各的特点（个性），而在盆景出口贸易中外国人看来，都是中国货，又变为华派共性的东西了，这就是辩证法。

4.2.5　创派理论依据

马列主义哲学思想、美学思想是指导盆景流派创新的理论依据。

马克思的"风格即其人"的论述，表明盆景风格及其风格类型，归根结底是人创造的，各派都是各派创始人的风格的流传，这是创新流派以人划派的重要依据。

毛泽东的《矛盾论》中个性、共性以及一定条件个性与共性互相转化的辩证关系原理，是盆景流派理论的精髓所在，不论时代怎么变化，盆景艺术个性总不会因此消灭或被抹杀。那种因"产生流派的土壤、气候条件发生了根本性变化，已经到了淡化流派观念的时候了，"到了"趋同性不能划派的时候了"的观点（见《花木盆景》2001，10，徐志苗"中国盆景艺术流派何去何从"）从理论到实际上说来都是站不住脚的。否定盆景流派的存在就是从根本上否定《矛盾论》中矛盾的个性原理。

邓小平关于"发展才是硬道理"和江泽民关于"创新是一个民族发展的灵魂"的论述以及是指导盆景发展、创新的正确指导思想。盆景流派总不能停留在七大流派、八大流派的水平上，总是要发展的，要创新的。流派理论也得要发展，要创新的，也不能停留在一个水平上。"人类总得不断地总结经验，有所发现，有所发明，有所创造，有所前进。停止的观点，悲观的观点，无所作为和骄傲自满的观点，都是错误的。""创新流派的提法欠妥"，是否定创新普遍性原理的。

美学权威王朝闻的美学思想。王朝闻先生在其专著《美学概论》中，关于流派多代表文艺繁荣的论述以及流派应由评论家划分的论述，笔者认为都是符合马列主义美学原理的。那种"在盆景界划分众多流派有其必要性吗"和划派"要上下结合经过同行界过细酝酿、公认来推定"（潘仲连，"祝贺、感受和建议"，花木盆景，2001，8）与美学权威王朝闻先生的论述是有出入的，也不符合"双百方针"和各抒己见的学术交流规则。不管什么学术问题，非要大家举手通过才算数，实际上是在压制和打击新事物。弘扬民族主旋律，提倡风格多样性，在划分盆景流派理论上也该遵循这条规则。只提倡一个风格，一个流派，而且还非"公认"不可，与事业发展不利。

思考题

1. 我国盆景有哪几个流派？它们的造型特点及艺术风格怎样？

2. 叙述各地树木盆景、山水盆景的艺术风格。

3. 叙述传统盆景流派形成的过程？你对流派的形成过程怎样理解？流派可不可以创？怎样创？

4. 论述盆景流派的属性。

5. 谈谈创流派、创地方风格对发展我国盆景的意义。

6. 结合当地盆景发展现状，谈谈如何进一步发展当地盆景。

7. 结合当地戏剧流派、绘画流派兴亡的实况，谈谈你对艺术流派（包括盆景流派）发生、发展、消亡规律的认识。

8. 再过10年、50年、100年……后，中国盆景流派是个什么样子，谈谈你的预测。

9. 所有盆景地方风格是不是都能形成流派，为什么？

10. 请你给盆景风格、流派下定义。

推荐阅读书目

1. 盆景制作与欣赏．姚毓醪，潘仲连，刘延捷．浙江科学技术出版社，1996.

2. 盆景．徐晓白，张人龙，赵庆泉．中国建筑工业出版社，1983.

3. 中国盆景——佳作赏析与技艺．胡运骅，等．安徽科学技术出版社，1988.

4. 中国盆景艺术．吴泽椿，等．城市建设杂志社出版，1981.

5. 毛泽东选集．中共中央毛泽东选集出版委员会．人民出版社，1966.

6. 美学概论．王朝闻．人民出版社，1981.

7. 中国盆景流派技法大全．彭春生．广西科学技术出版社，1998.

第 2 篇　盆景学理论基础

　　中国历代盆景制作家、理论家以及诗人、画家和文学家，他们以盆景作品、盆景专著和诗词、绘画以及其他形式，为我国盆景艺术的发展立下了不朽的历史功绩，给后人留下了宝贵的遗产。然而，纵观盆景发展史，可以看出，自古以来，中国盆景技艺的传授方式都是父子相传、师徒授受，视为秘传，小农经济的保守性、狭隘性在盆景艺术传授中一直占着支配地位，更谈不上什么学术交流了；至于盆景教学，那只是近些年才有的事儿；对于盆景创作，不少人只是"玩玩"而已，或单纯地为赚几个钱花，从来没把它当成一门学问来研究，更没有人把它列入中华民族文化的一个组成部分来全面地、系统地去研究。30 年来盆景界学术理论研究也显得十分薄弱，学术交流至今还仍然在一些概念上兜圈子，……所有这些，致使盆景艺术迟迟未能形成一门独立的学科分支，至今也没有形成一个完整的系统理论。如何使盆景理论向前推进一步，使这一古老独特的文化艺术重放异彩，就历史地落在了我们这一代人身上，尤其是盆景理论工作者的身上。

　　盆景学是园艺学和美学结合的边缘学科。植物学、树木分类学、栽培学、生理学、生态学、物候学、地质学、地理学、造园学、文学、美学、画论、雕塑等是盆景学的基础；而盆景植物学、盆景生态学、盆景栽培学、盆景美学和中国画论则是这门学科的专业基础，盆景学就是这个金字塔的塔顶，如下图所示。只有基础打得牢固，提高才不会是空中楼阁。近代美学家朱光潜谈到治学方法时说道："学问有如金字塔，要铺下一个很宽广的笨重的基础，才可以逐渐成一个尖顶。如果入手就想造一个尖顶，结果只会倒塌。"盆景学这门学问也是如此。

盆景学理论体系金字塔

　　在这一篇里，分为 3 章来讲，即盆景美学（美学理论）、盆景科学理论和盆景材料与工具（科学理论的一部分，属于物质基础）。有些内容是属于一种学术理论上的探索，如盆景美学、创派理论和盆景生态学知识等。

第 5 章　盆景美学

[**本章提要**]本章以学术讨论的形式探讨了美的定义。简介了盆景艺术概观和盆景美的特征及其形态。以中西合璧的方式用对立统一的观点阐明了盆景形式美学法则。简述盆景意境美的大概原则，对盆景的形式与内容的辩证关系也有所涉及；最后探讨了盆景与姊妹艺术的关系。

　　在课程讲解中应把盆景美与流派、分类、材料、布置等内容的幻灯片结合起来讲解，此章不做单独空谈。

5.1　概　念

　　在花卉、盆景报刊中，经常提到盆景美、根艺美、石玩美、自然美、艺术美等，但到底美是什么？似乎不曾有人系统论述过。其实，在研究花卉美学、盆景美学、根艺美学、石玩美学之前，应该首先回答"美是什么？"这个基本概念和基本理论问题。因为，美是最核心的美学概念和最重要的美学范畴，美的定义是美学中一个基本理论问题。

　　回答"美是什么"？并非轻而易举的事情，古今中外人们一直在围绕这个问题而争论不休，众说纷纭，甚至至今还是个谜。因此，弄清美是什么在美学研究上有着重要的学术价值。当然，对深入研究花卉美学、盆景美学、根艺美学、石玩美学等门类也一定大有裨益。

5.1.1　有关美的概述的诸学派

　　据笔者研究，古今中外对"美是什么"的回答可以归纳为 5 大学派，细分起来又有 17 种之多。

(1)美是客观存在论

　　凡是把美视为客观存在的事物或它们的某些属性的观点都属于这一学派。它们分别是：①美是劳动创造之说；②美是斗争、美是矛盾之说；③美是生活说；④美是形象说；⑤美是事物属性说；⑥美是典型说；⑦美是自然说；⑧美是形式说；⑨美是艺术的特性之说。

(2)美是主客观的统一论

　　此学派的观点即⑩美是主客观的统一之说。

(3)美是感觉论

　　此学说便是⑪美是快感说。

（4）美是精神世界论

这个学派的观点有：⑫美是理念说；⑬美是上帝说；⑭美是善、德之说；⑮美是意境说；⑯美是形神兼备之说。

（5）美是不可知论

这个学说是⑰"美是难的"之说。

5.1.2   对诸学派的综合分析

（1）认为美是劳动、生活、斗争、矛盾、形象、事物属性、典型、自然、形式等客观存在的人们，其错误之处在于把美的概念和美的事物或把美和美的源泉（美源）等同起来混为一谈（即美＝美源），故而把美看成不依人的意志为转移的客观事物了，说穿了，这实际上是所答非所问，他们等于否认了美是属于意识形态、属于第二性的范畴，显然，这是对美的定义的一种误解（尽管这个回答是唯物的）。

（2）美是主客观统一的学说是朱光潜先生提出来的，但怎样"统一"呢？最后还是统一到美是"物的形象"或艺术特性上，始终没有跳出美是客观存在的圈子。这和他的美是第二性的、意识形态性的论述是自相矛盾的。故而，朱先生对美的定义带有折衷主义色彩，给人以似是而非的印象。

（3）认为美是快感的人们，其错处在于只把感性美看做美的全部，对美的认识只停留在感性阶段，犯了经验主义的错误。因而，他们对别人的经验和人类对美的认识经验以及美的规律缺乏认识或持否定态度。实际上，令人一时引起快感的事物未必都美，像社会中的吸毒、嫖娼、拿公款大吃大喝或用人民血汗钱建造自己安乐窝，也许一时会感到痛快、舒适，但这些恰恰是美的对立面——丑恶。"苦口良药"又是另例。

（4）美是理念、理式，或美是上帝创造的观点，属于形而上学和唯心主义。美是意境，就中国诗画说来，有其正确的成分，但范畴太窄了，未能概括美的全部意义。

（5）不可知论和神化论者一样，硬是把人们对美的认识推到死胡同。

总之，古今中外人们对美的定义的认识颇有点像瞎子摸象那样：唯物主义者们（未上升到辩证唯物论高度）抓住了美源，错把美视为美的事物；经验主义者们摸到了感觉，错把美说成是快感；而唯心主义者抓住了精神世界或理念，错把美视为理念、理式；折衷主义一会抓住这儿，一会又抓住那儿，模棱两可。至于不可知论者们，是什么也没抓着，没摸着。

5.1.3   "美是什么"之我见

笔者研究认为：美是客观事物作用于人的感官并在大脑中引起满意的能动反映。它本质上是一种认识论，属于意识形态领域。这个定义至少包括以下几层含义。

（1）客观事物是人类认识美的物质基础或美的源泉（美源），说明人类认识美一刻也不能离开自然界和社会实践。美源的类别除自然界和社会外，还有人体、艺术品和产品。人类是个特殊的美源，但归根结底属于自然物。艺术品和产品是按人的意志和美学法则创造出来的美源，故而称为人化美源。

（2）人类社会的生产活动是一步又一步地由低级向高级发展，因此，人们对美的反映，不论对来自自然界还是社会实践等方面，也都是一步又一步地由低级向高级发展，故而这个"引起满意的能动反映"是发展的、无止境的，或者说人们对美的认识和追求是发展的、无止境的。

（3）人的感官（眼、鼻、口、耳、手、性器官、皮肤）是美的感觉器官，相应的神经系统是传导器官，大脑则是判断能否引起满意的反映的机器。由于每个人的生理、经验、判断美的标准不同，因而对美的反映和认识存在着个体差异。

（4）人们对美的认识分为感性美和理性美两个阶段（上述吸毒、嫖娼、大吃大喝一时引起的快感属于感性美，认识到丑恶是理性美），一切理性美都是从直接经验开始的，即从感觉开始，也即理性美依赖于感性美。感性美又有待于发展到理性美。反映的能动作用，不但表现于从感性美到理性美之能动飞跃，更重要的还须表现于从理性美到创造更美的明天这一飞跃。

（5）美比真、善具有更广泛的含义，真善与美的关系是局部与整体的关系。在科学领域内真就是美；在伦理道德领域内，善就是美。但从总体来看，真、善都是美的组成部分。

总而言之，通过实践而发现美，又通过实践而证实美和发展美的认识，从感性美而能动地发展到理性美，又从理性美而能动地创造更新的美，改造主观世界和客观世界。这种从物质到精神，从精神到物质的不断反复以至无穷，就是美的辩证唯物论的全部认识论。回答了美的定义，对根艺美、盆景美、石玩美、自然美、艺术美就可以迎刃而解了。

以上关于美的定义，结束了人们目前对美的认识只局限在唯物论水准而未上升到辩证唯物论高度的历史。

5.2　盆景艺术活动概观

盆景艺术活动内容概括起来讲，包括准备—创作—养护—欣赏4个有联系的阶段（表5-1）。准备阶段包括盆景材料筛选收集和一些预处理（如养胚或破石）；盆景创作活动，总的说来不外乎表现什么和如何表现这两个方面，既"艺术构思活动和艺术传达活动的统一体"，前者是一种在观念上发生的内在的认识活动（包括观察、想象或形象思维、灵感），后者是一种实际用材料以造成盆景艺术品的外在的制作活动，即所谓制作或艺术传达。养护与欣赏是交互进行的。养护是创作的继续和完整。欣赏（包括感知、理解、品评、再创造）是实现盆景社会效益的过程（如图解）；认识盆景艺

表 5-1　盆景艺术活动概观

盆景艺术活动				
准备	艺术创作		养护	欣赏
	构思	制作		
材料筛选、搜集、预加工	观察、想象（形象思维）、灵感	艺术传达（物质化）	养护与欣赏交错并行	感知、理解、品评、再创造

术活动的概观，对于全面把握分析盆景艺术大有好处。不过这个过程是前后交替进行的，如有时意在笔先，有时是以形赋意等。

5.3　盆景艺术的特征

盆景艺术的特征是指盆景艺术的特殊性，或盆景艺术与其他艺术区别的特点，即盆景艺术的边缘性、风格多样性、类别的复杂性、构图的复杂性、表现技巧的高度概括性、创作的连续性、美感的可变性、浓厚的趣味性、世界性以及历史的悠久性（详见第 1 章）。

5.4　盆景美的形态

一般说来，美的基本形态有 3 种：自然美、社会美和艺术美（表 5-2）。自然事物所具有的美称为自然美；社会生活中的美称为社会美；自然美与社会美经过加工，成为真、善、美的统一表现即是艺术美。自然美加以保存或加工改造或模仿在盆景中再现供人们享用，即是盆景美。如果列成一个简式，即

自然美 + 社会美 + 艺术美 = 盆景美

具体分析，自然美又包括盆景树木自然美、山景自然美、水景自然美、生境自然美、盆钵自然美、几架自然美、动物（包括人物）自然美。盆景艺术美则是包括造型美、

表 5-2　盆景美的形态

盆景美	自然美	树木自然美（姿、形、色、香、韵）	
		山景自然美（形、纹、色、质）	
		水景自然美（光、影、声、动）	
		盆钵自然美（质朴、协调）	
		几架自然美（自然、大方、朦胧）	
		动物自然美（小件充满活力）	
	艺术美	造型美	优美（秀丽幽静、动律）
			壮美（险、雄）
		意境	诗情
			画意
		含蓄美	
	社会美	公而忘私的奉献精神	
		推动生产力发展的创新精神	
		表里如一的诚信精神	
		融入集体的团队精神	
		尊师重道，尊老爱幼	
		言行举止文明	

意境(诗情画意)和含蓄美。

5.4.1 盆景自然美

盆景内自然景物的美即是盆景自然美。

(1)盆景树木自然美

树木的根、干、枝、叶、花、果,都有其姿势、形态、颜色、韵味,花、果还有其香味,这些树木的天然属性构成了自然美的物质基础。人们常用悬根露爪、枯峰奇特、姿态优美、繁花似锦、花香袭人、果实累累等美好的语言来形容它们,说明它们给人们的美感是感人至深的。

(2)山景自然美

山峰或山石的自然形状、起伏、纹理(各种皴纹)、质地、颜色,这些自然属性也能唤起人们的美感。如盆景中表现的桂林之山景、云南石林之山景、长江三峡之山景,都能给人以自然美的感受。

(3)水景自然美

水的波光倒影、湖光山色、水声"泉石粼粼声似琴",充满了自然美。

(4)盆钵自然美

盆钵虽是人工产物,但仍保留着质朴、协调的自然美。

(5)几架自然美

规则形木制几架有木质的自然美(纹理、色、质、韵),天然树蔸几架则更具备古朴、稚拙、朦胧、浑凝的韵味。

(6)动物自然美

除了艺术美之外,动物、人物配件仍不失其自然美。

自然美不光在于自然物的天趣美感,自然美还在于它是人的主观情感和思想意识作用于自然事物的结果,自然美也应该是人的本质力量的对象化。所谓人的本质力量的对象化,实质上讲的就是人和自然的关系。也就是说人的本质力量体现在自然对象中,自然对象中体现了人的本质力量。这种体现了人的本质力量的对象,也就是马克思所说的"人化自然"。"人化自然"是人类社会发展的产物,是人和自然的关系发生根本性变化的历史结果。人们赞美梅花的色、香、姿、韵的时候,实际上是赞美人类自己,赞美在梅花这个客观对象上所展开的本质力量:智慧、才能、品格、思想、感情和蓬勃的生命力,也就是说自然美是自然美本质和社会本质的有机统一。

5.4.2 艺术美

艺术美是社会美和自然美的集中、概括和反映,它虽然没有社会美和自然美那样广阔和丰富,可是由于它对社会美和自然美经过了一番去粗取精、去伪存真、由此及彼、由表及里的加工制作功夫,去掉了社会美的分散、丑恶、粗糙和偶然的缺点,去掉了自然美不够纯粹(美丑合一),不够标准的缺点,因而,它比社会美和自然美更集中、更纯粹、更典型,因而也更富有美感。

（1）造型美

盆景中的自然景物通过人工造型而体现出来的形式美。造型美分为优美型、壮美型。

①优美　也叫秀美（朱光潜）或柔性美，它给欣赏者以柔和愉快之感。如盆景中表现的秀丽的桂林山水，峨眉天下秀和上海微型盆景的小巧玲珑以及川派的婀娜妩媚和苏派的清秀典雅等，都很优美。优美依其形态不同又可分为幽静美、动律美、色彩美。盆景中幽谷流泉、寂静的月夜，幽静的丛林、大海等，给人以心旷神怡的美感。如作品《蝉噪林欲静》就充分体现了这种美，它是通过听觉与想象给人一种幽静的美感。动律美，盆景中瀑布飞流，云蒸雾罩，湖波荡漾，杨柳舞姿等，都有一种动律美。河南的三春柳盆景，婀娜多姿的柔枝随风飘曳，从枝条的起舞中反映出风的流动，春的运动，盎然的春意唤起人们奋发向上。又如《凤舞》作品，以静为主，动衬托静，给人以丰富的联想。色彩美，盆景中表现的绿油油的枝叶，万紫千红的花朵，金色的朝霞，都能给人以秀丽之美感。

②壮美　桩景中的苍松翠柏，山水盆景中的悬崖陡壁、崇山峻岭，如决大川，如奔骐骥，都有一种阳刚之美。壮美给欣赏者的是刚烈、激荡之感。

（2）意境美

所谓盆景意境就是盆景作品中所描绘的自然和生活景象和内含的思想感情融合一致而形成的一种艺术境界。这种境界形神兼备，情景交融，理趣无穷，能使观赏者通过联想，在思想上、感情上受到感染。意境的深邃或肤浅是盆景作品成功与失败的关键。具有意境美的盆景作品耐人寻味，百看不厌，由于盆景作者在盆景创作过程中已经将自己的感情融化于景中，所以当观赏者进入这种美的感情的境界时，就能与盆景作者达到思想感情上的共鸣。

诗情画意是盆景艺术的最高境界，它是建立在画境、生境的基础上的，二者互相渗透。在盆景创作中最难表现的就是诗情画意。

①画意　是指盆景具有绘画般的意境。看上去就是一幅活灵活现的立体的中国画。潘仲连的作品《刘松年笔意》《轩昂》等画意就十分浓厚。浓厚的画意来自于作者深厚的中国画功底。或者说它是作者绘画功底在盆景中的反映。

②诗情　是指盆景具有诗歌般的深远意境。达到了"景"中有诗、诗中有"景"、借景抒情、情景交融的艺术境地。《两岸猿声啼不住》《疏影横斜》《寒江独钓》《山间铃响马帮来》《野渡舟横》等盆景作品，其本身就是一首诗。

③含蓄　中国盆景之美不似西方的袒胸露背的美，它表现出来的美是含蓄美、东方的美、非一览无余的美。它不但表现在形式上，而且表现在内涵上以及技法、题名上。

5.4.3　社会美

如表 5-2 所述。

5.5 盆景形式美法则

对于形式美的问题美国哈姆林在《构图原理》一书中谈得比较系统，但似乎是缺乏一分为二的对立统一观点，比如只强调了统一、均衡、比例、尺度、韵律等，而忽视了其对立面。国内很多盆景专著，多偏于中国画论中形式美的论述。在这里，我们试图来个中西结合，并把统一、均衡……对立面双方结合起来，以求探出一条新路子。盆景形式美法则包括统一与变化、均衡与动势、对比与协调、比例与夸张、尺度与变形、韵律与交错、个体与序列、规则与非规则、似与非似、透视与色彩。

5.5.1 统一与变化

盆景艺术应用统一变化的原则是统一中求变化，变化中求统一的辩证法则。所谓统一是指盆景中的组成部分，即它的形状、姿态、体量、色彩、线条、皱纹、形式、风格等，要求有一定程度的同一性、相似性或一致性，给人以统一的感觉。任何艺术包括盆景艺术在内的感受，必须具有统一性，这是一条长期为人们所接受的评论原则。假定把各种树木或各种石头摆在一个盆里，杂乱无章，支离破碎，甚至相互矛盾、冲突，那么，它就只能是一堆垃圾而不是什么艺术品了。一般人都认为一件盆景艺术品的成功，很大程度上在于盆景艺术家能够将许多不同的构成部分取得统一，或者换句话说，最成功的盆景艺术品首先是将最繁杂的变化转成最高度的统一，只有这样才能形成一个和谐的艺术整体。如赵庆泉的《八骏图》（见图13-17），所用树种主要是六月雪，石头都是同一颜色同一纹理的龟纹石，8匹马小件都是广东石湾产的陶瓷，在造型、立意、技法、风格上也都取得统一，因而给人以强烈的艺术感染力。因此，在制作盆景中，同一盆景，最好用同一个树种、同一个石头品种，务求一致，不要杂用。如把银杏和五针松放在一个盆或把斧劈石和太湖石放在一个盆里就缺乏统一感。盆景中怎样创造统一感呢？①形式的统一；②用料的统一；③线条的统一；④局部与整体的统一；⑤意境的统一；⑥技法的统一。

与统一相对立的是变化，变化是指统一中求变化。还以《八骏图》为例，其中所用树种虽说都是六月雪，但有高低、直斜、粗细、大小、疏密等变化，石料也有大小、位置的变化，八匹马的姿态也不是一样的，有站、有行、有仰头、有卧等姿态的变化，因而整个画面又显得生机盎然、生动活泼。倘若不然，就一定会显得呆板、单调、无味。

变化中求统一，这里还有一个很好的例证，就是贺淦荪的《秋思》。在同一盆景中，他用了几个树种，可谓有变化了，他是怎样求得统一的呢？就是通过人工修剪的办法，将所有树木都剪成风吹式，用"风"将其统一起来，用《秋思》的意境将其统一起来，可谓高人一筹。

5.5.2 均衡与动势

均衡中求动势，动势中求均衡，即所谓静中有动，动中有静。在观赏艺术中，均衡是一种存在于观赏客体中的普遍特性，在造型艺术中起着一定的作用，它在盆景的布局中，通过和谐的布置而达到感觉上的对称、稳定，使观赏者感到舒适愉快。均衡有两种，一种是规则的均衡（绝对对称），一种是不规则的均衡。川派的方拐、对拐等，两边的枝片都是对称的，看上去有一种端庄、整齐之美，但似乎人们觉得有些呆板。大多数情况下，盆景的均衡形式多采用不规则的均衡形式，因为看上去显得更自然、生动、活泼，山水盆景中的偏重式、开合式属于典型的不规则均衡形式，树桩盆景中，如很多丛林式，还有厦门风格的盆景，也是不规则均衡的代表作。在不规则均衡形式中，虽不像"对称"中存在一条由树干组成的中轴线，但在人们的审美经验中，在审美主体的观念中总有这样一条虚构的中轴线存在。在盆景设计中构成均衡的一些常用手法有：①用配件构成均衡，如在树木或山石的另一边放一件动物或人物配件；②用盆钵与景物构成均衡；③用树木姿态形成均衡；④综合均衡法。

均衡的对立面是不均衡，是动势感。盆景也很讲究动律，以求得"画面"的生动、活泼。求得动势感的方法有：①对称物双方体量强烈对比；②用树姿求得动律；③配以水面；④从山石走向、纹理求得；⑤配以动物、人物的行动等。中国画论中说："山本静，水流则动；石本顽，树活则灵"，讲的就是静中求动的道理。

5.5.3　对比与协调

对比协调也是盆景中常用的法则之一。盆景艺术中可以从许多方面形成对比，如聚与散、高与低、大与小、重与轻、主与宾、虚与实、明与暗、疏与密、曲与直、正与斜、藏与露、巧与拙、粗与细、起与伏、动与静、刚与柔、开与合……对比的作用一般是为了突出表现某一景点或景观，使之鲜明，引人注目。现代山水盆景，盆钵变得很薄，形成了山峰（垂直高度）与水面（水平直线），盆钵横线的强烈对比，从而使景物（山峰）变得更加高耸，把景物突出出来。从前的大厚盆显不出景物来。对比的原则不宜多用，"对比手法用得频繁等于不用。"盆景艺术也不例外。倒是对比的对立面的统一即对比协调用得很多，如刚柔相济，虚中有实，实中有虚，藏中有露，露中有藏，还有疏密得当、巧拙互用、粗细结合等，都讲的是对比协调，或者说一分为二与合二而一的辩证统一。

5.5.4　比例与夸张

所谓比例是指盆景中的景以及景物与盆钵、几架在体形上具有适当美好的关系。盆景中"缩龙成寸""小中见大"主要是靠比例关系来实现的。其中既有景物本身各部分之间的长、宽、高、厚、大小的比例关系，又有景物之间、个体与整体之间的比例关系，这种关系有时用数字表示出来，如中国画论中提到的"丈山、尺树、寸马、分人"。大多数情况并不一定用数字表示之，而是属于人们在视觉上、经验上的审美概念。所以这种比例关系也是合乎逻辑的、必要的关系，同时比例还具有满足理智和眼睛要求的特性。如微型盆景，由于景物微小，只好配以微小盆钵和具有许多小格子的博古架，使人感到亲切合宜。大型盆景如《万里长江图》《八百里漓江图》，一个长51m，一个长12m，其中山石或朽木体量、数量就得相对地大和多，才能把长江之雄伟、壮观和漓江之秀丽表现出来。在实际创作中，有的人在使用植物点缀上有时就忽略了"比例"这一点，本来作者本意是表现一座高山，但由于点缀植物叶子大小或体量大了，结果山石与树木大小不相上下，意念中的山变成了一块石头或一块小石头。因此，制作盆景中比例关系应该认真推敲。

事物还有另一方面，即夸张的手法，盆景创作中为了表现某一特定的意境或主题，常常打破常规比例，这种现象在树木盆景象形中常见，一般情况少用。

5.5.5　尺度与变形

与比例密切相关的另一个特性是尺度。盆景尺度是一种表现盆景正确尺寸或者表现所追求的尺寸效果的一种能力。在西方和在我们一些人心目中认为尺度是十分微妙而且难以捉摸的原则。其中既有比例关系，还有匀称、协调、平衡的审美要求，最重要的是联系到人的体形标准之间的关系以及人所熟知的大小关系。我们对大型盆景都喜欢感受到它那巨大的尺寸或它的雄伟壮观，或者对一微型盆景喜欢感受它的亲切。物体大小所引起的愉悦感，似乎是正常人思想上的一种普遍感受特性，在人类发展的早期，就已经认识到这一点了。一般说来，尺度效果可以分为 3 种类型：自然尺度、夸张尺度和亲切尺度(夸张与变形紧密相关)。夸张、变形的尺度并不是一种虚假的尺度，因为人类对于某些超群盖世的要求，是一种共同而正当的愿望。盆景艺术家贺淦荪的《群峰竞秀》的超人的尺度，是通过细部的多种多样的各种密切相关部分的精心处理而得到的。它是利用大小不同、密切相关的山石而得到一个大尺寸的感受。夸张变形尺度的大型盆景景观是人们追求超越其本身，升华和超越时代界限的一种表现，从而使人们感到骄傲和自豪。有关盆景比例与尺度的设计要点：①牢记人的尺度要求；②盆景材料决定了比例、尺度；③功能和目的决定了比例尺度；④植物或配件点缀影响比例、尺度关系；⑤景、盆、架的比例关系。

5.5.6　韵律与交错

韵律是观赏艺术中任何物体构成部分有规律重复的一种属性。一片片叶子、一条条叶脉、一朵朵花朵、一个个枝片、一株株树木、一层层山峰、一条条刚劲有力的斧劈皴，一横横重重叠叠的折带皴，一片片水面，还有那开合的重复、虚实的重复、明暗的重复、……一件盆景的主要艺术效果是靠协调、简洁以及这些韵律的作用而获得的，而且盆景中这种自然式中表现的韵律，使人在不知不觉中得到体会，受到艺术感染。因为在盆景艺术中，一种强烈的韵律表现，将增加人的感受强度，而且每一种可感知因素的重复出现，都会增加对形式和丰富性方面的感受。山水盆景中透、漏、瘦、皱的山石所以给人以一种含蓄的强烈的韵律感，就是因为上边充满了曲线运动的重复，而且这重复又反复交织在一起，这样许多螺旋形线在形式上最富有韵律感，"寸枝三弯"也是这个道理。盆景中的植物配植和山石布局，既有交替韵律，又有形状韵律，还有色彩的季相韵律，加之植物体本身叶片、叶脉、缘齿、花瓣、雄蕊、枝条、枝片的重复出现也是一种协调的韵律，使得盆景景物如同一曲交响乐在演奏，韵律感十分丰富和强烈，耐人寻味。

5.5.7　个体与序列

山水盆景布局中的序列设计是显而易见的,"起—承—收"就是一例。盆景园中的序列设计亦然。如盆景园的"入口—道路—亭廊—展厅—轩阁—庭院—出口"序列设计,形成了"序幕—过渡—再过渡—高潮—渐收—再渐收—结束"的序列。这个序列由个体一个个组成。"一景二盆三几架"也是序列。

5.5.8　规则与非规则

川派掉拐中的"一弯二拐三出四回五镇顶"、苏派的"六台三托一顶"等都是典型的规则的序列设计,而岭南派、海派的自然式则是非规则的序列设计。盆景园中也存在着这两种情况。

5.5.9　似与非似

盆景造型也同中国画一样讲究似与非似。白石老人说:"作画妙在似与不似之间"。盆景作品《凤舞》《鹿鸣》《万里长江图》《八百里漓江图》,都是"妙在似与非似之间"。不似为欺世,太似为无味。

5.5.10　透视与色彩

这是两个独立的概念,有关系但并不密切。

(1)透视

物体给人的感觉总是近大远小、近高远低、近宽远窄、近清远迷。画论曰:"远人无目,远树无枝,远山无石"就是这个道理。盆景造型、布局尤其应该讲究透视关系,这是因为盆景容器面积有限的缘故。作者不得不运用夸张的手法,把远景搞得更小、更模糊、更低,以增加层次和景深效果。

透视有焦点透视(静透视)和散点透视(动透视),焦点透视是从固定不变的角度看物体,犹如摄影或坐在一个地方对景写生。焦点透视可分为俯透视(鸟瞰)、仰透视和平透视 3 种。散点透视的视点和视线经常移动,因此步移景异,视域广,《万里长江图》就是散点透视。

(2)色彩

色彩是人的视觉最敏感的部分。一景二盆三几架都存在色彩协调的问题。

色彩不协调不会使人产生愉悦感。下边简单介绍一些色彩常识。

色相　颜色相貌及名称。如红、橙、黄、绿、青、蓝、紫为 7 种基本色调。

色度　颜色深浅、明暗程度,简称明度。

色性　颜色给人的冷暖感觉。标准的暖色是红、橙,使人感到温暖、热烈、兴奋。标准的冷色是蓝色,使人感到寒冷、宁静、遥远。无论哪种色彩,红的成分越多就越暖,蓝的成分越多就越冷。

同类色(调和色)　色相和色性接近的一组颜色。

对比色　色相、色性完全不同的两种颜色。

固有色　物体本身具有的颜色。

光源色　日光、月光、灯光、火光的色彩倾向。

环境色　物体与所处环境彼此色彩相互影响与反射。

盆景色彩同中国山水画一样，基调宜淡不宜浓，宜素不宜艳（观花盆景例外）。盆、几架的明度略低，以求稳定感，颜色更不能跳。配件的颜色也不能跳，大红大绿不调和，石湾的本色陶质配件比较理想。充分利用艺术对比巧妙地安排山石花草的色彩，也会产生意想不到的艺术感染力。如大片冷色山石上种植几株暖色花草；在一片翠绿青苔中嵌入几点鹅黄青苔；在一株繁花似锦的小菊下铺一层绿色青苔，这样会获得理想的观赏效果。总之，要用明暗色阶和对比色表现山石与植被的韵律和丰富的层次，能为盆景景色增添生机。

5.6　盆景意境美原则

·（1）永恒与可变

表现时代精神，这是盆景意境美的永恒性。盆景艺术是在一定经济基础上产生的，反过来它又为这个经济基础服务，永远是这样。说它可变，是说它在不同时代，有不同的基础，也就有不同的上层建筑与之适应，盆景艺术属于上层建筑范畴，属于意识形态，它总是为那个时代一定经济基础所决定。封建社会，盆景内容充满了封建色彩，是为封建社会服务的，适应于封建社会，表现的是封建社会的时代精神。在现阶段，经济基础发生了根本的转变，盆景艺术在形式与内容方面也必须与社会主义经济基础相适应，也就是要表现社会主义的时代精神。那么，现阶段的盆景内涵的时代精神是什么呢？大概原则：①为国家建设服务，反映人们的精神面貌和成就；②歌颂祖国悠久历史和灿烂文化，提升人们的民族自尊心，自信心；③赞美祖国大好河山，激发人们的爱国热情和热爱生活、热爱大自然的情趣；④增进世界和平与各国人民的友谊等。

（2）单色与五彩缤纷

在内容健康上进的前提下，反映五彩缤纷的大千世界，反映社会主义时代精神是前提，但自然、社会、生活，是丰富多彩的。因而盆景反映出来的意境也应该是五光十色的。

5.7　盆景的形式与内容

一般情况下是内容决定形式，形式是为内容服务的，即意境决定造型、技法，但有时也有形式决定内容的，"依形赋意"就是这个意思。形式与内容是辩证的统一，世上不存在没有内容的形式，也不存在没有形式的内容。我们的要求则是政治和艺术的统一，内容和形式的统一，社会主义时代精神内容和完美的艺术形式的统一。缺乏艺术性的盆景作品，无论有怎样美好的主题，也是没有力量的，甚至是庸俗的、低级的、无聊的。缺乏时代精神的作品，不符合时代的要求。

5.8　盆景艺术风格与流派

这个问题也属于盆景美学研究的范畴。不过为了加深对盆景概念的理解,我们把它列入了第 4 章。

5.9　盆景与画论

5.9.1　盆景与画论的关系

盆景是立体的画,更确切地讲,它是立体的中国画,而不是西洋画。因此,中国盆景与中国绘画关系至关密切,一脉相承。自古以来,中国盆景就讲究画意,新石器时期的万年青盆栽,汉代的缶景,唐代的树石盆景,画意都很浓。宋代,绘画艺术得到了空前的发展,应用画理于盆景,使盆景有了提高,宋代《十八学士图》中的松树盆景就是证明。

到了明代则以仿照古代名画家马远、郭熙、刘松年、盛子昭等人笔下古树做成的盆景作品为上品,并特别强调盆景的画意要深远,使人如同身临其境或产生遐想。清代程庭鹭在《练水画征录》中评论道:"小松能以画意剪裁小树,供盆盎之玩。今论盆栽者必以吾色(嘉定)为最,盖犹传小松画派也"。

到了现代,盆景八大流派也都是根据中国画论或当地"画派"理论来创作的,换句话说,当地画派就如同当地桩景流派创作的艺术指南一样,视为盆景创作的理论基础之一。比如苏派盆景,是在时代"吴门画派"的影响下产生发展起来的;扬派是根据中国画"枝无寸直"的画理创作的,云片中的每根枝条,都扎成很细密的蛇形弯曲,最密的一寸内有三道弯,叶叶俱平而仰,平行而列,称为"一寸三弯"。川派,成都是蜀国之都城,历代有很多诗人画家在那里留下了盆景传统佳作,后人作盆景皆以画家遗作为范本去造型。到现代,川派盆景世家李宗玉与中国画画家冯灌父通力合作,使传统的四川盆景赋以新意而创出了川派。岭南派,是吸收了"岭南画派"的传统技法,创造了顺应自然和适应岭南地区气候条件的"蓄枝截干"的独特造型技艺。徽派,是受"新安画派"的影响,致使安徽盆景逐渐形成了艺术上独具一格的徽派盆景,尤以梅桩最为著名,谓之"徽梅",与"徽墨"齐名。通派,属于扬派的一个支脉,也讲究寸枝三弯。至于新兴的浙派,则是按古代画家《刘松年笔意》来塑造艺术形象的,其代表作就叫《刘松年笔意》。还有南京,立志要创金陵盆景,自然也是按"金陵画派"的理论去造型的,……以上事实足以说明盆景造型原理同中国的山水画论是一致的,许多画论几乎都适用于盆景艺术或不少原理可作为"立体的画"的借鉴。中国画论是以中华民族审美意识创作形式美、意境美的经验总结,因此,研究学习中国画论可以帮助盆景作者创造美的盆景造型,并熟悉和加深对盆景艺术规律的理解和应用。

5.9.2 盆景画论辑录

中国画论中有许多精辟的论点,说理深透,言简意赅,可以用来指导盆景造型,现择其精华,辑录于后。

——至山水之全景,须看真山,其重叠压覆,以近次远,分布高低,转折回绕,主宾相辅,各有顺序。一山有一山之形势,群山有群山之形势也。看山者,以近看取其质,以远看取其势。山之体势不一,或崔嵬,或嵯峨,或雄浑,或峭拔,或苍润,或明秀,若能饱观熟玩,混化胸中,皆是为我学问之助。

——读万卷书,行万里路,胸有丘壑,腹藏诗书。

——先当求一败墙,张绢素讫,朝夕视之。既久,隔素见败墙之上,高下曲折,皆成山水之象,心存目想:高者为山,下者为水,坎者为谷,缺者为洞,显者为近,晦者为远。神领意造,悦然见人禽草木飞动往来之象,了然在目,则随意命笔,默以神会,自然景皆天成,不类人为,是谓活笔。

——自江陵登三峡夔门,长流三千余里……漩涡回流,雄波急浪备在其间……悬崖峭陡,壁岸高风,峻岭深岩,幽泉秀谷,虎穴龙潭,奇危峻险,骤雨狂风,无不经历……真所谓探囊取物也。

——古淡矢真,一着一点色相者,高雅也;布局有法,行笔有本,变化之至,而不离乎规矩者,典雅也;平原疏木,远屿寒沙,隐隐遥岭,盈盈秋水,笔墨无多,愈玩之而意无穷者,隽雅也;神恬气静、顿湔其躁妄之气者,和雅也;能集前古各家之长,而自成一种风度,且不失名贵卷轴之气者,大雅也。

——山性即我性;水情即我情……凡画山水最要得山水性情。

——根在下者为主树,树主,近树也,主树敬,客树立,则客树不得反款矣,……主树多敧者,所以让客树之直也。

——岭有平夷之势,峰有峻峭之势,峦有圆浑之势,树有矫顽之势,诸凡一草一木,俱有"势"存乎其间。

——山石树木、水波烟云,虽无常形而有常理。

——山之体,石为骨,土为肉,林木为衣,草为毛发,水为血脉,寺观、村落、桥梁为装饰。

——山本静,水流则动;石本顽,树活则灵。

——山有三远:自山下而仰山巅谓之高远;自山前而窥山后谓之深远;自近山而望远山谓之平远。山欲其高,尽出之则不高,烟霞锁其腰则高;水欲其远,尽出之则不远,掩映断其脉则远(图5-1~图5-3)。

——山者,当以泉高之,以云深之,以烟平之。局架独耸,虽无泉已具高势;次加层,虽无云已见深势,低褊其形,虽无烟已成平势。

——主山正者客山低,主山侧者客山远。众山拱伏,主山始尊;群峰盘亘,祖峰乃厚。土石交覆以增其高,支陇勾连山成其阔。

——山者,远取其势。东南之山多奇秀,西北之山多浑厚。

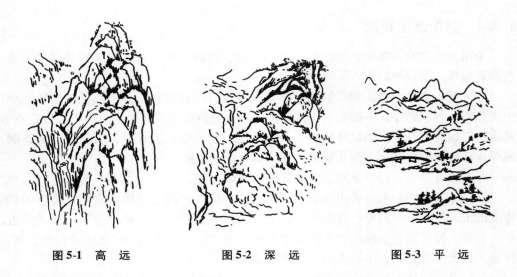

图 5-1 高 远　　　　　图 5-2 深 远　　　　　图 5-3 平 远

——山有头有面，有背有脊，有肩有腰有足。高出为头，向望为面，反面为背，脉络为脊，傍起为肩，中路为腰，两分为足。山脊以石为领脉之纲，山腰用树作藏身之幄。其上峰峦各异，其下岗岭相连。

——山之人物以标道路，山之楼观以标胜概，山之林木映蔽以分远近；山之溪谷断续以分浅深，水之津渡桥梁以足人事；水之渔艇钓竿以足人意。

——飞瀑千寻必出于峭壁万丈；土山夹涧惟有曲折平流。既有水口，必有源头，源头藏于数千丈之上。

——画石宁顽莫秀，宁拙莫巧。妙在不方不圆之间。圆石要有棱，方石要有层，乱石要连属，奇石要有根。

——悬崖险峻之间，好安怪木；峭壁峻岩之处，莫可通途。

——峰高树壮非宜。

——岩间土贫，树根似鹰爪而抓拿，水边土润，根长似探爪而横伸。

——树曲而俯者根大。

——松在山，柳近水。孤松宜奇，成林不宜太奇。松桧桩竹湖石用巧法布置者，宜作亭园景致，不可移于大山大水。

——画树之法，须以转折为主。叶不可密，枝不可繁。树头要敛不可放，树梢宜放不可紧。

——花须掩叶，叶宜掩枝。本枝宜劲，旁枝宜嫩，根下宜老。柔不似藤，劲不类刺。俯而不垂，有迎风向日之姿，仰而不直，有带露避霜之势。

——二株一丛，必一俯一仰，一斜一直，一呼一应。头一平一锐，根一露一藏。

——松皮如鳞，柏皮缠身。生土上者根长而茎直；生石上者拳曲而伶仃。古木节多而半死，寒林扶疏而萧森。

——山藉树而为衣，树藉山而为骨。树不可繁，要见山之秀丽；山不可乱，须显树之精神。

　　——苔为美人簪。点苔是通局之眉目；写草是通局之须发。合者欲其分，苔即可以分也；连者欲其断，苔即可以断也。点苔之法，其意或作石上藓苔，或作坡间蔓草，或作树中藤萝，或作山顶小树，概其名为点苔，不必泥为何物。树石佳则不必苔，点苔不得法，则反伤树石。

　　——山石树木楼阁亭台，可以人为尺。

　　——凡画山水，意在笔先。丈山尺树寸马分人。……石看三面，路看两头……定宾主之朝揖，列群峰之威仪。山腰掩抱，寺舍可安，断桥权堤，小桥可置。有路处则林木，岸绝处则古渡，水断处则烟树，水阔处则征帆，林密处则居舍。临岩古木，根断而缠藤，临流石岸，欹奇而水痕。

　　——书画之艺，皆需意气而成……意奇则奇，意高则高，意远则远，意深则深，意古则古，庸则庸，俗则俗矣。

　　——目中有山，始可作树，意中有水，方许作山。

　　——吾师心，心师目，目临华山。

　　凡事要胸有成竹。郑板桥画竹有三个过程：自然实景是"眼中之竹"，艺术构思是"胸中之竹"，艺术创作是"笔下之竹"。

　　——山水之象，气势相生。

　　——先立宾主之位，次定远近之形，然后穿凿景物，摆布高低。路须曲折，山要高昂，浅流则岸畔平滩，深涧则陡崖直下。

　　——主峰最宜高耸，客山须是奔趋。众峰如相揖逊，万树相从，如将军领卒，森然有不可犯之色。

　　——生发处是开，一面生发，即思一面收拾，则处处有结构而无散漫之弊。收拾处是合，一面收拾又思一面生发，则时时留余意而有不尽之神。

　　——起如奔马绝尘，须勒得住，而又有住不住之势。一结如众流归海，要收得尽，而又有尽而不尽之意。

　　——无画处皆成妙境。

　　——实则虚之，虚者实之。作画实中求虚，黑中留白，如一仙之光，通室皆明。

　　——山水画十二忌：①布置怕密；②远近不分；③山无气势；④水无源流；⑤境无夷险；⑥路无出入；⑦石只一面；⑧树少四枝；⑨人物伛偻；⑩楼阁杂错；⑪深淡失宜；⑫点染无法。

　　——中国画提倡六法：气韵生动，骨法用笔，应物象形，随类赋形，经营位置，传移模写。

　　——枝无寸直。一波三折。

　　——先具胸中丘壑，落笔自然神速。

　　——对景作画，要懂得舍字，追写物状，要懂得取字。舍取不由人，舍取可由人。

　　———咫尺有万里之势。一势字显眼。若不论势，则缩万里于咫尺，直是《广舆记》前一天下图耳。

　　——只有夸张才是艺术上最真实的，只有真实的夸张才有感人的魅力。……艺术要求抓住对象的本质特征，狠狠地表现，重重地表现，强调地表现。……山可以更高，水可以更阔，花可以更红，树可以更多，这都是允许的，画家完全有此权力。……所以艺术比现实更美、更好、更富理想、更动人。

　　——近大远小，近浓远淡，近清晰，远模糊。远人无目，远树无枝。远山无石。

　　——高远之势突兀，深远之意重叠，平远之意冲融，而缥缥缈缈。

　　——减笔山水，顿有千岩万壑之思，以少许胜多许法也。然较繁密为尤难。

　　——有一不必二，要五不可四。

　　——繁不拥塞，简不空虚。繁而不乱，简而存意。疏可走马，密不通风。

　　——画留三分空，生气随之发。

　　——虚则空灵，实则浑厚，虚可将观者引入无限境界，实能反映雄伟庄重的气魄。

　　——景愈藏则境界愈大；景愈露则境界愈小。

　　——三角不齐美，天地自方圆；人工费剪裁，巧夺造化先。

　　——天生的东西绝不会都是整齐的，所以要不齐，要不齐之齐，齐而不齐，才是美。做法应使之不齐之齐，齐而不齐，此自然之形态，入画更应注意及此……三三两两，参差写去，此是法，亦是理。

　　——中国画的轻重均衡，要取中国老秤的平衡，不好取天平秤的平均，因为天平秤的平均是呆呆板板的。

　　——凡是天生的东西，没有绝对方或圆，拆开来看，都是由许多不齐的弧三角合成的。三角的形状多，变化大，所以美。

　　——山近看如此，远数里看又如此，远十数里又如此，每远每异，所谓山形步步移也。山正面如此，侧面又如此，背面又如此，每看每异，所谓山形面面看也。如此是一山而兼数百山之形状，可得不悉乎。

　　——山脉之通按其水境，水道之达理其山形。

　　——以其先有成局而后修饰词华，故定览细观，同一致也。若夫间架未立，方自笔生，由前幅而生中幅，由中幅而生后幅，是谓以文作文，亦是水到渠成之妙境。然但可近视，不耐远观。远观则缕清缝纫之痕出矣，书画之理亦然。名流墨迹，悬在中堂，隔寻丈而视之，不知何者为山，何者为水，何处是亭台树木，即字之笔画，杳不能辨。而只览全幅规模便足令人称许，何也？气魄胜人，而全体章法之不谬也。

　　——收复一放，山势渐开而势转；一起又一伏；山欲动而势长。

　　——山之陡面斜，莫为两翼。

　　——山外有山，虽断而不断。

　　——半山交夹，石为齿牙；平垒遥远，石为膝趾。

　　——作山先求入路，出水预定来源。

　　——择水通桥，取境设路。

　　——未山先麓，自然地势之峻嶒。

　　——土石交覆以增其高，支拢勾连以成其阔。

山，大物也。其形欲耸拔、欲偃蹇、欲轩豁、欲箕踞、欲磅礴、欲浑厚、欲雄豪、欲精神、欲严重、欲顾盼、欲朝揖，欲上有盖、欲下有乘、欲前有据、欲后有依、欲下瞰而若临现、欲下游而若指靡，此山之大体也。

——水，活物也。其形欲深静、欲柔滑、欲汪洋、欲回环、欲肥腻、欲喷薄、欲激射、欲多泉、欲远流、欲瀑布插天、欲溅扑入地、欲渔钓怡怡、欲草木欣欣、欲挟烟云而秀媚、欲照溪谷而生辉，此水之大体也。

——外师造化，内得心源。

5.10　盆景与诗词

盆景与诗歌的联系是很密切的，互相渗透，互相借鉴。历代诗人创作了不少盆景诗词。

另外，盆景欣赏也属于盆景美学范畴，详见第 16 章内容。

思考题

1. 什么是盆景美学？本书给盆景美学下的定义你认为正确吗？你认为盆景美学定义应该怎样阐述？

2. 盆景艺术活动的全部内容是什么？

3. 叙述盆景美的形态。

4. 举例说明盆景形式美的法则。你认为形式美法则用于中国盆景构图恰当吗？中国盆景形式还有没有其他法则？

5. 你对本书中论述的盆景意境美原则怎样看？

6. 论述形式与内容的关系。从形式与内容两个方面谈谈中国盆景的发展方向。

7. 谈谈盆景与中国绘画的关系。

8. 谈谈盆景与中国诗词的关系。

9. 中国盆景与中国园林、文学、雕塑、书法、根雕的关系如何？

10. 盆景欣赏的本质是什么？

11. 本书中叙述的盆景品评标准是什么？你认为品评标准应该怎样规定？

推荐阅读书目

1. 美学概论．王朝闻．人民出版社，1981．

2. 美学向导．文艺美学丛书编委会．北京大学出版社，1985．

3. 美学十讲．全国十一所民族院校编写组．云南人民出版社，1982．

4. 园林美与园林艺术．余树勋．科学出版社，1987．

5. 教师百科辞典．教师百科辞典编委会．社会科学文献出版社，1987．

6. 辞海．辞海编辑委员会．上海辞书出版社，1979．

7. 论美是什么．彭春生．花木盆景，1995(3)．

第6章　盆景科学理论基础

[**本章提要**]植物学知识和地理学知识对于大学生来说都在其他有关课程中学过，因而此章仅供学生自学参考。

6.1　盆景植物学知识

盆景植物学是研究盆景植物生长规律的科学，研究的目的是为了更好地认识和掌握盆景植物的生长、发育规律和栽培特点，从而更好地控制、利用和改造盆景，使之更好地发挥其效益、服务于人类。

盆景植物包括的内容很广，在这里着重从盆景学关系密切的四个方面来介绍：①盆景植物分类及命名；②盆景生态学知识；③盆景植物生长特点；④盆景植物标准与选择。至于盆景植物栽培学知识请参考盆景养护管理一章，盆景植物形态、解剖、生理机能等，请参考植物学有关部分，不再赘述。

6.1.1　盆景植物分类

盆景植物主要是盆景树木，因此，在这里重点介绍盆景树木分类知识。

目前，国内盆景树木的分类法有两种，一是系统分类法，一是混合分类法。所谓系统分类法，就是按植物进化系统分类，由低级到高级。《中国盆景》(徐晓白、吴诗华、赵庆泉著)中的盆景植物材料部分就是按这个系统编排的。本书也是如此编排的(裸子植物按郑万钧系统，被子植物按哈钦松系统)，在内容上更加充实、全面。

所谓混合分类法，就是按盆景树木性状和观赏特性结合起来的综合分类法。如《盆景制作与欣赏》一书(姚毓醪、潘仲连、刘延捷著)编排就是如此。它把盆景树木分为五大类：松柏类、杂木类(性状)、观花类、观果类、观叶类(观赏特性)。这种分类法的好处是使用起来方便。日本一些盆栽专著也有这样分类的。盆景植物命名，在植物学中已讲过，不再赘述。

6.1.2　盆景植物生态学

盆景植物生态学是研究盆景植物与生存环境相互关系的学问。目的在于阐明外界环境条件对盆景植物的形态构造、生理活动、化学成分、遗传性和地理分布的影响；植物对环境条件的适应和改造作用。为农林和畜牧业生产、环境保护的理论基础之一，当然也是盆景植物栽培、养护、管理、包装、运输的理论基础之一。

盆景植物与其外界的环境是相统一的。然而盆景植物是生长在一个特定的环境条件下，因而其中也必然有其一定的特殊规律。不过，有关盆景植物生态学的研究工作，国内外还进行得很少，连定性分析阶段都说不上，也就更提不到定量分析阶段了。所以在这一方面，尚有很多工作等待着我们去做。在此书中我们仅仅介绍一下有关盆景植物生态学的一些基本概念和盆景植物与环境的一般生态关系。

(1)基本概念

①生态因子 亦称生态因素，即盆景植物生活所必需的或是能影响它们生长、发育的环境条件。一般分为水、气、光、热、土、生物、人为因素、盆等。生态因素的区分只是为了研究的方便，实际上任何一个生态因素都是在其他因素配合下，通过环境对盆景植物起作用。

②生境 各生态因子的总和，称为生态环境，简称生境。盆景的生境是一个小生境。

③生态平衡 环境系统中盆景植物之间、盆景植物与生存环境之间相互作用而建立的动态平衡关系，外界环境条件的变化引起盆景植物形态构造、生理活动、化学成分、生长发育的变化，生物适应环境条件的变化必须调整自己，建立新的动态平衡。如盆景植物叶子变小、植株变矮，根须增加，花果减少等都是为了适应盆钵、少土、少水等环境而进行自我调节的一种动态平衡。

④盆景生态系统 盆景是由生物(盆景树木、盆景草本植物、微生物、人为因素)与非生物因素(水、气、光、热、土、盆等)组成的，彼此间互相依存、互相制约，形成一个不可分割的整体。这种生物与非生物之间通过物质与能量的转移与交换，构成能量与物质运动的系统，称为生态系统。盆景生态系统的组成见表6-1。

表6-1 盆景生态系统

盆景生态系统	非生物系统：水、气、光、热、土、石、盆、架、配件			
	生物系统	盆景植物(树桩、地被等)……生产者		
		微生物(根菌、病菌、蚯蚓等)……还原者		
		动物、昆虫(益虫、害虫)……消费者		
		人类	人造抽象系统	盆景美学
				盆景文学
				绘画艺术
				盆景分类
				造园艺术
			人造物质系统：工具、设施、材料	

系统论为世界三大新型综合性理论(信息论、系统论、控制论)之一。笔者所以首次引入系统论于盆景，是因为系统论主张从整体出发，研究系统与系统、系统与组成部分以及系统与环境之间的辩证统一关系，揭示其规律，为解决很多复杂系统问题提供了新的理论武器，相信它也是认识盆景、指导盆景栽培、管理的有力武器。在自然界和人类社会中，可以说任何事情都是以系统形式存在的，可以把每个所要研究与关心的问题或对象都看成是一个系统。同样，也可以把盆景中有生命的和无生命的看

成一个相互关系、相互作用的具有一定功能的对立统一体，即盆景生态系统。从表中不难看出，盆景生态系统属于自然系统与人工系统相结合的极为复杂的复合系统，并且是一个开放系统，同时，还是一个不完全(缺少食物链)的生态系统。

(2)盆景植物与环境的生态关系

①水　水分是盆景植物生存的重要因子。是光合作用的主要原料之一，是组成盆景植物的重要成分，植物体内含水约50%。只有在水的参与下，植物体内生理活动才能正常进行。盆景水分来源主要是人工浇灌，其次是天然降水。缺水会引起植物萎蔫，甚至死亡，水涝同样会引起植物萎蔫、落叶、死亡。盆景植物也有不同的生态类型，有的耐旱，有的耐湿等，必须满足它们的不同要求，植物才能生长良好。同一种盆景植物一年四季对水分的需要量亦不同，生长期需水多，冬季或休眠期需水量少。

②气　植物光合作用必须吸收CO_2，空气中CO_2的含量通常约为0.03%，当空气中CO_2含量增高时，有利于植物光合作用，但含量增到2%~5%以上时，反而会抑制光合作用的进行，甚至对植物有害。盆景植物呼吸需要氧气，一般情况下，空气中的氧气(21%)足能满足植物的需要。只是在盆钵不透气、浇水过多或土壤密实板结时，才会发生氧气不足现象。当出现上述情况时，影响气体交换，致使CO_2大量聚积在盆土中，根群呼吸困难。居室内煤的燃烧，会使CO_2、SO_2含量增加，浓度太大时会使盆景植物受害。此外，空气中一些有毒气体如氯气、硫化氢、氟化氢、一氧化碳、乙烯、二氧化硫等，对盆景植物也有危害作用，这是设计盆景园中应该加以考虑的。

③光　离开光盆景植物就不能进行光合作用，所以光照也是植物生活的必要条件之一，它是盆景植物赖以生存的不可缺少的能源。影响光合作用的主要是光强度、光质(光谱成分)和日照长度(光周期)。多数盆景植物对光周期不太敏感，影响最大的是光强度。不同盆景植物对光要求程度不同，光照过多或不足都会影响盆景树木的正常生长和发育。这就需要人工措施进行调节。

按照盆景植物对日照的需要程度，可分为喜光植物与耐荫植物。喜光树种如落叶松、五针松、黑松，耐荫树种如云杉、元宝枫。一般植物最适需光量为全日照的60%左右，低于50%生长不良，2000~4000lx就能达到生长开花的要求。日光不足时，盆景植物就会出现植株徒长，节间伸长等现象，影响观赏效果。

④热　即温度。温度的高低对于盆景植物的生长和发育有着密切的关系，主要影响植物体内的一切生理变化。不同种类的盆景植物要求不同适温，南北方盆景植物对于温度要求有很大差异。南方盆景植物到了北方冬季要进温室或居室，即使是北方的盆景树木，冬季由于盆钵的保温性差，也必须注意防寒，超过其忍耐的温度"最低点"植物就会产生冻害。当温度太高时(夏季)则要考虑遮荫措施。

⑤土　盆土是植物无机营养和水分的仓库，对盆景植物十分重要。土壤中含有盆景植物生长所必需的6种大量元素氮、磷、钾、钙、镁、硫和微量元素硼、铁、锌、铜、锰、钼等。氮促进植物营养生长，能保持美观的叶丛；磷、钾能增进枝干的坚韧性，促进开花结实，使花鲜果艳，还能提高植物的抗寒抗旱能力；钙用于细胞壁的形成，促进根的发育；镁在叶绿素形成过程中是不可缺少的；硫为蛋白质成分之一，能

促进根系生长和叶绿素的形成；铁在叶绿素形成过程中有重要作用，缺铁时叶发黄；硼能改善氧的供应；锰在糖类积累和运转上有重要作用。缺少这些元素时，盆景植物就会出现缺素症，其缺素症可通过以下检索表来诊断(表6-2)。

表6-2　盆景植物缺素症检索表

1. 病症通常发生于全株或下部较老的叶子上。
　2. 病症出现于老株，但常是老叶黄化。
　　3. 叶淡绿色，生长受阻，茎细弱并有破裂，叶小，下部叶比上部叶黄色淡，叶黄化而干枯，成淡褐色，少有脱落 ……………………………………………………………… **缺氮**
　　3. 叶暗绿色，生长延缓，下部叶的叶脉间黄化而常带紫色，特别是在叶柄上，叶早落 …… **缺磷**
　2. 病症常发生于较老和较下部的叶子上。
　　4. 下部叶有病斑，在叶尖及叶经常出现枯死部分。黄化部分从边缘向中部扩展，以后边缘部分变褐色而向下皱缩，最后下部叶和老叶脱落 …………………………………………… **缺钾**
　　4. 下部叶黄化，在晚期常出现枯斑，黄化出现于叶脉间，叶脉仍为绿色，叶缘向上或向下反曲而形成皱缩，在叶脉间常一日之间出现枯斑 ………………………………… **缺镁**
1. 病症发生于新叶。
　5. 顶芽存活。
　　6. 叶脉间黄化，叶脉保持绿色。
　　　7. 病斑不常出现，严重时则叶缘及叶尖干枯，有时向内扩展，形成较大面积，仅有较大叶脉保持绿色 ………………………………………………………………… **缺铁**
　　　7. 病斑常出现，且分布于全叶面，细叶脉仍保持为绿色，形成细网状，花小而颜色不艳 ……… **缺锰**
　　6. 叶淡绿色，叶脉色泽浅于叶相邻部分。有时发生病斑，老叶少有干枯 ……………… **缺硫**
　5. 顶芽通常死亡。
　　8. 嫩叶的尖端和边缘腐败，幼叶的中央常形成钩状。根系在上述病症出现之前已经死亡 …… **缺钙**
　　8. 嫩叶基部腐败，茎与叶柄极脆，根系死亡，特别是生长部分 …………………… **缺硼**

此外，土壤温度直接影响根系活动，土壤通气性主要影响土壤空气交换，当土壤中缺氧而二氧化碳含量增到37%~55%时，根系停止生长，通气不良形成有毒物质使根系中毒。土壤水分是提高土壤肥力的重要因素，营养元素只有溶于水中才能被植物利用。土壤干旱到一定程度，根系停止吸收。土壤pH值(即酸碱度)对盆景植物影响也很大。有些要求酸性土，如杜鹃花、山茶、栀子等。有些盆景树木耐盐碱，如柽柳等。还有，要防止使用污染过的土壤，包括工业污水、农药污染。

⑥石料　盆景中石多土壤少，会给盆景植物生长带来很大限制，对植物根系生长发育极为不利。

⑦盆钵　是盆景植物生长的最直接的限制因子，它使土壤、水分定容，使植物根系只能局限在一个小小的容器内。不同盆钵的通透性不同(参见盆体内容)，对植物生长影响也不一样。

⑧生物　盆景植物，树木与地被(苔藓和矮小植物)之间也互为影响。桩景盆土裸露不利于保水保土，铺上苔藓，有利于水土保持，且增强观赏效果。昆虫包括有益的昆虫和有害的昆虫，对盆景植物生长也有影响。地下蚯蚓，少则有利，太多了也有害。土壤有些菌类(菌根菌)对松柏类有利，但有些病菌、病毒是出口的检疫对象。

人类在盆景形成、生长、发育中起着决定性的作用。盆景很大程度上是人工生态系统，为人类意志所左右。其中人造抽象系统，如美学理论、绘画理论等会直接作用于盆景的造型和立意。

6.1.3 盆景树木生长特点

从生命周期来看，盆景树木与自然界树木大同小异。所谓大同，每种盆景树木从生到死都有它生长、开花、结实、衰老、更新直至死亡的过程，这一点与自然界树木完全是一样的；所谓小异，即桩景树木多为"小老头"树之类型，上盆桩头常常见不到其幼年期、壮年期，而常见到的则是它的老年期。由于经常换盆而采取的修根、换土等园艺措施，可能会使衰老更新期延长。

通过多年的粗略观察比较，我们发现同一树种在地栽形式与盆栽形式下，其生长情况大不一样，主要表现在根、干、枝、叶、花、果的形态变化方面。

(1) 根系的断根效应与容器效应

自然界生长着的树木，直根系树种（双子叶和裸子植物类）的根系级次十分明显，主根发达，较各级侧根粗壮而长，能清楚地区分主根、一级侧根、二级侧根和须根。而桩景树木，由于上盆前对根部的重剪和盆钵定容的限制，主、侧根只留 15cm 左右，因而断根效应（根系纤细化）十分明显，其根系由不定根组成，几乎找不到真正的主根，根系级次难以区分，形成了很多纤细的不定根为主的根系。这样的根系是树木在定容容器条件下出现的一种自行调节，树木只有这样才能在极度限制的空间内存活下来。

在野外，我们常常看到，当一棵树的根被挤在只有少量土壤的石头缝隙中生长时，粗大的根就停止了发育，于是长出很多细小的根群来养活树木。同样道理，用于盆景的大多数树种，当其限制在一个有限的营养面积的容器内的时候，也能产生很多细小的根群，我们把这种反应叫做根系的容器效应。可见盆景根系的变细变小，是由于断根效应和容器效应综合作用的结果。桩景树木相对发达的细小的根群，也给盆景换盆带来了极大方便。它们更适合移栽，其成活率比同龄地栽树木高得多。

(2) 枝条细密，树体结构紧凑

树木在正常生长过程中，地下部与地上部经常保持着动态的、相对的平衡关系，盆栽后就必然打破了这种平衡关系而建立一种新的平衡。据调查，树木地下部和地上部有相互对应的关系（相关性），由于桩景树木根系的细小、紧凑，也必然导致地上枝条的细、密。在桩景树木上很少见到粗大延长的主枝，它们被稠密的小枝条所代替，原因就是相关性。这正是盆景欣赏所渴望的。

(3) 生长率减小

同一株树，盆栽比地栽长得慢得多（有关数据有待实地调查），这是由于盆土定容、水分定容的逆境条件造成的。

(4) 节间变短

茎上每长一个腋芽就形成一个节，两芽间距谓之节间。与生长率相对应，盆栽比地栽节间变短。通常，长节间的特点是由于徒长或树木生长过旺造成的，而上盆之后由于养分有限，一般不会出现徒长和生长过旺的现象，除非大肥大水。

（5）植株矮化

由于盆景树木节间变短、生长率减小，致使盆景树木植株矮化。通常，果树采取盆栽形式也是果树矮化措施之一。

（6）叶子变小

盆景植物叶子变小也是盆栽的结果。有的树种做成桩景栽培几年后，叶子小得简直不堪辨认，只好借助其他性状来识别。这是由于树木在盆钵中相对干旱、瘠薄的逆境条件下，只有叶子变小变厚才能减小水分蒸腾，适应周围环境，与根系吸收保持相对平衡。

（7）始花期提前

盆景树木始花期一般比地栽要提前 1～3 年。这是由于盆景树木不利于长树，有利于养分积累的缘故。加上扎片改变枝向，短截促生分枝，都是对促进形成花芽的有力措施，观花盆景因此也容易出现花繁似锦的现象。但由于营养的限制，因而也常常会出现大量落花落果、树势提早衰老的现象，不注意施肥尤其如此。

（8）宜于控制花期

盆景搬动起来方便，因而容易人为地改变其光照、水分、温度等外界条件，以达到控制花期的目的。如小菊盆景、梅花盆景等，经常采取人工措施，使花期提前或推后。

6.1.4　盆景树体结构

近年来，有的报刊上常常把桩景树体各部分名称混淆，不但给初学者以误导，还影响了盆景艺术的推广和发展。现将桩景结构各部分名称简介如下（图6-1）。

（1）树干

从根颈到第一主枝间的主体部分，又名树身，故川派把树干造型方法称为"身法"。

（2）主枝

树干上长出的粗壮部分，由下而上可分为第一主枝、第二主枝等。

（3）侧枝

主枝上长出的枝条，由内向外依次可分为第一侧枝、第二侧枝等；也可按枝龄分一级侧枝、二级侧枝。级次越多，桩头养护年代越久，功夫越到家。

（4）鸡爪枝

枝片顶部形似鸡爪的年幼而多的细小枝条，它是对枝条长期短截的结果。

（5）叶片

即树叶，是植物进行光合作用制造营养的工厂。

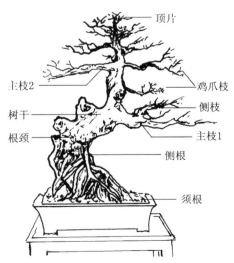

图6-1　盆景树体结构图解

（标注：顶片、主枝2、树干、根颈、鸡爪枝、侧枝、主枝1、侧根、须根）

(6) 枝片

是主枝、侧枝、鸡爪枝、叶片的总称。在概念上,枝片包括叶片,两者有范围上的区别。

(7) 顶片

指桩景顶部的枝片。苏、扬派桩景顶片较明显,而一般自然式的桩景顶片则不明显。

(8) 树冠

树干分枝以上的所有枝叶,不能只将桩景顶部称为树冠。

(9) 根颈

树干和树根的结合部位,由胚轴发育而成。

(10) 主根

由胚根发育而成,桩景中不多见,因上盆的需要,主根常被截去,以促进须根的发育。

(11) 侧根

根颈下部长出的粗根群,并形成根盘,有的书上连同根颈部分称为隆基。盆景创作中的提根主要指侧根,以供观赏。

(12) 须根

生长在侧根上吸收养分的细根群,须根化是桩景盆栽效应之一,在换盆时可见到须根团。

6.1.5 盆景树木选择标准

盆景树木选择标准应该是:树蔸怪异,悬根露爪,枝干耐剪宜扎,枝细叶小节间短,抗逆性强,病虫害少,耐移栽,最好有花有果。

(1) 耐剪宜扎

盆景树木萌芽能力要强,在养坯、制作中必须能够忍耐每年对新生枝条的连续反复的重修剪和蟠扎。在耐剪性方面各树种反应是有差异的。通用盆景树木已经证明了它们对盆景造型包括修剪在内的忍受能力,但有的树种,如山毛榉类,反复修剪则会削弱其生长势,不耐修剪,对于不耐修剪的树木则不宜用于盆景,至少在盆景制作中要注意少剪或不剪。

(2) 节间短

节间短的树木一般是慢长树种,节间短的树体结构紧凑,这也是盆景所要求的。

(3) 枝细叶小

粗枝大叶,如毛泡桐、悬铃木、梓树、楸树、黄金树,其枝叶与小小盆景容器不成比例,所以不宜制作盆景。盆景树木叶长一般在 10cm 以下,且看上去比较秀丽。

(4) 抗逆性强

盆土定容,营养受限,水分受限,因此盆景树木应该具有一定的抗旱、耐寒、耐瘠薄而且病虫少等特点,不然会给养护管理带来很多麻烦。

（5）花艳果美

木兰科的植物，虽然叶大，但毛笔似的花芽和大型花朵却有很高的观赏价值；柿子叶大，但秋天落叶后黄橙橙的果实也会给人美感。就是一般盆景树木如有花、果观赏，如梅花、石榴、枸杞等，也会使盆景观赏效果大大提高。

6.2 盆景地理学知识

山水盆景是自然山水景观的缩影，要搞山水盆景创作，首先应该弄清山水形貌的概念及其特征。否则是不能做到"胸有丘壑，笔参造化"的。山水盆景中常用的地形地貌术语如下。

（1）山

陆地表面具有一定高度和坡度的隆起地貌。大致分为得褶皱山、断块山、褶皱断块山3类。

（2）山脉

成行列的群山系统，山势起伏，向一定方向延展，形似脉络，包括山谷和山岭。

（3）峰

形势高峻的山，比较突出。

（4）峦

形势平缓，比较矮小。

（5）岭

连绵不断的山脉组成的山头。

（6）岗

山的脊背。

（7）山脊线

山脉高耸部分的延伸线，像兽类的脊梁骨。

（8）巅

山顶。

（9）崖

山上呈陡壁状的边缘（图6-2）。

（10）岩

山的某部分伸出来的大石头。

（11）壑

群山中凹下的部分。

（12）谷

两山之间能流水的通道。

（13）峡

两山夹水的部分。

图6-2 崖

(14) 矶

江边独立突出的小山崖。

(15) 坡

由高而下倾斜的部分。

(16) 麓

山脚。

(17) 岛

江河湖海中突出水面的小山或小片陆地。

(18) 山口

又称"垭口"或"山鞍"，指高大山脊中相对低下的部分。山口常为高山峻岭的交通要道。

(19) 峰林

石灰岩地区圆筒形或圆锥形的石峰成群出现，远望如林，称之为峰林，如广西桂林群峰。

(20) 石林

规模较小的峰林，如云南路南石林。

(21) 天然雕像

岩石经长期风化而形成的天然人物、动物形象。如黄山的"仙人指路"、云南石林的"阿诗玛"，雁荡山的"夫妻峰"，桂林的象鼻山等。

(22) 溶洞

石灰岩遇流水和空气中的二氧化碳形成碳酸氢钙而溶解成的天然洞穴。

(23) 江河

天然或人工的大水道。

(24) 湖

被陆地围着的大片积水。

(25) 海

大洋靠近陆地的水域。

(26) 溪

山间的小河沟。

(27) 潭

山中深水池。

(28) 塘

水池。

(29) 瀑布

河水突然从山壁或平地跌落下来，远望好像挂着的白布(图 6-3)。

自然界的各种地形地貌是错综复杂的，只懂得这些概念还是不够的。一定要多观察真山真水，增

图 6-3　瀑　布

加感性知识，并通过山水盆景的创作实践加深认识和理解。

思考题

1. 你认为盆景科学理论基础还应该包括哪些内容？

2. 谈谈你对盆景理论体系的认识。

3. 什么叫盆景生态系？你认为盆景是不是一个生态系？学习盆景生态学对盆景制作、养护管理有什么指导意义？

4. 盆景植物学知识还应该包括哪些内容？

5. 复习一下盆景地理学知识中的有关概念。

6. 试论盆景创作中的人文因素。

7. 你认为盆景生态系中哪些因子最重要？为什么？

8. 论述桩景植物生长特点。

9. 为什么说盆景尤其是桩景包装、运输中的主要技术问题是生态学上的问题？

10. 调查同一树种、同一树龄的不同栽培方式的两株树木的生长情况(一株自然生长，一株盆景)，并对其树高、节间长度、叶(或花、果)子大小、根系特点进行实测，通过比较得出结论，整理后试投有关报刊发表。

推荐阅读书目

1. 园林树木 1000 种. 张天麟. 学术书刊出版社，1990.

2. 园林树木学. 陈有民. 中国林业出版社，1990.

3. 植物学. 曹慧娟. 中国林业出版社，1989.

4. 盆景制作与欣赏. 姚毓醪，潘仲连，刘延捷. 浙江科学技术出版社，1996.

5. 中国盆景. 徐晓白，吴诗华，赵庆泉. 安徽科学技术出版社，1985.

第 7 章　盆景材料与工具

[**本章提要**] 盆景材料是制作盆景的物质基础。

（1）植物材料分南方树种和北方树种分别介绍，结合了盆景的特点；

（2）山石材料是按硬石、软石和代用品 3 部分阐述的，对各种石料的产地、特征、应用分别作了介绍；

（3）盆器、几架、配件、工具等内容结合多媒体一一作了介绍。常言道"七分工具三分活"，讲的是工具的重要性。

材料、能源及信息是当今世界上科学技术的三大支柱，其中材料为首要支柱。盆景既是艺术又是科学技术，自然也少不了这个首要支柱。盆景材料也是属于盆景的基础的东西。概括起来讲，组成盆景的材料包括盆景植物材料、山石材料、盆钵、几架、配件以及其他用料。工具与设备也应属于这个范畴。

7.1　盆景植物材料

我国盆景植物资源十分丰富，在被称为"植物王国"的云南，据有关统计，有 3000 多种可用于盆景制作，尚有待于我们去开发利用。在以往的盆景专著中，从未按地理学上的不同地域来编排，为了使盆景制作者选材方便，在此书中我们将其分为南方盆景树木、北方盆景树木，并将盆景草本植物单独列出；为了借鉴外国经验，洋为中用，同时列出了美国桩景材料。这样，盆景植物材料内容就比过去丰富多了，从而大大增加了选择之余地。这也是此书特点之一。

7.1.1　主要南方盆景树木

（1）苏铁类

科属：苏铁科苏铁属

茎柱状，不分枝，大羽状复叶集生茎端，常绿，雌雄异株。树姿挺拔雄健，油绿生辉，是美丽的盆景材料。常见的有如下几种：

①苏铁 *Cycas revoluta*　别名铁树。小叶线形，宽 0.3～0.5cm，硬革质，边缘显著反卷，背面疏生长毛。原产亚洲热带，华南有分布，四川及长江流域一带多用做盆景或盆栽。

②华南苏铁 *C. rumphii*　别名刺叶苏铁。小叶宽 0.5～1.5cm，边缘平或微反卷，基部下延，先端小叶渐短，叶轴上隆起，叶柄两侧有刺。广东、广西、滇南有分布，上海、宁夏一带用做盆景或盆栽。

③云南苏铁 *C. siamensis*　别名泰国苏铁、山菠萝。茎矮小，茎基膨大，小叶较薄。产桂南、滇南。华南偶用。

④蓖齿苏铁 *C. pectinata*　别名凤尾蕉。小叶较厚，叶脉中央有凹槽，心皮顶部蓖状深裂，产桂南，滇、川多用。

苏铁类喜温暖湿润气候及酸性土壤。不耐寒，生长慢，耐荫，忌涝。苏铁盆景加工要做到露根、矮干、纤叶。宜选用茎干畸形植株，使其横斜偃卧，奇特古怪，引人入胜。

（2）银杏（公孙树、白果树）

学名：*Ginkgo biloba*

科属：银杏科银杏属

落叶乔木，有长短枝之分，叶折扇形，先端常2裂，有长柄，在长枝上互生，短枝上簇生，雌雄异株，具肉质外种皮。我国特产，南北均有栽培。喜光，喜肥，耐寒。适应性强，生长慢，寿命长。树干端直，秋叶金黄，颇为美观，病虫害少，是制作盆景的好材料，四川、北京多用。取老桩或"银杏笋"做盆景，粗壮矮化，枝条蟠扎造型，养成直干式或悬崖式。古雅奇特，别具一格。

（3）油杉类

科属：松科油杉属

常绿乔木，叶线形扁平，两面中肋隆起，背面苍绿色。球果顶生，直立，果鳞宿存。北方有人用来试做盆景。所用材料有如下两种：

①云南油杉（云南杉松）*Keteleeria evelyniana*　产西南高原，抗旱，生长慢。

②江南油杉（浙江油杉）*K. cyclolepsis*　产长江以南山地。

（4）南方铁杉

学名：*Tsuga chinensis* var. *tchekiangensis*

科属：松科铁杉属

常绿乔木，小枝具隆起叶枕，叶线形扁平，长短不一。较之铁杉叶子短小，长 0.8～1.7cm。背面有明显气孔带。喜凉润气候与酸性土壤。耐荫，生长慢，寿命长，用做桩景。分布在长江以南各地。

（5）金钱松

学名：*Pseudolarix amabilis*

科属：松科金钱松属

落叶乔木。树皮鳞片状开裂，有长短枝。叶扁线形，长3～7cm，柔软鲜绿，在长枝上螺旋状排列；短枝上轮状簇生，枝条优美，入秋变得黄如金钱，甚为美观，我国特产，为世界名贵庭园观赏树之一。分布于长江中下游一带。强喜光，喜温暖多雨气候及酸性土壤。不耐寒。浙江多用做合栽式，也可制作丛林式盆景。

（6）雪松

学名：*Cedrus deodara*

科属：松科雪松属

常绿乔木，大枝平展，小枝略下垂，叶针形，坚硬，灰绿色，长枝上散生，短枝上簇生。原产喜马拉雅山。喜光，稍耐荫，耐寒，不耐风吹干旱，不耐水湿。为良好的盆景材料，国外常用，观赏效果颇佳。

(7) 马尾松(山松)

学名：*Pinus massoniana*

科属：松科松属

常绿乔木，树皮裂成不规则厚块片。针叶长而软，长 12 ~ 20cm。广布于长江以南各地。强喜光，喜温暖湿润气候、酸性土壤，深根性，生长快。华南常用。

(8) 黑松(日本黑松、白芽松、黑汉)

学名：*Pinus thunbergii*

科属：松科松属

常绿乔木，干皮黑灰色，针叶二针一束，粗硬，深绿，冬芽灰白。原产日本，华东沿海城市普遍栽培，强喜光，抗海风，适于温暖多湿的海滨生长，山东沿海一带生长旺盛。选用苍劲矮小植株，上盆加工，可制成很好的松树盆景，国内外皆有应用。黑松幼苗是嫁接五针松的优良砧木。

(9) 锦松

学名：*Pinus thunbergii* var. *corticosa*

科属：松科松属

黑松变种，枝干木栓质树皮格外发达，形态苍老奇特，是制作桩景的珍贵材料，北京、上海常用。

(10)'平头赤松'('千头赤松'、'伞形赤松')

学名：*Pinus densiflora* 'Umbraculifera'

科属：松科松属

赤松的一个栽培品种，丛生大灌木状高达 3 ~ 4m，二针一束，细而短，沪杭宁一带常用于庭园观赏。强喜光，抗风力强，不耐盐碱。翠盖如伞，干赤鳞剥，妖娇似龙。取其植株矮小、姿态优美者，上盆加工，可做成优良的松树盆景。

(11) 垂枝赤松

学名：*Pinus densiflora*

科属：松科松属

赤松的另一个栽培变种。枝条自然下垂，姿态更加优美。上海、杭州庭园多用，用做盆景效果更好。

(12) 黄山松(台湾松)

学名：*Pinus taiwanensis*

科属：松科松属

常绿乔木，二针一束，粗硬鲜绿，冬芽深褐色。长江中下游海拔 700m 以下酸性土山地生长最好，平原生长不良。在皖南黄山上构成优美的风景林，尤其生于岩石间者，枝干弯曲，树冠偃盖如画。生长于峰顶裸岩上或石缝中的植株，高不过盈尺，移来盆栽，十分雅致。

(13)云南松

学名：*Pinus yunnanensis*

科属：松科松属

一年生小枝较粗壮，淡红褐色。针叶三针一束，间或二针一束，软而略下垂，叶鞘宿存。产我国西南部高原山区。强喜光，适应性强。耐干旱瘠薄。云南昆明盆景研究所曾用此树制成盆景精品参加中国盆景艺术家协会盆景展览，效果尚好。

(14)华山松（客松、华阴松）

学名：*Pinus armandi*

科属：松科松属

常绿乔木，小枝绿色或灰绿色，无毛。针叶细软，五针一束。为优良观赏树种。产我国中部及西南部高山地区。喜温凉湿润气候，不耐碱。华山松枝叶翠绿，树形优美，选用幼树做桩景，可加工造型成良好的盆景。

(15)五针松（日本五针松、五须松）

学名：*Pinus parviflora*

科属：松科松属

常绿乔木，小枝有毛，针叶细而短，五针一束，因有白色的气孔带而呈蓝绿色。树枝苍劲古朴，枝叶平展，有如层云簇拥之状，虽老不衰。原产日本，我国各地有栽培。耐荫，不耐寒、不耐干旱，适生于土层深厚肥沃排水良好的砂质酸性壤土上。栽培品种有：

①'短叶五针松'（*P. parviflora* 'Brevifolia'）

②'矮丛五针松'（*P. parviflora* 'Nana'）

这些品种植株矮小，枝短叶细，密集而生，姿态秀美，均适宜做盆景材料。经艺术加工，可形成各种造型，看上去潇洒苍劲，形神兼备，富有诗情画意。

(16)杉木

学名：*Cunninghamia lanceolata*

科属：杉科杉木属

常绿针叶乔木，叶线状披针形，长 3～6cm，螺旋状着生，叶柔下垂。分布长江流域及以南各地，稍耐荫，喜肥，不耐寒，不耐旱。萌蘖力强，挖取野生小苗，栽置盆中，让它分蘖丛生，高低参差，可制成丛林式盆景，再点缀山石，更富山林野趣。

(17)柳杉（孔雀杉）

学名：*Cryptomeria fortunei*

科属：杉科柳杉属

常绿乔木，小枝细长，明显下垂。叶线状锥形，先端略内曲。产长江流域以南地区，喜温暖湿润气候及酸性肥沃土壤，不耐寒，稍耐荫，可用做桩景。

(18)日本柳杉

学名：*Cryptomeria japonica*

科属：杉科柳杉属

常绿乔木。小枝略下垂，叶先端直伸不内曲。原产日本，园艺品种有：

①'千头柳杉'（*C. japonica* 'Vilmoriniana'） 枝密叶短。

②'猿尾柳杉'（*C. japonica* 'Araucarioides'） 枝细下垂，叶短而硬，长短不一。

③'矮丛柳杉'（*C. japonica* 'Elegans'） 灌木状，分枝密，叶扁平，柔软，向外开展或反曲。

④'鸡冠柳杉'（*C. japonica* 'Cristata'） 小枝扁平成鸡冠状，国外常见栽培观赏。

这些品种，干矮叶小，树姿美丽，均可用来制作桩景。

(19) 水松

学名：*Glyptostrobus pensilis*

科属：杉科水松属

落叶乔木，树干基部常膨大，干皮松软，常片状剥落。小枝绿色，有两种：生芽之枝具鳞形叶，冬季不脱落；无芽之枝具针状叶，冬季与叶俱落，叶均螺旋状互生。是我国华南特产之古生树种。喜光，喜温暖多雨气候及酸性土壤，不耐寒，耐水湿，根系发达。入秋叶变褐色，潇洒美丽。广东等地常用此树制作桩景，国外也有采用者。

(20) 落羽松（落羽杉）

学名：*Taxodium distichum*

科属：杉科落羽松属

落叶乔木，小枝互生，叶扁线形，互生，羽状排列，冬季与小枝俱落。原产美国。我国长江流域及其以南地区有栽培。耐水湿，不耐寒，树形美丽，可用做桩景。

(21) 水杉

学名：*Metasequoia glyptostroboides*

科属：杉科水杉属

落叶乔木，枝对生，平展，叶扁线形，柔软，对生，呈羽状排列，冬季与小枝俱落。世界著名古生树种，仅川东鄂西有遗留。强喜光，喜温暖气候及湿润肥沃土壤，较耐寒，北京能露地越冬。用来制作丛林式盆景，别具风韵。

(22) 翠柏（大鳞肖楠）

学名：*Calocedrus macrolepis*

科属：柏科翠柏属

常绿乔木，小枝扁平，排成一平面，鳞叶大而薄，表面绿色，背面粉绿。产滇、黔及海南等地。昆明春节时常用枝插瓶内供室内观赏，谓之"花瓶柏"。其植株可用来制作桩景。

(23) 罗汉柏

学名：*Thujopsis dolabrata*

科属：柏科罗汉柏属

常绿乔木，小枝扁平。鳞叶大而厚，浓绿而有光泽，两侧鳞叶先端向内勾。原产日本，耐荫，喜温凉湿润环境，不耐寒，树姿美观。我国多盆栽观赏或做盆景。

(24) 日本扁柏（扁柏、钝叶花柏）

学名：*Chamaecyparis obtusa*

科属：柏科扁柏属

常绿乔木，干皮纵长裂。鳞叶先端钝，两侧之叶对生成丫形，较中央叶大。原产日本。长江流域有栽培。略耐荫，有一定耐寒力。常见有下列栽培品种：

①'云片柏'（*C. obtusa* 'Breviramea'）　枝片先端圆钝，片片平展如云。

②'孔雀柏'（*C. obtusa* 'Tetragona'）　灌木，生叶小枝四棱状，上海、杭州一带栽培观赏。

这两个品种可用来制作桩景。

(25) 日本花柏（花柏）

学名：*Chamaecyparis pisifera*

科属：柏科扁柏属

乔木，枝片平展而略下垂，鳞叶先端尖锐，背面白粉显著。原产日本，中性，略耐荫，耐寒性较差，长江流域各城市时见栽培。品种有：

①'线柏'（*C. pisifera* 'Pilifera'）　灌木或小乔木。小枝细长而圆，下垂如线。

②'绒柏'（*C. pisifera* 'Squarrosa'）　灌木或小乔木，枝密生，叶全为柔软的线形刺叶，背面有两条白色气孔线。

③'卡柏'（*C. pisifera* 'Squarrosa lodermedia'）　叶如绒柏而更为短密，有白粉。'绒柏'、'卡柏'常用做山水盆景点缀。

(26) 柏木

学名：*Cupressus funebris*

科属：柏科柏木属

小枝扁平，细长下垂，并排成一平面。鳞叶先端尖，偶有柔软线形刺叶。产长江流域以南，喜温暖多雨，喜光，稍耐荫，喜钙质土。枝叶浓密，树姿优美，可作桩景材料。

(27) 滇柏（千香柏）

学名：*Cupressus duclouxiana*

科属：柏科柏木属

小枝细圆，不成片状，也不下垂。鳞叶先端微钝，微被白粉。产滇、川山区，喜光。

可用于盆景制作。

(28) 藏柏（西藏柏木）

学名：*Cupressus torulosa*

科属：柏科柏木属

小枝方形，枝片平展，鳞叶先端尖锐，无刺叶。产喜马拉雅山，昆明有栽培，可用于桩景制作。

(29) 圆柏（桧柏）

学名：*Sabina chinensis*

科属：柏科柏木属

常绿乔木，枝条密生，幼树为刺叶，老树为鳞叶，排列紧密，终年翠绿，树姿苍古洒脱，寿命长。其变种及栽培品种有：

①'龙柏'（*S. chinensis* 'Kaizuka'）　树态瘦削，成圆柱形树冠，侧枝短而环抱主干，端梢扭旋上升，如龙舞空，全为鳞叶。北京颐和园用来作悬崖式盆景，效果颇佳。

②偃柏（真柏）（var. *sargentii*）　匍匐灌木，大枝匍地而生，小枝上升成密丛状，幼树为刺叶，老树为鳞叶，蓝绿色。产东北张广才岭。各地多用做盆景，尤其上海、杭州一带。修剪切忌过重，否则易生刺叶。

③'金叶桧'（*S. chinensis* 'Aurea'）　鳞叶金黄色。

④'鹿角桧'（*S. chinensis* 'Pfitzeriana'）　树姿优美，枝干斜展，用做桩景，效果甚佳。

以上变种变形均适于做盆景材料，尤其是树干扭曲，势若游龙、姿态古雅、气势雄奇的老桩，更是盆景中的珍品。

(30) 铺地柏（爬地柏）

学名：*Sabina procombens*

科属：柏科圆柏属

匍匐灌木，全为刺叶，3枚轮生，蓝绿色，叶背基部常有2点白。原产日本，我国各地园林常见栽培，是布置岩石园、地被和制作盆景的好材料，富有天然势态，易于造型，湖南马王堆张国森的《步步青云》即用此材料制作而成，曾荣获全国一等奖。

(31) 垂枝柏（曲枝柏、醉柏）

学名：*Sabina recurva*

科属：柏科圆柏属

小乔木，小枝细长，显著下垂。全为小刺叶。产藏南。其变种小果垂枝柏为优美的庭园观赏树，可用于盆景材料。

(32) 昆明柏

学名：*Sabina gaussenii*

科属：柏科圆柏属

小乔木或灌木状，枝条密集，全为刺叶，对生或轮生。产昆明一带，极耐修剪，是制作盆景的好材料之一。

(33) 刺柏（台湾桧）

学名：*Juniperus formosana*

科属：柏科刺柏属

小乔木，树冠圆柱形，小枝下垂，刺叶线形，3叶轮生，翠绿，姿态优美。广布长江流域及其以南各地。耐寒、耐瘠薄。喜温暖多雨气候及石灰质土壤。树形挺立秀丽，枝叶垂挂，十分雅致，选作盆景材料，再配以山石材料，颇有苍劲高洁之感。

(34) 瑛珞柏（欧洲刺柏）

学名：*Juniperus communis*

科属：柏科刺柏属

刺叶正面微凹，有1条宽白粉带，3叶轮生，基部不下延，果蓝黑色。欧美各国园林中常栽培，变种极多，我国栽培者枝条柔软下垂，可以用来制作盆景。

（35）罗汉松类

科属：罗汉松科罗汉松属

常绿乔木，雌雄异株，同株少见，叶线状披针形，有明显中肋，种子核果状，着生于肥大肉质的紫色种托上，全形如披着袈裟的罗汉。分布于长江以南地区，稍耐荫，不耐寒，多为庭园观赏树，也是制作桩景的好材料，常见种类、变种变型有：

①罗汉松 *Podocarpus macrophyllus*　为原种。

②小叶罗汉松（var. *maki*）　叶较小。

③短小叶罗汉松（var. *maki* f. *condensatus*）　叶特别短小，更适合作盆景材料。

④狭叶罗汉松（var. *angustifolius*）　叶狭，先端长尖。产川、黔、赣。

⑤大理罗汉松（*P. forrestii*）　灌木状，叶较大。产云南大理苍山，昆明用于庭园观赏，可作盆景。

（36）竹柏

学名：*Podocarpus nagi*

科属：罗汉松科罗汉松属

常绿乔木，叶对生卵状长椭圆形，厚革质，无中肋，有平行脉。产华南，不耐寒。树姿优美，叶茂浓绿，选取植株矮小者上盆，加工造型，配以山石配件，可制成珍贵精美的盆景。

（37）粗榧

学名：*Cephalotaxus sinensis*

科属：三尖杉科三尖杉属

常绿小乔木，枝条轮生斜出，基部有宿存芽鳞，叶线形有中肋，螺旋状着生，先端突尖。产我国长江流域及其以南地区，多用做庭园观赏，可用做盆景。

（38）美丽红豆杉（南方红豆杉）

学名：*Taxus chinensis*

科属：红豆杉科红豆杉属

常绿小乔木、雌雄异株。小枝互生，叶线形，通常镰刀状弯曲，螺旋状互生，中肋明显。而中脉与气孔带不同色，成羽状2列。耐荫，喜温暖多雨气候及酸性土壤，生长慢。产江南。其原种红豆杉，产于西部。可用来制作盆景。

（39）圆榧（榧树）

学名：*Torreya grandis*

科属：红豆杉科榧树属

常绿乔木，大枝轮生，小枝近对生，2列。2年生枝黄绿色。叶长1.1~2.5cm，叶基近圆形，先端突尖或成短刺。产江南，不耐寒，耐荫，抗烟尘。

其栽培品种有'香榧'（'Merrillii'）：小枝下垂，叶深绿，质软，嫁接繁殖，浙江特产。种子可炒食。此树可用来做盆景。

（40）天女花

学名：*Magnolia sieboldii*

科属：木兰科木兰属

落叶小乔木，叶广倒卵形，长 6~12cm，先端突尖，基部近圆形。花在新枝上与叶对生，萼片 3，淡粉红色。花瓣 6，白色，花梗细长，花期 5~6 月。辽东、安徽有分布。喜肥沃深厚土壤，花朵美丽芳香，可用来做盆景。

（41）含笑

学名：*Michelia figo*

科属：木兰科白兰花属

常绿灌木，干皮不裂，枝有环状脱叶痕，单叶互生。小枝及叶柄密生褐色绒毛。花瓣乳黄，具有芳香，花期 4~5 月。产南方。耐荫，不耐寒。花可熏茶。此树可做盆景。

（42）皮袋香（云南含笑）

学名：*Michelia yunnanensis*

科属：木兰科白兰花属

常绿灌木。幼枝有锈色绒毛。花白色，芳香，产云南。可用于盆景制作。

（43）南五味子

学名：*Kadsura longipedunculata*

科属：五味子科五味子属

常绿藤木，单叶互生，椭圆形，薄革质。雌雄异株。花有芳香。产华中、华南和西南。可用于盆景。

（44）连香树

学名：*Cercidiphyllum japonicum*

科属：连香树科连香树属

落叶乔木。单叶对生，广卵圆形，长 4~7cm，基部心形，缘有细钝齿，花单性异株。产华中。不耐寒，喜光，耐半荫。幼叶紫色，秋叶黄色或红色，颇为美丽。可做盆景材料。

（45）缫丝花（刺梨）

学名：*Rosa roxburghii*

科属：蔷薇科蔷薇属

落叶灌木，多分枝，有皮刺。果内含大量维生素 C。产长江流域。《中国盆景艺术》一书将其列入盆景植物之列。

（46）李

学名：*Prunus salicina*

科属：蔷薇科李亚科李属

落叶灌木。据报道，以桃苗做砧，嫁接李子作为观果盆景，3 年即可开花结果。花繁果硕，与地栽无异。盆土要求肥沃疏松，翻盆时施以基肥；花前果后施以追肥，再加修剪适时。目前各地以李树作为观果盆景的不多。但其枝短，开张，叶也较小，易于整枝造型，果形美观，是很有前途的盆景素材之一。

(47)梅

学名：*Prunus mume*

科属：蔷薇科李亚科李属

落叶小乔木，小枝绿色光滑，缺顶芽，叶卵形或卵圆形，先端尾尖，叶柄有腺体。花粉红，芳香，早春叶前开放，果熟黄色。原产我国西南。喜温和湿润气候，耐寒性差，长江流域及以南地区多栽培。为我国著名观花树种，色、香、姿、韵，样样俱全。常见变种、品种有：

①杏梅（var. *bungo*）　枝、叶、花似杏，杏梅的天然杂交种，花期晚，几无香味，稍耐寒。

②'照水梅'（'Pendula'）　枝下垂，花朵向下。

③'绿萼梅'（'Viridialyx'）　花萼绿色，白花。

④'白梅'（'Alba'）　白花，重瓣。

⑤'冰梅'（'Alba Plena'）　白花，重瓣。

⑥'红梅'（'Alphandii'）　粉花，重瓣。

⑦'骨里红'（'Purpurea'）　花紫红。

选取老桩制作盆景，花色美丽，暗香宜人，树姿苍古，骨干清秀，疏影横斜，虬曲多姿，富有韵味，再配以紫砂盆，别具风采。徽派以游龙或老桩为代表作，干形蟠曲，十分古雅。梅桩盆景通过换盆换土，逐步提根，敷以青苔，缀以山石，则更显得自然秀美。如配以松、竹，布置成"岁寒三友"盆景，就更富有诗情画意。梅花以其品格之高洁，素来被视做坚贞的象征，古代梅花诗词计有700余首，也是制作梅花盆景的艺术根据之一。

(48)小叶栒子

学名：*Cotoneaster microphyllus*

科属：蔷薇科栒子属

常绿矮生灌木，枝开展。叶长0.4~1cm，端钝，背有灰白色短柔毛。白花红果。产我国西南。入秋红果累累，有一定的观赏价值，可做桩景或山水盆景点缀。

(49)火棘类（火把果、救军粮）

科属：蔷薇科火棘属

常绿灌木，枝有刺，单叶互生，花小而白。果实红或橙红，产长江流域及其以南各地。喜光耐旱、耐瘠薄。常见种类有：

①火棘（*Pyracantha fortuneana*）　叶常为倒卵状长椭圆形，先端圆或微凹，锯齿疏钝，果红。

②狭叶火棘（*P. angustifolia*）　叶狭长，并生有短小叶。

③细圆齿火棘（*P. crenulata*）　叶缘锯齿细圆，两面无毛。橘红果。

火棘夏日白花满枝，入秋红果累累，经久不凋，灿烂夺目，是观果盆景之良材。

(50)山楂类

科属：蔷薇科山楂属

落叶小乔木，枝有刺，叶秀花好果美，也是制作观果盆景的好材料。其种类、变种有：

①山楂(*Crataegus pinnatifida*)

②山里红(var. *major*)　果实大而鲜红。北方果树，作盆景效果为佳。

③云南山楂(山林果)(*C. scabrifolia*)　果熟橙黄，果实欠佳。产滇、黔。

(51)椤木石楠(椤木)

学名：*Photinia davidsoniae*

科属：蔷薇科石楠属

常绿小乔木，叶草质，枝干有刺，叶披针形，白花红果，可用来试做盆景。

(52)木瓜

学名：*Chaenomeles sinensis*

科属：蔷薇科木瓜属

落叶小乔木，树皮斑状薄片剥落，枝无刺，单叶互生，卵状椭圆形，果实深黄。不耐寒。据报道，日本有用此树做盆景者。

(53)贴梗海棠类

科属：蔷薇科木瓜属

落叶灌木，枝有刺，托叶大，半圆形，叶卵形，有锐齿。花多为红色，3~4月开放。产长江流域各地。喜光，耐寒，喜排水良好的肥沃土壤。树姿优美，花色艳丽，选取丛生者上盆，可做成很好的观花盆景。常见种类有：

①贴梗海棠(皱皮木瓜)(*Chaenomeles seciosa*)

②木桃(木瓜海棠，毛叶木瓜)(*C. cathayensis*)

③倭海棠(日本贴梗海棠)(*C. japonica*)

(54)石斑木(春花)

学名：*Rhaphiolepis indica*

科属：蔷薇科木瓜属

常绿灌木，单叶互生，革质，卵形至椭圆形或倒披针形，长4~7cm，先端短渐尖，基部狭成短柄。粉花黑果，产我国西部，不耐寒，喜酸性土壤。春来开花，鲜艳夺目。可做盆景材料。

(55)湖北海棠(茶海棠)

学名：*Malus hupehensis*

科属：蔷薇科苹果属

落叶小乔木，枝硬直斜出，小枝幼时有毛，叶缘锯齿细尖。花白色或粉红色，花期4~5月，果球形，黄绿色。主产长江流域。开花繁美而芳香，可用做观花盆景。

(56)垂丝海棠

学名：*Malus halliana*

科属：蔷薇科苹果属

落叶小乔木，枝开展，幼时紫色。花期4月，花梗细长下垂，花色鲜玫瑰红色，花繁色艳，为著名的观花树种，原产我国西南部。变种及品种有：

①白花垂丝海棠(var. *spontanea*)。

②'重瓣垂丝海棠'（*M. halliana* 'Parkmanii'）。

喜温暖湿润气候，不甚耐寒。喜光，忌涝。树冠开展，花繁色艳，光彩夺目，垂丝婆娑，为观花盆景传统材料。

(57) 沙梨

学名：*Pyrus pyrifolia*

科属：蔷薇科梨属

落叶果树，2 年生枝紫褐色或暗褐色。叶卵状椭圆形，长 7~12cm，缘具毛刺状锯齿。白花褐果。主产长江流域、华南、西南。可用来制作果树盆景。

(58) 蜡梅类

科属：蜡梅科蜡梅属

落叶灌木，小枝近方形，单叶对生，全缘，半革质而较粗糙，花被片蜡质黄色，具浓香，1~3 月开花，为冬季最好的香花树种。其变型有：

①'素心蜡梅'（'Luteus'）　花被纯黄。

②'磬口蜡梅'（'Grandiflorus'）　花较大，径 3~3.5cm，花被片近圆形，叶也大。

原产我国中部。耐旱，忌涝，耐剪。为传统的观花盆景材料，树姿清雅，枝条纤细，花黄似蜡，清香四溢，冒寒怒放，气傲冰雪。选取老桩上盆，抽枝横斜，发叶展花，乃是怡情遣兴之佳品。

(59) 亮叶蜡梅（山蜡梅）

学名：*Chimonanthus praecox*

科属：蜡梅科蜡梅属

叶较蜡梅小，但叶面更光亮，花也小，常青白色，香味差。产湖北、福建等地。可用做盆景。

(60) 紫荆（满条红）

学名：*Cercis chinensis*

科属：苏木科紫荆属

落叶乔木。通常灌木状。单叶互生，心脏形，长 5~13cm。花假蝶形，紫红色，簇生于枝干上。南北均有分布，适应性强。早春繁花簇生枝间，满树紫红，鲜艳夺目。可做观花盆景。

(61) 黄槐

学名：*Cassia surattensis*

科属：苏木科黄槐属

灌木或小乔木，偶数羽状复叶互生，小叶 7~9 对，卵形至长椭圆形，长 2.5~5cm，先端钝而略凹，叶柄和最下 2~3 对小叶间的叶轴上有腺体。花鲜黄色。产亚洲南部、大洋洲。华南用于庭园观赏。也可用于盆景制作。

(62) 格木（铁木）

学名：*Erythrophleum fordii*

科属：苏木科铁木属

常绿乔木，复叶，叶面亮绿，枝叶茂密。生于热带，生长慢，木质极硬，故名"铁木"，比重大于1，沉水。产广西南部。《中国盆景艺术》一书将其列入盆景植物。产我国东南及华南地区。

(63) 鸡血藤

学名：*Millettia reticulata*

科属：蝶形花科鸡血藤属

常绿攀缘灌木，奇数羽状复叶互生，小叶7~9枚，先端钝并有小凹缺，基部近圆形。花暗紫色，成密集的总状花序。主产华东、中南、西南。花朵美丽。可做盆景。

(64) 香花崖豆藤

学名：*Milettia dielsiana*

科属：蝶形花科鸡血藤属

常绿藤木，羽状复叶，主产贵州南部，云南南部。贵州有人用此树制作大型桩景，效果尚好，但叶子稍偏大。

(65) 紫藤类

学名：*Wisteria* spp.

科属：蝶形花科紫藤属

落叶缠绕大藤木，茎左旋。奇数羽状复叶互生，小叶7~13枚。花茎紫色，总状花序，下垂，有香味。4~5月开花。我国南北各地均有分布，广为栽培。喜光，耐旱，忌涝，适应性强。紫藤类枝叶茂密，春天先叶开花，穗大而美，芳香袭人，为传统的盆景材料。种类及变种有：

①紫藤(*Wisteria sinensis*) 以及栽培变种银藤(var. *albiflorum*)

②藤萝(*W. villosa*) 与紫藤的主要区别是叶表面无毛，叶背面有白柔毛，花淡紫色，花序长达30cm，荚果有白绒毛。产华北，南方庭园常见栽培。

③白花紫藤(*W. venusta*) 小叶9~13枚，椭圆状披针形，两面有绢毛，白花，花序短。原产我国，各地栽培。

④多花紫藤(日本紫藤)(*W. floribunda*) 茎右旋性，枝密细柔，小叶13~19枚，花紫色，花期较晚，花序长30~50cm，花繁。原产日本，长江流域普遍栽培，用做盆景，效果极佳。

(66) 溲疏

学名：*Deutzia scabra*

科属：山梅花科溲疏属

落叶丛生灌木，树皮薄片状剥落。叶长卵状椭圆形，粗糙，具星状毛，叶缘有不显小刺尖，白花，直立圆锥花序，花期5~7月。产长江流域。耐寒性不强，有重瓣品种。可用做观花盆景。

(67) 秤锤树

学名：*Sinojackia xylocarpa*

科属：野茉莉科秤锤树属

落叶乔木，单叶互生，椭圆形至椭圆状倒卵形，长 3.5~9cm，缘有骨质细锯齿，白花，腋生聚伞花序，果实形似秤锤。产江苏。本种白花美丽，果实奇特，宜做盆景材料。

(68) 华山矾

学名：*Symplocos chinensis*

科属：山矾科山矾属

落叶灌木。幼枝、叶背、花序均被柔毛，单叶互生，叶长 4~7cm，有细尖齿。花小，白色，有芳香，成狭长圆锥花序。产长江流域及以南各地。四川有人用来制作大型盆景，桩头虬曲多姿，芳香四溢，效果尚好。

(69) 山茱萸

学名：*Cornus officinalis*

科属：山茱萸科山茱萸属

落叶灌木或小乔木，树皮薄片状剥裂。叶对生，卵状椭圆形，长 5~12cm，先端长尾状，表面疏生毛，背面较密。侧脉 6~7 对，弧形脉。花黄果红。产浙江、安徽。据报道有人用此树种做盆景。

(70) 四照花

学名：*Cornus kousa* var. *chinensis*

科属：山茱萸科山茱萸属

落叶小乔木，小枝无毛。叶对生，弧形侧脉 4~5 对，全缘，通常背面有毛。头状花序，5~6 月开放，聚花果球形，粉红。产长江流域一带。是一种美丽的观赏树种，也可用做盆景。

(71) 常春藤（洋常春藤）

学名：*Hedera helix*

科属：五加科常春藤属

常绿藤木，借气根攀缘，幼枝上有星状柔毛。单叶互生，全缘，营养枝上的叶3~5 浅裂，花果枝上的叶无裂为卵状菱形。果黑色。原产欧洲，国内栽培普遍。有斑叶、金边、银边等观赏变种。耐荫，不耐寒，常用于山水盆景垂直绿化或岩石园或室内绿化。

(72) 中华常春藤

学名：*Hedera neplensis* var. *sinensis*

科属：五加科常春藤属

幼枝柔毛为鳞片状，营养枝上的叶全缘或 3 浅裂，结果枝上的叶椭圆状卵形或卵状披针形，果红色或黄色。产华中、华南。耐荫，不耐寒。常用于山水盆景点缀。

(73) 羽叶南洋森

学名：*Polyscias fruticosa* var. *plumata*

科属：五加科南洋森属

可做桩景材料，《中国盆景艺术》一书将其排入盆景植物材料之列。

(74) 糯米条

学名：*Abelia chinensis*

科属：忍冬科六道木属

落叶灌木，枝开展，幼枝及叶柄带红色。单叶对生，卵形或椭圆状卵形，疏生浅齿，背脉有白柔毛。花冠漏斗状，白花或粉红色，花期 8~9 月。产华东及中南。耐寒性差，为美丽的观花盆景材料。

(75) 蝴蝶树

学名：*Viburnum plicatum f. tomentosam*

科属：忍冬科蝴蝶树属

落叶灌木。单叶对生，倒卵形，羽状脉下凹，羽脉间又有平行小脉相连。复伞房花序，花序边缘有大型白色不孕花，形如蝴蝶。果红色，后变蓝黑。原产中国、日本。华南庭园中常见栽培观赏，可做观花盆景。

(76) 金银花（忍冬）

学名：*Lonicera japonica*

科属：忍冬科忍冬属

半常绿缠绕藤本，小枝中空，有柔毛。叶对生，卵形或长椭圆状卵形，入冬叶色带红，北方冬季落叶。花成对腋生，由白变黄，花期 5~7 月，南北均有分布。长势旺，喜光，稍耐荫，耐寒，耐旱，对土壤要求不严。挖根上盆，枝条细柔，蟠扎造型，花朵白黄，为盆景常见植物材料。

(77) 蜡瓣花

学名：*Corylopsis sinensis*

科属：金缕梅科蜡瓣花属

落叶灌木，小枝具柔毛。单叶互生，倒卵状椭圆形，长 5~9cm，羽状脉有锐齿，基部歪斜，背面有星状毛。黄花，花瓣宽而有爪，具芳香，成下垂总状花序，叶前开花。产长江流域及以南地区。可制作盆景。

(78) 檵木（檵花）

学名：*Loropetalum chinensis*

科属：金缕梅科檵木属

常绿灌木或小乔木，树干多枯峰。嫩枝叶有锈色星状毛，叶较小，互生，卵形，长 2~5cm，叶基不对称，全缘。花瓣 4 枚，黄白色，带状线形，5 月开花。广布于长江中下游及其以南地区。其变种有红檵木（var. *rubrum*），叶暗紫，花紫红，美观奇特。为亚热带树种。喜光，稍耐荫，喜温暖气候及酸性土壤，适应性较强。此树种枝密叶小，花繁奇特，掘取老桩上盆，可加工造型成飘逸式、枯干式或半悬崖式，枝叶剪扎成片状，甚为美观，为盆景优良材料。

(79) 枫香

学名：*Liquidambar formosana*

科属：金缕梅科枫香属

落叶乔木，干上有眼状枝痕。单叶互生，掌状 3 裂，长 6~12cm，基部心脏形，秋叶黄红，为观叶盆景材料。产华中、华南。耐干旱瘠薄，抗风，生长快，为南方著名秋色叶树种。

（80）黄杨类

科属：黄杨科黄杨属

常绿灌木或小乔木，单叶对生，全缘。花单性同株，无花瓣。枝层明显，优美秀丽。是扬派盆景代表树种之一。常见种类有：

①小叶黄杨（*Buxus microphylla*）　其变种有朝鲜黄杨（var. *koreana*），植株较小，叶也小，长 0.6~1.5cm。产朝鲜。抗寒。

②黄杨（*B. sinica*）　枝叶较疏散。产我国中部。不耐寒。扬派常用树种。其变种珍珠黄杨，叶更小。

③锦熟黄杨（*B. sempervirens*）　小枝密集，叶中下部最宽。原产南欧、北非及西亚一带。有一定抗寒力，耐剪。有金边、斑叶、金尖、垂枝等变种，也常用来做盆景。

④雀舌黄杨（*B. bodinieri*）　叶较狭长。产我国南部。不耐寒。多用做微型盆景或山水盆景点缀。

（81）米槠（小红栲）

学名：*Castanopsis carlesii*

科属：山毛榉科栲属

常绿乔木，树皮光滑。小枝细无毛。叶卵状椭圆形，长 6~8cm，先端尾尖，叶背面淡棕色或淡灰色。产东南沿海至华南。枝细叶小，可做盆景材料。

（82）滇鹅耳枥

学名：*Carpinus monbeigiana*

科属：榛科鹅耳枥属

落叶小乔木。叶卵状长椭圆形至卵状披针形，长 5~9cm。果序下垂，长7~13cm。产滇、黔。叶子秀丽，果序奇特，可做盆景材料。

（83）木麻黄（驳骨松）

学名：*Casuarina equisetifolia*

科属：木麻黄科木麻黄属

常绿乔木。小枝绿色，细长下垂，每节上有退化之鳞叶7枚，节间有纵沟7条。果序球形。原产大洋洲，我国华南有栽培。可用来制作盆景。

（84）榔榆（小叶榆）

学名：*Ulmus parvifolia*

科属：榆科榆属

落叶乔木，树干黄褐色，树皮鳞片状剥落，斑纹可爱。枝态优美，叶小色翠，古雅秀丽。产我国中部及南部各地。喜光略耐荫，喜温暖湿润气候，根蘖性较强，过去从山野选挖榔榆老桩上盆养坯，修剪整形，可制成茎干横斜，枝条虬曲，苍劲多姿的榆树盆景。通过换盆，提根露爪，姿态更为古朴。苏派、扬派、岭南派皆喜爱用榔榆做盆景材料，现已禁止山采。

(85)榉树类

科属：榆科榉树属

落叶乔木，树皮通常较光滑。单叶互生羽状脉，单锯齿（近桃形），花单性同株。坚果无翅。常见种类有：

①榉树（大叶榉）（*Zelkova schneideriana*） 1年生小枝红褐色，叶互生，两面粗糙，入秋叶呈深红色。产我国中、南部。抗风，耐烟尘、病虫害少，寿命长。是制作盆景的优良材料。

②小叶榉（大果榉）（*Z. sinica*） 叶较小，表面较光滑，果较大。

③光叶榉（*Z. serrata*） 与榉树之区别在于小枝紫褐色。叶较薄，亮绿色，叶齿尖。分布广。

榉树类枝细叶美，树姿雄伟，生长较慢，寿命又长，秋叶红艳可赏，适合于制作丛林式盆景。

(86)朴树类

科属：榆科朴树属

落叶乔木，干皮不裂。单叶互生，基部全缘，3主脉，侧脉不深入齿端，核果近球形。常见种类有：

①朴树（*Celtis sinensis*） 小枝幼时有毛，果橙红色，果柄与叶柄等长。淮河流域至华南均有分布。喜光，深根性。

②小叶朴（黑弹树）（*C. bungeana*） 小枝无毛，果黑紫色，果柄比叶柄长2倍以上。南北均有分布。耐寒，喜黏质土，萌蘖力强，生长慢，最适合做盆景。

③滇朴（*C. yunnanensis*） 叶长4~11cm，表面粗糙，果黑色，果柄长为叶柄长2倍。产云南。

朴树管理粗放，枝干疏朗挺拔，苍劲古雅，比较适合制作盆景。

(87)桑

学名：*Morus alba*

科属：桑科桑属

落叶乔木，小枝褐黄，嫩枝及叶含乳汁。单叶互生，卵形，叶边缘齿钝，表面有光泽，聚花果叫桑椹。南北均有栽培，适应性强，耐湿，抗风，耐烟。栽培品种有'龙桑'（'Tortuosa'），枝条龙形扭曲，别具特色。可用于盆景制作。

(88)黄葛树

学名：*Ficus lacor*

科属：桑科榕树属

落叶乔木。叶卵状长椭圆形，长8~16cm，基部心形或圆形，全缘，侧脉7~10对，坚纸质，无毛。产华南及西南。可用做盆景。

(89)榕树（细叶榕）

学名：*Ficus microcarpa*

科属：桑科榕树属

常绿乔木，有气生根，缕缕悬挂，奇特壮观。叶互生，长椭圆形，革质，有光泽。产广东、广西、福建、云南、江西等地，热带树种。喜光，喜高温高湿气候，不耐寒，适于生长在疏松的冲积壤土上。福建、广东、广西习用做盆景材料。悬根露爪，气根高悬，"块根"膨大怪状，枝叶稠密，色翠如盖，蔚为壮观。

(90)瑞香

学名：*Daphne odora*

科属：瑞香科瑞香属

常绿灌木，小枝无毛。单叶互生，长椭圆形或倒被针形，长 5～8cm，全缘，质厚，有光泽，叶柄粗短。白花或淡红紫色，芳香，无瓣，花萼花瓣状，3～4 月开花。产长江流域。变种有毛瑞香(var. *atrocaulis*)，茎紫色，白花，外被灰黄色绢状毛。还有金边瑞香(var. *marginata*)，叶缘为黄色。适合于盆栽或制作盆景。

(91)结香

学名：*Edgeworthia chrysantha*

科属：瑞香科结香属

落叶灌木。枝粗壮而柔软，可以打结，常三叉分枝。叶痕隆起，黄花，芳香。产华中、华南。喜半荫及湿润环境，耐水湿不耐寒，可用来盆栽或制作盆景。

(92)叶子花(三角花，九重葛)

学名：*Bougainvillea spectabilis*

科属：紫茉莉科叶子花属

攀缘灌木，有枝刺，刺叶密生柔毛。单叶互生，卵形或卵状椭圆形，长 5～10cm。花常 3 朵顶生，苞片叶状，美丽，鲜红，6～12 月开花。原产巴西，我国各地有栽培。喜光，不耐寒，花期长。变种有砖红叶子花(var. *lateritia*)，花砖红色。园林中多用做盆栽或盆景。

(93)光叶子花

学名：*Bougainvillea glabra*

科属：紫茉莉科叶子花属

与叶子花相似，苞片多为紫红色。用途与叶子花相似。

(94)柽柳

学名：*Tamarix chinensis*

科属：柽柳科柽柳属

落叶灌木或小乔木，树皮红色，小枝细长下垂。叶鳞片状，长 1～3mm，互生，花小。南北均有分布。抗涝，抗旱，抗盐碱。常用来做垂枝式盆景。

(95)杜英(山杜英，胆八树)

学名：*Elaeocarpus sylvestris*

科属：杜英科杜英属

常绿乔木，干皮不裂，枝干光滑无毛。绿叶中常有少量鲜红的老叶。产江南。耐荫，可用做盆景。

(96)木棉(英雄树，攀枝花)

学名：*Gossampinus malobarica*

科属：木棉科木棉属

落叶大乔木，枝上有圆锥形大刺。掌状复叶互生，小叶 5～7。花大，红色，春天先叶开放。产我国华南及印度、马来西亚和大洋洲。喜光耐旱不耐寒，萌芽力强，生长迅速，高大雄伟，红艳美丽，为岭南派常用盆景树种。

(97) 乌桕

学名：*Sapium sebiferum*

科属：大戟科乌桕属

落叶乔木，小枝纤细。单叶互生，菱状广卵形，长 5～9cm，先端尾尖，叶柄端有 2 个腺体。种子外被白蜡层。产黄河以南各地。耐湿抗风，喜温暖气候及肥沃土壤。树冠整齐。秋叶红艳可爱，是观叶盆景的材料。

(98) 山茶花类

科属：山茶科山茶属

常绿乔木或灌木，冬芽有数鳞片。单叶互生，有锯齿。花单生，美丽，大型。种类有：

①山茶花(*Camellia japonica*)　嫩枝无毛，叶长 5～10cm。花径 5～10cm，有红、粉、白、杂及重瓣等品种。原产我国华东，日本。

②南山茶(云南山茶花)(*C. reticulata*)　叶较大，长 7～12cm。花也大，径 10～15cm，色艳丽。产云南。

③茶梅(*C. sasanqua*)　嫩枝有粗毛，芽鳞表面有倒生柔毛。叶较小，长 4～8cm，表面有光泽。花也较小、白色，径 3.5～7cm，稍有香气。花期 11 月至次年 1 月。变种及品种较多，多为白花，也有粉红、红及杂色。产江南。

山茶类喜温暖气候及酸性土壤，喜光，也稍耐荫。为重要的观花树种，多做盆栽和制作盆景，是观花盆景的珍贵材料。

(99) 厚皮香

学名：*Ternstroemia gymnanthera*

科属：山茶科厚皮香属

常绿灌木或小乔木，近轮状分枝。叶全缘，革质有光泽，两面无毛；叶柄短而红色，集生枝端。花小淡黄浓香。产华南。可用来制作盆景。

(100) 杜鹃花类

科属：杜鹃花科杜鹃花属等

多数为灌木，罕为小乔木。单叶互生，全缘，叶端有一尖点。合瓣花，雄蕊 5～10，子房上位，蒴果室间开裂。中国十大名花之一，优良的观花盆景材料。种类及变种如下：

①杜鹃花(映山红)(*Rhododendron simsii*)　是江南山野常见的一种，花玫瑰红色。

②云锦杜鹃(*R. fortunei*)　即天目杜鹃。常绿，花粉红色，集生枝顶，花大而芳香，5 月开放。

③满山红(*R. mariesii*)　枝叶毛少，花紫色，常 3～4 枝集生枝端。产长江流域及福建、台湾。

④白花杜鹃（*R. mucronatum*）　多分枝，芽鳞外有黏胶，白花芳香，1～3 朵簇生枝端。产日本及我国湖北、浙江。变种有玫瑰紫杜鹃（var. *ripens*），花玫瑰紫色；重瓣紫杜鹃（var. *plenum*），花紫色，半重瓣。

⑤黄杜鹃（*R. molle*）　又名（羊踯躅、闹羊花）。叶较大，叶面成皱，花金黄色，4～5 月开放。产中部及东部，植株有毒。

⑥黄山杜鹃（*R. anhweiense*）　常绿灌木，花白色至淡紫色。产安徽、江西等地。

⑦马银花（*R. ovatum*）　常绿灌木，枝叶光滑无毛，芽绿白色，叶革质，花单生，浅紫色。产广东等地。

⑧锦绣杜鹃（*R. pulchrum*）　半常绿灌木，枝有的扁平，叶长椭圆形，花大，鲜玫瑰红色。欧洲庭园多栽培，品种很多，我国各大城市常盆栽观赏。

⑨'石岩杜鹃'（石岩春鹃、朱砂杜鹃）（*R.* 'Obtusum'）（*R. obtusum*）　植株矮小，有时呈平卧状，花橙红至亮红，花期 4～5 月。产日本。品种多。我国沪、杭等地盆栽观赏。

⑩灯笼花（*Enkianthus chinensis*）　吊钟花属。落叶灌木或小乔木。生枝轮，叶纸质。花下垂，呈伞形总状花序，肉红色，花期 5～6 月。产江南。本种花形玲珑，秋叶红艳，可作为观花、观叶盆景材料。

⑪马醉木（*Pieris polita*）　马醉木属。小枝多沟棱，花下垂，花冠卵状坛形，3～4 月开花。产闽、浙、赣、皖。叶有剧毒。

杜鹃花类植物，耐半荫，喜温暖湿润或凉湿的气候，要求酸性土壤。

（101）白千层

学名：*Melaleuca leucadendra*

科属：桃金娘科白千层属

常绿乔木，树皮灰白，可层层片状剥落。产大洋洲。华南有栽培，适应性强，耐旱耐湿。有人用此树做过盆景。

（102）红千层

学名：*Callistemon rigidus*

科属：桃金娘科红千层属

灌木，树皮不易剥落。叶质坚硬，花序似试管刷。产大洋洲。华南有栽培，沪、杭一带常盆栽观赏，可用来制作盆景。

（103）赤楠（山乌珠）

学名：*Syzygium buxifolium*

科属：桃金娘科蒲桃属

常绿小乔木，枝茶褐色。单叶对生，革质叶形极似黄杨，羽状侧脉汇合成边脉。聚伞花序，生于枝顶。产江南山地。可用做盆景。

（104）三叶赤楠

学名：*Syzygium grijsii*

科属：桃金娘科蒲桃属

常绿灌木。叶子小于赤楠，常 3 叶轮生。产湖北等地。此树枝纤叶密，植株秀丽，适合于制作盆景，为湖北极有地方特色的盆景树木之一。较耐荫，喜湿润，耐修剪，成型快。

(105)石榴

学名：*Punica grantum*

科属：石榴科石榴属

落叶灌木或小乔木，枝常有刺。单叶对生或簇生，新叶红色。花通常朱红色，单生于枝端，开花时枝叶葱郁。花红似火，浓艳夺目，秋季果实累累，是观花、观果盆景的优良材料。主要变种有：

①月季石榴(var. *nana*)　丛生矮灌木，枝、叶、花均小，花期长，常用来做微型盆景或山水盆景点缀。

②黑石榴(var. *nigra*)　枝细叶长，果紫黑。

③黄石榴(var. *flavescens*)　花黄色。

④重瓣石榴(var. *pleniflora*)　花重瓣，大红花。

⑤白石榴(var. *albescens*)　白花。

⑥玛瑙石榴('Cegrelliae')

石榴原产伊朗、阿富汗，汉时张骞出使西域引入中原。黄河流域及以南地区广为栽种。喜光，喜温暖气候，也耐寒，耐旱。石榴桩景要及时修剪整形(自然型)保证花繁果多。一年中可摘叶 1~2 次，可促发新鲜红叶，增强观赏效果。也可挖取老桩，做成枯峰式，古桩、红花、硕果，别具一格。

(106)枸骨(鸟不宿)

学名：*Ilex cornuta*

科属：冬青科冬青属

常绿灌木或小乔木。单叶互生，硬革质，具硬刺齿 5 枚，叶端向后弯，表面深绿而有光泽。单性异株，核果球形鲜红。产长江中下游各地。喜光，不耐寒，生长慢。为观花、观果盆景材料。

(107)冬青类

科属：冬青科冬青属

常绿乔木或灌木，单叶互生，单性异株，偶为杂性，浆果状核果球形。其种类有：

①冬青(*Ilex chinensis*)　常绿乔木。叶长椭圆形至披针形，两端尖，疏生浅齿，薄革质，干后呈红褐色。果红色。

②欧洲冬青(圣诞树)(*I. aquifolium*)　常绿乔木或灌木。叶硬革质，缘有大刺齿。花小白色有香气，果红能宿存至次年 3 月，观赏期长。产欧洲及亚洲西部，欧美各国每逢圣诞节，常以绿叶红果之此树装饰室外。

③铁冬青(*I. rotunda*)　小枝具棱，幼枝及叶柄均带紫黑色。叶全缘，叶色较深，果红色，顶端具宿存柱头。

④波缘冬青(*I. crenata*)　常绿灌木或小乔木，多分枝。叶小而密生，叶缘有浅钝齿，厚革质，背面有腺点。果熟黑色。产日本及我国闽、粤、鲁等地。其变种龟甲

冬青(var. *convexa*)，叶面凹起，又名豆瓣冬青。

⑤大果冬青(*I. macrocarpa*) 落叶乔木。叶纸质，果熟红色，较大。产西南等地。

冬青类，尤其是结红果冬青类，是制作观果盆景的优良材料。

(108)卫矛(鬼见愁、八树)

学名：*Euonymus alatus*

科属：卫矛科卫矛属

落叶灌木，小枝具2~4条木栓质翅。叶对生，倒卵状椭圆形，入秋叶红如锦，鲜艳夺目，蒴果紫红色。产我国华北至长江流域各地。喜光，耐旱，耐寒，对土壤要求不严，适应性强，萌蘖性也强。春秋叶色鲜红，落叶后，紫果悬挂，颇为美观，是良好的观叶、观果盆景材料。

(109)扶芳藤(爬行卫矛)

学名：*Euonymus fortunei*

科属：卫矛科卫矛属

常绿藤木。叶对生卵形或椭圆形，入秋红艳可爱。聚伞花序，绿白色。蒴果近球形，淡红色。变种有红边扶芳藤(var. *roseo-maryinata*)，叶缘粉红；白边扶芳藤(var. *argentes-marginata*)，叶缘黄白色。产黄河中下游及长江流域各地。耐荫，喜温暖气候，耐旱，耐瘠薄，有较强的萌生能力。修剪成悬崖式或垂枝式，十分雅致。配以山石，愈显优美。

(110)大叶黄杨(正木)

学名：*Euonymus japonicus*

科属：卫矛科卫矛属

常绿灌木或小乔木。叶革质光亮。蒴果扁球形，粉红，假种皮橘红。原产日本。我国南北多有栽培。园艺品种有'金边大叶黄杨'('Ovatus Aureus')，'金心大叶黄杨'('Aureus')，'银边大叶黄杨'('Albo-maginatus')，'银斑大叶黄杨'('Latifolius Albo-maginatus')，'斑叶大叶黄杨'('Ducd Anjou')。可用做盆景材料，用做悬崖式微型盆栽，很畅销。

(111)胡颓子类

科属：胡颓子科胡颓子属

灌木，常有棘刺，植株常有银白色或棕色鳞片。单叶互生，全缘。花两性，果实核果状，外包以肉质花托。常见种类有：

①胡颓子(羊奶子)(*Elaeagnus pungens*) 常绿灌木。小枝有锈色鳞片，刺较少。叶全缘而波状，革质，背面银白并有褐斑。果红。产长江流域及江南各地。

②佘山胡颓子(佘山木半夏)(*E. argyi*) 落叶灌木，有棘刺。叶大小不一，薄纸质。果长椭球形，红色。产长江中下游。

③木半夏(*E. multiflora*) 落叶灌木，无刺。花期4~5月，果熟6月，红果。产长江中下游。

(112)雀梅藤（雀梅、对节刺）

学名：*Sageretia thea*

科属：鼠李科对节刺属

落叶攀缘灌木，小枝常成刺状。叶近对生，卵状椭圆形，表面亮绿。白花，姿态优美。产长江流域及以南各地，北京西山亦有分布。喜光，耐剪，喜温暖湿润气候，萌蘖性强。细心修剪，屈曲苍劲，小枝纤细，叶色翠亮，姿态优雅，桩景观赏效果很好。

(113)地锦类

科属：葡萄科地锦属

落叶藤木，卷须顶端膨大为吸盘。叶互生，浆果。种类有：

①地锦（爬山虎）（*Partenocissus tricuspidata*）　叶广卵形，通常 3 裂。南北均有分布。入秋叶红，颇为美观。

②西南地锦（西南爬山虎）（*P. himalayana*）　叶背苍白，卷须短而分枝。产西南部。

③异叶地锦（异叶爬山虎）（*P. heterophylla*）　营养枝上单叶，叶心卵形，缘有粗齿，果枝上三出复叶。产印度及我国西南。

④青龙藤（亮叶爬山虎）（*P. laetevirens*）　卷须长，小叶 3~5 枚。产长江中下游。

地锦类喜荫湿，适应性强，秋叶红艳，是观叶盆景树种之一，常用做山水盆景点缀。

(114)紫金牛（千年矮、矮地茶、平地木）

学名：*Ardisia japonica*

科属：紫金牛科紫金牛属

常绿小灌木，高约 30cm，具地下匍匐茎。叶常数片集生枝端，椭圆形。短总状花序近伞形，腋生或顶生。核果球形，红色，同属中另一种朱砂根（*A. crenata*），叶椭圆状披针形，缘有波状圆齿。根断面有小血点故名。产长江流域各地。需荫湿，忌干旱，喜生于肥沃、疏松的砂质壤土上。绿叶红果，颇耐观赏。

(115)瓶兰花

学名：*Diospyros armata*

科属：柿树科柿树属

半常绿灌木或小乔木，枝有刺，幼时有毛。叶长椭圆形至倒披针形，先端钝，基部楔形，表面暗绿有光泽。花形如瓶，香如兰，果球形，熟时黄色。产长江流域各地。喜光。稍耐荫，喜温暖湿润，对土壤要求不严。悬根露爪，枝极交错，病虫害少，朱实挂枝，川派常用，是观果的优良盆景材料。

(116)老鸦柿

学名：*Diospyros rhombifolia*

科属：柿树科柿树属

落叶灌木。叶卵状菱形，果卵圆形，熟时橙黄色。习性、用途同瓶兰花。

(117)乌柿

学名：*Diospyros canthayensis*

科属：柿树科柿树属

半常绿小乔木，枝细长。叶长椭圆状披针形，长3~6cm。果卵形或球形，径2cm，黑色。产浙、鄂、川。可用来做盆景。

(118)柑橘类

科属：芸香科柑橘属

常绿木本。复叶互生，有半透明油点，叶柄常有翅。柑果较大。种类有：

①柚(*Ditrus grandis*) 叶较大，果特大，径15~25cm。产华南及南亚。

②甜橙(*C. sinensis*) 枝刺短或无，叶柄顶端有关节，果近球形，径5~10cm，橙黄，果皮与果瓣不易剥离。产江南。

③柑橘(*C. reticulata*) 小枝有刺，叶柄无翅或近无翅，果扁球形，径3~7cm，橙黄或橙红色，果皮与果瓣易剥离，10~12月熟。品种有温州蜜橘(var. *unshiu*)。朱橘(var. *erythrosa*)，产江南，为重要果树。

④代代(*C. aurantium* var. *amara*) 为酸橙变种。花白芳香，果橙红色。产东南部。

⑤佛手(*C. medinca* var. *sarcodactylis*) 枝刺短硬，叶先端钝，油点特显。果实各心皮分裂如拳或开展如手掌，黄色，有香气，产华东南等地。

柑橘类，枝叶常绿，花果香美，可制作观果盆景。

(119)金柑(金弹)

学名：*Fortunella crossifolia*

科属：芸香科金柑属

常绿小乔木，枝偶有翅。叶卵状披针形或长椭圆形，长4~9cm，叶中部以上有疏浅齿或全缘。果倒卵形，径2.5~3cm，黄绿色。产浙江，宜做观果盆景。

(120)金枣(罗浮、金橘)

学名：*Fortunella margarita*

科属：芸香科金柑属

通常无刺，多分枝。叶柄翅极狭。果长圆形或长卵形，金黄。产华南。用做观果盆景。

(121)九里香

学名：*Murraya paniculata*

科属：芸香科九里香属

常绿灌木或小乔木，多分枝。奇数羽状复叶互生，小叶5~7。白花，芳香。产亚热带，华南、西南有分布。常盆栽观赏或做盆景材料。

(122)米仔兰(米兰、树兰)

学名：*Aglaia odorata*

科属：楝科米仔兰属

常绿灌木或小乔木，分枝多。奇数羽状复叶，小叶3~5枚，对生，倒卵形或矩圆形，革质，亮绿色。花黄色，腋生圆锥花序，香气扑鼻。喜光，喜温暖湿润气候，喜肥沃酸性土壤。米兰盆景多见于我国南方。树姿优美，芳香浓郁，是香花盆景材料。

(123)槭树类

科属：槭树科槭树属

木本。叶对生，单叶或复叶。花单性或杂性，翅果，成熟时由中间裂开，每瓣有1粒种子。其种类有：

①三角枫(*Acer buergerianum*)　落叶乔木，树皮长片状剥落，叶3裂，两果翅成锐角。产我国东部及中南部，不耐寒，秋叶红色。

②鸡爪槭(*A. palmatum*)　落叶灌木或小乔木，枝细长光滑。叶掌状5~9深裂，裂片卵状披针形，先端尖尾状，缘有重锯齿。广布于长江流域。不耐寒。本种树姿优美，叶形秀丽，秋叶红艳，为优良的观叶盆景材料。园艺品种及变种有'红枫'('Atropurpureum')，枝叶常年紫红色；'羽毛枫'('Dissectum')，叶深裂达基部，裂片狭长且又羽状细裂，枝略下垂；'红羽毛枫'('Disectum Ornatum')，叶形同羽毛枫，叶色常年红色或紫红色；小叶鸡爪槭(var. *thunbergii*)，叶较小，果也小。产长江流域，不耐寒，中性树种。喜湿润气候和肥沃土壤，耐剪，为观叶盆景珍贵材料。三角枫老桩制作盆景，主干扭弯横起，枝条盘错，颇为奇特。经蟠扎修剪造型，可育成悬崖式或飘逸式盆景，古雅自然。鸡爪槭及其变种变型，叶形秀丽，红艳夺目，制成盆景，别具风韵。

(124)省沽油

学名：*Staphylea bumalda*

科属：省沽油科省沽油属

落叶灌木，枝细长。三出复叶对生，小叶卵状椭圆形，长5~8cm，缘有细尖齿，背面青白色，脉上有毛。白花芳香，蒴果膀胱状。产长江中下游。可做盆景。

(125)桂花(木犀)

学名：*Osmanthus fragrans*

科属：木犀科木犀属

常绿小乔木，树皮灰色，单叶对生，腋有叠芽。花小浓香，成腋生或顶生聚伞花序，9月开放。产我国西南部。喜光，喜温暖气候及酸性土壤，不耐寒。主要品种和变种有：

①丹桂(var. *aurantiacus*)　花橘红，香味稍淡。

②金桂(var. *thunbergii*)　花黄色。

③银桂(var. *latifolius*)　花近白色。

④四季桂(var. *semperflorens*)　花期5~9月，陆续开放。

桂花开放时节，正值仲秋，香飘数里，枝叶浓绿，为人喜爱，为良好的香花树种，也是盆景的常用材料。

(126)柊树(刺桂)

学名：*Osmanthus heterophyllus*

科属：木犀科木犀属

常绿灌木或小乔木。叶对生，硬革质，卵状椭圆形，长 3～6cm，缘有 4 对大刺齿，偶为全缘。花白色，芳香。原产日本，中国台湾有分布。可用做盆景。

（127）女贞类

科属：木犀科女贞属

木本。单叶对生，全缘。花小，白色，顶生圆锥花序，花萼花冠各 4 裂，雄蕊 2。核果。南方主要种类有：

①女贞（*Ligustrum lucidum*）　常绿小乔木，小枝无毛。叶长 6～12cm，顶生圆锥花序，核果蓝黑色。产长江流域及以南地区。

②日本女贞（*L. japonicum*）　常绿灌木，小枝幼时有毛。叶革质平展，长4～8cm，中脉及叶缘常带红色。原产日本。较女贞耐寒。

③小叶女贞（*L. quihoui*）　落叶或半常绿灌木，小枝幼时有毛。叶长 2.5～4cm，无花梗，成细长圆锥花序。产我国中部及西南部。较耐寒。适于做微型盆景。

④尖叶女贞（蜡子树）（*L. acutissima*）　落叶或半常绿灌木，小枝有短柔毛。叶长椭圆状披针形，叶长 3.5～5cm，先端尖，表面微有毛，叶背中脉有毛。总状圆锥花序。产河南及长江流域各地。

⑤卵叶女贞（*L. ovalifolium*）　叶椭圆状卵形，长 2.5～4cm，叶表有光泽。产日本，我国也有分布。

女贞类枝繁叶茂，根蘖性强，选取老根桩，上盆加工造型，可制成树姿古雅，枝叶秀丽，层次分明的观赏盆景。

（128）小蜡

学名：*Ligustrum sinense*

科属：木犀科女贞属

半常绿灌木或小乔木，小枝密生短柔毛。叶长 3～5cm，叶背中脉有毛。白花，花冠裂片长于筒部，有花梗。产江南各地。较耐寒，可用做盆景。

（129）水蜡

学名：*Ligustrum obtusifolium*

科属：木犀科女贞属

落叶灌木，小枝有柔毛。叶长 4～6cm，花冠筒为裂片长之 2～3 倍。花药与花冠裂片近等长，萼与花梗具毛，顶生圆锥花序短而略下垂。核果黑色。产华东及华中，可用做盆景。

（130）茉莉

学名：*Jasminum sambac*

科属：木犀科茉莉属

常绿灌木，呈藤本状。叶薄有光泽，白花浓香。原产印度及我国华南。喜温暖湿润气候及酸性土壤，不耐寒。著名香花之一，可用做盆景。

（131）迎春类

科属：木犀科茉莉属

南方常见种类有：

①迎春（*Jasminum nudiflorum*） 落叶灌木，小枝绿色 4 棱，细长拱形。丛出复叶对生，叶面不光滑有腺点。黄花，早春叶前开放。产西北及西南。

②南迎春（云南黄馨）（*J. mesnyi*） 常绿灌木。丛出复叶对生，叶面光滑，4 月开放。产云南，国内广为栽培。不耐寒。

③迎夏（探春）（*J. floridum*） 半常绿灌木。羽状复叶互生，小叶通常 3，偶有 5，光滑无毛黄花，5～6 月开花。产我国西北、西南，耐寒性不如迎春。

④毛叶探春（*J. giraldii*） 落叶灌木，高达 2m，小枝有毛。羽状复叶互生，叶表面有疏刺毛，背面毛密。花鲜黄，花期 5 月。产华中。

⑤素方花（*J. officinale*） 常绿藤木。羽状复叶对生，小叶 5～7。夏日顶生聚伞花序，白花，芳香。产西南。变型有素馨花。

迎春类为优美的观花盆景材料。选取老桩，枝条拱垂，花缀枝头，翠蔓临风，别具风趣。

(132) 络石

学名：*Trachelospermum jasminoides*

科属：夹竹桃科络石属

常绿藤木，茎赤褐色，幼枝有黄柔毛，借气根攀缘。单叶对生，椭圆形，长 3～8cm，全缘，革质。白花芳香，花冠高脚碟状，形如风车。主产长江流域。耐荫，耐寒性强。本种叶色浓绿，经冬不凋，白花繁密，且具芳香，用于山水盆景绿化点缀，优美自然。

(133) 栀子花（山栀、黄栀子）

学名：*Gardenia jasminoides*

科属：茜草科栀子花属

常绿灌木，小枝绿色。叶对生或 3 枚轮生，革质，长椭圆形，浓绿有光泽，5～6 月开放，先为洁白，落前变黄，芬芳扑鼻。果实卵形，6 棱，熟时黄色。变种及其他种类有：

①雀舌栀子（*G. jasminoides* var. *radicans*） 常绿矮灌木，多分枝。叶披针状倒卵形，花顶生重瓣。

②大花栀子（f. *grandiflora*） 叶大花大，重瓣。

③小叶栀子花（*G. stenophylla*） 广州多用。

栀子花产华中及江南。喜光，稍耐荫，喜温暖湿润气候及酸性肥沃排水良好的砂质壤土。枝繁叶茂，浓翠如盖，白花如雪，香气袭人，南方多用做盆景材料。

(134) 六月雪

学名：*Serissa foetida*

科属：茜草科六月雪属

半常绿矮小灌木，枝密生。单叶对生或簇生状，狭椭圆形，长 0.7～2cm，全缘。花小，白色，漏斗状。沪、宁、川等地常做盆景材料。常见变种有：

金边六月雪（var. *aureo-maginata*） 叶边缘金黄；

重瓣六月雪(var. *pleniflia*)　花重瓣;

荫木(var. *crassiramea*)　小枝上伸，叶细小而密生，花单瓣淡紫色，又叫满天星;

重瓣荫木(var. *crassiramea* f. *pleana*)　枝叶如荫木，花重瓣;

山地六月雪(白马骨)(*S. srissoides*)　与六月雪的主要差别在于白马骨花冠为萼片长的2倍，而六月雪花冠与萼片近等长。

六月雪产长江流域及其以南各地。喜温暖湿润气候及酸性排水良好的土壤，稍耐旱耐寒，萌蘖性强耐修剪。人工育苗上盆，经蟠扎修剪造型，可制成直干式、横斜式或虬曲式盆景，形态看上去苍劲古雅，叶秀花繁，惹人喜爱。

(135)虎刺(伏牛花)

学名：*Damnacanthus indicus*

科属：茜草科虎刺属

常绿小灌木，小枝平展密生，托叶刺对生。叶卵形，表面有光泽。初夏开白花，核果殷红，朱实累累，姿态美观。产长江流域以南各地。喜湿耐荫，畏烈日暴晒。适生于肥厚酸性砂质壤土上。用于盆景，通常采用丛林式，也用于山水盆景点缀，甚为古雅。

(136)水杨梅

学名：*Adina rubella*

科属：茜草科水团花属

落叶灌木，小枝有柔毛。单叶对生，卵状椭圆形至卵状披针形，长2.5～4cm。小花紫红色，密集成球形头状花序，单生或2～3个蒴果。产江南各地，可用来制作盆景。

(137)凌霄类

科属：紫葳科凌霄属

其种类有：

①凌霄(紫葳)(*Campsis grandiflora*)　凌霄花属落叶藤木，借气根攀缘。羽状复叶对生，小叶7～9，长卵形或卵状披针形，缘有粗齿，两面无毛。花冠唇状漏斗形，鲜红色或橘红色，萼5裂至中部，顶生聚伞花序或圆锥花序，7～8月开放。主产我国中部。各地常见栽培。喜光，颇耐寒。夏秋开红花，鲜艳夺目，用于桩景或大型山水盆景点缀，均极优美。

②美国凌霄(*C. radicans*)　与凌霄相似，但小叶较多(9～13)，花冠较小，花橘黄色。原产北美。

③硬骨凌霄(*Tecomaria capensis*)　硬骨凌霄属。常绿半攀缘性灌木，羽状复叶对生，小叶5～9，广卵形，有锯齿。花冠橙红色，长漏斗状，端部5裂，二唇形，雄蕊伸出筒外，顶生总状花序，6～9月开放。蒴果，扁线形。产南非好望角。不耐寒。为美丽的观赏花木，可用来制作观花盆景。

④粉花凌霄(*Pandorea jasminoides*)　粉花凌霄属。常绿藤本。羽状复叶对生，小叶5～9，卵状椭圆形至披针形，长2.5～5cm，全缘，光滑，近无柄。花白色或粉红色，喉部色较深，漏斗状钟形。二强雄蕊，内藏。顶生小花圆锥花序，蒴果长椭圆

形，木质，种子有翅。原产澳大利亚，我国有栽培，多用于盆栽，亦可蟠扎造型制成盆景。

（138）小紫珠（白棠子树）

学名：*Callicarpa dichotoma*

科属：马鞭草科紫珠属

落叶灌木，小枝带紫色并有星状毛。单叶对生，倒卵状长椭圆形，长 3~8cm，中部以上有粗钝齿，背面有黄棕腺点。花小，淡紫色，花药纵裂；成腋生聚伞花序，花序柄长为叶柄长 3~4 倍。核果球形，径 4mm，亮紫色，具 4 核。产我国东南及中南，为美丽的观果花木，可用来制作观果盆景。

（139）黄荆

学名：*Vitex negundo*

科属：马鞭草科牡荆属

落叶小乔木或灌木，小枝四棱。叶对生，掌状复叶，小叶 5 片，叶背粉白色。花淡紫色，顶生圆锥状花序。产南北各地。变种有：

①牡荆（var. *canbifolia*） 小叶缘有整齐之粗锯齿，背面无毛或稍有毛。

②荆条（var. *heterophylla*） 小叶几乎为羽状。华北多见，遍山皆是。

黄荆喜光，耐旱，耐寒，对土壤要求不严，适应力强，枯峰透露，曲干虬枝，古雅秀丽，为盆景之优良材料之一。

（140）福建茶（基及树）

学名：*Carmona microphylla*

科属：紫草科基及树属

常绿小灌木，枝条密集。叶小，长 3~9cm，长椭圆形，浓绿有光泽。花腋生，初夏开白花，花期长。果实红色。为福建特产。较耐荫，不耐寒，宜于生长在肥沃疏松的土壤上，长势壮，耐修剪，岭南常采用，风韵奇特，枝叶翠茂，是制作盆景的上等材料。

（141）南天竹（天竹）

学名：*Nandina domestica*

科属：南天竹科南天竹属

常绿灌木，丛生而少分枝。二至三回羽状复叶，互生，小叶椭圆状披针形，长 3~10cm，全缘，两面无毛。小白花，成顶生圆锥花序。浆果球形，鲜红色。产我国及日本。耐荫，不耐寒。变种有：

①玉果南天竹（var. *leucocarpa*） 果白色。

②五彩南天竹（var. *porphyrocarpa*） 果紫色。

南天竹为观叶、观果盆景之佳品。

（142）十大功劳类

科属：小檗科十大功劳属

常绿灌木。奇数羽状复叶互生，小叶有刺齿。花小而黄色，总状花序集生枝端。浆果蓝紫色。其种类有：

①十大功劳(狭叶十大功劳)(*Mahonia fortunei*) 小叶 5~9,狭披针形,刺齿 6~13 对。

②阔叶十大功劳(*M. bealei*) 小叶 7~15,卵形,大刺齿 3~6,总状花序直立。

③华南十大功劳(日本十大功劳)(*M. japonica*) 小叶 11~17 枚,8 个大刺齿,总状花序下垂。产我国华南及日本。

十大功劳可制作盆景。

(143)小檗类

科属:小檗科小檗属

灌木,枝节有刺。单叶互生或簇生。黄花,萼瓣相似,各为 6,雄蕊 6,花药瓣裂。浆果红色或蓝黑色。南方种类有:

①小檗(日本小檗)(*Berberis thunbergii*) 多分枝,枝红褐色,刺通常不分叉。叶常簇生,花小单生或簇生,果亮红色。产日本,我国有栽培。耐寒,耐半荫。变型有紫叶小檗(*f. atropurpurea*),叶常年紫红色。

②庐山小檗(*B. virgetorum*) 枝灰黄,有棱角,刺不分叉。花序伞形总状。果红色,产江西、浙江。

③长柱小檗(*B. lempergiana*) 枝有三叉刺,花 5~8 朵簇生,果被白粉,具 1mm 的花柱。产浙江。

小檗类,可用来制作微型盆景或山水盆景山石上点缀材料。

(144)紫薇(痒痒树、百日红)

学名:*Lagerstroemia indica*

科属:千屈菜科紫薇属

落叶小乔木,树干光滑,黄褐色。叶近对生或上部互生,椭圆形。花紫红色,夏秋开放,花期长。产华东、华南及西南各地,亚热带树种。喜光,喜温暖气候,稍耐寒。适生于土壤肥沃湿润处,亦耐旱。萌蘖性强,极耐修剪。紫薇姿态优美,花期长久,花色艳丽,是观花盆景之上品,干部枯峰,枝若蟠龙,更显古趣盎然。其变种有银薇(var. *alba*)、翠薇(var. *rubra*),花紫堇色。

(145)南紫薇(拘那花)

学名:*Lagerstroemia subcostata*

科属:千屈菜科紫薇属

落叶大灌木或小乔木,树皮薄,白色,小枝近圆筒形。叶长圆形或长圆状披针形,长 4~10cm,先端渐尖,基部广楔形,叶柄长 2~4mm。小白花。产华南及西部。

(146)枸杞

学名:*Lycium chinense*

科属:茄科枸杞属

落叶灌木,丛生,枝条拱形。叶互生,卵形或卵状披针形。花单生或簇生于叶腋,紫花。浆果橘红。产南北各地。喜光,耐旱,耐寒,适应性强,耐盐碱。枸杞为观花、观果的盆景材料。

(147) 木本夜来香(夜香树)

学名: *Cestrum nocturnum*

科属: 茄科夜香树属

灌木,枝条下垂。单叶互生,卵状长椭圆形至披针形,长 8~15cm,全缘,纸质。花绿白至黄绿色,夜来极香,花筒细长。花序伞房状。原产美洲热带。可做香花盆景。

(148) 棕竹(矮棕竹)

学名: *Rhapis humilis*

科属: 棕榈科棕竹属

常绿丛生灌木,杆细而有节似竹,包有网状叶鞘。叶似棕榈而小,掌状 7~20 深裂,雌雄异株。产华南及西南。喜荫,喜湿润酸土。常用做盆栽或盆景。

(149) 筋头竹(观音竹)

学名: *Rhapis excelsa*

科属: 棕榈科棕竹属

外形似棕竹,但叶仅 5~10 掌状裂,裂片较宽短,叶柄顶端的小戟突常半圆形。产华南。习性、用途同棕竹。

(150) 凤凰竹(孝顺竹)

学名: *Bambusa multiplex*

科属: 禾本科孝顺竹属

高 2~4m,秆丛生,每节有多数分枝。叶线状披针形,长 4~14cm,每小枝上有叶 5~9 枚,排成二列状。江南多见栽培。变种凤尾竹(var. *nana*),高 1~2m,枝叶细小,小叶羽状排列。变型花孝顺竹(f. *alphonsekarri*),秆金黄色,节间有绿色条纹。可用做竹石盆景,或山水盆景点缀。

(151) 佛肚竹

学名: *Bambusa ventricosa*

科属: 禾本科孝顺竹属

秆有 2 种。正常秆高,节间长,畸形秆粗矮,节间短,下部节间膨大,状如花瓶。产福建、广东。常用于盆栽盆景。

(152) 黄金间碧竹(青丝金竹)

学名: *Bambusa vulgaris* var. *striata*

秆高 15m,鲜黄,有绿色条纹。产华南。挖其矮株可做竹石盆景。

(153) 苦竹(伞柄竹)

学名: *Pleioblastus amarus*

科属: 禾本科苦竹属

地下茎横走,秆散生,幼秆具白粉,秆环、箨环均隆起。产江南。可挖取矮株做竹石盆景。

(154) 菲白竹

学名: *Pleioblastus angustifolius*

科属：禾本科苦竹属

低矮竹类，地下茎复轴型。叶片狭披针形，绿色底上有黄白色纵条纹，叶柄极短，叶淡绿。笋期4~5月。原产日本。喜温湿气候，耐荫，浅根性。为美丽的观叶盆景材料。

(155) 紫竹（黑竹）

学名：*Phyllostachys nigra*

科属：禾本科刚竹属

散生竹，秆呈紫黑色。叶绿色，姿态潇洒。产长江中下游及以南各地。稍耐荫，喜温暖气候，较耐寒，喜肥沃酸性土壤，土薄则矮化丛生，忌涝。可用做丛林式或竹石盆景。

(156) 黄槽竹

学名：*Phyllostachys aureosulcata*

科属：禾本科刚竹属

秆3~5m，新秆有白粉，秆绿色而槽为黄色。产我国。

(157) 方竹（四方竹、四角竹）

学名：*Chimonobambusa quadrangularis*

科属：禾本科方竹属

秆散生，高3~8m，径1~4cm，深绿色，下方上圆，基部数节常有刺状气根一圈。上部每节发3枚，秆环隆起，小枝近实心。中国特产，分布在华东。

(158) 阔叶箬竹

学名：*Indocalamus latifolius*

科属：禾本科箬竹属

秆高约1m，叶宽秆矮。小枝顶端有叶1~3片。产苏、浙、皖、豫等地。可做竹石盆景。

(159) 倭竹

学名：*Shibataea chinensis*

矮生灌木竹类，秆散生或丛生，高约60cm，径2~3mm，秆环肿胀，无秆箨残留物。叶广披针形，长6~10cm，夏出笋。产华东。适于做山水盆景点缀。

7.1.2 主要北方盆景树木

(1) 银杏
见南方盆景树木（2），北方亦用。

(2) 雪松
见南方盆景树木（6），北方亦用。

(3) 油松

学名：*Pinus tabulaeformis*

科属：松科松属

常绿针叶乔木，干皮鳞片状裂，老年树冠成伞形。2针一束，针较粗硬，树脂管边生，冬芽灰褐色。球果鳞背隆起，鳞脐有翅。产北方。喜光，耐寒，耐旱，耐瘠薄。树姿苍古，变种有黑皮油松，分布北至沈阳。可用于盆景制作。

（4）黑松

见南方盆景树木（8），北方亦用。

（5）欧洲赤松

学名：*Pinus sylvestris*

科属：松科松属

树皮红褐色，裂成薄片脱落。冬芽赤褐色，有树脂。2 针一束，蓝绿色，短粗而硬，长 3 ~ 7cm。原产欧洲，东北有栽种。可用做盆景。

（6）樟子松（獐子松）

学名：*Pinus sylvestris* var. *mongolica*

科属：松科松属

干皮厚，下部深纵裂，灰褐色或黑褐色，上部树皮黄色，裂成薄片脱落，冬芽淡褐黄色。针叶常扭曲。产大兴安岭。强喜光，耐干冷。可用于盆景制作。

（7）白皮松

学名：*Pinus bungeana*

科属：松科松属

树皮乳白色，针粗硬，3 针一束。我国特产。喜光，耐寒，耐瘠薄，生长慢，树姿优美，树皮色白雅净。为珍贵盆景材料。

（8）华山松

见南方盆景树木（14），北方亦用。

（9）偃松

学名：*Pinus pumila*

科属：松科松属

偃伏状灌木，小枝密被柔毛。叶较细短，长4 ~ 6cm。产东北寒冷地带。据报道，吉林有人用此树种制作盆景，取得了满意的效果。

（10）水杉

见南方盆景树木（21），北方亦用。

（11）侧柏

学名：*Platycladus orientalis*

科属：柏科侧柏属

常绿乔木，小枝片竖直排列。叶鳞状，对生，两面均为绿色。球果卵形，果鳞木质且厚，先端反曲，种子无翅。产我国北部。喜光，耐旱，耐瘠薄，耐盐碱地。品种有'千头柏'（'Sieboldii'），灌木，无主干，常用来盆栽或做盆景；'金枝侧柏'（'Semperaurescens'），矮型灌木，冠球形，金黄色。

（12）圆柏

见南方盆景树木（29），北方亦多用。

(13) 铺地柏

见南方盆景树木（30），北方亦多用。

(14) '翠蓝柏' （'翠柏'、'粉柏'）

学名：*Sabina squamata* 'Meyeri'

科属：柏科圆柏属

直立灌木，多分枝。全为刺叶，长 6~10mm，上下两面均被白粉，呈翠蓝色，多庭院栽培。华北多盆栽或做盆景材料。

(15) 爬翠柏（香柏）

学名：*Sabina pingii* var. *wilsonii*

科属：柏科圆柏属

匍生地面，全为刺叶，叶背有明显纵脊，沿脊无细槽，叶排列紧密，生叶小枝呈六棱形。产我国西部地区。是盆景及岩石园的好材料。

(16) 新疆圆柏（叉子圆柏、天山圆柏）

学名：*Sabina vulgaris*

科属：柏科圆柏属

匍匐状灌木，高不及 1m。壮龄树全为鳞叶，背面中部有腺体，刺叶仅出现于幼树，交叉对生。球果倒三角形或叉状球形。产南欧及中亚，我国西北有分布。常生于多石山坡，耐旱性强。用来制作桩景，苍劲古朴，效果较好。

(17) 杜松

科名：*Juniperus rigida*

科属：柏科刺柏属

小枝下垂。刺叶针形，坚硬而长，正面有一条白粉带在深槽内。产我国北部及朝鲜、日本。喜光，耐寒，耐旱，耐瘠薄，生长慢。据国外报道用此树种作盆景，姿态优美，叶色美丽，能取得很好的艺术效果，北方应大力推广。

(18) 东北红豆杉（紫杉）

学名：*Taxus cuspidata*

科属：红豆杉科红豆杉属

常绿乔木。叶较短，长 1.5~2.5cm，直而不弯，成不规则的上翘 2 列。产我国东北，俄罗斯、日本、朝鲜也有。耐荫，耐寒，喜冷凉气候及酸性土壤，生长慢。其栽培品种'矮紫杉'（'Nana'），灌木状，各地常见制作盆景，叶秀姿美，惹人喜爱。

(19) 天女花

见南方盆景树木（40），北方亦多用。

(20) 北五味子（五味子）

学名：*Schisandra chinensis*

科属：五味子科五味子属

落叶藤木。单叶互生，椭圆形或倒卵形，基楔形，缘疏生小齿，叶柄及叶脉红色，网脉在正面下凹，背面突起，无托叶。雌雄异株，花被片6~9，乳白或粉红色，浆果球形排为穗状，熟后深红色。产东北、华北，华中也有。可用做山水盆景点缀材料。

(21)白绢梅类

科属：蔷薇科白绢梅属

落叶灌木。单叶互生，花白色，花瓣5，具爪，总状花序。蒴果具5棱脊，种子有翅。

其种类如下：

①白绢梅（*Exochorda racemosa*） 叶椭圆形或倒卵状椭圆形，全缘或上部有疏齿，先端钝或具短尖，背面粉蓝色。白花，雄蕊15，4月与叶同放。蒴果倒卵形，具5棱。产长江流域。喜光也耐半荫，耐寒性强，北京可露地越冬。春季开花，满树雪白，是美丽的观花盆景材料。

②齿叶白绢梅（*E. serratifolia*） 叶较大，长5~8cm，缘有齿，中部以下常全缘。花白色美丽，雄蕊25或更多。产我国东北及朝鲜。

③红柄白绢梅（*E. giraldii*） 叶柄红色，花瓣极窄，雄蕊20~30，萼内面红色，5月开放。产秦岭。变种有绿柄白绢梅，产湖北。

(22)三桠绣球（三裂绣线菊）

学名：*Spiraea trilobata*

科属：蔷薇科绣线菊属

枝丛生，光滑。叶近圆形，先端钝，常3裂，两面无毛，基脉3~5出。小白花，密集伞形总状花序，5~6月开放。产我国北部。耐旱，耐寒，易栽培。可用做盆景。

(23)绒毛绣线菊

学名：*Spiraea dasyantha*

科属：蔷薇科绣线菊属

嫩枝密被绒毛。叶梭状卵形，缘有缺刻状锯齿，背面密被白色绒毛。花白色，伞形花序密被绒毛。华北分布广。喜光，耐旱，可做盆景观赏。

(24)月季

学名：*Rosa chinensis*

科属：蔷薇科蔷薇属

常绿或半常绿直立灌木，枝有粗刺。小叶3~5枚，卵状椭圆形。花大，有红、紫、粉，花期5~9月。原产中国。喜光，耐寒。变种、品种很多，常见的有：

①'月月红'（'Semperflorens'） 又名紫月季。茎细叶薄，花紫色至深粉红色，花梗细长下垂，花期长。

②'小月季'（'Minima'） 高不过25cm，多分枝，花小，玫瑰红色，宜做微型盆景。

③绿月季（var. *viridiflora*） 花浅绿色，偶见栽培。

④变色月季（var. *multabilis*） 花单瓣，初开黄色，继而橙红色，最后暗红色。

⑤现代月季（Rosa. hybrida） 为中国月季与西方月季的杂交种，其类型有：杂种香水月季、杂种长春月季、杂种小姊妹月季、微型月季等。

月季大花者适合于做插花盆景，微型月季类适合做微型观花盆景。北京的插花盆景色、香、姿、韵，别具一格。

（25）黄刺玫

学名：*Rosa xanthina*

科属：蔷薇科蔷薇属

落叶丛生灌木，小枝红褐色，具扁硬直刺。小叶 7~13 枚。花黄色，重瓣，4~5 月开花。产我国北部及朝鲜。耐寒，耐旱，为华北重要观花灌木，可用做观花盆景。

（26）报春刺玫

学名：*Rosa primula*

科属：蔷薇科蔷薇属

小枝红，多硬刺。小叶 9~15 枚，齿端及叶背有腺（具气味）。花浅黄或黄白色。产土耳其至我国西北、华北。也可用做观花盆景。

（27）李

见南方盆景树木（46），北方亦采用。

（28）山杏（西伯利亚杏）

学名：*Prunus sibirica*

科属：蔷薇科李属

落叶小乔木至灌木状。叶较小，基部圆形或近心形，先端长尖，果小肉薄。产东北及华北，极耐寒，可做观花盆景，也可用做梅砧、杏砧。

（29）杏梅

见南方盆景树木（47），北方亦采用。

（30）桃

学名：*Prunus persica*

落叶小乔木，冬芽有毛，3 芽并生。叶长椭圆状披针形，中部最宽，叶柄具腺体。花粉红色。核果外有柔毛。原产我国北部及中部。喜光，耐旱，不耐水湿，喜夏季高温，有一定耐寒力。常见观赏品种及变型等可用做观花盆景。主要有：

①'白碧桃'（'Alba'）　花大，白色。

②碧桃（f. *duplex*）　花粉红色，重瓣。

③红碧桃（f. *rubro-plena*）　红花。

④花碧桃（f. *versicolor*）　有红白相间的花朵、花瓣或条纹。

⑤寿星桃（f. *densa*）　植株矮小。

⑥垂枝桃（f. *pendula*）　枝条下垂。

⑦紫叶桃（f. *atropurpurea*）　叶红紫色。

（31）巴旦杏（扁桃）

学名：*Prunus dulcis*

科属：蔷薇科李属

落叶乔木，树皮灰色，小枝光滑，腋芽 3 枚并生。叶卵状披针形长至狭披针形，长 4~6cm，先端尖，缘有细锯齿，无毛。叶柄常有腺体。花粉红或近白色，果椭圆形，长 3~4cm，密被短绒毛，果肉干硬，熟时开裂，果核两侧扁。产亚洲西部，我国西北地区栽培。喜光，适高温、干旱气候，耐寒。为优良的木本油料树种。早春开花美丽，国外有许多观赏品种。可用来制作观花盆景。

（32）榆叶梅

学名：*Prunus triloba*

科属：蔷薇科李属

落叶灌木，小枝细长。叶形似榆，花粉红，叶前开放。果红色。主产我国北方，为北方春季重要观花灌木。变种变型及园艺变种有：

①鸾枝（var. *atropurpurea*）　花小密集，紫红色。

②重瓣榆叶梅（f. *plena*）　枝皮多爆裂，花大深粉红色，花瓣多，花朵密集艳丽。

③截叶榆叶梅（var. *truncata*）　叶端截形，3裂，花粉红色，东北栽培。

榆叶梅花繁艳丽，可用来制作观花盆景。

（33）郁李

学名：*Prunus japonica*

科属：蔷薇科李属

落叶灌木，枝细密。叶卵形或卵状椭圆形，长3~5cm，基部圆形，先端长尾尖，缘有尖锐重锯齿。花粉红或近白色，春天与叶同放。主产华北、华中至华南。喜光，耐旱，耐寒。变种有北郁李（var. *engleri*），产东北；重瓣郁李，产广东。郁李可用于观花盆景。

（34）麦李

学名：*Prunus glandulosa*

科属：蔷薇科李属

落叶灌木。叶卵状长椭圆形至椭圆状披针形，长5~8cm，中部以下最宽，先端急尖或渐尖，基部广楔形，缘有不整齐细钝齿。花粉红或白色，花梗长1cm，3~4月开花。果近球形，红色。产华中及北部，日本也有。春天叶前开花，满树灿烂，甚为美丽，经蟠扎造型，可制成很好的观花盆景。近年来，山东烟台，选中了麦李做桩景，取得了满意的效果。园艺变种有：

①'小桃白'（'雪梅'）（'Alba Plena'）　白花，重瓣。

②'小桃红'（'Rosea Plena'）　花粉红色，重瓣。

（35）枸子类

科属：蔷薇科枸子属

分布北方的枸子种类有：

①多花枸子（*Cotoneaster multiflorus*）　小枝细长成拱形，白花，聚伞花序，花朵6~21，果红色。产东北、西北。结果繁多，鲜红可爱，喜光耐寒耐剪。

②平枝枸子（铺地蜈蚣）（*C. horizontalis*）　匍匐灌木，小枝黑褐色。花1~2(3)朵。红果，观赏期长。

③匍匐枸子（*C. adpressus*）　茎平铺地面，花1~2朵，粉红色。红果。产西部山地。

④灰枸子（*C. acutifolius*）　花2~5朵成聚伞花序，黑果。产北部至西部。枸子类

喜光、耐寒、耐旱、耐剪。红果累累，极为美观。是北方制作观果盆景的良好材料。

(36) 山楂

见南方盆景树木(50)，北方亦用。

(37) 贴梗海棠

见南方盆景树木(53)，北方亦用。

(38) 榅桲

学名：*Cydonia oblonga*

科属：蔷薇科榅桲属

灌木或小乔木，小枝紫色。叶卵状椭圆形，长 5～10cm，全缘，端常圆钝或微凹，背面密生绒毛。花单生枝顶，白色或淡红色，花期 5 月。果洋梨形，黄色，芳香，有绒毛，果熟 10 月。原产地中海沿岸及伊朗、小亚细亚，唐代传入我国，西北各地有栽培。可做梨砧，也可做北方观花、观果盆景材料。

(39) 苹果

学名：*Malus pumila*

科属：蔷薇科苹果属

北方重要果树，原产欧洲及西亚，新疆有分布。喜冷凉干燥气候。主要品种有'富士国光''元帅''青香蕉''金帅''红玉''祝光'等。近年来，徐州、北京很注重苹果盆景的发展，而且取得了可喜的成果。

(40) 山荆子(山丁子)

学名：*Malus baccata*

科属：蔷薇科苹果属

乔木，枝细无毛。花密集，白色或淡红色，果亮红。产东北及华北。可做苹果、海棠砧木，也可植于庭园观赏或做观花、观果盆景材料。

(41) 海棠类

科属：蔷薇科苹果属

分布在北方的海棠类有海棠果(*M. prunifolia*)，小乔木，白花红果。抗寒，耐碱。海棠花(*M. spectabilis*)，树枝峭立，花淡红，果黄色果梗端肥厚。其变型有重瓣白海棠(f. *albiplena*)及重瓣粉海棠(亦称西府海棠)(f. *riversii*)二者观赏价值高，更宜作观花盆景材料。小果海棠即西府海棠(*M. micromalus*)为山荆子与海棠花之杂交种，花粉红，有较高的观赏价值。金星海棠为野苹果 *M. sylvestris* 与美国的 *M. ioensis* 的天然杂交种，花美果也美。

海棠类皆可用来做观花盆景、观果盆景。

(42) 梨类

科属：蔷薇科梨属

北方梨类主要有西洋梨(*Pyrus communis* var. *sativa*)梨果形，萼常宿存，果熟后果肉发软，芳香味美。白梨(*P. bretsch-neideri*)，果近球形，果肉也较脆，萼脱落。产我国北方，形成北方梨系统。主要品种有鸭梨、雪花梨、长把梨等。秋子梨(花盖梨)(*P. ussuriensis*)，果球形，萼宿存，产东北、华北。杜梨(*P. betulaeflia*)，小枝棘刺状，果小褐色，梨砧木，适应性强。

北方梨类，目前已有多数用于观果盆景，以徐州著名。

(43)蜡梅

见南方盆景树木(58)，北方亦用，河南多见。

(44)紫荆(满条红)

见南方盆景树木(60)。

(45)'龙爪槐'

学名：*Sophora japonica*'Pendula'

科属：蝶形花科槐属

槐树之园艺品种，枝条扭转下垂，树冠伞形，颇为美观。北京已用做盆景。

(46)紫穗槐

学名：*Amorpha fruticosa*

科属：蝶形花科紫穗槐属

落叶丛生灌木，芽迭生。奇数羽状互生，小叶11~25枚。蝶形花退化仅剩旗瓣，紫色，顶生穗状花序。产北美。适应性强。有人曾用此树种作为盆景。

(47)锦鸡儿类

科属：蝶形花科锦鸡儿属

北方锦鸡儿种类有：锦鸡儿(*Caragana sinica*)，落叶小灌木，小枝有棱，小叶4枚，花橙黄，4~5月开放，产华北、华中等地。红花锦鸡儿(金雀儿)(*C. rosea*)，形似锦鸡儿，但4枚小叶掌状排列，花色深，谢前变紫红色，产东北、华北等地。蒙古锦鸡儿(树锦鸡儿)(*C. arborescens*)，灌木或小乔木，黄花，2~5朵丛生，产东北、西北、华北。北京锦鸡儿(*C. pekinensis*)，叶很小，小叶12~16，长5~12mm，黄花单生，产华北。

锦鸡儿类抗性强，花繁艳丽，是北方观花盆景重要材料之一。

(48)花木蓝(古氏木蓝)

学名：*Indigofera kirilowii*

科属：蝶形花科木蓝属

落叶灌木，高0.5~1m。羽状复叶互生，小叶7~11。花淡红，5~6月开放。产北方，花大而美丽，可作为北方观花盆景材料。

(49)紫藤

见南方盆景树木(65)，北方亦用。

(50)太平花(京山梅花)

学名：*Philadelphus pekinensis*

科属：山梅花科山梅花属

丛生灌木，树皮易剥落，幼枝无毛，常带紫色。叶卵状椭圆形，有疏齿，两面无毛。花乳白色、有香气，萼外无毛，总状花序，5~6月开花。主产北方。喜光，耐寒，怕涝。花美丽芳香，可做北方观花盆景材料。

(51)山梅花

学名：*Philadelphus incanus*

科属：山梅花科山梅花属

幼枝及叶有柔毛。白花，5～6月开放，沿秦岭各地分布。另一种西洋山梅花（*P. coronarius*），叶大而宽，除背面脉腋外均近光滑无毛，花乳白色，较大而芳香。原产欧洲及小亚细亚一带，上海、杭州有栽培。用途同太平花。

(52)小花溲疏

学名：*Deutzia parviflora*

科属：山梅花科溲疏属

落叶丛生灌木，叶卵状椭圆形或卵状披针形，长5～7.5cm，疏生星状毛，缘有短芒状尖齿，白花，小而多，成伞房花序，花期6月，产我国北部。另一种大花溲疏（*D. grandiflora*）花大，径2.5～3cm，1～3朵聚伞状，主产华北。可做观花盆景材料。

(53)白檀

学名：*Symplocos raniculata*

科属：山矾科山矾属

落叶灌木或小乔木，嫩枝和叶背疏生白毛。单叶互生，纸质，卵状椭圆形至倒卵形，长3～9cm，缘有内曲细尖齿。白花微香，圆锥花序。核果斜卵形，熟时蓝黑色。东北、华北至江西有分布。据报道，有人用此树种做盆景。

(54)猬实

学名：*Kolkwitzia amabilis*

科属：忍冬科猬实属

落叶灌木，干皮剥片状剥裂，幼枝疏生长毛。单叶对生，卵形或卵状椭圆形，长3～7cm，基部圆形，端渐尖，有毛。花柄短，花冠钟状，5裂，粉红色，成顶生伞房状聚伞花序，5月开放。果实卵形，密生针刺，形似刺猬。我国中部、西部特产，是美丽的观花赏果灌木，用它制作观花盆景也有一定观赏效果。

(55)金银花

见南方盆景树木(76)，北方亦有分布。

(56)金银木

学名：*Lonicera maackii*

科属：忍冬科忍冬属

落叶灌木，小枝髓黑褐色，后变中空。单叶对生，卵状椭圆形或卵状披针形，全缘，两面疏生柔毛。花成对腋生，花冠白色，后变黄，总花梗短于叶柄，苞片线形，果暗红，花期5～6月，果期9～10月。分布广，性强健。可用做观花、观果盆景材料。

(57)小叶黄杨

见南方盆景树木(80)，北方亦用。

(58)柳树(旱柳)

学名：*Salix matsudana*

科属：杨柳科柳属

落叶乔木，叶披针形。北方常见树种，耐旱耐湿耐寒，速生，萌芽力强。变种有龙爪柳、馒头柳、绦柳。近年河南有人用其老桩仿做苏派盆景，有枯木逢春之意，效果甚佳。

(59) 鹅耳枥

学名：*Carpinus turczaninowii*

科属：榛科鹅耳枥属

落叶小乔木，小枝有毛，冬芽褐色。单芽互生，卵形或椭圆状卵形，长3~7cm，基部圆形或近心形，缘有重锯齿，表面光滑，脉侧8~12对，背脉有长毛。小坚果生于叶状总苞片基部，果序微有毛，稀疏下垂，长3~6cm。分布较广，主产我国北部。树姿优美，叶子秀丽，果序奇特，为北方优良的盆景材料，北京、山东烟台做盆景常用鹅耳枥。

(60) 榆树类

科属：榆科榆属

北方榆树有6种：

①白榆（榆树、家榆）（*Ulmus pumila*）　落叶乔木，小枝细长，排列成二列鱼骨状，翅果（榆钱）近圆形。华北习见，适应性强，耐干冷，抗盐碱，根系发达。

②黑榆（*U. davidiana*）　叶缘重锯齿，基部歪斜，表面粗糙，背面动时疏生短柔毛，叶柄密生丝状柔毛。产华北。

③春榆（*U. propinqua*）　小枝有不规则木栓翅。主产东北、华北等地。

④大果榆（黄榆）（*U. macrocarpa*）　枝具木栓质翅2条。主产东北、华北。

⑤欧洲榆（*U. laevis*）　叶卵形至倒卵形，长6~12cm，重锯齿，表面暗绿，光滑，背面稍有毛。花20~30朵成聚伞花序，花梗细长。翅果椭圆形，边缘密生睫毛。原产欧洲，我国北方有引种。

⑥北京小叶榆（*U. spp.*）　叶很小如榔榆，先端尾尖。产北京郊区。

此外，北方尚有垂枝榆，小枝拱垂，姿态优美。榆树适应性强，抗病虫害能力强，寿命长，枝态优美，叶片秀丽，适于做盆景。

(61) 小叶朴

见南方盆景树木（86）。

(62) 青檀

学名：*Pteroceltis tatarinowii*

科属：榆科青檀属

落叶乔木。单叶互生，基部全缘，3主脉，侧脉不直达齿端，先端长尖或渐尖。小坚果有翅。我国特产，黄河及长江流域有分布。喜光，耐干旱瘠薄，喜生于石灰岩土壤。枝叶秀丽，可用做盆景材料。

(63) 桑

见南方盆景树木（87）。

(64) 柽柳类

科属：柽柳科柽柳属

柽柳种类有柽柳[见南方盆景树木(94)；五蕊柽柳(*Tamarix pentandra*)]，落叶灌木或小乔木，小枝红紫色，开展。叶小，线状披针形。花粉红色，花盘5裂，苞片卵状披针形，长为花柄之2~3倍，总状花序集成圆锥花序，生于当年生枝端。产华北、新疆。华北柽柳(桧叶柽柳)(*T. juniperina*)，枝细长，暗紫色，叶小花小，总状花序生于当年生枝上。华北很多。柽柳抗旱，抗寒，抗盐碱。河南、新疆多采用。

(65) 心叶椴(欧洲小叶椴)

学名：*Tilia coerdata*

科属：椴树科椴树属

叶近圆形，长3~6cm，先端突尖，基部心形，缘有细锯齿。花黄白色，果球形，有绒毛和疣状突起。原产欧洲，我国新疆、江苏、浙江杭州有栽培。喜光，耐寒，抗烟。可用于盆景制作。

(66) 照山白

学名：*Rhododendron micranthum*

科属：杜鹃花科杜鹃花属

常绿灌木，小枝细，具短毛及腺鳞。叶厚革质，倒披针形，长3~4cm，两面具腺鳞，背面尤多，边缘略反卷。花小，白色，径1cm，多朵成顶生总状花序，花期5~6月。我国北部高山酸性土上常见植物，植株有毒。可试做盆景材料。

(67) 蓝荆子(迎红杜鹃)

学名：*Rhododendron mucronulatum*

科属：杜鹃花科杜鹃花属

落叶灌木，小枝具鳞片。叶长椭圆状披针形，长3~8cm，疏生鳞片。花淡红色，3~6朵簇生，4月叶前开放。主产东北、华北。可用于盆景制作。

(68) 石榴

见南方盆景树木(105)，北方亦用。

(69) 丝棉木(白杜)

学名：*Euonymus bungeanus*

科属：卫矛科卫矛属

落叶小乔木，小枝细长，绿色光滑。叶对生，椭圆状卵形，长4~7cm，先端长锐尖，缘有细齿，叶柄长细。腋生聚伞花序。蒴果4深裂，假种皮橘红色。产我国北部及中部。稍耐荫，适应性强，深根性。本种枝叶秀丽，红果密密，适于做桩景材料。

(70) 大叶黄杨

见南方盆景树木(110)，北方亦用。

(71) 扶芳藤

见南方盆景树木(109)，北方也有分布。

(72) 胶东卫予

学名：*Euonymus kiautschovicus*

科属：卫矛科卫矛属

直立或蔓性半常绿灌木，高3~8m，基部枝匍匐在地并生根。叶薄革质，椭圆形至倒卵形，长5~8cm，先端渐尖或钝，基部楔形，缘有齿。花浅绿色，疏散聚伞花序，蒴果扁球形，粉红，4纵裂，有浅沟。产我国东部、中部。山东用此树种做大型桩景，效果尚佳。

(73) 秋胡颓子

学名：*Elaeagnus pungens*

科属：胡颓子科胡颓子属

落叶灌木，通常有刺，小枝黄褐色或带银白色。叶面叶背均被银白色鳞斑。果近球形，橙红，5~6月开花，秋天果熟。产长江以北。可用做盆景材料。

(74) 桂香柳（沙枣）

学名：*Elaeagnus augustifolia*

科属：胡颓子科胡颓子属

落叶乔木，枝有时具刺，幼枝银白色。叶披针形或长椭圆形，长4~8cm，两面银白。花外面银白，里面黄色，芳香，7月开放。果肉粉质，果形如枣，香甜可食。主产西北、华北，东北也有。耐寒，耐旱，耐湿，耐盐碱。可用于庭园观赏，也宜用来做盆景材料。

(75) 沙棘

学名：*Hippophae rhamnoides*

科属：胡颓子科胡颓子属

花单性，雌雄异株，成短总状花序，花萼2裂。果实球形，橙黄色。主产华北、西北。适应性强，用途同沙枣。

(76) 龙枣

学名：*Zizyphus jujuba*

科属：鼠李科枣属

小枝卷曲如游龙，果较枣小。为珍贵的观枝、观果盆景材料。北京用来制作桩景。

(77) 鼠李类

科属：鼠李科鼠李属

落叶灌木或小乔木，小枝端常成刺状。叶近对生或互生，羽状脉，缘有齿，具托叶。花小，绿白色。核果浆果状，球形。种类有：

①鼠李（*Rhamnus davurica*）　乔木，小枝粗，无毛。叶倒卵状椭圆形至卵状椭圆形，长4~10cm，表面有光泽，背面灰绿色。果紫黑。产东北、华北。适应性强，耐荫，耐寒，耐瘠薄。可用做盆景材料。

②圆叶鼠李（*R. globosa*）　灌木，小枝有短柔毛。叶倒卵形或近圆形，长2~4cm，两面有柔毛。果黑色。产华北、华东。

③小叶鼠李(*R. parvifolia*) 小灌木，小枝无毛。叶长 1.5~3.5cm，两面无毛侧脉 3 对，叶柄长 5~10cm。果黑色。产我国北方。小枝自然成片，宜做小型桩景，但移栽上盆不易成活。

(78)葡萄

学名：*Vitis vinifra*

科属：葡萄科葡萄属

落叶藤木，枝无皮孔，光滑，卷须间歇性与叶对生。叶互生，近圆形，长7~20cm，3~5 裂，基部心形，缘有粗齿，背面少绒毛。圆锥花序大而长。果紫红或白，外被白粉。原产亚洲西部，我国长江以北多栽培。喜光，喜干旱，适应大陆性气候。为北方重要果树之一。可盆栽成景。

(79)蛇葡萄

学名：*Ampelopsis brevipedunculata*

科属：葡萄科白蔹属

落叶藤木，枝具皮孔，髓白色。叶互生，广卵形，端 3 浅裂，基心形，缘有粗锯齿，背面具绒毛。果熟时鲜蓝色。东北至华南均有分布。取老桩可做盆景。另外，同属的还有乌头叶蛇葡萄(*A. aconitifolia*)，叶似乌头，果熟时红色或橙黄色，主产我国北方。白蔹(*A. japonicea*)，卷须 2~3 分叉，小叶羽状裂，分布广，适应性强。老桩可做盆景材料。

(80)地锦

见南方盆景树木(113)，北方亦多用。

(81)柿树

学名：*Diospyros kaki*

科属：柿树科柿树属

北方主要果树之一，现南北各地广做果树栽培。秋叶变红，果实满树，可做观果盆景。

(82)君迁子(黑枣)

学名：*Diospyros lotus*

科属：柿树科柿树属

落叶乔木，树皮方块状裂。花单性异株。浆果球形，径 1.5~2cm，由黄变蓝黑，外被蜡层，挂果时间较长。原产亚洲西部，我国分布广。适应性强，可做盆景材料。

(83)黄栌

学名：*Cotinus coggygria*

科属：漆树科黄栌属

落叶灌木或小乔木，枝红褐色。单叶互生，卵圆形至倒卵形，长 4~8cm，全缘，先端圆或微凹，侧脉二叉状。顶生圆锥花序，花杂性，小而黄。果序上有许多伸长成紫色羽毛状的不孕性花梗。主产华北。入秋霜叶红艳可爱，有名的北京香山红叶即为此种。为北京习见观叶盆景材料。

(84) 元宝枫（平截槭）

学名：*Acer truncatum*

科属：槭树科槭树属

落叶小乔木。单叶对生，掌状 5 裂，有时中裂又 3 裂，叶基截形。花小而黄绿色，成顶生聚伞花序。翅果扁平，翅较宽而略长于果核，形似元宝。主产黄河流域，东北也有分布。耐半荫，喜温凉气候，适应性强，深根性。叶形秀丽，树姿优美，秋叶可赏。为北京重要的观叶盆景材料。

(85) 五角枫（地锦槭）

学名：*Acer mono*

科属：槭树科槭树属

叶与元宝枫相似，但基部心形，果翅较长。产东北、华北至长江流域。喜冷凉气候。用途同元宝枫。

(86) 小叶女贞

见南方盆景树木（127），北方亦用。

(87) 迎春及毛叶探春

见南方盆景树木。

(88) 丁香类

科属：木犀科丁香属

落叶灌木或小乔木。叶对生，单叶，罕羽状复叶。花紫色或白色，花萼花冠各 4 裂，雄蕊 2。蒴果。北方常见种类有如下几种：

①紫丁香（*Syringa oblata*） 小枝粗壮，单叶对生，广卵形。花冠紫堇色，花药生于花冠筒中部或中上部，圆锥花序，4 月开放。主产华北。华北习见花木，春日开花，有香有色。

②波斯丁香（*S. × persica*） 落叶灌木，小枝细而无毛。叶披针形或卵状披针形，长 2 ~ 4cm，全缘，偶有 3 裂或羽裂，叶柄具狭翅。花蓝紫色，有香气，圆锥花序疏散，不结果。产我国西北及伊朗。变种有白花波斯丁香（var. *alba*），花白色。

③矮丁香（*S. laciniata*） 与波斯丁香近似，区别在于：叶大部或全部羽状深裂，并能结果。产我国西北部。

④小叶丁香（*S. microphylla*） 叶小，长 1 ~ 4cm。花亦小，淡紫红色，花序特紧密，春秋两季开花。产我国中部及北部。是很好的观花盆景材料，用做微型盆景很有前途。

⑤毛叶丁香（*S. pubescens*） 叶缘及背面有毛，脉上毛更密。花暗紫色，芳香。产我国北方。

⑥蓝丁香（*S. meyeri*） 叶柄带紫色，花蓝紫色，花冠筒细长。分布华北。

⑦北京丁香（*S. pekinensis*） 枝细长，叶基广楔形，网脉不显。花黄白色，雄蕊与花冠裂片近等长。产我国北方。

丁香类可作为我国北方观花盆景材料。

(89)连翘

学名：*Forsythia suspensa*

科属：木犀科连翘属

落叶灌木，枝长而中空，拱形开展，小枝四棱状，皮孔多而显。单叶（有时为3小叶）对生，黄花，叶前开放。主产我国北部。喜光，耐旱，耐寒。春季开花，满枝金黄，颇为美观，可做观花盆景。

(90)金钟花

学名：*Forsythia viridissima*

科属：木犀科连翘属

枝髓片状，直立性强，全为单叶。主产长江流域，我国北方有栽培。变种朝鲜金种花(var. *koreana*)，枝开展拱形，花大而美丽。产朝鲜，我国东北有栽培，是制作观花盆景的材料。另外，还有同属卵叶连翘(*F. ovata*)，枝具片状髓，叶卵形至广卵形。花单生。产朝鲜，我国东北有栽培。

(91)雪柳

学名：*Fontanesia fortunei*

科属：木犀科雪柳属

落叶灌木，枝细长直立，四棱状。单叶对生，披针形，长4~12cm。花小绿白色，小坚果扁，周围有翅。主产黄河流域及长江下游。枝细叶秀，可做盆景材料。

(92)小叶白蜡

学名：*Fraxinus bungeana*

科属：木犀科白蜡属

落叶小乔木。小叶5~7，形小，长2~4cm，两面无毛。花瓣线形，白色，花序顶生于当年生枝上。主产华北、西北。姿美叶秀，可做微型盆景材料。

(93)薄皮木

学名：*Leptodermis oblonga*

科属：茜草科薄皮木属

落叶小乔木，小枝具柔毛。单叶对生，椭圆状卵形至长圆形，长1~2cm，全缘，表面粗糙，背面疏生柔毛。花冠管状漏斗形，堇紫色，筒部细，长1.5~1.8cm，端5裂，无花梗，数朵簇生。蒴果。产我国北部及中部，北京山区多野生。枝细叶小，花朵簇生，是我国北方制作盆景的好材料，用来制作微形盆景或做山水盆景的点缀材料较为理想。

(94)凌霄及美国凌霄

见南方盆景树木(137)。

(95)荆条

见南方盆景树木(139)，北方分布很广。

(96)小檗类

见南方盆景树木(143)。

(97)紫薇

见南方盆景树木(144)。

(98)宁夏枸杞

学名：*Lycium barbarum*

科属：茄科枸杞属

本种与枸杞[见南方盆景树木(146)相似，区别在于：叶较狭，披针形至线状披针形。花冠筒长于花冠裂片。果较大。产西北，以宁夏栽培最著名。喜光，喜肥，耐寒，耐旱。耐盐碱，萌蘖性强。可用做观果盆景材料。

(99)苦竹

见南方盆景树木(153)。

(100)黄槽竹

见南方盆景树木(156)。

(101)紫竹

见南方盆景树木(155)。

7.1.3　主要盆景草本植物

(1)苔藓

苔藓植物，可分为苔类和藓类。盆景土面生长的常见苔类是地钱(*Marchantia polymorpha*)。地钱的植物体(配子体)呈扁平二叉分枝的叶状体，匍匐生长，生长点在二叉分枝的凹陷处，叶状体分为背腹两面，背面深绿，表面生有突出的圆形杯状体，叫胞芽杯。杯中产生若干枚绿色带柄的胞芽。胞芽脱落后，能长成新苔。常见藓类为葫芦藓(*Funaria hygrometrica*)，其植物体(配子体)矮小直立，有茎、叶分化。茎细而短，基部分枝，下生有多细胞假根。叶小而薄，具中肋，生于茎上，配子体是雌雄同株的，雌雄性生殖器官分别生于不同的枝顶。靠孢子繁殖。

(2)翠云草

学名：*Selaginella uncinara*

科属：卷柏科卷柏属

蕨类植物，多年生草本，茎细叶小。分布广，耐旱性极强。多用做山水盆景山石点缀。

(3)石菖蒲(山菖蒲、药菖蒲)

学名：*Acorus gramlneus*

科属：天南星科菖蒲属

多年生常绿草本，株高 30~40cm，全株具香气，根块茎于地下匍匐行走。叶基生，剑状条形，长 10~30cm，宽 0.5~0.7cm，端渐尖。花葶叶状，短于叶丛，顶生圆柱状肉穗花序；花小，密生，黄绿色。另有钱菖蒲(*Acorus pusillus*)，叶细小，挺硬，产我国及日本。金钱石菖蒲(var. *variegatus*)，株丛矮小，叶有黄色条斑。它们最宜于制作微型盆景或做山水盆景点缀材料。喜阴湿环境，适应性强，忌干旱。

(4)水仙(天蒜、雅蒜、金盏银台)

学名：*Narcissus tazetta* var. *chinensis*

科属：石蒜科水仙属

多年生草本，鳞茎肥大，被皮膜，具长颈叶基生，带状线形或近似柱形，花单生或多朵呈现伞形花序着生于花葶端。花葶直立，圆筒状或扁圆筒状，中空。花为黄、白或晕红色，侧向或下垂，花被6枚，基部合成筒状，花被中央有杯状之副冠，长短不一。变种、变型品种很少，一般说来，有单瓣和重瓣2个品种，重瓣瓣形似漏斗或状如飞碟，黄白相间，十分雅致，称之为'玉玲珑'。以栽培类型分，有漳州水仙、崇明水仙及舟山野化水仙等。漳州水仙鳞茎大，花葶多，上品，驰名中外。崇明水仙鳞茎小，花葶少，舟山野化水仙似崇明水仙。喜水，喜温暖湿润气候，喜肥，喜阳光充足。水仙为秋植花卉，秋冬生长，早春开花，夏季休眠。南北各地多于春节前水养，切割造型。昆明水仙盆景尤为著名。近年北京冬天掀起了养水仙热，做水仙盆景的也很多。

(5)万年青(冬不凋草、铁扁担)

学名：*Rohdea japonica*

科属：百合科万年青属

多年生常绿草本，根状茎短粗。叶丛生，肥厚，光亮，矩圆形或倒披针形，全缘波状，端急尖，基部渐狭成柄。穗状花序顶生，浆果球形，橘红。栽培品种较多，有'金边万年青'、'银边万年青'、'花叶万年青'、'矮生万年青'等。原产我国及日本。性喜阴凉、空气湿润，通风良好，忌涝。万年青绿叶红果，经冬不凋，既可观叶，又可观果，民间一向视为吉祥之物，列为清供珍品。早在7000年前，我国就有了盆栽万年青的记载。

(6)菊花

学名：*Dendranthema morifolium*

科属：菊科菊属

用作盆景的是小菊类，分枝多，开花繁密。花色有黄、红、粉、白色，品种有50余个。北京小菊盆景最为著名，代表了北京盆景的地方风格。

(7)文竹

学名：*Asparagus plumosus*

科属：百合科天门冬属

多年生草质藤本。叶状枝纤细而簇生，圆柱状，绿色。叶小形鳞片状，主茎上的鳞片叶多呈刺状。小白花，紫黑浆果。栽培变种有矮文竹、细叶文竹、大文竹等。原产南非。喜温暖、湿润，耐荫，不耐旱，宜于栽在疏松砂质壤土中。文竹可与赏石配置做成文雅秀丽、玲珑剔透的盆景，更多的情况是作为山水盆景的点缀材料。

(8)建兰(秋兰)

学名：*Cymbidium ensifolium*

科属：兰科兰属

叶阔线形，长30~60cm，多直立，叶缘光滑。花序总状，着花6~12朵，花黄绿色至黄褐色，有暗紫色条纹。香味甚浓，花期7~9月。原产广东、四川、云南、福建等地。喜温暖湿润气候及酸性腐殖土。《中国盆景》将其列为盆景植物之一。

（9）芭蕉

学名：*Musa basjoo*

科属：芭蕉科芭蕉属

多年生高大草本，茎直立。叶螺旋状排列，叶鞘复叠成树干状，叶片长圆形。侧脉羽状，多而平行，穗状花序顶生。江南普遍栽培。取幼株可制成盆景，配以人物小件，别具一格。

（10）半支莲

学名：*Portulaca grandiflora*

科属：马齿苋科马齿苋属

一年生肉质草本，株高10~15cm。叶圆柱状，互生或散生。花簇生于枝顶，花色有白、黄、红、紫，朝开暮谢，花期长。原产巴西。喜冷凉，忌酷热，适应性强。做山水盆景点缀材料或微型盆景材料。

7.2 盆景山石材料

7.2.1 软石类

（1）砂积石

广东、广西通称连州石。安徽、浙江、广西、江苏、湖北、山东、北京均有分布。因产地不同颜色略有差异。白色、微黄、灰褐或棕色，为泥沙与碳酸钙凝聚而成，质地不均，硬度不匀，有石质坚硬者，难以雕琢，不堪应用。软者易加工，吸水性强，宜于着苔和生长植物。缺点是石感不强，容易破损，是山水盆景和附石式盆景常用石料之一。

（2）芦管石

芦管石与砂积石产地相同，常与砂积石夹杂在一起。白色或淡黄色，多以错综管状纹理构成，形态奇特，有粗细芦管之分，粗的像毛竹，细的如麦秆（又称麦秆石）、芦管。有时似奇峰异洞，只要稍作加工就有观赏价值，上水，宜做山水盆景。

（3）江浮石

产于长白山天池周围地区及火山附近，是火山喷发的熔岩泡沫冷却凝聚而成。有灰黄、浅灰及灰黑等色，以灰黑色的质量最好。质地细密疏松，内多孔隙，能浮于水面，吸水性能极好，易生长盆景植物，易于加工，可雕刻出各种皴纹，可塑成各种形状，做近山远山皆可。缺点是易风化，很少有大料，宜做小型山水盆景用。

（4）海母石

又叫珊瑚石、海浮石。出产在我国东南沿海一带。由海洋珊瑚贝壳类的次生物遗体凝聚而成，质地疏松，易雕琢加工，能上水。但新料盐分重，须在淡水中浸洗盐分后，方能种活植物。如用热水浸洗，效果更佳。石感性差，宜做中小型山水盆景。

(5) 鸡骨石

产河北承德及四川等。乳黄或灰白色，常常透空，形似鸡骨，脆而较硬，吸水性能较差，加工不易，难于成型，处理不当，会失掉真实感。多用做桩景配石，也可制作山水盆景。

7.2.2 硬石类

(1) 英石

又名英德石。产于广东英德县，是硬石中制作盆景的主要石料之一。是石灰石经长期侵蚀风化而成的。色灰黑或乳白，也有黑白混杂的，偶有浅绿色。以通体灰黑、色泽纯净者为正宗，形瘦削，多皱纹。质坚硬，不上水，不易雕，不易损，主要通过选石、锯截和拼接造型。英石可做山水盆景、水旱盆景或桩景配石以及供石。《云林石谱》所载，苏东坡在扬州获得双石，一绿一白，即指英石。

(2) 斧劈石

江浙一带称为剑石。分布地区较广，目前所用多出于江苏武进，为沉积岩。颜色土黄、浅灰至灰黑，以灰白、均匀不含杂质为好。多呈长片状，吸水性差，质地坚硬，纹理刚直，用以表现自然界险峰峭壁，有天然雄伟之美。通过敲击、截锯和少许雕琢加工便可成型，为山水盆景主要石料之一。

(3) 钟乳石

主要产云贵高原，广西、广东与浙江一些喀斯特地形区域。乳白、赭红、橙黄等色皆有，晶莹而有光泽。由石灰岩溶洞中的碳酸氢钙溶液遇空气中的二氧化碳变成碳酸钙沉淀形成。外坚内松，易锯易琢。用时应保持其天然情趣，方显老熟。此石宜做雪山冬景或夕阳照岳，亦可做清供。

(4) 灵壁石

又名磐石。有灰黑、浅灰、赭绿等色。石质坚硬，叩击有金属之音，形态与英石相似，但表面皱纹较少。此石不吸水，不宜加工，宜做案头清供，也可做桩景配石。灵壁石为我国传统的观赏石之一，产于安徽灵壁一带。

(5) 树化石

南北皆产，数量不多，为山石中的珍品。有黄褐、灰黑等色，是古代地壳运动中将树木压入地下而形成的。具有木材之纹理，质地坚脆，不吸水。有松化石、柏化石，也有杂木化石。通过敲击拼接加工造型，适宜做各种盆景，最宜表现北国高峻山峰，显得古意苍然，老气横秋。

(6) 石笋石

也叫虎皮石、子母石。主产浙江、江西等地。有豆青、茄紫、麦灰等色，以"青皮白花"者为正宗。形态狭长如笋，色泽秀润清丽，也是盆景与庭园点缀的常用石料。

(7) 千层石

产江苏太湖、河北遵化。深灰色，夹有一层层浅灰色层，层中含有砾石、水成岩。石质坚硬，不吸水，石纹横向，如山水画中的折带皴。外层多似久经风雨侵蚀的岩石。千层石不便加工，宜做山水盆景或树木盆景配石，或表现沙漠景观的旱盆盆景。

（8）宣石

即宣城石。产于安徽宣城。洁白如玉，稍有光泽，棱角明显，皱纹细腻，线条刚直，质坚而不吸水，最适于表现雪景。

（9）龟纹石

产于重庆及北京等地。石面带有龟裂，为岩石风化所致，颜色深灰、褐黄或灰白，质地坚硬，能少量吸水和生长青苔。宜做水旱盆景或桩景配石，具天然之趣。

（10）砂片石

产于川西和北京。有青砂片和黄砂片石两种，软硬程度不一，吸水性尚好，可长青苔。表面有沟槽或长洞，皱纹以直线为主，峰芒挺秀，宜于表现奇峰峭壁。

（11）昆石

又叫昆山白石。产于江苏昆山县。藏于山中石层深处，不多见，洁白晶莹，玲珑剔透，质硬，不吸水。宜做供石，也可用来做山水盆景，具有透、漏、瘦、皱的观赏特点，为我国重要观赏石种之一。

（12）黄石

全国山区到处皆产，江苏、湖北为多。深黄、褐至棕色，质坚不上水。石纹古拙，可敲击加工，多用于庭园布置，选小块用来制作盆景，有顽劣奇妙之感，尤能表现特定环境，如"赤壁""晚霞"等。

（13）菊花石

产于湖南浏阳和广东花都一带，为菊花化石。白色，破开后于断面出现黄、白、紫、红、黑等菊花形象。质地坚脆，多用做清供，也可以点缀山水盆景。

（14）蜡石

产于南方，北京也有分布。浅黄至深黄，坚硬，不吸水，形状多样，以滑润、有光泽、无硬损、无灰砂者为上，为我国传统观赏石种之一。

（15）卵石

又叫鹅卵石。全国各地山区都有分布，颜色多样，多为卵形、球形，不宜雕琢，多用于表现海滩渔岛或远山风光。也可平铺盆底表现江河河谷。南方雨花石为卵石之一品。

（16）锰矿石

产于安徽等地。深褐至黑色，质坚，吸水性差，表面有直纹，峰芒挺秀。可稍事雕琢，主要靠选石拼接造型，宜于表现幽深的峡谷或雄健挺拔的山峰。

（17）祁连石

产于甘肃祁连山。灰白或灰黄色，尚有呈微红色者。石质坚硬，不吸水，纹理细腻，富于变化，不宜加工，无大料，多利用自然形态做清供或山水盆景。

（18）太湖石

产于江苏太湖、安徽巢湖。白、浅灰至灰黑色，以象皮青色、白色为佳，是石灰岩经长期冲刷、溶蚀而形成的，质坚，线条柔曲，玲珑剔透，小者如拳，大者丈余，为中国园林中重要的假山材料,用于盆景不宜加工,多做近景或配石。

(19)孔雀石

产于铜矿层,为铜矿石的一种。色彩翠绿或暗绿色,有光泽,似孔雀的羽毛,质地松脆,形态有片状、蜂巢状和钟乳状,有些石料稍事加工就能表现山川气象。孔雀石用做山水盆景,郁郁苍苍,别具韵味,也可做供石。

(20)横纹石

产于浙江余杭一带。黑褐带黄色,状态呈粗线条折带状,质地粗犷,宜于做大中型山水盆景和园林叠石。

(21)蜂窝石

产于浙江新昌等地。深绿或黄褐色,密布蜂窝状小孔,质坚,宜用做水石盆景。

7.2.3 山石代用品

(1)加气块

也叫加气混凝土。它是一种轻质多孔新型墙体建筑材料,以水泥、矿渣、沙、铝粉为原料,经磨细、配料、浇注、切割、蒸压、养护和洗磨等工序生产出来的。其优点是可塑性强,能上水着苔,廉价易得,品种多样,颜色各异,有深有淡,质软易雕,多用于山水盆景教学实习。

(2)朽木树根

湖北苏克非、陆善明擅长使用,吉林亦有人用。以枯树老根代替山石做山水盆景,可谓另辟蹊径。据悉,澳大利亚等国也有应用。凡林中朽木、湖海中浪木都具有山水造型的艺术价值。置入水底盆,能吸水、长苔、种树,野趣天成,耐人寻味。"万里长江图"为其代表作。

(3)树皮

湖北有使用者。选粗裂树皮代石,可造出粗犷奔放的山水盆景来。

(4)木炭

使用体形嶙峋、纹理明晰的木炭做山水盆景,易锯易雕,高低远近搭配得体,也很有山石的意味,并能吸水和栽种植物而不会腐烂。此外,还有用陶土烧成的"山石"和用水泥塑成的"山石",但它们缺乏山石质感,较为呆滞。

7.3 盆 器

7.3.1 盆器种类

盆器又叫盆盎,是盆景的容器,主要有桩景盆(又叫盆栽盆)和山水盆(又叫水底盘)两大类。桩景盆底部有排水孔,山水盆无排水孔。就制作材料分又有紫砂盆、釉陶盆、瓷盆、凿石盆、云盆、水泥盆、瓦盆、竹木盆、塑料盆等,其形状各异(图7-1)。

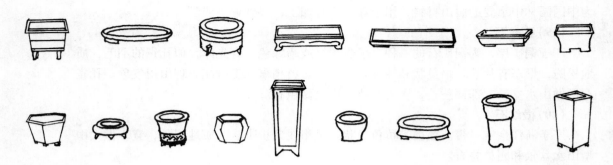

图 7-1 各种盆器

7.3.2 盆器简介

(1) 紫砂盆

产江苏宜兴等地。质细、坚韧、古朴、透性好，品种多，目前已达 600 种之多。口面形状有圆、方、六角、八角、菱形、椭圆、腰圆、扇形和各种象形如海棠形、鼓形、鼎形以及异型，如竹段形、树根形等。多用于桩景制作，也可用于山水创作。

(2) 釉陶盆

产于广东石湾。颜色各异，形状多样，素雅大方，质地疏松，桩景盆、山水盆皆宜。

(3) 瓷盆

产于江西景德镇、河北唐山、山东博山等地。细腻、坚硬、华贵、透性差。多用做套盆或山水盆(多用于桩景无土栽培)。

(4) 凿石盆

产于云南大理、山东青岛、河北易县等地。是采用汉白玉、大理石、花岗岩等石料雕凿而成，坚实、高雅、不透水。宜做山水浅盆。

(5) 云盆

产于广西桂林等地。为天然石盆，富于自然美，用于桩景制作。

(6) 水泥盆

全国各地均可制作，以白水泥为宜，可先用木料或泥巴做成盆形内模，用白水泥 1 份、河沙 3 份，掺 1 份长石粉(其他白细粉石也可)，用水调匀放入模内，再加钢筋制成。配以朱砂色、钛白色，更显古朴典雅，别具一格。价廉、坚实、耐用。多用于大型山水盆景。

(7) 泥瓦盆

各地均产。粗糙、透性极好，适于养树坯。

(8) 竹木盆

产江西等地。以竹木为原材料稍事加工制成，朴素无华、自然。常见有竹盆、树筒盆、根蔸盆。用于桩景或挂壁盆景。

(9) 塑料盆

产于各城市。用塑料制成，色彩多样，形状各异，华丽，不透水，易老化，宜做桩景盆。用塑料仿制山水石盆，物美价廉，颇受欢迎。适宜做盆景无土栽培用。

（10）铜盆

用铜铸成，多见于日本。用做盆山或附石式盆景。

7.4　几　架

几架又叫几座，是用来陈设盆景的架子，它与景、盆构成统一的艺术整体，有"一景、二盆、三几架"之说。按构成材料分类可分为木质几架、竹质几架、陶瓷几架、水泥几架、焊铁几架、塑料几架等。

（1）木质几架

用高级硬质木材制成，做工精细。常用木料有红木、楠木、紫檀木、枣木等，红木为佳。有明式清式之分，明式色调凝重，结构简练，造型古雅；清式几架结构精巧，线条复杂，多用雕线刻花。从陈设方式来看，可分为落地式和桌案式两类。式样极多，规格分明。落地式有方桌、圆桌、长桌、琴几、茶几、高几、博古架等；桌案式有方形、圆形、海棠形、多边形、书卷形等。

（2）竹质几架

用斑竹或紫竹制成，结构简练，自然朴素。均用于室内陈设盆景，也有落地式与桌案式之分。

（3）树蔸几架

用天然老根制成，北方多用荆条根料，南方多用黄杨老根。富于天然情趣。

（4）陶瓷几架

陶土烧制而成，落地式多为鼓状或圆管状；桌案式多为不规则形状，较小。用于室内陈设。

（5）水泥几架

用高标号水泥制成的。均用于室外陈设，放置大型盆景，多见于盆景园内，也有与建筑连成一体的，如博古架式。

（6）其他几架

如用钢筋制成的博古架和用角铁制成的落地几架，还有用松杉枝干做成的落地几架，以及用塑料制成的小型桌案几架。

7.5　配　件

盆景配件指盆景中植物以外的点缀品，包括人物、动物、园林建筑物等。它在突出主题、创造意境方面起着重要作用，在盆景创作中可以丰富思想内容、增添生活气息，有助于渲染环境，表明时代和季节等，还可起到比例尺的作用。盆景配件有陶质、瓷质、石质、金属制品，也有玻璃、塑料、木材、砖雕等制作的。品种繁多，形式多样（图7-2～图7-4）。

图7-2 人物配件　　　　　　　　　　图7-3 动物配件

图7-4 舟桥、建筑配件

(1)陶瓷质配件

用陶土烧制而成，有上釉和不上釉两大类。是盆景运用较广泛的配件，不怕水，不变色，容易与盆钵、山石调和，无论哪类盆景均可采用。

人物主要有独立、独坐、对奕、读书、摇扇、醉酒、弹琴、吟诗、对酌、负手、袖手、卧观、抱琴、垂钓、吹箫、提壶、对谈、捧手、捧茶、捧砚、负书、归渔、担柴、耕田、骑牛、肩挑、牧童、行路等；建筑物主要有茅亭、四方亭、方塔、圆塔、石板桥、木板桥、曲桥、柴门、砖墙门、月门、茅屋、瓦房、水榭等；动物有牛、羊、马、虎、猴、鸟、鸡、鸭、鹅等；船只有渔船、橹船、帆船、渡客船等。石湾配件，一般较大，适合于大型盆景。

（2）石质配件

一般用青田石等材料雕琢而成，有淡绿、灰黄、灰褐等色。均为山石本色，与山水盆景极为协调，制作者可以自行设计、自行雕琢。

（3）金属配件

以铅、锡一类易熔金属浇铸而成，外加涂料，大批生产。色彩艳丽，不宜与景物调和，多用于软石类长青苔的盆景。尚有铜质配件，一般少见。

（4）其他配件

此外，还有木材、象牙、砖块雕成的盆景配件，以及玻璃质、塑料质配件等，但使用较少。

7.6　其他材料

7.6.1　蟠扎材料

（1）金属丝

包括铁丝、铜丝或铝丝。铁丝要备有 $8^{\#} \sim 18^{\#}$ 的各种粗细不同的规格，分别用于缠不同粗细的枝条，铁丝最好用火烧过，自然冷却，用起来软硬适度且不伤树皮。铜丝、铝丝比较好用，但价格较高且难得到，故大多用铁丝。

（2）棕丝、棕绳

备有粗细不同的棕丝、棕绳，做枝条蟠扎用。

（3）蟠扎衬垫物

麻皮、桑皮、牛皮纸、尼龙捆带皆可，蟠扎前缠于枝干，保护树皮。

7.6.2　胶接材料

（1）水泥

用以拼接石料，白水泥为好，可根据山石颜色将其调配成调和色。也可用做水泥盆。

（2）沙子

用以搅拌水泥，增加强度。

（3）颜料

拌在水泥中调色，多采用与石料色彩接近的颜色，对于英石、斧劈石一类灰黑色基调的石料，则用墨汁代替。

7.6.3　栽培养护材料

（1）培养土或无土栽培基质。如农用岩棉、蛭石、珍珠岩、泥炭等。

（2）肥料、药剂。

7.7 工 具

7.7.1 桩景工具

(1)剪子

包括修枝剪、长柄剪和小剪刀(图7-5)。修枝剪用于枝条和根部修剪,长柄用于修剪细小枝叶,也可用普通剪刀代替。小剪刀用于剪断棕皮、桑皮或尼龙捆带。

(2)钳子

包括钢丝钳、尖嘴钳和鲤鱼钳,用于金属丝截断或缠绕。

(3)刀

包括嫁接刀和各种雕刻刀以及各种型号的凿子(图7-5)。嫁接刀用于嫁接,凿子和雕刻刀用于树干雕凿及软石雕刻。现时用电动雕刻工具和电动打磨工具。

图 7-5 桩景工具

(4)手锯

园艺用手锯,用于截断粗大枝干、树根。

(5)锤子

敲击树干,使之老化。

(6)筛子

包括大、中、小孔3种,以金属网制成的为好,用于筛土,细筛用于筛石屑。

(7)花铲

用于填盆土和铲取青苔。

(8)竹签

用于换盆时剔除根土,或栽盆时撤去根间土壤。

(9)水壶

包括长嘴水壶和喷水壶,用于浇水。

(10)喷雾器

用于喷药。

(11)施肥用具

包括水桶、勺子等。

(12)起树工具

起苗用,包括镐、铲等。

7.7.2 山水盆景制作工具

(1)工作台

用水泥预制或用木料制成,要求平稳并能旋转,以便从各个角度观察、加工。

（2）切石机

切割硬质石料。

（3）小山子

一头尖，一头刀斧口，可用45号钢、弹簧钢、定子钢等材料制成，用于雕琢山水纹理或挖洞开穴，没有小山子可用大螺丝刀代替（图7-6）。

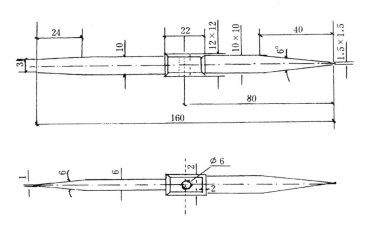

图7-6　小山子

（4）锉

石料过于生硬锋利的棱角或块面，可用锉锉去。

（5）钢丝刷

雕琢后用钢丝刷适度擦刷，使之自然。

（6）锤子、凿子

敲击石料。

（7）油画笔

用来洗刷石隙缝间水泥残渣。

（8）油漆刀、小刮刀

粘接山石时使用。

思考题

1. 南方常用桩景材料有哪些？

2. 北方常用桩景材料有哪些？

3. 你所在地常用桩景材料有哪些？开发当地桩景材料（乡土树种）对发展当地盆景的重要意义。

4. 对当地野生桩景材料或山石做一实地调查，并写出调查报告（如有时间的话）。调查报告包括调查目的、意义、调查方法、调查结果、讨论、对发展当地盆景的建议等。

5. 你认为什么样的树木适合做桩景材料？

6. 盆钵的种类有哪些？当地常用桩景盆钵、山水盆钵有哪几种？你认为哪种最理想，为什么？

7. 盆景几架有几大类？

8. 盆景配件分类。

9. 盆景材料除树木、山石、盆钵、几架、配件外还有什么其他材料？

10. 桩景工具有哪些？

11. 山水盆景工具有哪些？

推荐阅读书目

1. 园林树木学．陈有民．中国林业出版社，1990.

2. 园林树木1000种．张天麟．学术书刊出版社，1990.

3. 中国盆景．徐晓白，吴诗华，赵庆泉．安徽科学技术出版社，1985.

4. 当代中国盆景艺术．苏本一，马文其．中国林业出版社，1997.

5. 中国盆景——佳作赏析与技艺．胡运骅，等．安徽科学技术出版社，1988.

6. 盆景制作．彭春生，李淑萍．解放军出版社，1990.

第8章 盆景苗圃

[**本章提要**]发展盆景是文明建设,但上山挖桩(山采)却产生负面效应。它与 21 世纪的环保、资源和可持续发展战略格格不入,甚至是针锋相对。

本章从林业经济学角度阐明了山采的弊端,从理论上讲述了杜绝山采的道理。

苗木培育讲的是苗木繁殖的技术:采、调、贮、运、检、播、插、嫁、分、压,还有育苗新技术,如全光雾插、组织培养等。

盆景苗木的苍老技术包括物理、化学、生物等方面的技术,属于探讨。

8.1 杜绝山采

8.1.1 经济建设和生态建设的关系

我国著名的林业经济学家翟中齐教授对生态建设和经济建设曾做过精辟的论述。我国正处在社会主义的初级阶段或者说是工业化的初期。在这个时期内,尽管党和政府十分重视环保问题,但还是不可避免地出现了经济迅速上升、生态环境日益恶化的现象,既牺牲了大量的自然资源,又牺牲了不少中国人生存的美好的环境。当人们陶醉在物资生活较大的改善的欢乐之中时,大自然却以几倍乃至几十倍的力量进行疯狂的报复:洪涝灾害、水土流失、风沙灾害、次生盐渍化、空气和水质的污染等。大自然的报复使得人们的头脑逐渐清醒过来,人们认识到,除物质文明外环境和质量对他们来说也同等重要,环境的恶化对经济建设和工农业生产有着制约作用,以至于使原来得到的经济效应逐步丧失掉。于是人们对大自然的资源和环境进行自觉的开发和利用。随着科学技术发展,人们开始采用新的工艺和生产方式,使资源利用水平得到较大的提高,因而生态环境也随之得到较大的改善,人类进入高度物质文明和全新的环境的境界。

社会经济发展与生态环境关系曲线如图 8-1。

由此可以看出,经济发展与生态环境的关系,既是互相矛盾又是互相促进的关系:当人们还没有能力解决温饱问题时,人们都是为温饱问题而向大自然索取,毫无生态环境的经济效应意识,当人类社会达到高度物质文明时代,人们就要求有能力地去解决自己生存的环境问题。

我国盆景发展同样受经济建设和生态建设关系这个大道理的约束。回顾改革开放以来盆景发展的轨迹,何尝不是如此呢?人们为了获得更多、更快、更好的经济效

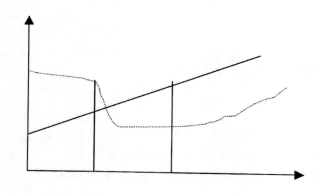

图 8-1　社会经济发展与生态环境关系曲线

益，想出了上山挖掘树桩（山采）的生产工艺模式。春天一到，开着大卡车进山挖桩大有人在，甚至冒出了不少挖桩专业户、专业村、专业市场，更令人不可思议的是，挖桩、卖桩致富者不但得不到应有的谴责和惩罚，反而在报刊上受到表彰，加以褒扬，上山挖来的大型盆景还在全国的各级评比中拿大奖、受鼓励。丝毫不顾及因此而造成的树种资源的灭绝，既牺牲了大量的自然资源，又牺牲了人类赖以生存的美好环境，代价是何等沉重啊！这些都是工业化初期特征所决定的。到了工业化中级阶段和高级阶段，这种现象是完全可以避免的。笔者曾于 2001 年 10 月到过工业化程度很高的国家如法国及欧洲的一些其他国家了解到：在欧洲尤其在地中海沿岸一带，由于地理上属于喀斯特地形地貌，所以长在岩石和悬崖峭壁上形状优美的桩头有的是，但从没有人去挖一棵！据说美国、日本也是这样，原因何在呢？工业化程度高的缘故。再者，这些工业化程度高的国家，人们吃够了工业化初期环境污染给人类带来的生存苦头，深知环保的重要意义。在欧洲，无论是谁，只要发现一个挖树桩者，定会有人举报，被举报的人因此将被刑事拘留。就这点来说，是值得我们借鉴和效仿的，或者叫"洋为中用"。

8.1.2　翟氏公式

随着盆景市场经济的繁荣发育，人们向我们提出一个问题，即如何在以不破坏大环境为代价的前提下发展盆景生产，美化家居和其小环境，并取得盆景生产的经济效应，即所谓的搞"盆景生态经济"。

为此，我们必须对盆景生产的生态工程进行经济计量的预测。因为在经济建设和生态建设中，都有经济效应和生态效应的得与失问题，盆景生产亦然。翟氏公式就是回答这个问题的一个公式：

一般情况下总会存在以下 4 种情况：

（1）在经济效益或生态效益方面都获得较高的效益，得大于失：

$(A + B) > (Y + Z)$，其中 $A > Y$，$B > Z$；

（2）经济方面获得效益大于损失的效益，但是生态效益损失得较多，眼前看来，总体上的效益较好，但从长远观点看来，情况则相反：$(A + B) > (Y + Z)$，其中 $A >$

Y，$B < Z$；

（3）生态上获得的效益大于损失的效益，但经济建设损失较大，总体效益未确定：

$(A + B) \geq$ 或 $< (A + Z)$，其中 $A > Y$，$B < Z$；

（4）经济效益和生态效益的损失都比较大，总体效益很差：

$(A + B) < (Y + Z)$，其中 $A < Y$，$B < Z$。

对于盆景生产领域，上山挖桩（山采）生产盆景的工艺流程属于哪种状态呢？显然不属于（3）和（4）而属于（1）和（2）两种情况。

获得的经济效益即出售盆景桩坯和盆景成品所赚取的收入。损失的经济效益 Y 即挖桩、养坯、造型、养护、管理以及买盆器所花费的劳动力和材料费。二者比较，显然是 $A > Y$，收益远远大于损耗。眼前利益很好。这就是（2）所说的 $(A + B) > (Y + Z)$，其中 $A > Y$，$B > Z$。但是从长远的观点看，按获得的生态效益即美化家居和小环境所产生的生态效益与损失的生态效益 Z。

即破坏大环境，毁灭资源，造成水土流失方面来比较，损失的生态效益及因大自然报复所造成的经济损失 Z 值却是大的无法估量：$(A + B) < (Y + Z)$，其中 $A < Y$，$B < Z$。倘若改变一下山采的生产工艺用"盆景苗圃"的盆景生产工艺，那么就出现了（1）种情况即 $(A + B) > Y + Z$，其中 $A > Y$，$B > Z$。可见从长远观点看，盆景苗圃的生产工艺是一种经济效益和生态效益都获得较高效益的生产工艺模式，它是一种理想的工艺模式。

应该指出，我们过去对盆景生产系统工程项目缺乏全面的规划、管理和经济核算工作，只注重获得眼前的经济效益，对损失的效益常常没有深入的研究，尤其对可能损失的生态效益常常是忽略不计，甚至对已经造成的生态效益的损失熟视无睹，因此也不了解人们山采所造成的经济效益是以牺牲大环境的效益、牺牲千百万子孙后代甚至是全人类的长远利益换取来的，因此而造成的环境恶化、资源枯竭、水土流失、地球变暖等损失，为日后埋下了无穷无尽的隐患，"老天爷"将会没完没了地惩罚我们和我们的子孙后代，这些都是挖桩人世世代代也偿还不完的。

8.1.3 三大罪状和三大好处

综上所述，从长远的观点和科学的角度来看，山采有如下三大罪状：

（1）破坏生态环境。山采结果使本来森林覆盖率就很低的中国自然界大环境造成掠夺式的破坏，使得本来就衣不遮体的地球表面无形中又增添了"千疮百孔"，为日后大自然报复埋下了无穷的隐患。是在为子孙后代造孽。

（2）毁灭种质资源。大规模掠夺式的山采已经使岭南的福建茶，江浙一带的雀梅、紫薇、六月雪、南天竹和湖北一带的对节白蜡等野桩资源濒临枯竭，照此下去，不堪设想。

（3）山采是违法行为。它与森林法、环保法是背道而驰的，挖桩买桩是盆景生产上的一个带方向性的误区，不利于可持续发展的战略。

发展盆景苗圃有以下三大好处：

（1）发展盆景苗圃是发展盆景事业的正确措施。只有发展盆景苗圃才能使我国盆景生产走上规格化、专业化和规模化的正确道路，也是世界盆景生产的一条文明之路。

（2）它符合全国人民和全人类的长远利益和根本利益，利于环保、利于大环境美化，符合可持续发展战略。

（3）它有利于森林法、环保法的贯彻执行，有利于培养国民的环保意识和法制观念。

8.2　苗木培育

制作盆景提倡人工培育苗木，杜绝上山挖野桩。尤其在强调资源保护、水土保持的大形势下，对于保护森林及野生资源、维护生态平衡具有积极的作用。

采用人工培育苗木可以做到有计划和大批量生产，根据盆景制作的具体需要，在苗木的种类、苗龄及形态等方面进行定向培养，掌握盆景用苗的主动性。

8.2.1　盆景苗木培育

不同的植物种类其繁殖方法有差异。但归结起来苗木的繁殖可分为有性繁殖和无性繁殖，亦即播种育苗和营养繁殖两种途径。根据所需的苗木种类取其最适的繁殖方法，对于获得高质量的盆景苗木至关重要。

8.2.1.1　苗木的播种繁殖（有性繁殖）

用种子繁殖所得的苗木称为播种苗或实生苗。许多乔灌木都是用种子繁殖培育的。种子繁殖一次可获得大量实生苗，发育阶段早，遗传保守性不稳定，可塑性大，有利于驯化和定向培育创造新品种，且寿命长。用于盆景的园林树木的种子体积小，采收、运输以及播种等操作简便，可以在短时间内培育出大量的苗木。

种子是播种繁殖的物质基础，种子品质的好坏，直接影响着苗木的质量。种子应具有发芽率高、生活能力强等优良性状，故选择优质纯良的种子，是播种工作的前提。而种子的质量，很大程度上取决于母株的年龄和生长状态。

（1）采种母株的选择

采种母株应选择树形丰满，能充分表现出其优良性状及生长健壮和无病虫害的植株作母株，才可获得优良的种子。

母株的年龄对于种子的产量、质量及其所生产幼苗的生长发育都有一定的影响，因此根据不同的目的选择母株年龄。

幼年树初期结的种子，产生的幼苗，可塑性强，用做驯化较为适宜。

壮龄树处于生长发育旺盛期，树体营养物质充足，所结种子饱满、质量优良、发芽率高、发芽势旺、幼苗健壮。较适合于育苗生产。

老龄树已进入衰老期，生产的种子种粒小、质量差、发育率低，不宜采用。

（2）种子的成熟度

为了获取品质优良的种子，还需掌握适时的采种时间。过早采集，种子未成熟；延期采种则种粒脱落，因此要了解种子成熟规律，才能适时采种。

种子的成熟过程就是胚和胚乳发育的过程，包括生理成熟和形态成熟两个过程。

①生理成熟　种子在形态上表现出组织充实，木质化程度加强，内部营养物质积累速度加快，浓度提高，水分减少，并逐渐浓缩向固体状态过渡，最后种子内部几乎完全被硬化的合成作用产物所充满。当种子的营养物质贮藏到一定程度，种胚形成，种实具有发芽能力时，称之为种子的生理成熟。生理成熟的种子含水量高，不利于贮藏，很快失去发芽力。

②形态成熟　种子完成了种胚的发育过程，含水量降低把营养物质由易溶状态转化为难溶的脂肪、蛋白质和淀粉，呼吸作用微弱，种皮致密、坚硬，进入休眠后耐贮藏，此时的种子外部形态完全呈现出成熟的特征，称之为形态成熟。

（3）种子采收方法

根据不同树种、种实大小、成熟后脱落的习性和时间采用不同的采种方法。

①直接采收　对一些大粒种实，可从地面直接捡拾采收。一般较矮树种，可用手直接从母株上采摘。

②从植株上采收　对于树体较高的树种这是最常用的方法。种粒小或脱落后易被风吹散的种子，如榆树、马尾松等，以及成熟后虽不立即脱落但不宜于从地面收集的种子，都要从植株上采取。可在地面平铺一塑料布，然后用竹竿或木棍等击落种实，进行收集。

（4）种实的调制

种实的调制是为了获得纯净、优良的种子以便安全贮藏，防止种子变质的必要工序。

调制的内容包括：脱粒、净种、干燥、分级等。

①种子脱粒　对于翅果只需除去果梗及果枝等杂质即可，如元宝枫、榆树等；种实为蒴果和荚果的可在阳光下晾晒，果皮裂开，使种子脱出；球果类不易开裂的树种，用机器碾压或人工揉搓，碾碎果皮和果肉，清除杂物，即得净种；肉果类包括核果、仁果、浆果等。一般采用水浸数日或直接揉搓，再脱粒、净种、阴干。

②净种　即除去种子中的夹杂物。对于掌握准确的播种量 以及防止种子变质，安全贮藏等方面，都有重要作用。通常采用下列几种方法：

风选法　适用于中小粒种子。利用自然风选、卷扬机风选等。

水选法　利用水的浮力使杂物及空瘪种子漂浮，除去。

筛选法　用不同大小孔径的筛子，将大于和小于种子的杂物除去，再用其他方法将与种子大小等同的杂物除去。

③种子干燥　种子经净种、筛选后需晾干，使其干燥。一般分为阳干和阴干。不同的树种的种子所要求的能够维持其生命活动的最低含水量标准不同。参照不同种子标准含水量选择不同的干燥方法。

④分级　依种子质量进行分级。

(5) 种子的贮藏

种子进行科学的贮藏，对保持种子的优良品质和延长生命力具有重要作用。根据种子的特性及贮藏的目的分为两大类：即干藏法和湿藏法。

① 干藏法 又分为普通干藏法、低温干藏法、密封干藏法。

普通干藏法 将干燥的种子储藏于干燥的环境中，再放于凉爽而干燥，相对湿度在 50% 以下的种子室、仓库等地储存。

低温干藏法 对于一般能干藏的用于盆景的园林树木种子，结合低温（0~5℃）条件贮藏。含水量低的种子均可采用此法贮藏。

密封干藏法 适用于需长期储存，而用普通干藏和低温干藏仍易失去发芽力的种子。将种子放入玻璃瓶等容器中，用石蜡将盖口密封。置稍低的温度下储存效果更好。

② 湿藏法 具有生理休眠的种子，在潮湿低温条件下破除休眠，提高发芽率。湿藏可用挖坑贮藏，室内外堆藏，一般采用"种子层积贮藏"（图 8-2）即把种子与湿沙混合（沙：种子为 3∶1）埋入背阴处的 60~90cm 深的坑内，用粗沙填埋，覆盖时要注意坑内的透气性。湿藏必须保持一定的湿度和 0~10℃ 的低温条件。

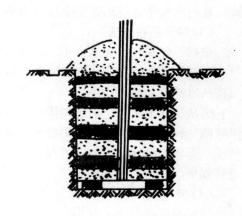

图 8-2 种子层积法

(6) 种子检验

为减少苗木生产的盲目性，合理使用种子和保证苗木数量、质量，就必须进行种子检验。反映种子质量的具体指标有：种子净度、重量、发芽势、发芽率、含水量、生活力和优良度等。测定种子净度、重量（千粒重）、优良度采用直观和称重的办法，测定含水量采用烘干法。测定种子发芽率、发芽势用种子发芽装置。鉴定种子的生活力可采用染色法、X 光照射法和紫外线荧光法。简便易行的是靛蓝染色法。

(7) 播种前的种子处理

种子的表皮和内部，常有病菌附着，播种前进行种子表面消毒，可避免播种后危害幼苗。种子消毒方法，有药剂拌种和药液浸种法两种。

① 药剂拌种法 播种前，把药粉和种子放入拌种容器内，充分拌和，或用喷雾器将药液喷洒到种子上，充分翻拌。常用的拌种药剂有：五氯硝基苯、福尔马林等。

② 药液浸种法 播种前，将种子用一定浓度的药液浸泡数小时，然后用水洗净阴干，即可播种。常用的药液有：高锰酸钾、硫酸铜、福尔马林、石灰水等。

(8) 种子催芽

种子催芽是人为地调节和控制种子发芽，提高种子发芽率，缩短发芽时间。常用的种子催芽方法：浸种法、机械损伤法、酸碱处理、层积催芽法。

① 浸种法 将种子浸入水中，使种子膨胀，种胚萌动。浸种的水温和时间，依不

同的树种而异。通过浸种而充分吸水膨胀后的种子，稍加晾干后即可播种。

②机械损伤法　种皮坚硬的种子，水分和空气不易透入其内部，种胚不易萌动。对于这类种子可用混沙、碎石摩擦以磨伤种皮，有利于播种后的萌发。

③酸碱处理　把具有坚硬种壳的种子，浸在具有腐蚀性的酸碱溶液中，经短时间处理，使种壳变薄，增加透性，促进发芽。常用浓硫酸、氢氧化钠等强酸、强碱溶液处理。

④层积催芽　具体方法同于种子的湿藏法。将种子与沙混合分层埋藏于坑中，或混沙放于木箱或花盆中埋于地下，并保持坑中与外界通气，在 0~10℃ 的低温条件下 1~4 个月或更长时间。

（9）播种

①播种时期　播种时期是育苗工作的重要环节之一。适时播种期的确定，应依不同树种的生物学特性和各地气候条件确定。不同树种其种子发芽所要求的最低温度不同。根据播种的时间分为：春播、秋播和夏播。

春播　多数地区和多数树种的生物学特性都适于春播，是园林苗木生产中应用最广泛的播种季节。一般在气候较暖的南方地区，多在 3 月进行，在华北、西北地区多在 3 月下旬~4 月中旬为宜，而在东北、内蒙古地区一般在 4 月下旬进行。

秋播　一般除种粒很小和含水量大、易受冻害的种子之外，多数园林树木种子都可以在秋季播种。大、中粒种子或种皮坚厚且有生理休眠特性的种子适宜秋播。秋播可使种子在圃地中通过休眠期，完成播种前的催芽阶段，次年幼苗出土早而整齐。

秋播的时间，依树种特性和当地气象条件的不同而异，对长期休眠的种子应适当的早播，可随采随播，一般树种秋播时间不宜过早，多在晚秋进行，以防播后当年秋季发芽，幼苗遭受冻害。

夏播　适用于夏秋成熟而又不宜久藏的种子。采种后立即播种。夏季气温高，土壤水分易蒸发，表土干燥，不利于种子的萌发，因此可在雨后进行播种或播前进行灌水。为使苗木在冬季来临前能充分木质化，以利安全越冬，夏季播种应尽量提前。

②播种方法　播种应根据种子的特性、幼苗生长习性及播种地的条件选择播种方法。一般分为撒播、点播、条播、钵播。

撒播　是将种子均匀的播于苗床上。适用于小粒种子、幼苗生长较慢或苗期喜阴的树种。

点播　按一定的株行距将种子播于圃地上。适用于大粒种子和发芽势强、幼苗生长旺盛的树种或少量珍贵的树种。依种子的大小及幼苗生长的快慢来确定株行距。

条播　是在一个床面上或一个垄面上，按一定的行距开沟播种，或直播于地面。条播较撒播节省种子，幼苗行距较大，受光均匀，通风好，苗木生长健壮。

钵播　用营养钵播种，是容器育苗技术。对移植不易成活的苗木能提高成活率，移后不影响生长，如具备一定的设施，播种和移植时期可不受季节的限制。

（10）苗期的抚育管理

①幼苗出土前的管理　床播的种子一般种粒较小，覆土较薄，易干燥，不利种子发芽，保持床地的土壤湿润，可有利于种子的发芽与出土。一般采取以下措施遮阳、

保墒。

　　土表覆盖　可防止床土水分蒸发、遮阳，起到降温保墒的作用。

　　喷灌水　播种后到幼苗未出土之前，如床土干燥，应行喷水。

　　②幼苗出土后的管理

　　遮阳　一般树种在幼苗期都不同程度地喜欢庇荫，故在幼苗出土后 10cm 高时，需短期遮荫，防止幼苗灼伤。

　　间苗和补苗　间苗是为了调整幼苗之间的疏密度，扩充和平均分配生长营养面积，使苗木保持一定的间隔距离。补苗是补救缺苗断垄的一项措施。补苗时期越早越好，以减少大量伤根。

　　中耕除草　在苗木抚育工作中占有相当重要的地位，可减少土壤中水分、养分的消耗，加速苗木生长。同时适当追肥，防止病虫害，可提高苗木质量。

8.2.1.2　苗木的营养繁殖（无性繁殖）

　　营养繁殖是无性繁殖。以母株的营养器官的一部分繁殖苗木的方法。是利用植物的再生能力、分生能力以及与另一植株通过嫁接合为一体的亲和力来进行繁殖的。营养繁殖方法包括：分株、扦插、嫁接、压条、全光喷雾育苗及组织培养快繁技术。

　　(1) 分株繁殖

　　分株繁殖是利用树木根部周围萌发出的根蘖苗，从母株根上分割下来，栽培成新的植株的一种繁殖方法。因此，分株繁殖方法适用于易生根蘖、茎蘖的园林树种。一般分株的时期于秋季落叶后至春季发芽前，将母株周围地面上自然萌发生长出的根蘖苗带根挖出，挖掘时不能过度损伤母株的根系，还要保证根蘖苗有较完好的根系。分株后可暂时埋藏假植，春季适时定植。

　　(2) 扦插繁殖

　　扦插繁殖是利用植物营养器官的一部分，如根、枝、芽等作为接穗，在一定的条件下，插入基质中，使其成为完整的植株。营养繁殖中较为常用的繁殖方法，尤其适用于不结实或结实稀少的盆景树种。

　　①扦插繁殖的方法　扦插繁殖因所取的插条的营养器官不同分为三大类：枝插、根插及叶插，而较为常用的是枝插。尤其对以针叶树为盆景用树的繁殖多以枝插进行繁殖。

　　②插条的选择　插条因取的时期不同分为休眠期与生长期两种，前者为硬枝插条，后者为嫩枝插条。

　　硬枝插条的剪取时间在落叶或开始落叶时，贮藏越冬，次年春季扦插。

　　嫩枝插条是指带叶片半木质化的枝条，在生长季剪取，随采随插。

　　扦插繁殖在管理上要求比较精细，因插条脱离母体，必须给以最合适的温度、湿度等环境条件才能成活。而嫩枝扦插一般都在气温较高的季节进行，离体的枝条很快因失水而萎蔫死亡，因此嫩枝扦插要求降温、保湿条件。近些年来，在进行嫩枝扦插育苗中，采用了全光喷雾嫩枝扦插育苗技术。首先制作一大圆盘形扦插苗床，苗床内放入扦插基质，可采用河沙、蛭石等作为基质。扦插圆盘的中心点，安装全自动旋转喷雾装置，嫩枝插入后，可自动进行对扦插材料进行喷雾，从而起到降温、保湿的作用。提高扦插成活率。

③扦插基质 需满足插条对土壤水分和通气条件的要求。一般采用的基质种类为：河沙、泥炭、蛭石、珍珠岩等，或以其中两种混合使用。

植物生长激素对插条生根的影响：在适宜的外界条件下，适宜浓度的植物生长激素能促进插条根原基的加速形成，提高生根能力。目前生产上常用的促进植物生根的生长激素种类有：萘乙酸（NAA）、吲哚乙酸（IAA）、吲哚丁酸（IBA）以及生根粉（ABT）。不同的植物生长激素对不同树种促进生根的效果不同，使用的浓度不同。其中以萘乙酸、生根粉的使用最普遍且生根效果较好。吲哚丁酸价格昂贵，扦插量较大时使用，会提高成本，因此，除特殊情况外，一般不使用吲哚丁酸。具体使用某一种生长激素需参照说明中的使用方法和浓度。目前常用的方法，将生长素配制成一定浓度的溶液浸泡插条基部或速蘸。

（3）嫁接繁殖

嫁接繁殖是把计划繁殖树种的枝条或芽（接穗）嫁接在另一株树体（砧木）上，使两个植株结合为一体的繁殖方法。它是盆景植物重要的繁殖方法。

选择砧木时应重点考虑砧木与接穗的亲缘关系，亲缘关系越近，亲和力越好。砧木与接穗两者的物候期相同或相近，成活率也越高。

①嫁接时期 枝接一般在树木休眠期进行，多在春、冬两季，以春季最为适宜。冬季枝接在树木落叶后、春季发芽前均可进行，但要适当采取防冻措施。

芽接可在树木整个生长季期间进行，但需根据树种的生物学特性不同，确定不同的嫁接时间。

②嫁接方法

枝接 凡是以枝条为接穗的嫁接方法统称为枝接。包括切接、劈接、腹接。

切接：是枝接中最常用的方法。砧木宜选用 1～2cm 粗的幼苗，在砧木一侧垂直下刀深度 2～3cm，接穗则切削一面，对侧基部削一小斜面，将削好的接穗插入砧木的切口中，使接口紧密结合，用塑料条捆扎好。

劈接：用于砧木较粗时的嫁接。接穗也应尽量选用较粗的枝条。先将接穗下端两侧各削成等量长和等量宽的规则长楔形削面。用劈接刀从砧木的横切面中间垂直劈开与接穗削面长短相等或稍长 0.2cm 的接口，将削好的接穗及时插入砧木接口中，用捆缚物将接口捆紧。

腹接：在砧木腹部进行的枝接。砧木不去头或剪去顶梢，成活后再剪去上部枝条。常用于龙柏、五针松等针叶树种的繁殖。砧木的切削在适当高度，选择平滑面，自上而下深切一刀，或切成"T"字形切口，将接穗插入，绑扎接口即可。

芽接 凡是用芽为接穗的皆为芽接。因取芽的形状和结合方式不同而分为"T"字芽接、方块芽接、嵌芽接和环状芽接。"T"字形芽接是育苗生产中应用最广泛的嫁接方法。砧木的切法是：自地面5cm左右处，选光滑部位切一"T"字形切口，插入芽片并与"T"字形切口对齐，绑扎接口。

一般嫁接后20～30d可检查成活率，进行芽接的树种，成活后必须进行剪砧，促进接穗的生长。嫁接苗长出新梢时，作为盆景树种可根据所需的树姿人为造型。

(4) 压条

压条繁殖是将母株上生长的1年或2年生的枝条压入土中，使之生根而后断离母株，成为独立的新植株。

压条分为休眠期压条和生长期压条。前者是在秋季落叶后或早春发芽前进行，后者是在生长季进行。

压条的种类分为普通压条、堆土压条、空中压条。

普通压条　是最通用的一种方法，适于枝条离地面近容易弯曲的树种。如迎春、栀子等。

堆土压条　又称直立压条法。被压的枝条无须弯曲，在植株基部直接用土堆盖枝条，待覆土部分发出新根后分离每一枝均可成为一新植株。

空中压条　适用于木质坚硬，枝条不易弯曲或树冠较高，基部枝条缺乏的树种。其方法是在枝条的被压处进行切割略伤表皮，用对开的花盆等合抱于割伤处，其内填充基质，经常保持湿润。空中压条多在春季进行，观赏树种中梅花、桂花、山茶等常用此法繁殖。

(5) 组织培养育苗

①植物细胞的全能性　组成植物体的生活细胞都携带着一套完整的基因，并具有产生完整植株的能力。根据这个原理，将植物的器官(根、茎、叶、花、果等)、组织、细胞，接种到人工配制的培养基上，在人工控制的环境条件下，进行离体培养，使其产生完整植株的过程，称为植物组织培养，也称微型繁殖或试管繁殖。离体的组织和细胞通过试管内培养获得的小植株叫做试管苗。

②植物组织培养的特点和应用　植物组织培养是生物技术的重要组成部分，是生物技术中应用性、实用性较强的一项应用技术，也是唯一的已从实验室研究走向大规模工厂化育苗的新技术。在农学、园艺、林学等学科上，得到广泛的应用。已有数百种植物经组织培养获得成功，包括很多种观赏的乔灌木植物，产生了良好的社会效益和经济效益。

③植物组织培养技术的实用性特点　植物组织培养人为控制培养条件，摆脱大自然四季及昼夜变化的影响，周年生产；生长周期短，繁殖率高，繁殖材料可以几何级数增长因而缩短了苗木繁殖周期。试验微型化、精密化，节省人力、物力，节省土地，方便管理，与大田繁殖相比，省去了除草、浇水、施肥、病虫害防治等管理环节。根据植物细胞的全能性，植物组织培养节省试材，取少量的组织、器官以致单个细胞，即可产生再生植株。

植物组织培养技术目前应用最为成功、最广泛和最有效的一个方面是苗木的试管繁殖。

对于优良的苗木品种、优良单株、稀缺良种、新引进的、新发现的、濒危植物、转基因植物等都可通过离体快繁，与常规的繁殖方法相比具有很高的繁殖速度，可向生产提供大量的种苗。因而称组培快繁。

在其他方面的应用：通过花药、花粉培养可获得单倍体植株。通过原生质体培养，进行原生质体融合，培育远缘杂种，获得新物种。细胞培养可用于转基因的受体，获得转基因植物。采用组织培养的方法保存种质资源，节省土地、人力和大量的田间管理工作。

8.2.1.3 植物组织培养的基本条件及操作

植物组织培养技术在生物技术中对于条件、设备的要求相对简单，但因其是在严格的无菌条件下培养植物材料，因此又必须具备最基本的条件。

(1)实验室

组织培养须具备下列实验室：

①洗涤室　植物组织培养对培养容器、玻璃器皿的清洁程度要求较高，因此需设专用于刷洗培养瓶和相关玻璃器皿的洗涤池。

②称量室或天平室　内置天平，用于称量药品。

③培养基制备室　植物的试管繁殖是将离体的植物材料培养在人工配制好的培养基上，因而需要首先在培养基制备室配制好培养基。

④灭菌室　用于对配制好的培养基和其他相关的器具进行灭菌消毒，内置高压灭菌锅。

⑤接种室　是进行植物材料的分离、接种和培养材料转接的一个重要场所。因此要专门置放接种工作台，在接种台内进行无菌操作。要求室内洁净、密闭、光线好，一般不开窗户，以免空气流动，引起污染。经常进行杀菌、消毒。

⑥培养室　是将接种到试管等容器的培养材料进行培养和生长的场所，其面积大小根据培养架的数量和生产规模而定。通常培养室的温度保持在 23～27℃ 为宜，光照强度在 1500 lx 以上，可充分利用自然光，并以日光灯补充不足的光源。

(2)仪器设备和用具

①天平　实验室应具备称量精度为 0.1g 的天平和称量精度为 0.0001g 的分析天平各 1 台，置天平室中。分别用于称量大量元素、琼脂、蔗糖等。分析天平用于称量微量元素、激素等。

②高压灭菌锅　用于培养基和玻璃器皿及接种用具的高压灭菌。

③超净工作台　是植物组织培养最常用、最普及的无菌操作装置，也是必备的设备。分为单人、双人式。超净工作台置接种室内。

④冰箱　大量元素母液在高温环境下易沉淀，配制好的有机物必须存放于冰箱中，以免发霉。因此配制好的各种母液，须存放于冰箱的冷藏室中。

⑤酸度计　配制培养基时，准确测定 pH 值十分重要。pH 值的测定可用小型的酸度测定仪，一般生产性的繁殖可用精密的 pH 试纸测定。

(3)培养容器

①玻璃器皿　是进行植物材料离体培养的容器。要求透光度好，能耐高压蒸汽灭菌。根据培养目的和要求不同，采用不同种类和规格的玻璃器皿。常用做培养容器的有：试管、三角瓶、果酱瓶或罐头瓶等。

②其他必须玻璃器皿　烧杯、量筒、容量瓶、广口瓶、试剂瓶、玻璃棒、移液

管、酒精灯等。

③金属器械 植物组织培养操作必需的工具选用医疗器械和微生物实验所用的器具，一般采用枪状镊、医用眼科剪刀、医用解剖刀及微生物实验所用的接种针。

(4)基本操作

①培养基配制 培养基是试管培养的物质基础，为植物的组织生长提供营养条件。基本培养基的种类很多，但应用最广泛的是 MS 培养基。

②培养基的基本成分 培养基中含有供植物生长的各种营养物质，但任何一种培养基的组成基本是由以下几大类物质组成：

大量元素(N、P、K、Ca、Mg)；

微量元素(Mn、Zn、Cu、Mo、Cl、Fe)；

有机化合物(蔗糖、葡萄糖、维生素、氨基酸、肌醇)；

植物生长调节物质(NAA、IBA、IAA、2，4 – D、GA、6 – BA、Zt、Kt)、琼脂(配制固体培养基时使用)。

③母液的配制 组织培养工作中，配制培养基是日常工作，而每种培养基往往需要 10 多种化合物，如每次配制培养基时现配现用，影响工作效率。为减少工作量，一般常将同类药品扩大一定的倍数配制成浓缩液亦称母液，置冰箱中保存。

大量元素母液的配植 按基本培养基中各种大量元素的用量，经计算扩大成一定的倍数后(常扩大 20 ~ 40 倍)，按顺序分别用精度为 0.1g 的天平称量，用蒸馏水分别溶解，按顺序混合，定容至一定的体积。

微量元素母液的配制 同大量元素母液配制方法，但药品称量时，须用分析天平。将所有的微量元素配制成微量元素母液，配制方法同大量元素母液的配制。

铁盐(Fe)要单独与 EDTA 配制成螯合剂。称取 5.57g 硫酸亚铁(FeSO$_4$)和 7.45g 乙二胺四乙酸二钠(EDTA)，用蒸馏水分别溶解后混合，定容至 1000mL。

有机物母液的配制 将所用的基本培养基组成中所有的有机物配制成有机物母液，如 MS 培养基的有机成分包括：肌醇、烟酸、盐酸硫胺素、盐酸吡哆醇、甘氨酸。每一种成分按配方中的用量分别称取、溶解后混合，定容。

生长调节物质母液的配制 生长调节物质要单独配制。绝大多数生长调节物质不溶于水，须加入稀盐酸或碱促溶。生长调节物质的用量极微，通常使用的单位是 mg/mL，一般配制成 0.1 ~ 1.0mg/mL 的溶液。所有配制好的母液均存放于冰箱的冷藏室中，随用随取。

④培养基的配制 配制培养基时，先将已配好的各种母液从冰箱中取出，按顺序排好；准备好所需的烧杯、量筒等。

根据所配制的培养基配方及体积数，称取琼脂和蔗糖，用少量的蒸馏水溶化。计算所需各种药品母液的用量，按大量元素、微量元素、铁盐、有机物、生长调节物质母液的顺序依次吸取后，混合在一起，倒入已溶化的琼脂、糖溶液中，定容至所需的体积，充分搅拌后，测定 pH 值，用 1mol/L HCl 或 1mol/L NaOH 调节所需的培养基的 pH 值，在培养基凝固前，分装到培养瓶中并封口，置高压灭菌锅中进行高压灭菌。

（5）外植体接种

①培养部位　目前组织培养已经获得成功的植株，几乎包括了植物体的各个部位，如茎尖、茎段、花瓣、根、叶、子叶、鳞茎、胚珠、花药等。

一般以组培快繁为目的，多采用顶芽、腋芽作为外植体。其特点是形态已基本建成，生长速度快，遗传性稳定。

②外植体的消毒、接种　植物组织培养的成功首先在于能否建立起无菌外植体，组织培养要求绝对的无菌，因此接种前要对外植体进行消毒，杀灭微生物。

常用的消毒剂有：75%的酒精、$HgCl_2$、次氯酸钠、次氯酸钙、过氧化氢、过氧乙酸、新洁尔灭等。根据所用外植体的部位、老幼程度选用消毒剂及消毒时间。不同种类的消毒药剂使用的浓度各有差异，具体应参照说明。

一般取自于田间的外植体，带有大量的微生物，须先用自来水冲洗0.5h以上，再用消毒剂进行消毒。药剂消毒后，必须用无菌水将残留在植物材料表面的消毒药剂冲洗5~7遍后，可接入培养容器中。

（6）培养条件

植物组织培养与植物栽培一样，受到温度、光照和湿度等各种物理环境条件、培养基组成、pH值以及外植体的部位、大小等因素的控制，但这些条件都是人为控制的。当建立了无菌外植体后，控制好环境条件尤为重要。

对于培养温度因培养材料的种类不同，要求的最适生长温度有差异。一般培养室的培养温度多保持在23~27℃可适应多数植物的生长。

光照对试管苗生长增殖也有明显影响，表现在光强、光质等方面。一般植物光照强度在1500~3000lx，每天光照14~16h，可保证正常生长。

（7）继代培养

在建立了无菌培养体系的基础上，所获得的芽、苗等，数量远不能满足需要，需进一步培养增殖，数量扩增；不同的植物种类增殖能力有差异，增殖速度亦有差异。木本植物的增殖速度和增殖率低于草本植物。草本植物一般20d左右继代一次，木本植物继代的间隔时间长于草本植物。在这个阶段细胞分裂素起主要作用，6－BA对多数植物的芽增殖效果较好。

（8）生根

通过继代繁殖了一定数量的试管苗后，多数情况下形成无根的试管苗，要进一步诱导生根，才能得到完整的植株。诱导生根的基本培养基需要降低无机盐浓度，有利于根的分化；降低糖的用量，一般的使用范围在10~20g/L。生长素能促进生根，因此生根培养生长素起主要作用。通常不需要或只需要较低的细胞分裂素。一般经培养2~4周可生根。根长在1cm以内，是移栽的最佳时期。

（9）移栽

离体繁殖的试管苗能否得到应用，取决于试管苗的移栽成活率。试管苗是在无菌、有营养、适宜光照、温度的环境中生长的。移栽后，脱离了原有的生长环境，因此移栽过程是试管苗由"异养"到"自养"的过渡，是一个逐步适应的过程。为了适应移栽后的环境条件，移栽前须对试管苗进行提高适应能力的锻炼，一般在正式移栽前，将生根状态良好的试管苗移到温室，将培养瓶盖揭去，3~4d 后移栽。

移栽基质：以疏松、排水性、透气性良好的基质为宜，一般用珍珠岩、蛭石、河沙、椰糠等。移栽基质要经过消毒。移栽前先将基质盛入移栽盘中，铺平表面。将试管苗从培养容器中轻轻夹出，在清水中将粘带在根部的培养基涮洗干净，植入移栽盘，边移栽边淋透水，移栽完毕，将移栽容器置塑料保温棚中，保湿保温，保持环境温度在 20~25℃，相对湿度 80% 以上，有利于试管生根苗的成活。

盆景用材以木本植物居多，其中包括乔木、灌木，针叶和阔叶树种。以组织培养技术进行繁殖，在难易程度上，针叶树难于阔叶树，阔叶树的繁殖成功率高于针叶树。同时又因不同的植物种类及不同品种，难易程度不同，具体进行某些树种的组织培养快繁时，更具体的要翻阅植物组织培养书籍，查找相关的文献资料作为参考。以便能够更顺利地开展工作。

8.2.2 病虫害防治

苗圃病虫害直接影响苗木的质量，如危害各类松苗的害虫是松梢螟蛾，专食顶梢，使松苗没有主头，成为劣品不能出圃，更谈不上作为盆景用苗。苗圃病虫害种类很多，可分为以下几类：

虫害 分为食叶性害虫，如天社蛾、槐尺蠖等。食汁液害虫，红蜘蛛、介壳虫等。蛀干害虫如透翅蛾、松梢螟蛾等。地下害虫如蝼蛄、蛴螬等。

病害 立枯病、锈病、褐斑病等。

病虫害的防治方法是多种多样的，最终目的在于保护苗木生产，保护苗木的健康，提高生产质量，增加经济效益。防治途径要遵循有害生物综合治理(Integraed Pest Management，IPM)的原则。以防为主是一项积极的措施，在减少农药的使用及降低对环境不利影响的前提下，将有害生物控制在可被接受的水平。

8.2.2.1 检疫防疫

检疫防疫是贯彻以防为主的根本措施。在自然条件下，植物病虫害的传播距离是有限的，很难超越高山、沙漠、海洋等大的自然屏障，但人为传播则不受此限制。随着园林事业的发展，国际国内间的交流日益频繁，同时也增加了病虫害人为传播的机会。检疫就是为防止危险性病害的国际间或国内地区间人为传播的一种有效措施。是一个国家、一个地方行政机构利用法规措施，禁止或限制危险性病害、虫害和杂草人为地从境外或外地传入或传出或出入以后限制其传播、扩散的一个重要措施。

我国现行的有关植物检疫法规是：

①《中华人民共和国进出境动植物检疫法》(1980) 其中第 2 条规定："进出境的动植物、动植物产品和其他检疫物的装载容器、包装物以及来自动植物检疫区的运载工具，依照本法规实施检疫。"其中"植物"是指栽培植物、野生植物及其种子、种苗及其他繁殖材料等。

②国务院发布的《植物检疫条例》(1983) 第 7 条(一)款规定："列入应实施检疫的植物、植物产品名单从疫区运出之前或从其他地区运入保护区之前，必须经过检

疫。"第 13 条规定"农林院校和实验研究单位对植物检疫对象的研究，不得在检疫对象的非疫区进行。因教学、科研确需在非疫区进行时，属于农林牧渔业部、林业部规定的植物检疫对象须分别经农牧渔业部、林业部批准；属于省（自治区、直辖市）规定的植物检疫对象须经省（自治区、直辖市）农业、林业行政部门批准并应采取严密措施防止扩散。"

为了落实上述两个《法规》我国公布了对外、对内植物检疫对象或危险性有害生物名单。但是随着商品经济及科技的发展，检疫的内涵也在不断变化，检疫的对象不仅仅只局限于现行规定的检疫对象名单，发达国家就没有具体的检疫对象名单，只要是对保护和发展的对象有害的生物都作为检疫对象之内。因为某种有害生物在原生长地区由于受到所在地的生态环境和天敌的制约，与有害生物保持着相对平衡，进入新的地区后，可能因为制约因素的变化而成为这一地区的具有危害性的病虫害。

近年来，我国为改良品种、提高产量、增强品种在国内外的竞争力，不断从荷兰、日本、澳大利亚、美国、法国、新西兰等许多国家引进各类花卉，但即使是组培苗也发现携带病害。在 1999 年的世界园艺博览会上有 43 个国家的 227 万株种苗进入昆明，检疫截获的病虫害种苗有 239 种，如荷兰郁金香上的水芋根螨危害率高达 84%。还有番茄环斑病毒、南芥花叶病毒、拉美斑潜蝇等，如果当时不能及时查出而传入我国均会对我国农作物及花卉生产造成严重损害。同时检疫人员根据花卉的种类、来源、数量及检疫发现的病虫疫情，对带有病虫害的种苗分别采取了药剂治疗，限制使用范围和种植地点等措施，加强疫情监测，避免在引种优良植物品种的同时造成一些负面影响。

8.2.2.2 栽培技术措施

预防是防治病虫害最理想的方法，在苗木种植前采取预防措施，即防患于未然。同时病虫害的发生、发展需要一定的环境条件；采用适宜的栽培技术，改善其植物生长发育所需的环境条件，其中包括卫生措施，健康苗木的选用，栽培管理措施等，使其自身增强抗逆性，造成不利于病虫生长发育的环境，抑制和消灭病虫害的发生和危害。

（1）选择良好的苗圃地

种植前既要考虑苗木生长要求的环境条件，还要尽量避免病虫害的侵染来源，而苗圃良好的清洁环境是减少侵染来源的重要措施。很多病虫害可通过土壤传播。连续种植或种植植物单一，往往造成病虫害的积累及潜存。种植观赏植物的苗圃地最好实行轮作，如土壤中的根结线虫，在没有活寄主的情况下，只存活 1 年左右，故连作会加重一些病虫害的发生。轮作植物为非寄主植物，使病土中的病原找不到寄主"饥饿"而死，从而减少病虫害的危害来源；特别是对专化性强的病原菌及单食性害虫是一种良好的防止措施。对新开辟的土地要了解周围环境或前作情况，间作要注意相互影响，如木槿、扶桑、锦葵等都会有相互传播的蚜虫和叶螨。

（2）土壤消毒

①土壤热处理　土壤是微生物和地下害虫的聚集地，尤其是苗圃地和温室中的基

质，在育苗前和定植前进行消毒处理是非常必要的。最简单而经济的办法是：利用夏天高温天气，将栽培用土在阳光下翻晒。生产性苗圃可采用在土中埋入铁管、通蒸汽的办法消灭有害的真菌、线虫、昆虫卵及杂草。现代化土壤热处理多用 90~100℃ 的热蒸汽处理 30min，可大幅度降低土壤病虫害的发生。在发达国家，蒸汽热处理已成为常规管理。

②药物消毒

熏蒸　甲醛是一种熏蒸剂，但对植物毒性大，只能在未种植物以前和不种植植物的地方使用。也可将甲醛稀释成 50 倍液，均匀地洒布在土壤内，再用塑料薄膜覆盖约 2 周后揭去，进行松土后可使用 2%~3% 硫酸亚铁水溶液浇盆土或床土，可有效控制幼苗猝倒病。

土壤浇灌杀菌剂　是土壤消毒和卫生措施的补充。植物种植后用地可松浇灌，可预防和控制腐霉。五氯硝基苯在土壤消毒药物中占有重要位置，使用得当可以消灭土壤中大多数微生物和杂草种子，可防治薄膜革菌、核盘菌，还有杀虫的功效。

③土壤害虫的防治　土壤害虫常对园林植物苗木造成危害。如根螨、蛴螬、蝼蛄、地老虎等地下害虫的危害。对于这些土壤害虫可选择以下方法进行防治：

7051 杀虫素（阿维菌素）　2000~3000 倍液，喷洒土壤，对根螨、线虫及多种害虫有效。

二嗪磷（地亚农）　500~1000 倍液，喷洒土壤，对害虫、害螨均有良好的防治效果。

米乐尔（Miral 3G）3% 颗粒剂　可施入土壤或撒施草坪草根际，对蝼蛄、蛴螬等有高效。具有杀虫谱广泛，内吸性，毒性较低等特点，可代替呋喃丹药剂。

辛硫磷 50% 乳油　加水 1000~1500 倍，泼浇受害植物根际，每次 100~200mL，可有效地防治蛴螬和地老虎的危害。

毒饵　90% 晶体敌百虫 1 份，麦麸 50 份，水 50 份；先将麦麸炒熟，再将敌百虫用少量水溶开，与麦麸搅拌在一起，干湿适度，以用手（戴橡皮手套）捏握土壤，指缝中不见水溢，撒手后可松散地撒向根际土面为宜。

（3）注意场圃地的清洁卫生

及时清除感病植株残体，如枯枝落叶、落花、落果等并进行烧毁或适当处理，减少病虫的侵染源。同时还要注意杂草的清除，因为杂草也是一些害虫和病原的寄主，如仙客来螨就寄生在野生寄主上，双子叶杂草也是地老虎、夜蛾的藏身草，有些杂草是蚜虫的过渡寄主。因此消灭杂草也就减少了害虫数量。对于感染了系统性病害的植株如病毒病，其逆转的可能性很小，应尽早将感病植株清除，否则将会由昆虫如蚜虫、叶蝉等刺吸式口器的害虫传给健株，造成病害的进一步传播。对于一些真菌病害其孢子还可借助于气流远距离传播，因此一旦发现应及时清除、烧毁。园艺操作过程中要避免重复侵染，如剪砧、修剪等，要防止工具和人手对病害的传带。

（4）选用健康的种苗、种子

①选用抗病虫的优良品种　在自然界，品种间的抗病虫能力差异较大，在某一种病害或虫害的流行区，往往有抗病、抗虫害强的种或品种。即使在感病的植物种或品

种中也存在着抗病力很强的个体。观赏植物中病毒病的发生较为普遍，而且病毒病为系统侵染的病害，植物体的各部位都是带毒的，因此繁殖材料和种子必须从健康植株上获取。

②种苗、种子的消毒 选择繁殖体时，采用健康的种子、枝条、苗木。必要时在种植前进行消毒处理。种子在播种前的消毒极为重要，否则带病种子播种后，会导致苗期就可严重感病。

甲醛可用于种子消毒，先将种子用清水浸泡1~2d后，用50~300倍的甲醛水浸泡1~3h，取出用清水冲洗。球根、块茎等用100~300倍甲醛水浸泡5~10min，再用清水冲洗。可起到一定的杀菌作用。

病株浸泡消毒：用热水浸泡，常用于消灭植株和插条上的螨类、线虫和其他害虫，但在处理期间要保证水温恒定，一般最常用的温度是43℃，但是能杀死有害生物又不伤害植物的温度和时间长短，需要具体试验确定，因为不同的寄主和不同的有害生物，要求温度不同。

据报道，在48℃水温下处理30min可消灭刺槐苗木上的根结线虫。

用44℃的热水处理水仙、郁金香、苍兰等球茎4h可杀死根螨。对减轻球茎内所含病毒，也有一定的积极作用。唐菖蒲球茎用55℃热水浸泡30min，可防治镰刀菌干腐病。一般有根结线虫病的植物在45~65℃热水中浸泡0.5~2.0h可将线虫杀死。真菌和其他有害生物的致死温度，处理时间为30min。

(5)科学管理

①合理施肥 合理施肥能使植物健壮地生长，如果施肥不当，营养元素的施用比例失调时，会对植物产生单盐毒害或营养元素之间的拮抗作用，因此而降低植物的抗病性。如使用有机肥应充分腐熟。使用无机肥，应注意氮、磷、钾的比例要合理。一般情况下，大量使用氮肥，促使植物幼嫩组织大量生长，往往导致白粉病、叶斑病的发生；适量地增施磷、钾肥，能提高寄主的抗病性，是防止某些病害的有利措施。

②合理浇灌 土壤水分及空气湿度不合适都不利于植物的健壮生长，因此浇水要适量。不同的园林植物对水分的需求量不同，水分过大易引起植物根部缺氧窒息，以至腐烂，尤其是肉质根植物。

目前设施栽培或育苗，已是苗木生产的一种栽培方式，因此，温室或大棚内的湿度、温度控制极为关键，是直接诱发温室病虫害和造成植物生长不良的直接因素。

适宜的温度、光照能改善花卉的营养条件和生长环境，提高抗病虫的能力，使其生长健壮。

栽培措施的不科学、不合理是导致植物生理性病害的主要原因，从而导致植物体本身抗病虫能力的下降。在很多情况下，病虫害的发生源自栽培技术的不当、粗放而引起昆虫、真菌等有害生物的侵害，导致侵染性病害的发生。因此科学的栽培管理是"以防为主"的关键环节。

8.3 盆景苗木苍老技术

以往盆景素材习惯于取自自然山林，或利用其自然造型，或利用其自然苍老微缩作为制作盆景的天然用材，既无成本，又可随取随用。然而随着生态环境的日益恶化，保护环境、保护资源意识的逐渐加强，杜绝山采，大力提倡人工育苗应成为制作盆景用苗的主要来源。

盆景缩龙成寸，以小见大是盆景（包括树木盆景和山水盆景）艺术最突出、最显著、最基本的特点。利用人工培育的苗木作为盆景用材需在其幼龄阶段人为地加以微缩和促苍老。

就树木盆景而言，是否具备这个特点以及在多大程度上具备这个特点，既是区别盆景与普通盆栽树木的根本标志，也是衡量一件作品是否成功及其艺术性高低的最基本的标准之一。

所谓缩龙成寸、以小见大，即是在盆盎这个有限的空间内表现出或参天大树、苍老古木（对于单干、双干、三干式盆景而言）、或咫尺山林（对于丛林式、连根式和水旱式盆景而言）的自然景观，呈现出或高大挺拔、或古掘苍劲、或气势宏大的艺术效果。要做到这一点，若拥有较理想的老桩为素材，则并非难事；但若以幼龄植株为素材来创作小型盆景并欲取得以小见大的艺术效果，则不是一件容易的事。之所以这样讲，其中的焦点问题在于如何使幼龄植株看起来显得苍劲古朴、饱经风霜。因此，开展有关小盆景苍老技术方面的研究和探讨，对于提高小盆景的观赏价值，增强其艺术感染力，都具有十分重要的意义。

为了增加盆景素材的老态和自然情趣，对盆景素材人为地采取一些措施，使其矮化、苍老。

目前苍老技术还并不是很成熟的技术和方法，很多方面需要加以进一步的探讨和研究。苍老技术概括起来，分为物理方法、化学方法和栽培方法等。

8.3.1 物理方法

物理方法主要包括：纵伤、夹皮、打马眼以及其他的物理方法如做疤法、枯心法、露干剥皮法（舍利干与神枝）、敲皮法、雕干法、撕干法。

8.3.1.1 纵伤

当某一枝干太细时，为了消除其细弱感，使其很快长粗，可用纵伤法，即在枝干表面纵切，切破皮层，深达木质部。由于纵伤消除了枝干局部皮层的紧绷状态，愈伤活动强烈，伤处便迅速增大体积，使枝干加粗。

8.3.1.2 夹皮

在纵伤的基础上（先行纵伤，而后进行夹皮），即在树干需要增大的部位，先用利刀对树皮进行纵刻（纵伤），深及木质部，然后用刀将左右的皮层轻轻撬离木质部，最后用手轻轻压向被撬的皮层，使皮层接触木质部，避免悬空。由于伤口处形成愈伤组织，可使茎部增粗、干皮变粗糙，而给人以苍老的感觉。

从对榆树和元宝枫的盆景苍老试验各方面的效果观察看出，夹皮处理有两大优点：一是效率高，而且处理后的效果看上去较为自然；二是由于破坏了干皮组织，从而使干皮颜色明显地由浅(多呈灰白色、淡绿色或土黄色)变深(褐色或黑色)，干皮也由光滑而变得异常粗糙，最终使盆景的苍老感明显。

8.3.1.3 打马眼

树木盆景树干或树头需有凸起的"稔棱"才觉得老辣雄浑。"稔棱"可以人工打击创造，打击的力量以能够刺激到皮层为准(不要打烂皮层)。

物理方法是在盆景植物上人为地造成创伤，多数情况下，同时采用几种物理方法，如纵伤 + 夹皮或物理方法与化学方法相结合，如纵伤 + 夹皮 + 植物生长素。从而得到更为理想的效果。

植物生长激素应用于干基处理，如有一些试验采用了 NAA(萘乙酸)、IBA(吲哚丁酸)，由于作用机理和作用效果较为复杂，因此应用于不同的树种、使用的不同浓度、最终的效果如何，还有待于进一步的试验研究。

具体方法为：纵刻和夹皮操作结束后，用毛笔将一定浓度的 NAA、IBA 均匀地涂抹到伤口处，用塑料薄膜包扎，6d 后解绑。如对榆树小盆景用 250mg/L 的 NAA 或 IBA，均可使干基粗度显著增加。元宝枫盆景的干基用纵伤 + 夹皮 + IBA1000mg/L，对促进元宝枫干基增粗的效果最为显著。

采用物理方法需注意的问题：

(1) 经纵伤和夹皮处理后，干部的尖削度增大，被处理部位的干皮颜色黯淡、呈龟裂状且表面凹凸不平，裸露的根部出现部分干枯或伤痕累累、疮痂满布等，给人以苍老的感觉。但在对盆景进行干基的夹皮处理过程中存在着不同程度的干皮腐烂现象，以致干部仅残存一侧树皮。因此多数情况下，会对盆景的观赏价值产生不利的影响。这一现象与伤口包扎时所用的包扎材料有关，如包扎用塑料薄膜，其本身不透气，塑料薄膜如果缠绕较紧，在塑料薄膜与盆景干皮之间没有任何空隙，则有可能导致腐烂。为避免腐烂，如果纵刻处理造成的伤口较小，可不作任何包扎。如果在春季处理，伤口也可不行任何包扎，可将盆钵直接埋入透气性较好的砂壤土中进行养护(埋土深度以超过伤口 5 ~ 6cm 为宜，埋土时间为 30 ~ 40d)，既可防止伤口腐烂、又可防止伤口风干，但应注意适时、适量浇水，保证土壤干湿适度，最好不要漫灌。同时要尽量避免雨季进行处理，以防止由于空气湿度大而导致的伤口霉烂。

(2) 采用夹皮法处理有时因不同的树种其难易程度不同，如元宝枫盆景干基的夹皮处理较榆树难；表现在元宝枫的干皮较薄而且质地偏脆，在进行干基的夹皮处理时易造成干皮脱落，而影响植株的生长势甚至导致植株死亡。因此，不同的盆景植物、干皮的质地、厚度不同，需采取不同的处理，换句话说，并非所有树种都适宜进行夹皮处理，干皮较厚或树皮中含有较多胶质且伤口容易愈合的树种较适合。

(3)在进行干部处理时，应注意处理方法与所用力度，以便使处理后的效果更为自然。如尽量不用纵伤的办法，因为纵伤的效果看上去显得人为化程度高，自然感觉差一些。或者采用斜向纵伤，但应注意线条要自然流畅。在进行夹皮处理时，所用力度自下而上应由重（大）渐轻（小），这样处理后的机械伤害自下而上会由强渐弱，从而利于产生下粗上细的理性效果。

试验表明：对一些小盆景而言，所采用的各种物理方法或物理与化学方法结合，其盆景材料干部的增粗和苍老效果不同：

①仅单独使用纵伤处理，对干基的增粗没有明显的效果。

②夹皮处理对盆景创作用二年生地栽榆株干基有明显的增粗效果。

③若夹皮与化学刺激相结合对干基的增粗作用更为显著。

8.3.2 化学方法

化学方法主要指对用于盆景的素材在幼苗期采用有效的化学药剂进行一系列的处理，使其矮化、变老的过程。如梅和苹果在新梢的萌芽期用 1000mg/L 的 B_9 溶液喷洒，可以有效地矮化盆株。当木槿新芽长到 5~7cm 时，用 1000mg/L 的 CCC 水溶液喷洒，可造成密集的盆栽树形。对于荆条和紫薇盆景用 10kg 水加 10g 多效唑进行根灌，可起到明显的矮化和苍老作用，效果好。利用多效唑浇灌花期之后的盆桃，以每盆水加 0.5g 药为宜，可对盆栽桃起到矮化作用。

多效唑又名氯丁唑，是一种高效植物生长延缓剂，英文名为：Multi-effect tria-zole，简称 MET，商品名为：Palcobutrazol，简称 PP_{333}。

该化学物质近年来在果树和农作物生产及科研上的应用报道甚多，但在花卉及盆景上的应用报道较少。

据北京林业大学园林学院用 MET 对榆树、元宝枫盆景和迎春小盆景等进行的较细致的矮化和促苍老试验结果显示，其作用主要表现在以下几个方面：

（1）用浓度为 100mg/L 及 200mg/L 的 MET 溶液喷施，对榆树、元宝枫盆景的微缩有着显著影响。主要表现在：新叶显著变小，可使榆树盆景新叶的叶面积平均缩至仅为正常叶面积的 6.9%~8.1%；元宝枫新叶的平均叶面积缩至正常叶的 32%~37%。叶片中单位面积的叶绿素含量增加，叶色明显地由浅变深，叶片单位面积的鲜重增加，榆树较对照组增加了 29%~39%，外观主要表现为叶片增厚。元宝枫平均增加了 14%~19%。新枝节间明显变短，新枝生长速度极度减慢，并可使元宝枫新叶的叶柄显著变短，植株低矮、紧凑，生长健壮，苍老感增强，盆栽株没有徒长现象，无需再修剪，管理简便。

（2）MET 在盆景植株上应用的适宜浓度：以 1000mg/L×1 次、1000mg/L×2 次、2000 mg/L×1 次的 MET 溶液分别喷施迎春小盆景，均表现出对其生长发育有着及其显著且相似的抑制效果。其新叶叶面积仅为对照的 1/4~1/3，新枝节间长度仅为对照的 40%。盆株表现为低矮紧凑，观赏效果好，有效抑制期为 1~2 年。当 MET 溶液的浓度增至 3000 mg/L×1 次，喷施后盆株生长极度缓慢，近乎停止。喷施 2000 mg/L×2 次，随即植株表现为大量落叶，而后枝条顶端 1/2~2/3 的部位逐渐枯死，盆株虽能再度发出新叶，但新叶均呈簇生状，且药效可持续 2 年以上。

从试验的总体结果看，MET 在盆景植物上的使用浓度，一般最高不超过 1000 mg/L，最适浓度为 100～200mg/L。而具体在不同的盆景植物种类上应用的适宜浓度，还需具体进行试验。

（3）MET 在盆景植物上的使用时间：从对部分盆景植物的试验看，MET 似"定型剂"，对盆景的营养生长有着及其显著的抑制效果，主要表现在：盆株喷施 MET 溶液后，生长极度缓慢，生长量甚小，且对盆景生长的有效抑制期长，故在对盆景施用MET 时需慎重，注意施用时间，即应在盆景已经完全或基本成型之后方可施用。

（4）MET 在盆景上的施用方式（方法）：由于 MET 是一种高效的植物延缓剂，加之盆景植株因受盆盎及盆土的限制，因而总生长量毕竟有限，因而无需大量施用MET。在对盆景植物施用 MET 时，采用叶面喷施，避免土施，尤其是大批量的处理时，叶面喷施的优点更为突出。

（5）MET 在盆景应用上的有效期：MET 在盆景上应用的有效期主要与施用浓度、施用次数、施用量、养护方式及修剪量等因素有关，同时也因树种及盆株个体不同而呈现一定的差异。

MET 的施用浓度及施用次数　从 MET 的施用浓度及施用次数的试验对比看，200 mg/L×1 次的较其他浓度和喷施次数的组合有效期较长。

养护方式及盆株个体　如果盆株在土中养护，因而有相当一部分盆株的根系不同程度地钻出盆底排水孔而扎入土中，从床土中吸收水分和养分，从而缩短了 MET 的有效抑制期。

其他管理与 MET 有效期的关系　定期翻盆换土与修剪是盆景栽培养护管理中的一项重要内容，同时也是损失 MET 的一个不可忽视的途径，因为 MET 在植物体内有较强的移动性，春季翻盆换土时要剪除部分老根系，根据养分在树木体内的年移动规律可知，盆株根系中 MET 的含量比较高，所以春季翻盆换土成为影响 MET 对盆景有效作用期长短的重要因素之一。

此外，生长季中还要对盆株进行一定量的修剪，这也在某种程度上增加了 MET 的损失。应该说明的是，这里所指的修剪量即包括根系的修剪量，也包括枝条的修剪量。

MET 在盆景上的有效期与树种的关系　这种关系取决于树种的生长速度、年生长量及落叶与否等因素。

8.3.3　栽培方法

借助于栽培手段促进盆景的苍老，是促进苍老技术之一，主要包括修剪以及其他栽培措施。

（1）修剪法

为使树木古老苍劲，往往选用粗大的胚料，通过修剪，改变树干、枝、叶间的比例，造成树干粗壮、树枝渐小的老体树态，或通过剪截蟠扎使树梢结顶，树枝成片，树干虬曲顿挫，从而造成自然老树的形态。

（2）其他栽培方法

包括摘心法、控水控肥法。

对盆景植物所有的矮化、促苍老技术的使用，并不能作为一种成熟的技术加以利用，在各方面还需进一步的探索、试验和完善。不同的植物材料具有其更为适宜的苍老技术，因此在这方面还有很多的试验和研究工作有待于完成。

思考题

1. 从历史上看，经济建设和生态建设是个什么关系？
2. 翟氏公式的含义是什么？
3. 山采有什么罪状？
4. 发展盆景苗圃的好处是什么？
5. 盆景苗木繁殖方法有哪些？
6. 盆景苗圃中制作盆景存在的问题是什么？如何解决？
7. 盆景苗木苍老技术有哪些？

推荐阅读书目

1. 园林苗圃学．俞玖．中国林业出版社，1988.
2. 对经济建设和生态建设关系浅见．翟中齐．北京林业大学学报社会科学版，1996.
3. 盆景评比标准非改不可．彭春生．中国花卉报，2001，12.
4. 发展盆景苗圃，坚决制止上山挖桩．彭春生，等．北京晚报，1993，10 月 25 日．
5. 北方小盆景苍老技术研究．康喜信．硕士学位论文，1992.

第3篇　盆景创作与养护

第9章 传统桩景创作

[本章提要]本章阐述桩景创作的基本技艺,包括一扎、二剪、三雕、四提、五上盆,即蟠扎技艺、修剪技艺、雕干技艺、提根技艺和上盆技艺。还对各流派造型技法做了综述。

9.1 基本技艺

基本技艺包括桩景材料的准备、桩景设计(也叫艺术构思或形象思维或打腹稿)和制作技艺等。材料准备又包括苗木培育、盆土配制。一般制作技艺则包括修剪、蟠扎、雕干、提根、点缀等。也可以归纳成一剪二扎三雕四提五点缀,此外还有上盆技术。

9.1.1 桩景设计

桩景设计,设计什么,如何设计,其特点怎样,下边就来谈谈这三个问题。

9.1.1.1 设计内容

其内容大体包括平面经营、总体造型设计、枝片布局、结顶形式、露根处理、盆面装饰以及景、盆、架的配植等。

(1)平面经营

植株为1至多株,其平面经营如图9-1~图9-4。

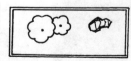

图9-1 1~2株平面布局

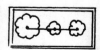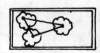

图9-2 3株平面布局

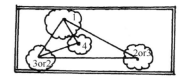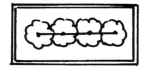

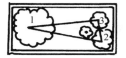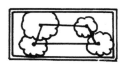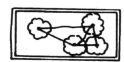

图9-3　4株平面布局

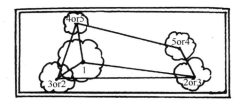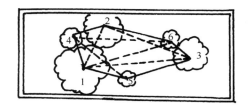

图9-4　多株平面布局

（2）树木总体造型设计

桩景的总体造型主要取决于树干的造型，换句话说，树干的造型决定树体的造型，因为主干是桩景的骨骼，是桩景分类的依据。归纳树干造型的样式不外乎5种，即曲、直、斜、卧、悬(图9-5)。曲线给人以阴柔美的感觉，而直线给人以阳刚之美。除曲干为典型曲线、直干为典型直线外，斜、卧、悬兼而有之。这样就可以根据苗木形态和创作意境两个决定因子来设计树体造型。

（3）枝片布局

也就是桩景的片层处理。只有通过片层分布的艺术，才能使整个树形丰富、活跃起来，成为活的艺术品。桩景内涵的意境深度与风韵神采，主要靠此中独具匠心的构思安排表现出来。片层处理要从5个方面着手考虑：

图9-5　树干的5种基本型

①片数　以奇数为多，片繁显示闹意，片简显示简洁。

②片层及片层间距，比重和倾斜度　片层布局一般规律是下疏上密、下宽上窄，"太极推手"，彼来此去。枝片方向有斜、平、垂，斜者如壮士奔驰，富于动势；平者，沉静庄重，显得温和；垂者犹如寿星披发，老态龙钟。均按意境而设。

③第一片的位置　拟做高耸型者，选留第一分枝宜高位（树高1/3以上），高枝下垂，如翁欲仙，干貌清远，风范高逸；倘拟匍地型者，冠部压低，层层横出，气势溢出盆外；拟做宝塔型者，等腰三角形，分枝点宜选在干高1/3以下处，决无头重脚

轻之弊。

④片层的平面和空间布势　或自然，或刚或柔，枝条跨度或长或短，或顺势或逆势。

⑤局部的疏密、虚实、藏露、照应关系　把握住桩景势态重心，随意境要求给以处理。

(4) 结顶形式

结顶不外乎平、圆、斜、枯4种形式，平者端庄，圆者自然茂盛，斜者飞动，枯梢险峻。

(5) 露根处理

露根如虎掌、鹰爪则富于强力感。盘根错节，会增强桩景的老态感。

(6) 盆面装饰

或以配石、配件点缀，或铺以青苔。

(7) 景、盆、架配植

一景二盆三几架，应从形、色、质、韵等方面考虑，使之协调。

9.1.1.2　设计过程

桩景设计主要是树木造型的设计。实际创作中也叫打腹稿。它是一个想象过程或叫形象思维过程。具体言之，它包括观察——构思——灵感——绘图4个阶段。

(1) 观察

即感性认识。我们常常看到，有经验的盆景老艺人在给大家做示范时，面对一株苗木(或老桩)反过来调过去反复观瞧。他主要是想了解这株树的总体形状、体量大小、树干趋向、枝条分布等，以获得对这株树的感性认识或第一印象。

(2) 构思

又叫立意或形象思维。随着观察的不断深入，老艺人心里就开始根据自己的审美观，插上想象的翅膀：这株树造个什么树形好呢？直干式还是悬崖式，云片式还是圆片式、自然式还是规则式，……表现一个什么意境，如何表现呢？干该怎么处理，枝该如何取舍加工，枝片如何布局，放在什么盆里好，配上什么架子美？……未来的桩景如此如此，这般这般，其中包括了许多肯定、否定过程。这完全是一个脑力劳动过程。

(3) 灵感

这是一个突变过程。在经过反复观察、构思的基础上，终于在脑海里浮现出了一个理想的造型样式——艺术形象，这就是所谓灵感的出现。老艺人把这个艺术形象记在心中，于是腹稿完成，胸有成竹。剩下的就是将这个头脑中的艺术形象通过动手以物质的形式表现出来(艺术传达)的过程。

(4) 绘图

有绘图能力的盆景技师，常常把腹稿绘在纸面上，以便照图施艺。

9.1.1.3　两种设计途径

用做桩景的苗木(或桩头)，不是野外挖来的老桩，便是人工培育出来的小苗。

面对这两种情况，也即存在着两个设计途径。

（1）以形赋意

野桩、枝干现成，天成地就，大局已定，只好在原形的基础上赋以意境，谓之因材设计，略加改造。有的改造少一些，有的改造大一些。川派的"老妇梳妆"，就是在老桩的基础上装饰、美化而成的。不过，野桩挖取（山采）越来越少了。

（2）意在笔先

人工培育的苗木，主干细软，枝条细密丰满，一般情况下，宜于进行各种姿态的整形加工，就像一张白纸一样，可以随意勾画最新最美的图画。其中观叶树种侧重造型，观花观果树种除造型外，主要在于花鲜果艳。

9.1.1.4 桩景设计的特点

连续性、穿插性和可变性、灵活性是桩景设计的特点。因为树桩是生活的可变的材料，因而树桩设计中不是一成不变的。在实际工作中，随着树桩的成长和人的认识的深化及审美观的改变，从选桩开始，一直到挖桩、修剪、上盆、养坯、制作、展前、养护等，始终贯穿着设计工作，只不过有时这项工作不像制作前那样明显、集中。假如一株老桩或苗木，原来设计是悬崖式，但悬崖枝条不慎在搬动中碰断或被害虫咬断而枯死，偏偏靠近上端的枝条又挺美，于是将其改成斜干式、卧干式也未尝不可。因而桩景设计带有很大的灵活性。即使"腹稿"打成了，动手制作中改变立意的事也有可能。面对一株苗木，不同的人有不同的设计方案，一个人也可以有几套方案，也即方案选优。

9.1.2 蟠扎技艺

根据蟠扎材料可分为金属丝蟠扎和棕丝蟠扎两种技艺。棕丝蟠扎是川派、扬派、徽派传统的造型技艺，而海派及日本和世界各国当前都采用金属丝造型。我们不妨把两种材料的优缺点做一个比较：

①材料来源　金属丝南方北方都有，而棕丝只有南方才有（在南方就是就地取材），北方难得，所以棕丝的应用有一定的局限性；

②使用效果　金属丝操作简便易行，造型效果快，能一次定型，而棕丝造型操作比较复杂，费时间，造型效果慢。金属丝的缺点是容易生锈，易损伤树皮，夏天金属丝还有可能会吸收很多热量灼伤树皮。尤其是对落叶树，因树皮薄，使用铁丝或铜丝常会使枝条枯死。而使用棕丝就不会产生伤树皮、生锈等弊病。铜丝和铁丝比较，铜丝更为理想，铁丝如不退火金属光泽太刺眼，不协调，韧性差易生锈，只能是一次性使用。使用铜丝，解下后在火中烧一烧还可以使用。铝丝世界上也多采用，它比铜丝更软，操作起来比较顺手。但铜丝、铝丝材料缺乏，成本高。所以，国内多用铁丝。其型号如图9-6。

图9-6　铁丝型号

9.1.2.1 金属丝蟠扎

(1)退火

使用铁丝,用前先放在火上烧一烧,烧到冒蓝火苗为止,取出自然冷却(也可放在草木灰中自然冷却),铁丝变得柔软,并去掉了金属光泽,使用起来得心应手。如不退火,铁丝硬而有弹性,光泽耀眼,使用不便。

(2)蟠扎时期

蟠扎时期必须适宜,否则枝宜折断,树势也会变弱甚至枯死。一般说来,针叶树蟠扎的最佳时期是9月~次年萌芽前。落叶树蟠扎较好的时期是休眠期过后(翻盆前后)或秋季落叶后进行。因为这段时期枝条清楚,操作起来比较便利,但有人认为此时期容易把嫩芽(早春)碰伤或碰掉,主张在春夏枝条木质化后蟠扎,认为梅雨季节是一切树种进行蟠扎的最适当的时期。一些枝条韧性大的树种,如六月雪,一年四季均可蟠扎。

根据北京颐和园的经验,对鹅耳枥、小叶朴的蟠扎是在枝条木质化以后,冬闲时又集中蟠扎一次。他们认为当年蟠扎一次不会达到预期的效果,需要通过次年不断修整完善,待到第三年才能基本成型,成为一件完善的艺术品。

(3)蟠扎技巧

主要是主干和主枝、侧枝的蟠扎技巧。

① 主干蟠扎 第一,根据树干粗细选用适度粗细的金属丝,太粗了操作费力且易伤树皮,太细了机械力达不到造型的要求(铁丝一般8#~14#为宜)。所截金属丝长度为主干高度的1.5倍为宜,太长或太短都不合要求(图9-7)。第二,缠麻皮或尼龙捆带。蟠扎前先用麻皮或尼龙捆带缠于树干上,以防金属丝勒伤树皮。第三,金属丝固定。把截好的金属丝一端插入靠近主干(观赏面背面)的土壤根团里(图9-8),一直插到盆底。另一种固定法是将金属丝一端缠在根颈与粗根的交叉处。第四,缠绕的方向、角度与松紧度。如要使树干向右扭旋作弯,金属丝则顺时针方向缠绕,反之,则按逆时针方向缠绕。金属丝与树干成45°角,角度太小时,缠绕的圈太稀,力度不够则达不到造型的要求;角度大了,线圈太密则变成了"铁树"。缠绕时金属丝要贴紧树皮徐徐缠绕,由下而上,由粗而细,一直到干顶,要间隔一致,松紧合宜,太紧了伤皮,太松了主干不能保持弯度(图9-9)。第五,拿弯。缠好金属丝后开始拿弯。拿弯时应双手用拇指和食指、中指配合,慢慢扭动,重复多次,使其韧皮部、木质部都得到一定程度的松动和锻炼,达到转骨的作用,这叫"练干"。如不练干,一开始就用力扭曲,容易折断。矫枉必须过正,不过正不能矫枉,拿弯要比所要求的弯度稍大一点,缓一段时间弯度正好。有时一次达不到理想弯度时,可渐次拿弯,可先把树干弯到理想弯度的1/3~1/2,经过2~3个月后,再弯曲一次,如此这般。直到所希望的形状止。不慎树干折裂时,可用绳子捆绑一下,以此补救。如干基较粗金属丝又较细时,可采用双股缠绕,以增加强度;如树干过粗时,可采用螺丝起重机(造型器)改变树干方向,以达到树干造型目的,也可以采用弧切法、纵切法或横切法或借助竹竿木棍绑扎造型(图9-10)。如树干顶端较细,可接缠较细的金属丝,下端固定在分枝

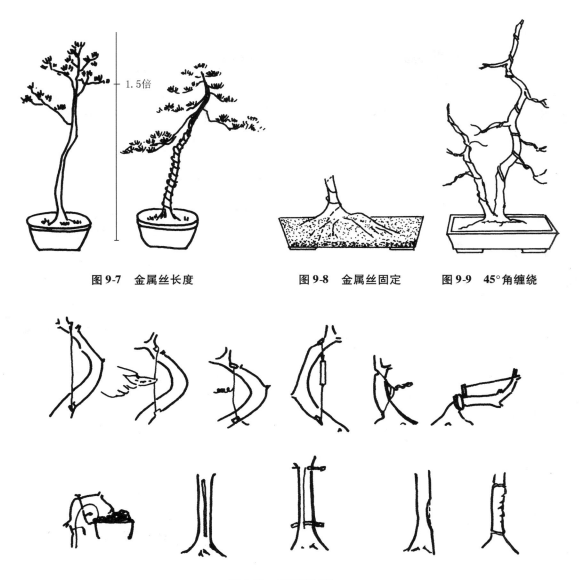

图 9-7　金属丝长度　　　　图 9-8　金属丝固定　　图 9-9　45°角缠绕

1.5倍

图 9-10　辅助造型法

处或粗一级金属丝上。

②主枝蟠扎　首先应注意金属丝的着力点（图 9-11，图 9-12）。在枝条中段随便搭头，就无弹力。也不应为了加固着力点而反复缠绕。在可能时，一条金属丝做肩跨式，将金属丝中段分别缠绕在邻近的两个小枝上，既省料，又简便（图 9-13）。在两条金属丝通过一条枝干时不应交叉缠绕形成"X"形（图 9-14）。

主枝枝片方向，一般第一层下垂幅度大，越向上越小，直到平展、斜伸。第一层枝片弯成下垂姿态时，如强度不够，可用绳子或细金属丝往下拉垂或在枝上悬一重物（图 9-15）。

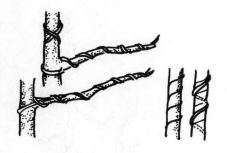

图 9-11 树干保护与金属丝固定　　　　　图 9-12 着力点

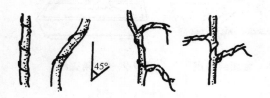

图 9-13 肩跨式缠绕图　　　图 9-14 错误的"X"形缠法　图 9-15 枝片下垂辅助措施

③蟠扎后的管理　蟠扎后2~4d 要浇足水分，避免阳光直射，叶面每天要喷水，伤口 2 周内不吹风，以利愈合。蟠扎后，粗干 4~5 年才能定型，小枝定型也得 2~3 年。定型期间应视生长情况及时松绑（老桩 1~2 年松绑，小枝 1 年），否则金属丝嵌入皮层甚至木质部，造成枯枝或枯死。再者留之过久也不雅观。解除金属丝时，应自上而下，自外而里（与缠绕时方向相反），小心操作勿伤枝叶，如发现金属丝嵌入树皮，可用老虎钳将线圈一段段剪断，分段取下，不可鲁莽行事。

9.1.2.2 棕丝蟠扎

棕丝与枝干颜色调和，加工后不影响观赏效果，且不易碰伤树皮，拆除也方便，但学起来难度大。一般先把棕丝捻成不同粗细的棕绳，将棕绳的中段缚住需要弯曲的枝干的下端（或打个套结），将两头相互绞几下，放在需要弯曲的枝干的上端，打一活结，再将枝干徐徐弯曲至所需弧度，再收紧棕绳打成死结，即完成一个弯曲（弯曲呈月芽形）。一般弯曲不宜过分，否则易失去自然形态。棕丝蟠扎的关键在于掌握好着力点，要根据造型的需要，选择好下棕与打结的位置。

棕丝蟠扎的顺序，开始时，先扎主干，后扎主枝、侧枝，先扎顶部后扎下部，每扎一个部分时，先大枝后小枝，先基部后端部。

扬派、川派、苏派、徽派、通派盆景老艺人在长期实践中总结出了许多棕丝蟠扎法称为棕法（图 9-16~图 9-28）。其棕法大同小异。目的都是为了利用棕丝将枝干扎成各种形状，枝法是造型手段，为立意服务，在掌握基本方法后，可根据桩景意境和形式要求灵活运用。

图 9-16 扬棕法

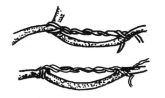

图 9-17 底棕法

图 9-18 平棕法

图 9-19 撇棕法

图 9-20 连棕法

图 9-21 靠棕法

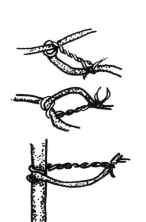

图 9-22 挥棕法

图 9-23 吊棕法

图 9-24 套棕法

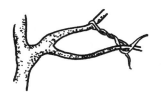

图 9-25 拌棕法

图 9-26 缝棕法

图 9-27　系棕法　　　　　　　　　　　　图 9-28　打结方法

弯曲较粗的枝干时，可先用麻皮包扎，并在需要弯曲的外侧衬一条麻筋，以增强树干的韧性。如树干粗弯曲困难，还可用纵切法。棕丝拆除时间一般也在一年之后，不要延误太久。慢生树可延长到 3 年左右。总之要及时拆除。

9.1.2.3　铁丝非缠绕造型法

采用金属丝非缠绕法，即不用金属丝缠绕枝干，而是将金属丝紧贴树干，再用尼龙捆带将它们自下而上缠绕在一起，而后拿弯造型。其优点是不伤树皮，尤其是减少了拆除时的繁杂过程，也不伤枝干。试用下来，效果良好。

9.1.2.4　木棍扭曲法

用木棍机械力扭曲树干以达到造型目的（图 9-29）。

图 9-29　木棍扭曲法

9.1.3　修剪技艺

修剪也是树体造型的一种手段，通过修剪，去其多余，留其所需，补其所缺，扬其所长，避其所短，达到树形优美的目的。

（1）修剪的基本知识

修剪从总体上说来对树体有削弱、矮化改变树形的作用；从局部说来，却有促进作用，如疏去一个枝条则营养可集中供给另一个枝条，又如剪口用高位优势壮芽当头时，则能促生壮枝等。这叫做修剪的双重作用。修剪还能起到调节养分和水分运转、供应以及改善通风透光条件、减少病虫害的作用。掌握修剪技艺还应了解枝芽类型及其生长特性，如芽有顶芽、腋芽、单芽、复芽、花芽、叶芽、休眠芽等。同一枝条上，不同部位的芽质量不一样（芽的异质性）。各种树木的萌芽力和成枝力也不一样。了解有关知识很有必要，因为芽是缩短的枝，不同的芽成不同的枝条，修剪时就要分别对待。也应该了解枝的类型：营养枝、结果枝。高位枝、高位芽长势最强，因为它们具有顶端优势。此外，枝条长势与其着生部位、方向、角度和芽的质量有关。一般着生在优势部位（顶上或背上）或直立的枝条长势旺，斜生的次之；背下枝下垂，长势最弱。通过留芽方向、改变枝向、调整角度等方法来调节枝势。

（2）修剪时期

修剪要适时适树，一般落叶树，四季均可修剪，但以落叶后萌芽前修剪为宜，因为这一时期树冠上无叶，可以清楚地看到树体骨架，便于操作，宜于造型，再说此时正值农闲之时。对于观花类，当年生新枝条上开花的树种，如海棠、苹果、梨、紫薇、月季等，宜在发芽前修剪；一年生枝条上开花的树种，如桃、郁李、梅等，宜在花后修剪；生长快的、萌芽力强的树种，四季均可进行，如三春柳、榆等，一年可以多次修剪；松柏类，由于剪后容易流松脂，故宜于冬季修剪。

（3）修剪方法及其反应

盆景修剪方法归纳起来有摘、截、缩、疏、雕、伤6种方法。在修剪时期上，应冬剪与夏剪相结合，在方法上应蟠扎与修剪相结合，各种具体剪法综合应用。

①摘心与摘叶　生长期将新梢顶端幼嫩部分去掉称为摘心。摘心可促进腋芽萌动多长分枝，利于扩大树冠。新枝生长时摘心利于养分积累和花芽分化。摘叶可使枝叶疏朗，提高观赏效果，榆树、元宝枫在生长期全部摘叶，会使叶子变小，变得秀气，利于观赏。

②截　对一年生枝条剪去一部分叫短截（图9-30）。根据剪去部分的多少可分为短截、中短截和重短截。它们的修剪反应是有差异的：短截后形成中短枝较多，单枝生长较弱，但总生长量大，母枝加粗生长快，可缓和枝势；中短截后形成中长枝较多，成枝力高，生长势旺，可促进枝条生长；重短截后成枝力不如中截，一般剪口下抽生1~2个旺枝，总生长量小，但可促发强枝，自然式的圆片和苏派的圆片主要靠反复短截造出来。枝疏则截，截则密。

③回缩　对多年生枝截去一段叫回缩（图9-31）。这是岭南派"蓄枝截干"的主要手法。回缩对全枝有削弱作用，但对剪口下附近枝芽有一定促进作用，有利更新复壮。如剪口偏大则会削弱剪口下第一枝的生长量，这种影响与伤口愈合时间长短和剪口枝大小有关，剪口枝越大，剪口愈合越快，则对剪口枝生长影响越小。反之，剪口枝小、伤口大则削弱作用大，所以回缩时，留桩长或伤口小，对剪口枝影响小，反之为异。为了达到造型目的，挖野桩时和养坯过程中，经常运用回缩的办法，截去大枝，削弱树冠某一

图9-30　短　截

图 9-31 回 缩

部分的长势，或为了加大削度，使其有苍劲之感，而实行多次回缩。所以回缩既是缩小大树的有力措施，又是恢复树势、更新复壮的重要手段，也是造成岭南派"大树型"的主要手段。

④疏 又叫疏剪，是将一年生或多年生枝条从基部剪去。疏剪对全桩起削弱作用，减少树体总生长量。它对剪口以下枝条有促进作用，对剪口以上枝有削弱作用，这种作用与被剪除枝的粗细有关。衰老桩头，疏去过密枝，有利于改善通风透光条件，可使留下的枝条得到充足的养分和水分，保持枯木逢春的景象，对病虫枝、平行枝、交叉枝、对生枝、轮生枝，有些要疏掉，有的则进行蟠扎改造，以达到造型要求（图9-32）。

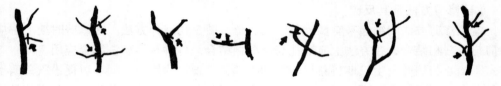

图 9-32 疏 剪

图 9-33 雕 琢

⑤雕 对老桩树干实行雕刻，使其形成枯峰或舍利干，显得苍老奇特（图9-33）。用凿子或雕刀依造型要求将木质部雕成自然凸凹变化，是劈干式经常使用的方法。有条件还可以引诱蚂蚁食木质部达到"雕刻"的目的。在蚂蚁活动期间（3～10月），可在树干上用刀刻去韧皮部、木质部，再在木质部上钻一些洞眼，涂上饴糖，引诱蚂蚁群集蛀食，每周刮一次涂一次，蛀食木质部的速度很快，切忌蚂蚁在此做窝（用20倍福尔马林驱逐）。

⑥伤 凡把树干或枝条用各种方法破伤其皮部或木质部，均属此类。如为了形成舍利干或枯梢式，就采用撕树皮刮树皮的手法。为使枝干变得更苍老而采用锤击树干或刀撬树皮，使树干隆起如疣。这种手术应在形成层活动旺期（5～6月）进行。此外，刻伤、环剥、拧枝、扭梢、拿枝软化、老虎大张口等也均属于伤之列。萌芽前在芽上

部刻伤，养分上运受阻，可促使伤口下部芽眼萌发抽枝，弥补造型缺陷。在果树盆景上环剥技术应用较普遍，对形成花芽和提高座果率效果显著，拧枝、扭梢、拿枝都应掌握伤筋不伤皮的原则，对缓势促花都有一定效果。

总之，修剪原则是因材修剪、随枝造型，强则抑之，弱则扶之，枝密则疏，枝疏则截，扎剪并用，剪法并用，以达造型、复壮之目的。

桩景创作中有关盆土配制、上盆翻盆技术的内容，请参考第15章盆景养护管理，桩景点缀、题名参考山水盆景创作有关部分。

9.1.4 造型注意事项

桩景造型，遇下列情况应予避免或克服或注意：

(1)悬崖式背上枝长势过强或留之过大。遇到这种情况要及时调整树势，否则养分、水分会被它夺去，悬崖将遭到抑制和破坏。

(2)出枝有轮生习性的树种如松杉类，应按最佳角度选留1~2个分枝，余者删去。

(3)根部重缩大苗，初栽下应以养为主，不宜重剪，待复壮后再考虑造型不迟。

(4)在主干两肩等高着生的扁担枝，应去一留一。在分枝过少不便疏去时，应以一抑一扬或转换伸展角度等手法扭变其位，以免呆板。

(5)主干正面的顶心枝应予剪去，并避免将分枝完全反向倒扭通过主干，形成门闩枝。这种扭曲尤如手臂反扭，极不顺眼。

(6)上下分枝与主干之间的结构要避免出现三角交叉。

(7)采用棕法蟠扎片子，其着力点应避免上片吊挂于下片的做法，因其不能使片形斜度持久稳定。

(8)枝片伸展方向和角度，不应雷同，应按下垂、中平、上伸的原则处置。

9.1.5 上盆技艺

上盆(图9-34)时首先选好盆和土。用碎瓦片或金属网(塑料丝网更好)填塞盆底水孔。浅盆多用铁丝网，较深盆可用碎瓦片，两片叠合填一个孔，最深的签筒盆需用很多瓦片将盆下层垫空，以利排水。填空工作很重要，切不可马虎从事。如不注意，将水孔堵塞，水排不出去，将会造成植株烂根现象。用浅盆栽种较大树木时，需用金属丝将树根与盆底扎牢，也可先在盆底放一铁棒，使金属丝穿过盆孔扎住铁棒。这样在栽种时根便可以固定下来，不致摇动而影响以后萌发新根。

树木的位置确定后，即将事先筛好的3种粗细的盆土放入盆内：先将大粒土(或泥炭)放在盆底，再放中粒土填实根的间隙，最后放入小粒土。培土时一边放入，一边用竹签将土与根贴实，但不要将土压得太紧，只要没有大空隙即可，以便于透气透水。土放在接近盆口处，稍留一点水口，以利浇水。如系浅盆，则不留水口，有时还要堆土栽种，树木栽种深浅也要根据造型的需要，一般将根部稍露出土面。

树木栽种完毕，要浇水。新栽土松，最好用细喷壶喷水。第一次浇水务必浇足。而后将其放置在无风半阴处，天天注意喷水，半月后，便生新根，转入正常管理。

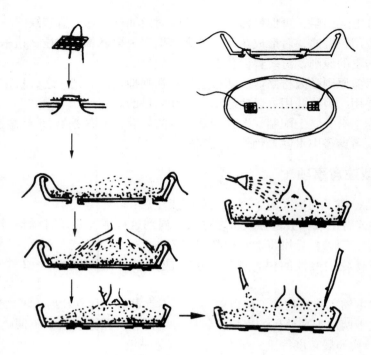

图 9-34 上盆技艺

　　附石式的栽种大体上有两种：一种是将树木栽种在山石的洞中，比较简单，但要注意用竹签把土墩实。另一种是将树木根抱在石头四周，难度较大，可小心将根塞入石头隙缝中，外面整个抹上泥，再用青苔裹扎起来，连石一起栽进土中，待二三年后，根部充分生长同石缝嵌紧了，才可取出栽进浅盆中。

9.2　各流派造型技艺综述

9.2.1　苏派技艺

　　苏派传统培养方法是幼树造型，但速度太慢，后来多用山野挖取的办法。挖回的树桩先做初步整形修剪，疏去一些枝条，回缩一些长枝条，并对根部适当修剪然后栽植于地上或泥盆中，精心管理，注意摘心去萌。每扎一小片，最好留 2 个芽条，以作备用。待新枝条长到 15 cm 时，蟠扎弯曲，而后随时进行修剪（短截为主），这样成型既省时间又接近自然。今后应杜绝山采。

　　综合苏派造型技法为粗扎细剪，先用棕丝将树木主枝平扎（略下垂），成二弯半或三弯半，即"S"形，以后以修剪为主。使其形成长圆形，中间隆起成馒头状，其中所有小枝均似鹿角状。圆片大小、多少与树桩大小、高低及主干相称，片多而不乱，片少而不单调。顶片如自然界树顶那样呈圆片（图 9-35，图 9-36）。

图9-35 苏派全扎法　　　　　　　　图9-36 苏派半扎法

9.2.2 扬派技艺

扬派除云片外,还有提根式、疙瘩式、挂口式、过桥式、提篮式、垂枝式、顺风式、三弯五臂式等。扬派整形根据中国画"枝无寸直"的画理,使枝条蛇形弯曲,叶片平行而列。这种技法主要用于瓜子黄杨,需经多年培养方能成型。成型后每年还要复片1~2次,工夫极深,剪扎技艺很高。棕法有11种,因树随枝灵活运用,要做到"每棕一结,藏棕藏结"。与云片相对应,主干多扎成螺旋弯曲状,匀称游龙弯。扎的云片都放在弯的凸出面上,与弯曲的主干形成鲜明的对比,苍古而清秀。

①扬派的提根技术　盆栽时将一部分根连土凸出盆面,天长日久,雨淋、浇水逐渐将上面的土冲洗掉,便达到提根目的。多用于六月雪、榔榆、迎春、金雀等。

②扬派疙瘩式造型技法　幼树时将主干基部打个死结或绕一圆圈成疙瘩形状。绕一圈者叫单疙瘩,左右绕一圈者叫双疙瘩。多用于梅花、碧桃和松柏类。

③过桥式造型技法　幼树主干卧栽,使两根有一定距离的平行枝插入土内,犹如插条繁殖,待生根后截断主干根部,以两根枝条为主干,形成"11"形,在此基础上再培育枝片即成。用于瓜子黄杨、六月雪。

④提篮式技法　把幼树掘起,用利刀自根部向上把主干劈为两半,每半各带根系,顶端不要分离,然后将各半向两侧徐徐弯曲成"M"形,再栽进盆内培养。多用于梅花。

⑤垂枝式技法　把所有枝条扎成下垂式样。用于迎春、金银花、凌霄、紫藤等。

⑥顺风式技法　把所有枝条向一方倾斜,如随风飘拂状态,而主干则宜向相反方向倾斜,以达动态平衡。用于梅桩。

⑦三弯五臂式造型技法　主干三弯,枝条五层,植株不高(图9-37,图9-38)。用于碧桃。

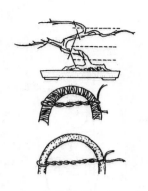

图 9-37 扬派的树干扎法

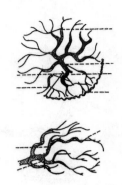

图 9-38 扬派的树枝扎法

9.2.3 川派技艺

川派主干造型（身法）有掉拐、三弯九道拐、滚龙抱柱、对拐、方拐、大弯垂枝、直身加冕、老妇梳妆等。枝条造型技法有：平枝式、滚枝式、半平半滚式，还有自然型。

川派大多采取在地上培养树坯并做初步加工，待基本成型后再上盆细加工，此法成型较快。传统技法为棕丝蟠扎，树干讲究各种角度、各个方向的弯曲，注意空间构图、立体效果。

掉拐 树成30°~ 40°斜栽，而后做弯。关键是第一弯为正面弯，通过第二个弯掉拐，转为侧面见弯，正面看第三弯顶部稍向第一弯顶部所指方向偏斜，第四弯顶部转口向第一弯背部偏斜。第五弯回正，五弯顶部与第一弯基部成垂直线（照足）（图9-39，图9-40）。用于罗汉松、银杏、紫薇、石榴等。

图 9-39 掉拐扎法（1）

三弯九道拐 主干在同一平面上扎成 9 个小拐，转90°再扎成 3 个大弯。用于罗汉松等（V 面即正立面投影为三大弯，在 W 面即侧立面投影为 9 个小弯）。

滚龙抱柱 主干螺旋状向上弯曲。用于梅等。

对拐 主干在同一平面上来回弯曲，主枝两两相对。用于罗汉松、银杏。

方拐 主干方形弯曲。用于罗汉松等。

大弯垂枝 主干扎成一大弯，内弯上部用嫁接法倒接一下垂大枝，枝梢垂过盆

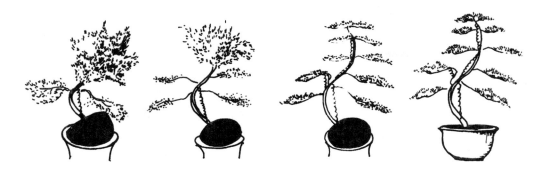

图 9-40 掉拐扎法(2)

底，类似悬崖式。用于贴梗海棠、银杏、石榴等。

直身加冕 粗干桩顶做一两个弯，形如戴冠。用于金弹子、银杏等。

老妇梳妆 奇特老桩上留 1~3 主枝，再行蟠扎，形如老妇梳妆打扮。用于金弹子。

平枝式 用棕丝将枝蟠扎弯曲形成略下垂的椭圆形或扇形枝片。

滚枝式 枝条不分层不做片而是均匀地安排在树冠中，构成一圆锥形。

半平半滚式 平枝、滚枝结合的一种形式，先自然后向扎片演化。

9.2.4 岭南派技法

岭南盆景以大树造型为主，其章法严谨，操作细腻，最能表现岭南风格的艺术特色，也是创作过程中难度较大的一个环节。不少行家认为，枝法是岭南盆景的精髓。

截干蓄枝(图 9-41)是岭南盆景的独特手法，以剪为主，很少蟠扎。所谓截干，就是对干回缩，即把不符合造型要求的主干和长短不合比例要求的枝条截短或疏掉，让树桩再度萌发，重新长出侧枝来。等到新枝长大到符合大小比例后，以这一新长出的侧枝为主干，通常称为以侧代干。用此法反复施行，使重新长出来的树干达到作品的要求。

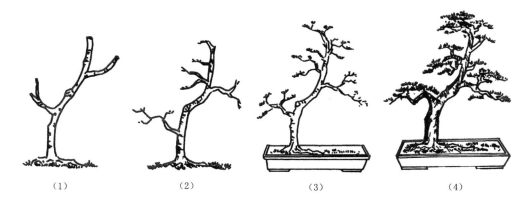

(1)　　　　　(2)　　　　　(3)　　　　　(4)

图 9-41 截干蓄枝

所谓蓄枝，是指对新萌动出来的枝条进行蓄养。无论树干还是枝条，当它长到符合大小要求时，按长度要求进行剪裁，再让其萌发新枝，进行反复造型。这两个过程是相辅相成的，同时进行，故称截干蓄枝法。用此法创做出来的作品，从树干到枝条都能一节一节地按比例缩小，每节弯曲角度随由人意，自然流畅，有节奏，抑扬顿挫，造成苍劲老辣或飘逸萧洒的各种形态，达到岭南派的造型效果。

枝法（图9-42）是利用枝托（枝组）造型的章法。它研究枝托的形状、部位以及枝条之间的相互关系等，它以枝条的延伸状态去造成相互呼应和顾盼及各种神韵，以枝条的长短作争、让、抑扬；以创造姿态的美感。其枝法类型有脱衣换锦法、虚枝实叶法、丛枝法。

脱衣换锦法是在作品展出前把植株叶子全部摘掉，让所有枝条都一览无余地展现在观众面前，使人们尽情地欣赏骨架和枝态及作者艺术功力。虚枝实叶法则是以叶片为主要内容表现整个画面，对枝条大小比例效果不甚讲究。丛枝法，有一枝留一枝，使枝条成丛生长，多见于商品材桩栽培。

岭南派把枝的类型分为鹿角枝、鸡爪枝、回旋枝、自然枝；优良枝形态有飘枝、平行枝（平展枝）、跌枝、垂枝、对门枝、风车枝、风吹枝、回头枝、后托一射枝、顶心枝、点、补枝（图9-43～图9-58）。不良枝形态有死曲枝、脊枝（背上徒长枝）、腋枝、贴身枝和大肚枝（图9-59～图9-63）。

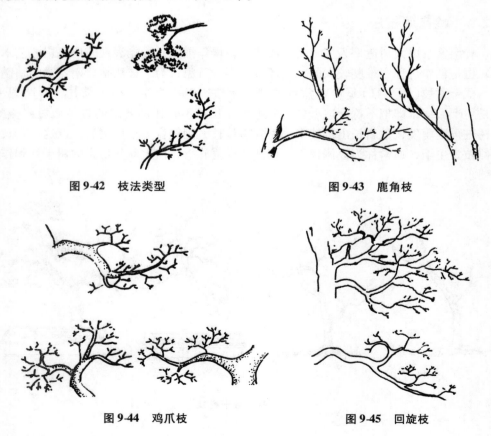

图9-42　枝法类型　　　　　　　　　图9-43　鹿角枝

图9-44　鸡爪枝　　　　　　　　　图9-45　回旋枝

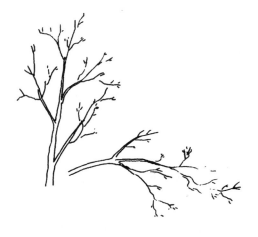

图 9-46 自然枝

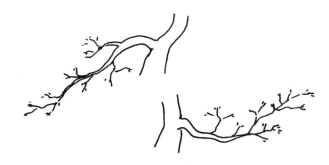

图 9-47 飘 枝

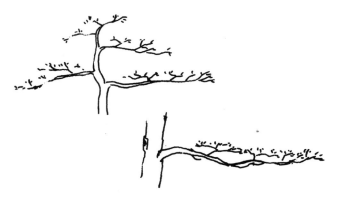

图 9-48 平行枝

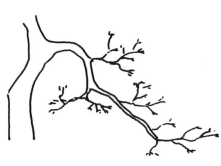

图 9-49 跌 枝

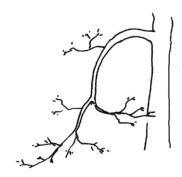

图 9-50 垂 枝

图 9-51 对门枝

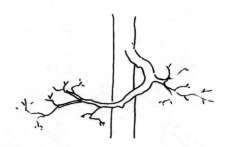

图 9-52 风车枝

图 9-53 风吹枝

图 9-54 回头枝

图 9-55 后托—射枝

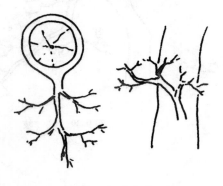

图 9-56 顶心枝

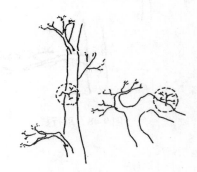

图 9-57 点

图 9-58 补 枝

图 9-59 死曲枝(不良枝)

图 9-60 脊 枝(不良枝)

图 9-61 腋 枝(不良枝)

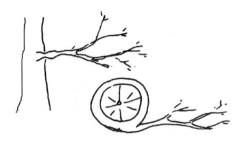

图 9-62 贴身枝(不良枝)

图 9-63 大肚枝(不良枝)

9.2.5 徽派技艺

桩头多采用压条繁殖。幼树上山坡上培养,除每年进行一次造型加工外,平时很少管理,但每隔数年要挖出断根,再重新植于地上,促发须根,以利于以后上盆。徽派造型主要用棕丝、棕叶、树筋等材料粗扎粗剪。将主干由下而上弯曲套扎,弯弯相连,用一根棕皮扎到顶,并用树棍扎在土中帮助造型。以后只需每年略加整理,将棕叶去旧换新,重新扎牢,待主干定型后,再加工主枝,用先扎后剪的办法。对小枝不做细部加工,徽派造型多则用上百年时间(图 9-64)。徽派技法主要有以下几种:

游龙式整形 主干以基部到顶部呈"S"形数弯,如游龙,主枝也做"之"字形弯曲,着生在凸突处,左右互生排列,上下处于一个平面上。见于梅。

三台式整形 主干不高,有几个弯,枝叶呈三片,片呈半球形。

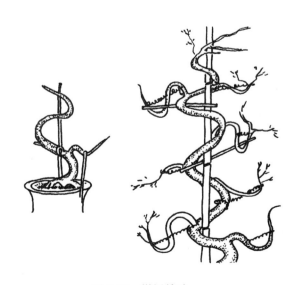

图 9-64 徽派技法

多见于梅、圆柏。

磨盘弯整形　主干弯曲向上(螺旋状)。多见于圆柏、紫薇、罗汉松。

屏风式整形　将多个枝干编成一个平面，如屏风状。见于紫薇、迎春等。

劈干式整形　把粗梅桩劈开，雕凿加工，挖去部分木质部或使其腐朽，仅存树皮。

自然式整形　主干略加弯曲或不弯，因树造型。

疙瘩式整形　同扬派疙瘩式。见于圆柏、梅。

9.2.6　海派技艺

海派师法自然，千姿百态，不拘一格。树干求苍古而枝片求春意。海派树桩也是自幼培养。扎剪并施，刚柔相济。采用金属丝缠绕枝干后进行弯曲造型。基本形扎成后，逐年细剪、掐芽等法。参照画意，因势利导，随枝造型，形神兼备(图9-65)。

图9-65　海派自然型制作过程

9.2.7　通派技艺

通派又称通如派。讲究自幼培养，采用先剪扎后栽盆的方法。用棕丝将主干以基部开始扎成两个弯，即成"S"形，再扎半个弯作顶，并使主干下部后仰，上部前倾，然后选留互生的主枝扎成树叶形枝片，叫片干(确切讲应叫枝片)。片干散布两侧，层次分明，结顶的一片扎成半圆形。通派棕法有头棕、躺棕、抱棕、怀棕、回棕、飘棕、竖棕、仰棕、扰棕、悬棕、套棕、平棕、侧棕、带棕、扣棕和勾棕等。

9.2.8　浙派技艺

浙派造型手法，松类以扭扎为主，修剪为辅；柏类则扭扎辅以摘心修剪；杂木类则以修剪为主，吊扎为辅。蟠扎材料，金属丝与棕丝并用。形象塑造上以高干合栽为基调，在枝干线条处理上，强调曲直、顺逆、软硬、长短穿插互用，即力求做到4个并用：①直线与曲线并用曲直结合，寓曲于直，以自然界直干横枝的"迎客松"和主干下直上曲的"送客松"作为此类造型的借鉴与范本。②顺势与逆势并用。如钱塘江东去，常遇回潮，激荡一番，复又纳入主流，波澜壮阔，气度非凡。③硬角度与软弧线并用。以刚为主，以柔为辅，旨在表现其强力感与动态美。④长跨度与短跨度并用。发挥其类似闪电、奔流之曲线美，两者交替穿插，求其流线转折跌宕，有顿挫收放、节奏明快、活泼流畅之感。

9.2.9　其他流派技艺

闽派的"倒栽榕"技艺很有特色，中州派垂枝桋柳制作也别具一格，滇派的工艺、书法盆景技艺更是出人意料（图9-66～图9-69）。

图9-66　滇派"炎黄瓶"

图9-67　滇派"华灯高照"

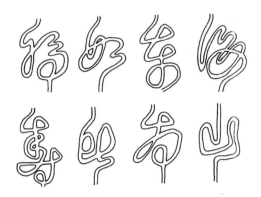

图9-68　滇派"福如东海，寿比南山"

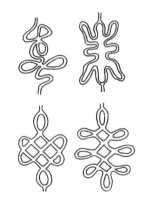

图9-69　滇派"春、
寿、百结、棋盘"造型

思考题

1. 桩景创作基本技艺有哪些？
2. 常用铁丝型号有哪些？铁丝用前为什么要烧一烧？
3. 比较铁丝、铝丝、铜丝、棕丝用于蟠扎造型中的优缺点。
4. 金属丝如何固定？缠绕主干如何固定？缠绕主枝、侧枝如何固定？
5. 面对一株树木，采用多长的金属丝缠绕为好？太长或过短会出现什么情况？

6. 目前国内哪些地方多用棕丝造型？哪些地方多用金属丝造型？哪些地方扎剪并用？哪些地方只剪不扎？

7. 盆景修剪的方法有哪些？棕法有哪些？

8. 各种剪法的修剪反映如何？

推荐阅读书目

1. 盆景制作. 彭春生，李淑萍. 解放军出版社，1990.

2. 中国盆景流派技法大全. 彭春生. 广西科学技术出版社，1998.

3. 各流派造型技艺综述. 彭春生. 北京盆景 (3).

4. 盆景艺术. 梁悦美. 汉光文化事业股份有限公司，1990.

5. 中国盆景. 徐晓白，吴诗华，赵庆泉. 安徽科学技术出版社.

6. 盆景桩头蟠扎技艺. 陈思甫. 四川人民出版社，1982.

第 10 章　现代创新盆景创作

[**本章提要**]本章主要讲述了现代创新盆景的三大类别 28 种造型样式，而后详细论述了其中 7 种样式的创作技艺。

中国经济改革开放 30 年创造了人间奇迹，同样，中国盆景在继承五大传统流派（苏派、扬派、川派、徽派、岭南派）基础上创新 30 年来，也结出了累累硕果，出现了风格各异、流派纷呈的可喜局面。遗憾的是，时至今日尚缺少一个真正理论意义上的全面系统论述。本文只就盆景造型风格及风格类型（流派）方面采用流派创新理论"二元命名法"即"代表人物姓名＋造型风格"命名法，试就三大创新类型 28 种样式加以初步总结。学术上纯属一家之言，最新探索，旨在抛砖引玉，冀同仁引以关注（排名不分先后，各个一视同仁）。

（1）原始创新类

①许文护倒栽榕盆景　为一种特殊栽培方法，仅见于榕属。

②杨吉章人参榕象型式盆景　以"凤舞"为代表，时下人参榕盆景已实现标准化生产并大量出口和内销。

③张瑞堂、王选民垂枝桠柳盆景　最初见于 1985 年上海举办的首届中国盆景评比展览，其代表作是"丰收在望"，之后有较大发展，有人称之为中州盆景。

④沈荫椿微型盆景　传布较广，以上海李金林和南通吕坚影响最大。

⑤张夷戏文盆景　代表作是"林冲夜奔"，将中国戏剧与盆景二者结合在一起，强化了中国盆景的民族风格。

⑥马文其水仙盆景　其专著《水仙盆景造型》影响面颇广，成为广泛流传的春节水仙雕塑造型。

⑦牛文生侧柏盆景　即鲁新派侧柏盆景，有专著出版。侧柏盆景是富于民族特色的非物质文化产品，近年来在盆景大展中屡屡获奖并创造了可观的经济效益。

⑧于锡昭小菊盆景　为于锡昭大师所创，其特点是将草本植物木质化栽培。

⑨石启业天山圆柏盆景

⑩刘宗海网络数字盆景　是将现代最前卫的网络数字语言与传统的盆景二者结合起来的一种文化现象，颇受年青人青睐，如数字草书丛林式盆景"520"，代表"我爱你"。

⑪彭春生现代草书盆景　它与滇、川书法盆景区别有三：一是单干，为一笔狂草，滇川为多干；二是技法不同，现代草书盆景采用铁丝非缠绕造型法，而滇川采用多干靠接而成；三是手段不同，现代草书盆景造型采用现代手段——计算机设计，能批量生产，而滇川手段比较滞后。其共同点在于都是中国书法元素与盆景结合的产

物，现有《中国草书盆景》专著出版发行。

⑫徐宝炎黄瓶造型工艺盆景 曾在全国农展会上获金奖，采用紫薇多干、多次靠接制作而成，工艺味偏浓。

⑬彭春生学院派加气块雕绘山水盆景 是在长期教学实践中研制出来的，仅见于高校盆景教学。

（2）集成创新类

①赵庆泉水旱盆景 是山水盆景与丛林式树桩盆景完美的结合，有中国山水画的观赏效果，其作品在国内外影响深远，有人将其视为华派盆景的代表。

②戴修信异形盆景 初见于全国首届盆景评比展览，将植物栽于紫砂壶壶盖上或其他异型陶器内，实属罕见。

③胡荣庆壁挂式盆景 将国画壁挂与盆景结合起来，独具匠心。

④张尊中果树盆景 徐州园艺大师将盆栽果树提升到盆景水准，技高一筹，景观独特。

⑤张国森超悬崖式盆景 采用铺地柏模仿苏派圆片造型，比一般大悬崖式还超长。

⑥彭继超金元宝草书盆景 是将金叶榆树冠采用安平特产丝网制作成金元宝型，再与草书盆景结合起来，为一般百姓所喜闻乐见。

⑦石万钦景盆盆景 即在盆器上下功夫，使容器形成单独一景，以烘托盆器内树木造型景观。

⑧胡运骅海派自然式盆景 为八大流派之一，为胡运骅带领下团队完成研制。

⑨潘仲连、胡乐国浙派高干型合栽式盆景 为八大流派之一，多采用五针松，是直干式与丛林式完美的集成，有较强的现代韵味。

⑩朱宝祥通派鞠躬式盆景 原为扬派分支，以后又有人称为通如派，采用小叶罗汉松做成"两弯半"的造型。

（3）引进吸纳创新类

①张夷砚式盆景 其盆为文房四宝之"砚台"样子，此种造型先见于日本盆栽，书卷气颇浓。

②日式草物盆景和苔藓盆景 时下上海有一海归人士在带头引进创作，最适合现代快节奏的生活方式。据中央电视台7频道播报，苔藓品种取自本土，其市场还挺火爆。

③日式舍利干盆景 主要是通过中国台湾传播过来的，先前以镇江焦国英作品为佳，屡获大奖，眼下舍利干盆景传遍天下，模仿者队伍十分庞大；苏本一先生文中说舍利干本源自中国，王选民先生说有清代舍利干盆景画图为证。

④贺淦荪风动势盆景 日本先前有筱吹式盆景，也就是中国的风吹式。贺老是把风吹式与水旱树石盆景完美的结合在一起，使人看上去更富有动感，更富有诗情画意。

⑤赵庆泉文人树盆景 先见于日本，近年来国内开始引进、吸纳、创新，采用乡土树种。

总之，全面、认真、系统地总结改革开放 30 年来盆景创新成果对于发展具有民族风格和时代内容的中国盆景有着深刻的现实意义和深远的历史意义。

10.1 舍利干盆景制作技艺

10.1.1 舍利的概念及其含义

舍利为梵语 sara 的音译，又译为"设利罗"，意为"身骨"，指火葬后的残余骨烬，通常指释迦牟尼火葬后留下来的一种固体物，如佛舍利、佛牙舍利、佛指舍利。

佛教舍利分两类：一为法身舍利，即释迦牟尼所说的佛教经典；二为生身舍利，即佛陀身骨，这一类舍利又可以分为 3 种，按照《法苑珠林》的说法，骨舍利为白色，发舍利为黑色，肉舍利为红色。据佛典记载，佛陀释迦牟尼 2600 多年前，在拘尸那城郊娑罗树下圆寂，遗体火化后共遗留有 84 000 多枚真身舍利。其中牙齿 4 枚，1枚被供奉于天宫，人间供奉的有 3 枚，而佛指舍利世间仅存 1 枚。供奉佛指的法门寺，原名"阿育王寺"，位于陕西省扶风县。唐代曾先后有 8 位皇帝迎接佛指舍利入宫供奉。公元 874 年，唐懿宗、嘻宗父子以数千件稀世珍宝供奉佛指舍利于法门寺地宫，无价之宝从此深埋塔身之下的地宫内，为了保证佛指舍利"灵骨"的安全，唐代僧尼仿制了 3 件"影骨"。1987 年法门寺重建时，工程人员才从倾倒的寺庙底下发现了埋在地下 1100 年的法门寺唐代塔基地宫遗址，并在遗址中找到 4 枚佛指舍利。根据地宫出土的"志文"记载，所挖掘出来的第 1，2，4 枚质似白玉，为仿制品"影骨"，唯独第 3 枚微黄质似骨，为"灵骨"，安奉于壶门座玉棺中，其外套刻有 45 尊造像，地宫"物账碑"上说，此枚舍利乃释迦牟尼佛陀真身指骨，其色略黄，表面稍有裂痕和斑点，并分泌出些许似骨质的粉粒状物质。灵骨出土时高 40.3mm，重16.29g，是当今佛教界的最高圣物。

那么，到底何时何人才把盆景枯干与舍利联系在一起而称之为盆景舍利干尚有待进一步考证。

10.1.2 舍利干探源

时下常常听人说"日本舍利干"，说是源于日本，但缺少证据。苏本一先生在《鲁新派侧柏盆景》序言中提到舍利干是岭南开创，之后通过香港传入日本和世界。王选民大师说，他发现了清代舍利干盆景的古画，自然是清代人开创的 ……，其说法不一。笔者查了一下文献，这样写道："清代光绪年间（1875~1908），苏州盆景专家胡炳章最擅长制作枯干虬枝的古桩盆景，曾将山中老而不枯的梅桩截其根部的一段移入盆内，随用刀凿雕琢其身，变作枯干，点缀苔藓，苍古可爱，并删去大部枝条，仅留疏枝数根，就其自然生长，不加束缚 ……"这就是舍利干造型的文字记载。而后传入日本，只不过是一改梅桩而使用松柏类桩景而已。与其叫"日本舍利干"，不如叫中国传统的枯艺盆景或舍利盆景。依王朝闻美学权威和笔者创新派理论的学术观点，就该叫它"胡派舍利盆景"，当今世上风行的舍利盆景只不过是胡派舍利盆景的发扬光大。

10.1.3　舍利干盆景的类别

关于舍利盆景(即枯艺盆景)，目前国内外还未见到分类，此处分类仅为初探。若用植物学的观点从其造型部位来分，不妨分为：枯干式、枯梢式、枯枝式和枯根干式四类。所谓枯干式，就是通常人们所指的盆景舍利干造型；枯梢式表现老龄树木的自然秃顶或遭雷击而出现的自然景观，枯梢为主干的延长枝；枯枝式(神枝或枝神)，多与枯干配合，有时为了取得树势平衡或变化而将主枝雕刻；枯根干式，为烘托枯干而对露根采取雕琢措施。从加工技法来讲，又可分为全枯型和半枯型。全枯型是对全树的根、干、梢、枝都实行雕刻，而只留副干(或配树)或主枝茂盛生长。

不管怎样，都要师法自然，高于自然，虽由人作，宛自天开。柏者，木白也。北京景山公园、中山公园的辽代柏树，诸多老树都是树皮自然剥落形成舍利干的。舍利盆景都是这些古树的人工翻版。

10.1.4　舍利盆景美学价值

用形式美学法则衡量，舍利盆景最大的艺术特点或美学价值在于对比与夸张。色彩对比，枯荣对比，生死对比，刚柔对比，悲壮美与生机美对比，动静对比，艺术美与自然美的完美结合，盆景美与枯艺美的结合，其可谓交相辉映，相得益彰，难怪能得到世人的青睐！雕刻舍利干的艺术夸张，无不令人称奇说怪，不但枯艺美在其上表现得淋漓尽致，连中国假山艺术的透、漏、瘦、皱有时也在其上大放光彩。至于舍利引起佛门的联想和崇仰，更是一言难尽，它的意境美和人生哲理也是奥妙无穷的。

10.1.5　创作技艺(神枝与舍利干的创作)

值得一提的是，中国枯木艺术(简称枯艺)的观赏效果和加工工艺，如生剥法、雕刻法、打磨抛光法等，以及它们使用的现代化的电动工具，二者非常相似，简直是异曲同工。

(1)决定树的正面

在桩景创作中，正面即观赏面的确定非常重要。确认正面的原则是：① 根盘、干左右宽面优先的原则；② 干弯曲变化最明显内侧的原则；③ 树顶前倾的原则。正面一定要能看到吸水线，使其蜿蜒缠绕着白色舍利扭转变化。如果正面全部只见舍利，会有缺乏求生跃动的感觉。

(2)反复思索神枝、舍利干的构图

由于枝干的软硬、韧脆、弹性都因树种、粗细有所不同，因此，何枝做神，干的哪一部分做舍利，要在下手之前反复思索，构思好整体调和的形态及长短，然后再从容不迫地动手，并留下树木本来的木纹，尽量模仿自然。切忌轻率下手。

构图时，可用粉笔在干上划线，考虑吸水线的方向在何处，以何种角度扭转。吸水线的位置将严重影响树姿将来的发展。注意不要只留一条吸水线，否则时间一久，吸水线长圆变粗，会与舍利干脱离开来，所以吸水线最好能留 2 条以上。如果留 2

条，位置应在干正面左右略向前的部位。这样树干正面才会继续长粗；如果留 3 条，1 条应在干后面，呈斜三角形。

操作时，先用利刃把吸水线划清楚，刀口要平整，这样伤口较易愈合隆起。一开始吸水线可留稍宽些，隆起后再修小，方便显出层次感。要做神的枝梢，叶需先行剪掉，然后耐心地用钳铁削至木质部，把枝梢削尖，彻底去掉树皮，并加以雕刻，力求自然。

(3)制作注意事项

刚翻盆换土的盆树切勿进行。因为此时树的机能尚未完全恢复，有枯死的可能。①幼龄树木质部不够坚硬，容易腐坏，最好能盆养三五年后再进行。活枝剥皮前，最好先雕枝；剥皮后，可立即用金属线调整线条。神枝的长短、粗细、角度、形状都要有变化，才有格调。②做神枝，要尽量选择分叉较多者，这样制成后形态才漂亮。③吸水线切忌做横向回转，否则不仅违反自然规律，也有碍观瞻，而且影响生长。④剥皮创作水线，要选材势强的树。在 3～5 月间进行为宜，因为此时树液流动活跃，切口较易愈合隆起。雕刻最好在冬季树液流动缓慢时进行，避开炎热的夏季，以免影响树势。操作后，要多喷叶面水，并置于阴凉处。⑤ 在木质部未完全干燥前，勿涂石灰硫磺水，尤其是活水线边未愈的伤口暂不能涂，以免渗透发生药伤而枯死。最少要1 个月以后进行(图 10-1，图 10-2)。

图 10-1　舍利干制作

图 10-2　舍利干制作

(4)神枝、舍利干的雕刻

雕刻通常分成粗雕、完成雕和细磨三阶段。雕刻时，线条要按照木质纤维流动，尽量留住坚硬褐色木质，削在白色松软的部分。

粗雕　用锯、凿、锥先行挖洞剪裁或做粗沟作业。

完成雕　利用电动回转工具加以修饰，挖小洞做细沟线。

细磨　用砂纸把雕刻后的木质表面刀痕略磨平，消除人工痕迹，尽量保持自然木的美态，时下多用小规格喷沙机效果更佳。

（5）神枝、舍利干的保养

神和舍利的豪壮、曼妙及其所表现的年代感和求生力，往往给人以无限的遐想，要想使其保持这种魅力，不致因风雨侵袭和浇水而腐败，就要在管理上多加注意。

①清洁 神和舍利因为没有树皮保护，裸露在空气中，易于腐败。其中霉菌的发生及污染是造成腐朽的最大原因。所以每年春秋二季，要将其清洗干净。

②干燥 霉菌发生的主因是潮湿。浇水或雨季都会使神枝、舍利干淋湿，因此摆放场所的光照、通风和接近舍利的表土潮湿状况要特别注意。一般来讲，舍利的腐败通常是由表土附近开始的。

③保养 洗净干燥后，再抹涂药剂是防止腐败的最有效办法。先用快干胶涂抹神、舍利，增加其坚硬度，防止水分渗透，再涂上 PCP 剂、石硫合剂或水性水泥漆。春雨、梅雨季前尤应施行，雨后再施行一次，效果更佳。

10.2 人参榕盆景制作技艺

10.2.1 定义

榕树盛产于福建、广东、广西、云南、台湾等地，因其生长速度快，适应性强，可塑性好，易栽培，易管理，深受人们的喜爱。近年来，造型别致、形态多样的人参榕更是受到各地消费者的青睐，畅销海内外。但由于各地生产水平差异较大，缺乏统一规范的生产配套技术，导致产品质量参差不齐，观赏价值降低，既无法满足市场需要，又给生产者、经营者与消费者造成极大的损失。为规范人参榕的生产技术，提高产品质量与经济效益。国家林业局制定了标准化生产规范。

所谓人参榕盆景，就是经过简单修剪造型，以观赏块根为主的小叶榕（*Ficus microcarpa*）盆景。

10.2.2 种苗繁育

基质使用前用 80~1000 倍液的杀菌剂进行喷雾消毒，调整 pH 值至 6.0~6.5，EC 值至 0.5~0.8 mS/cm，有条件的生产单位尽量采用无土栽培基质，如泥炭、椰糠、珍珠岩等。

（1）种子采集与播前处理

种子采集 用于播种的种子宜选择果实接近成熟时采收。采收时，先用薄膜或报纸铺地，利用竹竿或木棒敲打果实落地，然后再收集，或直接上树剪取结果枝。还可在大风过后的早晨，从风吹落到地面的种子中选择成熟种果作为播种育苗之用。

播种时间 人参榕可全年播种，以 6 月~次年 2 月为佳。

基质 播种用基质配方：

• 壤土、煤渣、河沙等，常用配方为河沙、煤渣各 50% 加少量过磷酸钙；
• 煤渣 50%，腐熟有机肥 20%，壤土 30%；
• 腐熟有机肥 30%、砂质壤土 70%。

种子质量要求　新鲜、饱满、成熟（果皮由绿变红转紫）、无虫蛀的种子。种子净度、发芽率、含水量等指标及检验检测方法按规定执行。种子随采随播，播前处理，分开种子和果皮渣，3～4d 后即可播种。播前用布将种果包起，放入清水中用力搓洗去外果皮，沥干水后，再把布摊开，放入荫凉处晾干的育苗盘中。用 60℃温水浸种催芽 12h 后，捞出拌湿沙层积，喷水保湿催芽，待种子露白后再播于苗床，播前种子需采用对环境没有污染的杀虫剂、杀菌剂严格进行消毒。

（2）播种方法

播种分床播和盘播两种。

床播　建床，育苗床宜选建于水泥面板或强阳光照射的水泥地面上，苗床四周用砖块围砌，填入基质后摊平，基质厚度以 10cm 左右为宜。苗床的规格以 1.0～1.2m 宽为宜，长度视场地而定，但必须便于生产操作与日常管理。

播前应先松土，并耙平土面。将消毒过的种子与河沙按 1:(1～2) 的体积比混拌均匀后分批直播。播种密度 200～500 粒/m² 为宜，播后覆盖一层厚 0.5cm 的薄土，再覆盖稻草或松针，并罩上一层细眼尼龙网，直至小苗出土后再撤去稻草或松针和尼龙网。种子出苗前应用透光率 50%～60% 的遮阳网遮荫，避免强光直射。

盘播　多使用通用播种盘，规格有 35cm×50cm 和 22cm×30cm 等多种，深度 6cm 为宜。盘播密度每盘 150～500 粒不等。播后用木板轻轻压实，采用浸润法使土壤吸透水分。至小苗出土后再撤去稻草或尼龙网。

（3）播后管理

播后放在可见阳光但又不受强光灼射和雨淋的地方，上覆稻草或细眼尼龙网防止鸟啄食，播后保持基质湿润，随时清除杂草。小苗在长出 2 片叶时最容易得立枯病，除播前种子和基质需进行严格消毒外，还需及时喷洒 15% 恶霉灵 450 倍液。小苗出土后，去掉遮盖物。小苗生长到 2～3 片叶时，每周施 1 次薄肥，以水肥为主。

10.2.3　块根培育

（1）块根培育

上袋种植　当幼苗长出 5～6 片真叶时即可移入小号培养袋中培养。

栽培基质　河沙、煤渣各 50% 加上少量过磷酸钙，pH 6.0，EC 0.6～1.0mS/cm；煤渣 50%，腐熟有机肥 20%，壤土 30%，pH 值 6.0～6.5，EC 值 0.6～1.0mS/cm；腐殖质 30%、砂质土壤 70%，pH 值 6.0～6.5，EC 值 0.6～1.0mS/cm。

移苗上袋后宜先将其排放于水泥地上培养或先在平整的田地铺上塑料薄膜，再排放袋苗，防止苗根扎入地下。袋栽小苗放在适度遮荫的环境下养护 1 周后转入正常管理。至第 7 片真叶抽出后可逐渐减少喷水次数，并逐渐增加光照强度。第 9 片真叶抽出后再加强光照，见干浇水，见草即拔，促使原生块根的形成。移栽成活后要定期追肥，一般 1 个月追肥 1 次，追肥可用腐熟的有机肥，搭配适当浓度的过磷酸钙等，有条件的地方可每月追肥 2 次。秋末冬初，用 0.10%～0.2% 磷酸二氢钾水溶液进行 1～2 次根外追肥，提高植株抗寒力。当气温低于 5℃时，应及时覆盖塑料薄膜或移入温室养护，但要保持良好的通风状态，防止湿度过高导致发生叶斑病与黑斑病危害。

(2)换袋壮苗

随着植株的生长，往后每隔8~10个月移栽一次，每次移栽均更换到大一号规格的培养袋中栽培，以保证植株正常生长的需求。换袋栽培时要对植株进行修剪，去掉杂乱的根系和枝条，促进块根的生长，但不可切除主干。栽培基质以1/3腐殖土、1/3细沙和1/3泥炭及少量过磷酸钙或复合肥配制的混合基质为宜，并调整pH值为6.0~6.5，EC值为0.6~1.2mS/cm，移植后先弱光照并保湿养护，成活后要给予充足的光照，见表土干即浇透水，一般冬季与早春隔天浇水1次，春末至秋季每天浇水1~2次。雨天要及时排水防涝。每次移栽成活后每月至少追肥1次，追肥可用腐熟的有机肥，搭配适当浓度的过磷酸钙等。秋末冬初，用0.1%~0.2%磷酸二氢钾水溶液进行1~2次根外追肥，提高植株抗寒力。当气温低于5℃时，应及时覆盖塑料薄膜或移入温室养护，但要保持良好的通风状态，防止湿度过高导致发生叶斑病与黑斑病。

(3)壮根培养

通常经过16~20个月培育后，块根重达70~80g时，即可移入高畦地栽，或更换到更大一号的培养袋中并打通袋底放在畦面上栽培。地栽宜选择地势较高、土层深厚、土质疏松肥沃，土壤pH值6.0~6.5，地下水位低，排灌方便的园地。地栽宜在秋季进行。栽前先将土地整平，以行间距10cm、株间距80cm的规格，挖掘直径和深度均为50cm的土坑，将事先配制好的培养土倒入坑内。把袋栽中的块根榕连土拔起，将须根全部清除干净，再植入坑里，并用腐熟的有机肥和煤渣土按1:(2~3)混合配制的土壤把坑填满整平，放水(抽水)淹透园地，每周1次即可。定植时要掌握好定植深度，以表土不盖过块根颈部为宜，下地种植1个月后，即可开始整畦，畦的截面形状宜为上窄下宽的等腰梯形，畦底宽70~90cm，畦面宽40cm，畦高50cm左右，畦沟宽30cm，成畦并待畦土晒干后，即往畦沟里灌水至园地湿透为止。灌水1周后即可追肥，每周1次。追肥前需将畦两边的土壤敲松，倒入事先调配好的液肥，最后再灌水一遍，重新整畦。生长期间要及时除草，并做好防寒防冻与病虫防治工作。

经过半年以上培育，即可将块根挖起，在清除须根和伴生多余的小块根后，再上盆造型。

10.2.4 造型

(1)提根

培育人参榕要根据实际需要，适时提根造型。小型盆栽宜在上袋种植8~10个月后，块根重400~450g时提根造型；中型盆栽宜在换袋培育8~10个月后，块根重80~100g时提根造型；大型盆栽通常需下地栽培2~3年，待块根长大后再提根造型。

(2)嫁接

常用的接穗种有印度榕、台湾榕、花叶榕等叶片富有观赏价值的榕树，常用的嫁接方法有枝接和楔接两种。

枝接 宜在每年的清明节前后或秋芽萌动期间进行。砧木和接穗均宜为新近萌动的枝条，但接穗要相对比较成熟一些，砧木则必须是正在抽长、尚未封顶的嫩枝。嫁接时先用高温消毒的刀片将砧木的顶端切除，然后沿髓心竖直向下切开1cm，再取相同直径的接穗长2～3cm，保留顶芽及上部2个叶片，下端切成V型，插入砧木的V型槽内，并对准形成层后绑扎。嫁接后用透明塑料膜罩住，并浇透水一次，置于通风明亮，没有强光照射的地方养护。以后每天揭膜换气1次，严防碰动，45d左右可以松绑。

　　楔接　宜在春季顶芽刚刚萌动而新梢尚未抽生时进行。选择一年生且充实的枝条，取其中部并截成长6～10cm、带有2个以上腋芽的小段为接穗，将接穗基部削成大小不同的2个斜面，一面长约3cm，另一面长约1cm，削面平滑，且最好一刀削成，将砧木截断呈平切面，并纵向劈开一条深约2～3cm的裂缝，将接穗的长削面向里，插入砧木的切口内，保证至少有一侧的形成层对准后，再用塑料条将接穗自下而上捆紧。最后用塑料袋将接穗和接口一起套上保湿，直到接穗萌芽后再去掉。

（3）修剪整形

　　剪枝　嫁接换冠的植株生长至鸡爪枝形成时，要把所有叶片摘除掉，每一小枝仅留2～3节，让所有小枝重新长出新芽。

　　摘心　新芽长出后以每一小枝为单位，及时剪除小叶。对高密度、不规则的芽点，在长成1～2叶时，宜把长在枝节约1cm以下的芽点清除干净；长在枝节1cm高度的小叶生长至第3叶时，便可把第3小叶剪掉；待蓄留的2片小叶再长出第3小叶时，再剪除第3片小叶。如此反复进行3～4遍。

　　整形　及时删除交叉、重叠等有碍树冠美观的叶片。发现小枝变形、叶片偏大等问题，可采取细扎小枝、牵引、及时剪除小枝或更换盆树摆放位置与方向等方法，进行调整加以解决。

10.2.5　养护管理

（1）上盆与翻盆

　　选盆，人参榕的盆要与树整体协调，可采用素色的长方形或圆形陶盆或土盆等，以紫砂盆最佳。

　　配土，有条件的生产单位宜采用无土基质栽培，调整pH值为6.0～6.5，EC值为0.6～1.0mS/cm。用土要求肥沃疏松又有一定的透性，透气保水性俱佳，营养全面丰富，无病虫害的土壤。可用田间表面土或菜园土，经日晒后过筛，分成粗、中、细3种粒土，在细粒土中加入20%充分发酵腐熟的有机肥，20%草炭土，2%过磷酸钙，充分搅拌均匀，晒后备用。也可在细粒土中加入30%腐熟有机肥，或20%煤渣，5%豆饼粉（发酵后），2%椰糠灰，20%过磷酸钙，充分搅拌均匀，并调整pH值为6.0～6.5，EC值为0.6～1.0mS/cm后备用。

　　上盆，通常宜在气温稳定在20℃。上盆种植时间因各地气候不同而异，0～3℃时进行。上盆时可不带宿土，修剪去底根、长根、密生根。上盆栽植时，盆底内排水孔垫上瓦片，浅盆垫上塑料网片或金属丝片等，深盆底层先放粗粒土，再放中粒土，放置人参榕后，填入细土栽紧。盆土不可过湿，但栽植后浇足水，并放置于半光照条件下养护。翻盆，人参榕生长 2～3 年后，通常应翻盆换土栽植，翻盆换土只需将宿土下部挖去 1/3～2/3，修剪去老根、长根和无用粗根后重新栽植。换土后浇足水，置放于光照充足处。

（2）浇水

浇水要待表土干后再浇，每次浇水都要浇透。盛夏高温季节，以早晚凉爽之时浇水为宜；寒冷冬天，则以中午稍暖之时为好。水温应与气温、土温相差不大。水质以没有遭受污染的雨水、塘水、河水等为好，自来水宜静置一两天后再用；不用对人参榕有害的阴沟水、工业废水和未经发酵的肉骨、鱼渣水。浇水宜采用喷洒法。有条件的地方则可采用自动控制滴灌法，定时定量给水。

（3）施肥

人参榕生长期间要定期追肥。追肥可穴施（固体肥料施于盆土内）、撒施（固体肥料撒于盆面）、浇灌（将肥料用水溶解后浇施）、注射（先用竹筷在盆土中插洞穴，其后用注射器将液肥注入盆土中），也可采用叶面喷施。追肥宜薄肥勤施，不可将浓肥直接施于根面。

（4）修剪整形

生长期间抽生出的新枝，一旦突出枝叶团簇之外，必须及时剪除，抹去从干枝上长出的无用新芽。

（5）病虫防治

软腐病块根腐烂　用 1:80 的福尔马林消毒盆土，并用利器切除病部，切口涂抹农用链霉素。病症为叶片和枝梢先有黑色小霉斑，后逐渐发展成煤烟病蔓延至全叶或枝梢，并在叶面形成覆盖紧密的煤烟层，关键在于防治。

红蜘蛛　可用 20 肠三叙杀螨醇可湿性粉剂 10 倍液或 40% 三氯杀螨醇 10 倍液喷杀。线虫生长衰弱，发病植株枝条瘤结、叶片畸形。盆土用前要进行严格消毒。

榕透翅毒蛾　叶片蚀刻，甚至连嫩枝都会被吃光。用 80% 敌敌畏乳油 10 倍液加 0.1% 肥皂液喷杀或 90% 敌百虫乳油 80 倍液，或 25% 速灭菊酯 30 倍液或 25% 速灭杀丁 200 倍液喷杀。

榕灰白蚕蛾　蚕食榕叶和嫩梢，严重时榕叶会被全部吃光。

榕管蓟马　发病植株叶片正面卷曲，叶背有许多紫褐色斑点。可用 80% 敌敌畏乳油 10 倍液，或 50 肠杀螟松乳油 10 倍液喷杀。

堆蜡粉蚜　发病植株枝头扭曲，叶片皱缩枯黄，新梢停止生长，抽梢延迟或不开花，重则导致植株死亡。用 20°Be 的石硫合剂喷杀越冬成虫。

龟蜡蚜　发病植株枝头扭曲，嫩芽影响受阻，诱发煤烟病。用杀螟松乳油 60 倍液喷杀若虫与幼虫。

10.3　微型盆景制作技艺

微型盆景特指盆钵小于手掌范围的微型艺术盆栽，它是当今国际上盛行的主要艺

图 10-3 人参榕盆景(1) 　　　　图 10-4 人参榕盆景(2)

术盆栽形式(图 10-3,图 10-4)。也是我国目前盆景出口的主要产品之一。在国内,盆景进万家主要依靠它。因其小巧玲珑,造型夸张,线条简练,极具风趣,适合居室内陈设。我国微型盆景名家有沈荫椿、吕坚、李金林、梁玉庆等。

适宜制作微型盆景的植物有:①针叶类有五针松、小叶罗汉松、黑松、锦松、白皮松、杜松、圆柏、真柏、紫杉等;②杂本类有观叶树种红枫、紫叶李、紫叶小檗、斑叶枫、龟甲冬青、米叶女贞、花叶竹、金边瑞香、朝鲜栀子、水蜡、银杏、文竹、小白叶蜡、黄栌等;观花树种有杜鹃花、山茶、茶梅、福建茶、六月雪、梅花、碧桃、樱花、海棠、紫藤、紫荆、栀子、羽叶丁香、榆叶梅、麦李、郁李、贴梗海棠、金雀、锦鸡儿、迎春、迎夏等;观果树种有小石榴、金弹子、老鸦柿、寿星桃、橘、金橘、山楂、枸子、胡颓子、火棘、天竹、枸杞等;③草本类有菖蒲、鸢尾、半支莲、小菊、吉祥草、万年青、兰花、碗莲、睡莲、芦苇、水仙等;④藤木类有金银花、凌霄、络石、常春藤、薜荔、爬山虎等。

微型盆景制作要点:

(1)养坯整形

选准材料后,先疏去过多的枝干和残断根系,伤口要剪平;栽在大于根系范围的泥盆中养护一年;换盆后再将杂乱、繁密的枝条实行疏截,为防止搬动或受风吹晃动而影响新根生长,对于那些树冠较大或主干较高的植株,还需要用绳索或尼龙捆绳围绕根颈连盆缠牢;而后进行养护。

(2)加工要领

包括主干、树丛、根系的加工。

①主干造型　桩景小品的主干是植株显露其艺术造型的主要部分,可根据主干的自然形态见机取势、顺理成章,或者叫因干造型,如直干式,主干不需要蟠扎,蓄养主枝即可;斜干式,上盆时只要把主干偏斜栽植,倾侧一方的枝丛应多保留,长而微垂些;曲干式、悬崖式,可用硬度足以使主干弯曲成型的铁丝缠绕干身,使之弯曲成符合构思的形式,为增强苍古感,可对树干实行雕琢,或锤击树皮。

②枝丛造型　枝叶不宜过繁，否则地上地下失去平衡，应以简练、流畅为主，以达到形神兼备，充分显示自然美。对那些不必要的杂乱枝条，尤其影响到艺术造型的交叉枝、反向枝、平行枝、轮生枝、对生枝，"Y"叉枝，都应除去或短截、变形。蟠扎枝条时，不要单纯追求弯弯曲曲的形式，要避免呆板和造作。要根据原有形态而设计构思，然后适当地作画龙点睛式的加工，虽由人作，宛自天成。造型设计中，布势要有所侧重，或左虚右实，或右虚左实，使枝丛能给人以疏密有序、错落有致的感觉。

枝条蟠扎的方法有：棕丝蟠扎、铁丝蟠扎、折枝法、嫩枝牵引法、倒悬法和倒盆法。嫩枝牵引法是把预制成型的铁丝一端固定在老枝干上，再把柔软的新生枝条缠绕在铁丝上，或捆扎在铁丝上，这种牵引法可使新枝条形态更具自然美。倒悬法是在萌芽前，将枝条柔软的树种，用麻绳或尼龙绳带捆牢盆钵，倒着悬挂起来，由于植物向上生长的习性，嫩枝都倒转向上生长，待新梢长到一定程度时，解下倒挂盆钵，恢复正常位置，枝条由于趋于木质化，便形成垂枝纷披的形式。倒盆法是为了使小菊扦插苗形成悬崖式，早期可把盆放倒以达到干身造型的目的。

③露根处理　微型盆景露根可以弥补盆面上细小树干的单调感。一般说来，可在上盆时将根颈部位直接提起，稍稍超越盆面，用泥土或苔藓壅培，经日常浇水和雨水冲刷逐渐裸露出根系来。对于根系强健的树种，如金雀、火棘、贴梗海棠、榆树、迎春等，可将它们的部分根系沿着根颈处盘结起来，上盆定植时让其裸露在盆面，形成盘根错节、苍古入画的意境。

④配盆　上盆定植时，还要根据树形姿态配上相宜的盆钵，以增强其艺术效果。一般情况下，高深的签筒盆适合于悬崖、半悬崖式。腰圆或浅长方盆，栽植直干或斜干；圆形或海棠形盆，宜配干身弯低矮的植株，多边形浅盆宜植高干植株，使上面着生细枝，呈现柔枝蔓条、扶疏低垂之态，显得格调高雅、飘逸（图 10-5）。

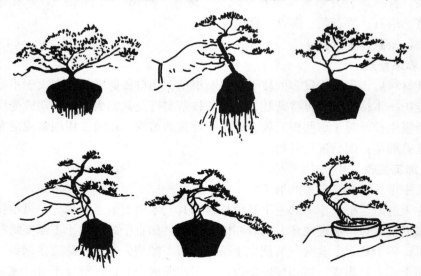

图 10-5　微型盆景制作过程

10.4 果树盆景制作技艺

全国果树盆景首推徐州，著名果树盆景专家张尊中从 1972 年开始研究，积累了丰富的经验。果树盆景是果树栽培技术与我国传统的盆景艺术的巧妙结合(图 10-6，图 10-7)。果树盆景的特点是必须保证它能结果实，有景可观。果树结果则必须能形成花芽，而长势太旺太弱的树都不易形成花芽，因而就必须把树势控制在不强不弱的火候上。所以，也就决定了它不能像一般桩景那样强作树形，否则造成树势强弱不平衡，就难以达到结果的目的。矮化技术是达到生理平衡的主要措施之一，当然还有土、肥、水的管理措施等。

图 10-6 果树盆景(苹果)

图 10-7 石榴盆景

(1)枝组嫁接

利用树木系统发育阶段的不可逆性，采用孕花枝组做接穗，促其提早结果同时致矮。结果枝组(接穗)是在成龄果树上选取的，前一年在开花之后，就选定健壮形美的结果枝，并剪去结果枝上过密的新枝、病弱枝、交叉枝、平行枝，培养成不等边三角形的造型。次年春季在上好盆的砧木上嫁接，当年或次年就能开花结果并成型。

(2)选用矮化砧

为了得到极矮生的果树，充分利用各树种的矮化砧木致矮能力，使果树受控制而形成矮化果树，是最有成效的方法之一。矮化砧能使嫁接苗提早结果，提早结果又能抑制树体的生长，减少树体的建造。例如，梨树的矮化砧榅桲(需要哈代梨做中间砧)，桃和杏的矮化砧毛樱桃，苹果的矮化砧 EM 系、P 系等(多用 M_7、M_9、M_{26})。此外，八楞海棠、海棠果、山荆子、湖北海棠、崂山奈子、甘肃海棠等乔化砧也可以用做果树盆景的砧木。

(3)修剪控制

修剪是使果树矮化的辅助手段。修剪主要是为了控制树高和稳定树形，重点放在生长期修剪上，一般是抑上扶下的修剪方法，甩放枝条，减少建造树体消耗的养分，增加树体下部有机物的积累，有利于花芽分化和果实生长。

(4)短枝型的应用

果树品种中有矮生芽变现象，其矮化作用同利用矮化砧的作用是一样的。如苹果中的'金矮生'、'玫瑰红'和'短国光'等。

(5)盆土定容致矮

盆土定容致矮属于生态致矮。根据果树地下部与地上部相关性的生长特性，根系在盆土定容的情况下受到抑制，冠部也同样会受到抑制。这同生长在岩石缝中的树桩一样，尽管树龄很大。树体矮小，但仍能正常结果，这是盆土定容的结果。

(6)植物生长抑制剂的作用

对于长势偏旺的果树，在其生长初期，即新梢的嫩叶，喷洒外源激素 B_9、CCC 等抑制剂，能有效地控制树势的旺长，使节间缩短；减少树体的生长量，促进花芽分化，提早结果。一般用 $1000 \sim 2500 mg/L$ 浓度。

10.5　小菊盆景制作技艺

北京小菊盆景在国内盆景界有着广泛的影响，被誉为北京风格。这里有著名的小菊盆景专家于锡昭先生，他在长期的小菊盆景制作中积累了丰富的经验(图10-8，图10-9)。

图 10-8　小菊盆景　　　　　　　　　图 10-9　小菊盆景

小菊盆景是以半木质化植物表现千年古树的苍劲峻美之态，其造型是从育苗开始的。

(1)育苗

①选择品种　以枝干挺拔坚韧、节间密集、叶型小巧、花稀柄短、花朵直径在 2cm 以下、颜色淡雅的品种为宜。

②扦插育苗　在 11 ~ 12 月选择出土 3 ~ 4cm、长势苗壮的脚芽，用细砂土或旧盆土，在小瓦盆中扦插，入土 1cm，浇水后放在 5 ~ 10℃ 的室内。光照要充足，盆土不

要过湿以防烂根。经一两个月顶芽开始萌动，此时即已生根。1~2月即可分盆养护。

③水平根系培养法 用口径12cm的小瓦盆，装入配好的培养土，上装至半盆时，使土中心高四周低，堆成小土丘状，在丘顶放一圆平小瓦片，这时左手提苗，使其基部置于瓦片中间，侧根向四周伸展，而后右手填土压住根须墩实，上留一指沿口，再浇透水。

④垂直根系培养法 在分盆移栽时，选那些根系发达、长势粗壮的植株，把它们栽在直径10cm、高30cm的竹筒或其他筒盆里，培养土要多掺砂土。栽时要用竹签将根系分成两缕，使根系垂直向下伸直，填土压实。竹筒或其他筒盆都不要留底，为的是让根系顺利向下生长，栽后浇透水，以后适当控制水分，以促进根系发育和防止冠部徒长。

(2)换盆栽培

4月中旬至5月初可换盆栽培，换盆前根据造型构思选好菊苗和造型材料，创作意图要明确，要在头脑中形成一个大致的轮廓。

①一般提根式 与桩景提根方法相同，不再赘述。

②石附式和木附式 采用浅瓦盆，根据石、木的形状，配备适当株形、花色的菊苗。石附式以纹理好、吸水性强的石料为佳。也可根据立意、构思选用其他石料。先将石料加工成理想的形状，再按纹理刻凿三五条沟槽或洞孔，使小菊能牢靠地倚附在石上，沟槽应至少有3个走向。将加工好的石、木置于浅盆中固定位置，然后打开育苗筒盆，用水冲去根上泥土，取出菊苗理出几缕长根，把基部稳于石、木凹穴处，用铝丝固定主干姿势后理根入槽，根干就位后趁湿撒上一些细土，随之将土填至根的1/2处，再用青苔遮护上部须根，放在半荫背风处，喷水保持湿润。经一周后移至阳光充足处，并逐步除去青苔，在不断浇水中使根裸露出来。

③悬崖临水式 当苗根从筒盆底部生出时，用加肥培养土把筒盆套埋于直径25~30cm的瓦盆中，入土深度3~4cm，起初筒盆、瓦盆一起浇水，以后逐渐过渡到只浇水于瓦盆中，不浇筒盆。在管理过程中逐步对小菊地上部整形成悬崖式，直至花蕾透色时方打开筒盆，冲净根上泥土，挂在山石或其他造景位置上，使其下端根须浸入水中，以示悬崖临水之意。

(3)冠部造型

①主干和主枝的造型 菊苗定植后长到15~20cm高时开始摘心。摘心后侧芽生长迅速，除留顶端3~4个侧芽外，其余摘除。当侧芽长到7~8片叶子时开始造型。选用直径3mm、长30cm的铝丝紧靠植株基部插入土中，深达盆底。左手捏住菊干，右手使铝丝按顺时针方向成45°角缠绕菊干到顶，如菊干细嫩，可换细铝丝。然后拿弯到理想的造型姿态。根据前述造型式样，依画理章法欲左先右，欲扬先抑，弯曲变化，主枝则要向反方向发展。侧枝长到7~8片叶时，也要缠绕造型，第一主枝延长枝留4~5片叶打尖，其余3枝按左、右、后3个方向做下垂45°弯曲。第一主枝除与主干成反向倾斜外还要适当延长，留7个叶打尖，其余留5叶打尖。打尖时必须注意每个主枝顶芽方向，一般情况下应留下芽，以利造型和抑制尖端长势。

②日常整形管理 当主枝造型呈45°下垂后，尖端生长被抑制，主枝上的芽迅速

生长，此时要注意及时摘心。为使每个主枝层次分明，主枝基部芽应及时剔除，枝头留 3~5 芽要摘心。除顶芽外，一般留 3 个叶便摘心。摘心时要注意顶端留下芽。总之，日常管理中要注意及时摘心和整形。

③最后阶段的整形　8 月上旬做一次整形修剪，去掉过长过密的枝条，用细铝丝或细铜丝对细枝做一次整形归位，达到疏密有致，把初步形状定下来。为使新芽生长整齐，还应剔除老叶，使膛内通风透光。再经过 20 多天的生长，在 9 月 10 日前后，把握天时(见早晨草地出现白露即气温恰到好处)进行最后一次摘心，此次是逢心必摘，一般只留 2 叶，花柄过长的品种在形成花蕾后再摘一次主蕾，以达到一枝两叶一花的目的。

(4)换盆植苔

10 月中旬小菊开始透色。此时应换精致花盆，为展出观赏做准备。根据盆景造型、花色、韵味选配花盆之后，将植株从瓦盆中整株取出，再按花盆的形状和大小切去多余的原土，为保成活和花期，去土不得超过 1/3，不论何种形状的花盆、何种造型都不应将菊桩栽于盆土中，否则即显呆板。盆土应适当高出盆面，形成自然起伏的漫坡状。而后于土面植苔。选颜色一致的青苔，精心培植，喷足水后用手按实，使其地衣无缝，犹若天生。这时可轻轻拆去金属丝，然后对枝叶花朵进行调整，达到理想境界。

(5)长寿秘诀

小菊本是宿根花卉，在北京自然情况下，每年地上部分都会枯死，以脚芽更新。然而北京栽培的小菊盆景宿茎却能活到 10 年以上，其秘诀在于秋后及时去除脚芽，只保留枝叉上的萌芽。具体做法是：小菊盆景谢花后及时从精致花盆中取出，除去多余的根土，剪除过长的和腐烂的根、枝和残花，用砂壤土栽植在瓦盆中，放在低于10℃的室内养护，随时剔除所有脚芽。次年 3~4 月用培养土换入浅盆中再行整形，秋后再现其华，主干依旧生机勃勃，如诗增新韵，画添新彩。

10.6　侧柏盆景制作技艺

国内外柏树类盆景多采用刺柏、圆柏、真柏、杜松等树种，而采用侧柏制作盆景则是近年来山东泰安(以新泰为中心)兴起的新潮流。涌现出了庞大的侧柏盆景作者群。诸如吴强、高胜山、牛文生、马守友、范义成等，有的已成为盆景大师，其作品在国内外大展中屡获大奖。被盆景评论家命名为"鲁新派侧柏盆景"，并有侧柏盆景专著一书问世(图 10-10，图 10-11)。

侧柏(*Platycladus orientalis*)为柏科侧柏属植物，本属仅 1 种，为中国特产乡土树种。具有耐瘠薄、抗盐性(可在含盐 0.2% 的土壤里生长)，根系发达，寿命长，树姿优美，用途广等优点。内含中国元素较多较浓。

图 10-10 侧柏盆景

图 10-11 侧柏盆景

10.6.1 采桩

目前新泰的侧柏盆景制作仍以山采为主。侧柏野桩多分布在山东泰安山地。其山采步骤为：选桩、挖掘、断根、起土球、修整根部、修剪冠部、土球包装、运输、填穴。不过，当地盆景生产已经认识到了山采的害处，开始了侧柏盆景苗圃自繁工作。力争最快改变山采现状，闯出一条杜绝山采，自繁自育的道路来。

10.6.2 基本技法和特殊技艺

基本技法不外乎一扎、二剪、三雕、四提、五上盆，此处不再赘述。拧枝和揪梢是新泰侧柏盆景制作的特殊手法，统称采梢法。采梢法是由侧柏鳞叶生长特殊性决定的。如果用剪刀剪，植物体内的酸性物质或单宁等与剪刀上的铁发生作用，而使叶子出现锈色。再者，用剪刀造成的伤口较大，很容易使叶子风干或形成枯梢，不但使树体受损，而且有碍观瞻。用采梢的方法则既减小伤口、减少蒸发，又使树冠显得十分自然。采梢时用左手将叶子拢起，用拇指比齐，将叶梢揪成自然的弧形，放手后叶团即成半圆球形或半椭球形，犹如天上的云朵一般。采梢时注意要揪而不能掐。

10.6.3 病虫害防治及注意事项

在养桩过程中，虫害的防治也是一个关键性的环节。如果忽视了这一环节或者防治不及时的话，则必将对盆景生产带来重大损失。对于侧柏来说，危害最严重的主要有两种害虫：一是柏双条杉天牛；二是柏树小蠹。这两种害虫同目异科，都是蛀干类害虫，而且习性非常相似，同属弱寄生性害虫，主要危害生长势弱的树木和新移栽的树木。因而，对于刚刚移植下山的侧柏来说，对这两种害虫的防治就显得尤为重要。很多观察表明，植物的抗虫性与植物体内的水分状况有着很密切的关系。植物体内水分不足时常易遭受虫害(包括食叶性害虫和蛀干类害虫)的侵袭。这时, 树木含油树脂分泌压下降, 常常使害虫顺利地侵入寄主。此外, 昆虫具有极端敏感的嗅觉器官, 能发现寄主及其他昆虫所散发的化学信息。经常可以观察到, 许多健壮的立木对树皮小蠹的抗性要比新伐倒的或受雷击的树木强得多。例如, 西方落叶松的立木实际上不受小蠹的侵袭, 但伐倒后立即会被侵害。这表明寄主受伤后所释放的挥发性物质对小蠹提供了引诱。对于新移栽下山的侧柏树桩来说, 根系损伤不但严重导致树体内的水分和养分的代谢平衡破坏, 对害虫的抵御能力明显削弱, 容易造成害虫的侵袭, 而且, 由于失水而导致的含油树脂分泌压的下降, 也正是害虫侵入的好机会。同时, 挖桩和上盆时对树桩的剪、截也造成了大量的伤口, 这些伤口所释放的挥发性物质又极易招致大量害虫的到来。此时若不及时防治必将造成虫害的大面积发生, 对盆景生产带来严重的损失。因此, 在养桩期间一定要及时有效地对害虫进行防治, 否则就像所讲的"养桩不治虫, 树桩死无穷"。不但挖桩的辛苦付之东流, 而且制作出瑰丽神奇的盆景的设想也成为了泡影。

具体的防治措施有以下几种:

①提高寄主的抗性　加强土、肥、水的管理, 使树木有良好的树势。对于新移栽的树木要随移随栽, 使树木很快发出新芽, 这是防治害虫的关键措施。同时, 要搞好遮荫、喷水等工作, 保持树木体内有充足的水分。

②饵木诱杀　将新柏木锯成段放在衰弱有虫的柏树附近, 引诱成虫产卵, 白天可在木堆上捉杀成虫; 此法多于 2 月底 3 月初进行。5 月底以后扒皮或烧毁, 消灭里面的幼虫。

③化学防治　树桩移栽后喷 800~1000 倍氧化乐果乳油或 2000 倍 2.5 % 的澳氰菊酯乳油进行封干, 防止产卵危害。

④物理措施　针对少量盆景将老皮刮去可以防止成虫在树缝中产卵。若小枝已经蛀入害虫可将小枝剪去, 或用铁丝伸入蛀孔将幼虫刺死。

柏树小蠹为鞘翅目, 小蠹科, 又名柏肤小蠹。主要危害侧柏、圆柏等柏树树皮和木质部表面, 破坏输导功能, 常和双条杉天牛一起危害, 加速柏树的枯死。成虫体长 2.5mm 左右、宽 1.3mm, 长圆形略扁; 全体黑色或褐色, 每个鞘翅上有 9 条纵纹, 卵圆球形, 白色。老熟幼虫体长 2.8mm 左右, 乳白色, 稍弯曲, 头淡黄褐色, 蛹乳庄色, 长 2.5mm 左右, 快羽化时黑灰色。北方 1 年 1 代。主要以成虫在树皮内作坑过冬, 卵期 7 天左右, 幼虫孵化后, 在树皮和木质部之间向坑道两侧呈放射状蛀食为害, 幼虫期 40 多天。5 月中下旬, 幼虫老熟在子坑道末端作蛹室化蛹, 蛹期 10d 左右 6 月上中旬成虫羽化外出, 树皮上出现许多直径 2mm 左右的圆形羽化孔, 成虫转蛀食 2mm 左右粗的小枝上取食, 补充营养。9 月中旬成虫再回到较粗的柏树枝上咬破树皮潜入过冬。

伤口的封闭在挖桩、换盆和修剪过程中, 常会对树桩造成一些伤口。在多数情况下往往忽略了对这些伤口的处理。然而, 树木的皮和皮下组织器官也和人的肌肤一样, 是对树体起着保护作用的, 使之免受细菌和真菌的侵害。许多很好的树桩树干腐烂, 甚至整株死亡都是由于忽略了对伤口的处理所致。因此对树桩伤口的处理也是一个很重要的环节。传统上有些简单的材料，如蜡、乳胶、油漆等，但效果都不甚理想，目前国外有一中名叫"塞德勒尔紫胶脂"的德国产品是人工合成的非渗透性乳胶，可在伤口处形成像树皮一样的一层防风雨日晒的保护层，同时不影响植物正常的呼吸和蒸腾作用，效果十分良好。

培养土的消毒。在上盆、换盆前一定要配制好肥力充足，有机质含量高，排水透气性好的培养土。但应注意的一点是培养土必须充分消毒。因为上盆、换盆时根系受损，细菌和真菌很容易通过伤口侵入，如果培养土不消毒则很容易引起根部的腐烂。土壤消毒常用的药剂为福尔马林，每立方米均匀拌入 40 % 的福尔马林 400~500mL，把土壤堆积起来，覆盖塑料薄膜，经 8~12h 后把土壤摊开在阳光下暴晒 5~7d，这样盆土可接近无菌状态。有条件的可用巴氏消毒法，即在培养土内通入蒸汽，将土壤加热到 82 ℃左右，持续 30min，这样不但能灭菌，而且可以杀死土壤中的有害生物和杂草种子。少量培养土可放在铁锅内炒，并不断翻动，温度 120℃以上，0.5h 可达到灭菌效果。

10.6.4 栽培养护农谚

挖桩不带土，树死白辛苦；
运输不包装，桩根难保墒；
栽桩不掺沙，树桩活得差；
养坯不遮荫，叶黄不精神；
养坯不治虫，桩坯死无穷；
选盆要得当，好比穿衣裳；
换盆不施肥，长孬你怨谁；
不干不浇，浇透才好；
光照与透风，念好场地经；
只挖不育苗，子孙可不饶；
三分骨粉七分饼，叶色浓绿好盆景。

10.7　丛林式盆景制作技艺

我国盆景艺术家赵庆泉、贺淦荪、林凤书等最擅长丛林式盆景的制作。其经验总结如下。

丛林式盆景适宜表现山野丛林之风姿，它是由多株树木组合而成的统一而富有变化的整体。制作丛林式盆景，材料并不难觅，但构思立意和经营布局十分重要。具体步骤是（图 10-12）：

（1）选树

丛林式盆景中的树木，不是为了各自表现自己，而是组合在一起，形成一个可供欣赏的艺术整体，因此，选材不在于每株树的树形十全十美，而在于姿态自然，格调统一，能够协调。选树应有大有小，有高有矮，有粗有细，有条件最好选用盆栽苗。

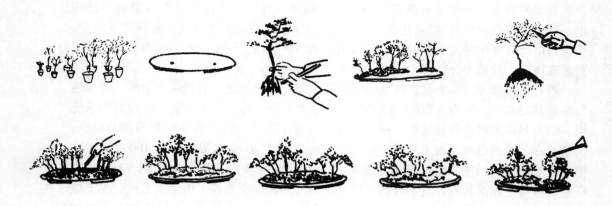

图 10-12 丛林式盆景制作过程

（2）选盆

丛林式盆景表现的景观较宽阔，宜选用口面较大的盆钵。形状以长方形、椭圆形为宜，盆钵宜浅不宜深。浅盆不仅形体美，而且有助于表现景观的开阔和深远。盆钵太深会因体量大而显得笨重臃肿，不利于突出上面的"景"。盆器底部应有排水孔，但极浅的盆也可例外。盆体的质地和颜色应与所用树种、石料相协调。常用的盆有石盆、釉陶盆和紫砂盆等。

（3）脱盆剔土、修整根系

选好苗木，首先脱盆，然后用竹签细心地剔去根团上的部分泥土，使之便于在新盆中搭配栽植，同时能让根系在新的培养土中舒展生长。脱盆剔土后，如遇妨碍栽种的树根，应适当剪除。不宜剪除而又妨碍栽种的根，可用棕丝或用金属丝作弯曲处理。

（4）树木布局

树木布局是制作丛林式盆景的重要一环。这一过程是将经剔土的若干株树木在盆中安排试放，边放边观察边调整，疏密、高矮、主宾、藏露，皆在试放中周密考虑，最后确定理想布局。

（5）修剪枝叶

布局既定，要根据造型设计要求，对各株树逐一进行修剪整理。首先剪去影响整体构图效果的多余枝条，然后修剪重叠的枝条和过密的枝叶。繁简合宜，画面清晰、节奏鲜明。

（6）栽植树木

栽前先用金属网或尼龙丝网或瓦片垫好盆底排水孔，然后撒上一层细土，再依照试放时确定的位置放好树木，使根系舒展。接着覆土填实，将树木栽好。如若盆浅土少，树木不易栽稳，可用金属丝绕于树根，穿过排水孔固定在盆底。丛林式盆景土面要起伏自然，富于变化。

（7）点缀石头

点缀山石以增添山林野趣。选用的石种及形状，要与盆内树木气韵相通，有助于渲染特定的环境气氛。点缀的位置要合理，树石才能相映成趣，盆景的意境才能更加深远。

(8) 布苔

土面布上青苔犹如绿茵茵的草地，使盆景增添生气。树石之间有青苔作中介物，也更加显得自然协调。布苔方法是将长苔土皮铲起，一片一片地贴于刚刚喷洒的土面上。

(9) 点缀配件

为了丰富意境、突出主题，有时需要安放配件，如舟揖、建筑、人物等。配件的大小要合乎比例，安放位置要恰当，配件只能画龙点睛，不能画蛇添足，也不能喧宾夺主。可用胶合剂牢粘在石头上，也可只在展出时安放一下。

(10) 浇水

用细眼喷壶由上而下、连树带土一起喷洒，全部浇透，同时也对盆景做清洗。浇水后将盆景放置在遮荫处细心管理十数日，以后便可进行正常管理。

思考题

1. 丛林式盆景制作过程。
2. 果树盆景制作要点。
3. 小菊盆景长寿的关键是什么？
4. 你认为当地盆景制作应采用哪种技艺？为什么？
5. 现代创新盆景分为哪三大类别？又分为哪 23 种形式？

推荐阅读书目

1. 鲁新派侧柏盆景. 牛文生，彭春生. 香港新时代出版社，2000.
2. 海派盆景造型. 王志英. 同济大学出版社，1985.
3. 树桩盆景设计与制作. 冯钦铎. 山东科学技术出版社，1985.
4. 微型盆栽艺术. 沈荫椿. 江苏科学技术出版社，1981.
5. 鲁新派侧柏盆景. 牛文生，彭春生. 新时代出版社，2000.

第11章　现代草书盆景创作*

[**本章提要**]本章系统论述了现代草书盆景的定义、特点、简史、类别、应用、盆景草书字符及字帖、计算机设计造型、草书盆景苗圃等内容。最后论述了现代草书盆景的学术地位、创作模式(中国元素＋现代科技)及其意义。

文化是社会的定力，而真正能把中国文化凝固下来的只有书法。书法是中国文化永恒的缆绳，书法线条的游走就是一种美，这单色的线条维持了几千年的审美活力，它是东方艺术审美的密码(余秋雨)。

为强化中国文化元素，强化盆景的民族风格，编者从盆景教学第一线走向了盆景生产第一线，一干就是 5 个年头。在实践中探索出了中国盆景"中国元素＋现代科技＝民族风格＋时代内容"的创作模式，现代草书盆景就是这个探索的结果。它体现了强烈的民族自尊心、自信心和自豪感。盆景只有走中国自己的道路才有广阔的发展前景。

11.1　现代草书盆景的定义与特点

现代草书盆景就是树桩字干为中国书法一笔狂草的盆景。综合分析，江苏阳光生态农林开发有限公司研制出来的现代草书盆景，具有全新、综合、环保、简易、实用五大特征。

(1)全方位创新

草书盆景堪称盆景观念、内容、风格、流派的全方位积极创新，在盆景材料、造型、创意、技法、工艺流程方面都做了全新的尝试，取得了新进展、新突破。

(2)综合性

现代草书盆景是多种学科、多门艺术的交叉融汇，集电脑、草书、盆景、力学、苗圃、环保于一体，既有电脑现代科技的前瞻性，又有传统草书书法的潇洒，还有盆景造型的奇特韵味以及力学科学、环境科学的理论依据。因而它更具有广泛的审美情趣，更能满足当代人多层次、多角度、多样化、多方面的精神文化需求。这也是区别文字盆景、书法盆景的重要方面。

(3)环保性

江苏阳光现代草书盆景创办了有独特生产工艺流程的草书盆景苗圃产业，彻底杜绝了上山挖桩、破坏环境、毁坏资源的陋习，走的是一条可持续发展道路。

＊ 本章是主编数年的创新探索，内容尚未臻熟，旨在抛砖引玉，使我国盆景创新之风盛行。

(4) 简易性

化繁为简，变难为易，周期缩短，为实现现代草书盆景生产标准化、规模化、产业化打开了一扇大门。先进的科学的核心技术和设施克服了国内草书盆景长期以来创作中存在的落后方式。它使一个草书盆景字干能一次成型，批量生产，从成型到成品只用 2 年即可。由于采用了先进的根据力学原理创造的专利技术"铁丝非缠绕造型法"和先进的"造型模具"，使得普通员工也能很快熟练地掌握。标准化、规模化、产业化势必为降低成本和让草书盆景走入千家万户创造了先提条件。

(5) 实用性

增强了盆景与民众及政治的亲和力，使盆景更贴近民众、更贴近生活、更贴近时事政治，从而更好地贯彻文艺为人民服务、为社会主义服务以及"双百"方针。盆景从而不再是一种为少数人服务的"束之高阁"的艺术品，而是变成了一种为政放歌、为民抒情、为民祝福、雅俗共赏的文化艺术创造。我们不但可以轻而易举地用电脑设计出人民大众喜闻乐见的传统的"福、禄、寿、禧"等上百个草书盆景字干造型，而且还能根据时事政治需要设计出各种反映时代脉搏的标语口号式的草书盆景字干造型来，如"构建和谐""新北京、新奥运""同一个世界、同一个梦想"等。只要有了适合制作草书盆景的苗木或半成品，立刻就能按电脑设计的图像创做出字干造型或样品来。它彻底改变了有史以来盆景文化"转弯抹角"地为社会政治服务的状况，而变得更为直接更为快捷，使盆景弘扬以爱国主义为核心的民族精神和以改革创新为核心的时代精神之可操作性更强。

中国盆景发展的唯一出路在于继承基础上的创新。江苏阳光生态农林开发有限公司就是在"坚持科技创新，发展自主品牌"战略思想指引下攻关 3 年，终于达到了江苏阳光盆景"10 新"目标。

植物材料新　江苏阳光所用树木种类是最新发现的彩叶树种金叶榆（*Ulmus pumila* var. *yellow*），它是盆景界不曾有人使用过的新成员，别具风采，观赏价值特高。

造型新　江苏阳光盆景造型集滇派（树干字型）、扬派（云片）和"洋派"（不等边三角形）之大成，是属于集成创新的典范。至于江苏阳光丛林式数字语言盆景（如 520——我爱你），更是盆景造型之前卫了！

立意新　江苏阳光草书盆景创意内容十分时尚，触摸到了时代的脉搏，起到了为政放歌、为民抒情的文艺"双为"功能。它包括：①吉祥祝福类；②节日喜庆类；③标语口号类；④商业广告类；⑤属相类等总共 200 字左右。比之传统的草书盆景（30 个字左右）内容要丰富得多。

技法新　先用现代手段计算机设计一景、二盆、三几架组合造型，再用以力学原理为基础的专利技术铁丝非缠绕造型法，加之"模具造型术"，从而达到了字干批量化、标准化生产的目的。这种新技法是国内外传统盆景中从来没有采用过的发明专利。一般书法盆景是达不到的。

工艺流程新　先用专利方法生产具有长、细、柔特点的草书盆景专用苗木，再用上述技法完成字干造型，而后上钵进温室养活，再移栽下地养大，其间用"Ⅰ"字形固定法专利技术固型，春季插皮嫁接，夏季树冠摘叶造型……总之，采用的是一套全新的工艺流程。

字帖新 制作现代草书盆景离不开"字帖",利用计算机手段和草书字符发明的彭体盆景草书字帖即中国书法一笔狂草字帖,是外观设计专利,它是字干"临摹"的"模特"。

模具新 草书盆景规模化、批量化生产必须有字模才能达到。江苏阳光字模也是最新申报的发明专利。

观念新 国内不少盆景场是靠山采发展盆景生产的,是一种以牺牲环境、资源为代价的发展模式,是旧传统、旧观念的体现。江苏阳光发展盆景完全是在苗圃中进行的,完全属环保型生产新观念。

概念新 目前国内树干干为字型的盆景名称很多,有"文字盆景""书法盆景""植物字体盆景""字形盆景""艺术字盆景""植物书法盆景""滇派书法盆景"等,然而"草书盆景"叫法更确切、真实。

风格新 鉴于江苏阳光草书盆景独树一帜、自成一家的风格特色,不妨按传统的理论叫"无锡风格盆景"或者按流派创新理论叫"彭派草书盆景"。

总之,江苏阳光草书盆景既是古典的,又是现代的,是继承基础上的创新,它体现的是地道的中国特色、中国风格、中国气派,具有强烈的时代感和吸引力,它必将为弘扬主旋律、提倡多样化和推进先进文化、健康文化以及构建和谐文化做出贡献。

11.2 草书盆景发展简史、分类及应用

11.2.1 草书盆景发展简史

草书盆景(或称"文字树桩盆景")始见于宋代中原,明代洪武年间传至云南,并在云南不断发展,形成今日的滇派书法盆景,近年来又有新的发展。但总的看来,工艺滞后,普及欠广。进入 20 世纪 80 年代,北京林业大学开始加入现代设计手段和科技含量,之后在江苏阳光生态农林开发股份有限公司实行产、学、研结合,使草书盆景发生了质的飞跃,形成了现代盆景标准化、规模化、产业化生产。

11.2.2 草书盆景的分类

草书盆景目前尚缺少一个分类系统,只能根据草书盆景现存实际情况作如下分类。

(1)按草书盆景立意内容分类

可分为吉祥祝福类、节日喜庆类、标语口号类(政治)、商业广告类、属相类、数字语言类和草书元宝盆景类。其详细内容如下。

目前来讲,全国用于草书盆景的一笔字不足 30 个,更谈不上分类。江苏阳光根据产、学、研的成果将草书盆景字型按字意分为五大类,共有 200 个左右,首次公诸于世,以飨读者并作为参照样本。

①吉祥祝福类

吉祥如意　万事如意　福禄寿禧　一帆风顺　福如东海　寿比南山　万福金安
招财进宝　合家平安　步步高升　家和万事兴

②节日喜庆类

欢天喜地　前程似锦　百年好合　龙凤呈祥　双喜临门　花好月圆　白头偕老
喜气洋洋　抬头见喜　庆祝五一　庆祝国庆　庆祝元旦　欢度春节　春节愉快
生日快乐　节日快乐　开门大吉　万寿无疆　倒"福"

③标语口号类

构建和谐　和谐社区　和谐兴国　和谐兴邦　改革开放　三个代表　祖国万岁
国泰民安　和谐万事兴　共产党万岁

④商业广告类

恭喜发财　大吉大利　生意兴隆　财源广进　欢迎光临　横8竖8

⑤属相类

鼠、牛、虎、兔、龙、蛇、马、羊、猴、鸡、狗、猪

⑥数字语言(丛林式盆景)类

"520"——我爱你　"258"——爱我吧　"240"——爱死你　"234"——爱相随
"168"——一路发　"2013"——爱你一生　"1920"——永久爱你　"9950"——
久久吻你　"7731"——心心相印　"7319"——天长地久　"8013"——伴你一生
"9240"——最爱是你

(2)按规格分类

微型草书盆景　树高20cm以下；

中型草书盆景　树高20～80cm；

大型草书盆景　树高80～120cm；

巨型草书盆景　树高120cm以上。

(3)按树种名称分类

金叶榆草书盆景；紫薇草书盆景；火把果草书盆景；树状月季草书盆景……

(4)按树种类别分类

松柏类、杂木类、花果类、彩叶类等。

11.2.3　草书盆景的应用

过节送礼　如"欢度春节"草书盆景；

生日送礼　如送"寿"字草书盆景；

家居装饰　庭院、窗台、阳台、居室、几案；

会场、宾馆、公园装饰　公共场所；

展览装饰　屋顶花园、专类园，如"万福园"。

11.3　盆景草书字帖*

* 注：盆景草书字帖是草书盆景树干造型的模特，在制作草书盆景过程中只要照猫画虎即可。

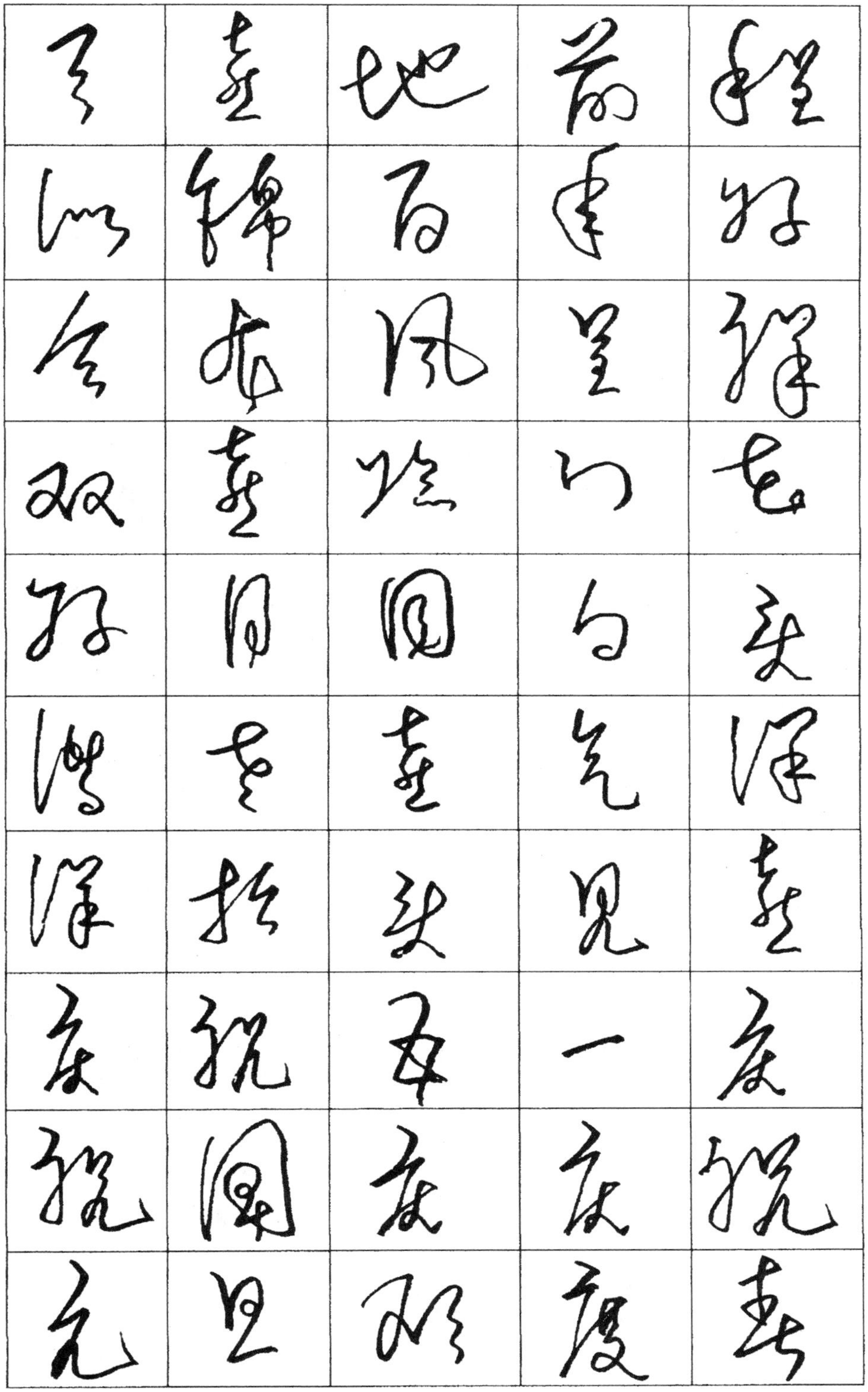

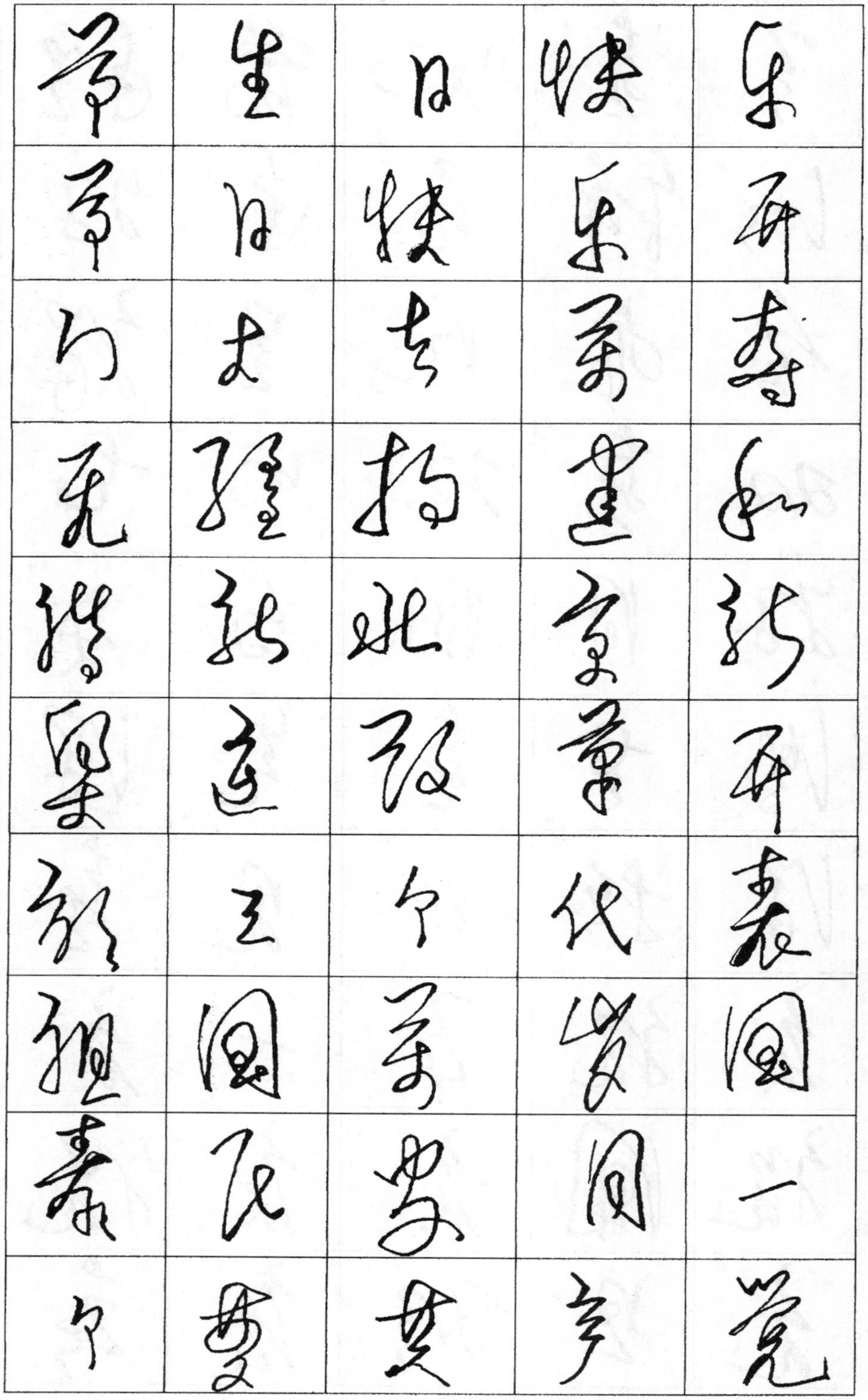

秀	岁	禁	壶	夜
约	大	专	太	翁
生	室	双	隆	财
源	夕	甚	水	迎
笼	始	藏	牛	虎
兔	龙	走	蛇	马
羊	手	猴	鸡	狗
猪	影	作	辈	和
多	景	一	室	夏
通	专	样	私	室

11.4 现代草书盆景计算机设计造型

11.4.1 草书盆景计算机设计六大要素

①树冠 可以选择部分冠形紧凑、层次分明、色彩漂亮、形状美观的盆景的树冠作为草书盆景的树冠要素，在光盘中列举部分树冠作为电脑集成制作参考。

②字干 见"11.3 盆景草书字帖"。

③盆器。

④几架。

⑤摆件。

⑥背景 其色彩也不外乎红、橙、黄、绿、青、蓝、紫和它们之间的混合色，但总的来说都是分为暖色和冷色，暗色与淡色。对于颜色比较浅淡的草书盆景一般用浓、暗的色彩作为背景加以衬托，而对于那些色彩比较浓、暗的草书盆景，则采用轻、淡的背景衬托之。

11.4.2 草书盆景计算机设计制作程序

利用计算机及相关图像处理软件（主要是 Photoshop）来设计草书盆景，不仅缩短了盆景从创作开始到完美展现效果的时间，而且使一些在现实中只能想象的效果变成真实的照片。下面介绍操作过程。

（1）搜集素材

搜集所需的一切素材，如树冠造型图片、树干字体造型图片、各种盆钵几架、各种摆设用的山石及摆件图片。

（2）使用的软件

利用 Photoshop 软件建立新的文件，设好图片的大小及分辨率。

（3）制作过程

①树冠造型去除背景后复制到新文件中，调节大小及方向。

②树干字体造型去除背景后复制到新文件中，调节大小及方向。

③所配套盆钵几架去除背景后复制到新文件中，调节大小及方向。

④摆设用的山石或摆件去除背景后复制到新文件中，调节大小及方向。

⑤调整树冠造型、树干字体造型、盆钵几架及山石或摆件的位置使之吻合。

⑥使用各种工具消除掉各种影响图片质量的因素。包括粗细大小搭配、颜色搭配、图层接缝处的处理，使之自然化、真实化。

⑦保存图片。一份 PS 格式以备修改；一份 JPEG 格式以备输出照片。

至于对有关操作方面的细节，在各种专门学习 Photoshop 软件的书籍中均有详细描述，在此不再赘述。

11.5　现代草书盆景生产工艺流程(以金叶梅草书盆景生产为例)

11.5.1　现代草书盆景苗圃工艺流程设计方案(图 11-1 ~ 图 11-12)

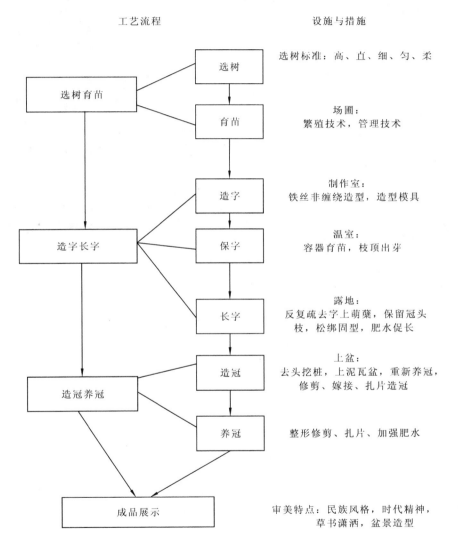

图 11-1　现代草书盆景苗圃工艺流程

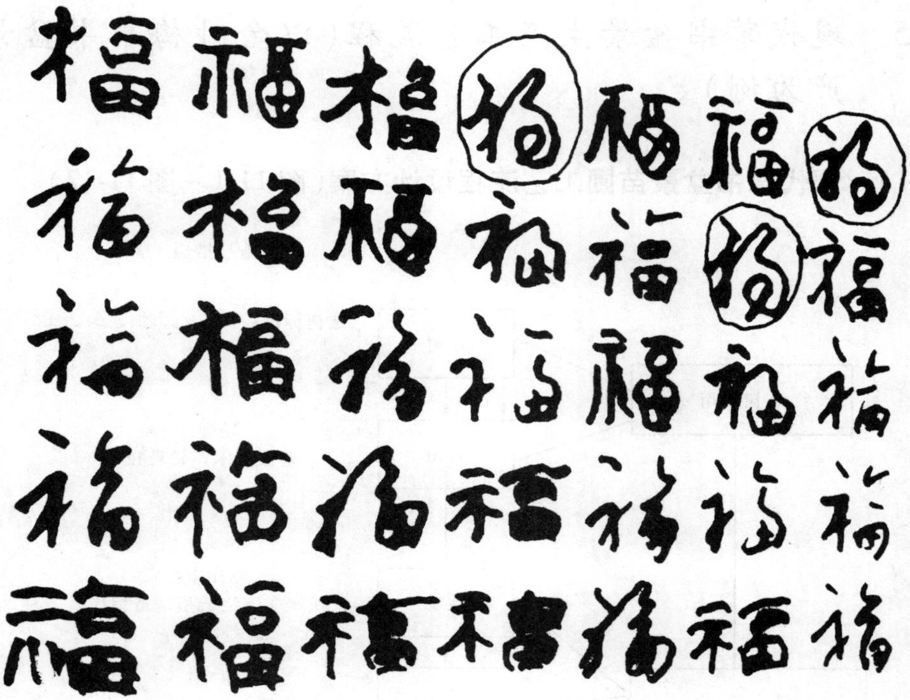

图 11-2 字 帖

图 11-3 模 具

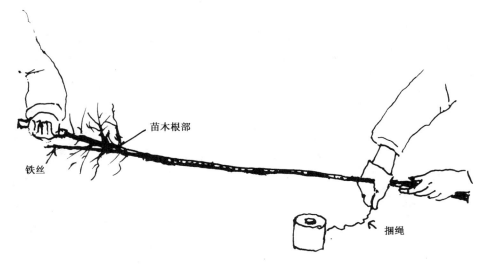

铁丝　苗木根部　捆绳

图 11-4　铁丝非缠绕

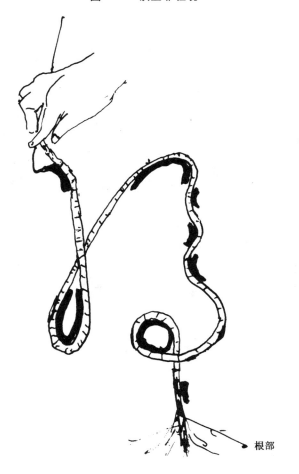

根部

图 11-5　模具造型

图 11-6 棚内养活

图 11-7 下地养大

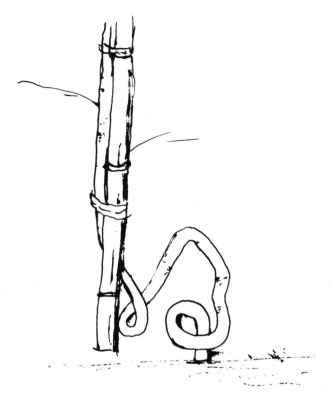

图 11-8 固 型

图 11-9 枝 接

图 11-10 棚内养护

图 11-11 埋盆养护

图 11-12 现代草书盆景（福）

图 11-13 现代草书盆景（寿）

11.5.2 现代草书盆景苗木特殊性及其培育技术

现代草书盆景专用苗木必须具备高、细、柔、匀和无刺 5 个特点，否则就难以制作出草书盆景造型和进行批量生产。根据其特点，可以筛选出一些比较适合草书盆景的树种如下：白榆、金叶榆、小叶女贞、金叶女贞、桂花、杜鹃花、紫薇、红花檵木、枸杞、郁李、桃、樱桃、贴梗海棠、垂丝海棠、西府海棠、蜡梅、梅花、迎春、枸骨、龟甲冬青、五色梅、鹅耳枥、小叶朴、槐、金叶槐、对节白蜡、银芽柳、紫藤、玉兰、叶子花、山茶、金雀儿、茉莉花、圆柏、侧柏、罗汉松、火棘、福建茶、佛手、金橘、大叶黄杨、黄杨、银杏、平枝枸子、九里香、山楂、六月雪、金银花、金弹子。其培育技术为避免一般化叙述，下文只选了一些专利技术加以介绍。

(1) 金叶榆嫩枝扦插技术

金叶榆是近年来河北省林业科学研究院黄印染、张钧营最新发现的一个观赏价值极高、园林用途颇广的园林植物新品种。

其繁殖采用白榆枝接金叶榆的方法，数量少、繁殖系数低，费时、费工，价格昂贵，难以满足市场对金叶榆的需求。金叶榆属于扦插极难生根的树种，有关金叶榆嫩枝扦插繁殖技术国内外尚未见报道。

作者经过研究摸索，找到了一种金叶榆嫩枝扦插繁殖新技术，根据植物扦插对环境条件的特殊要求，人为地满足植物扦插所需要的最佳环境条件，从而使金叶榆扦插成活率达到81%，极大地推进了金叶榆的普及推广。其主要技术步骤如下：

①当年5月下旬~9月，剪取金叶榆当年生嫩枝做插条，每支插条长8~15cm，每支插条顶部保留2~3片叶子，每100支捆为一捆。

②插条处理 把一捆捆插条下端浸入NAA500mg/kg溶液中速蘸10s，取出备用。

③扦插基质及设施 扦插基质配方为蛭石：珍珠岩：草炭土=1:1:1，混合均匀，插床基质厚度为30cm，扦插设施为全天候温室。

大棚内置小拱棚，小拱棚上遮盖一层无纺布。

④扦插方法 将插条垂直插入基质5cm，株行距5cm×5cm，插后浇透水，喷施多菌灵1000倍液。

⑤插后管理 棚内温度25~35℃，空气相对湿度70%~90%，午后注意通风，并在无纺布上喷水降温。基质见干见湿。使用托布津、多菌灵、百菌清每周轮换喷洒一次800~1000倍液。插后1周长出愈伤组织，15d开始生根。30d生根率达80%以上，可移栽炼苗。

⑥炼苗 移栽用黑塑料钵10cm×12cm，基质用土壤和上述基质各50%配制而成，再加入少许复合肥。置钵苗于有喷雾设施的荫棚下，炼苗20~40d后移栽下地。

(2) 现代草书盆景专用苗木培育方法

技术领域 本发明涉及一种盆景植物培育方法。具体涉及一种草书盆景专用苗木培育方法。属园林苗木繁殖技术领域。

背景技术 现代草书盆景是一种以观赏盆景字干一笔狂草造型的盆景艺术形式。因此，用来制作草书盆景的苗木需要具备高、细、匀、柔的特点，否则就完不成草书盆景字干的一笔狂草字型。生产这种草书盆景专用苗木必须采用特殊的培育方法，然而，目前国内外尚不曾见过草书盆景专用苗木培育方法的报道。因而探索现代草书盆景专用苗木培育技术，以达到其苗干高150~200cm，干径0.6~1.2cm，而且树干匀称、比较柔软的特殊要求便成为急需解决的问题。

经过不断研究，作者采用一种草书盆景专用苗木的培育方法，提供一种培育制作草书盆景的专用苗木，这种苗木具有高、细、匀、柔的特点。能够满足制作草书盆景一次成型的目的。

其主要工艺步骤如下：

①整地时施足基肥，厩肥 5 000kg/667m^2，过磷酸钙 50kg/667m^2；

②选择一年生苗木树干生长快、比较柔软的树种，如白榆、榉木、紫薇等；

③通过播种、扦插或 2 年生以上苗木平茬埋根的繁殖方式繁殖苗木；

④苗木株行距为(5 ~ 10) cm × (5 ~ 10) cm 的密植程度；

⑤苗木生长季节加大肥水，每 15 ~ 20d 追施复合肥 1 次，50kg/667m^2，肥后浇足水；

⑥加强病虫害防治，注意通风，防止苗木倒伏；

⑦修剪上注意去侧维主，见侧枝就及时疏去，维持主干延长枝的绝对生长优势；

⑧栽培设施以塑料大棚为好，以便延长苗木生长期。

这样，到当年年底就能保证苗木树高长到 150 ~ 200cm，干径长到 0.6 ~ 1.2cm，树干上下匀称，比较柔软，适合草书盆景一次造型成功，满足草书盆景造型特殊需求。

(3) 金叶榆多芽长管套接法

金叶榆是河北省林业科学研究院选育成功的彩叶新品种，其品种的优良性达到了国际先进水平。金叶榆是乔、灌皆宜的优良彩叶树种，具有叶片金黄艳丽，树冠丰满，高度抗寒冷、干旱等特点。生长迅速，枝条密集，耐强度修剪，造型丰富，既可培养为黄色乔木，作为园林风景树，又可培养成黄色灌木，广泛应用于绿篱、色带、造型。根系发达、耐贫瘠、水土保持能力强，除用于城市绿化外，还可大量应用于山体景观、生态绿化中，营造景观生态林和水土保持林。金叶榆是我国乡土树种白榆的变种，对寒冷、干旱气候具有极强的适应性，在我国东北、西北地区生长良好，同时有较强的抗盐碱性，在沿海地区可广泛应用，其生长区域北至黑龙江、内蒙古，东至长江以北的江淮平原，西至甘肃、青海、新疆，南至江苏、湖北等地，是我国目前彩叶树种中应用范围最广的一个。

目前常用的繁殖方法主要有嫁接和扦插两种，由于金叶榆属于极难生根树种，扦插成活率低，所以生产上以嫁接为主，嫁接有枝接和芽接。枝接局限为砧木尚未发芽前树液将开始流动时的 3 月上旬至中旬，嫁接时间短，且操作繁琐；芽接局限为 6 月上旬和 8 月中旬 2 个时段，且嫁接繁殖成活率低。由此，延长嫁接操作时间，提高嫁接成活率是当前急需解决的问题。

金叶榆多芽长管套接技术要点是：

①在 3 ~ 10 月，选择生理机能旺盛的粗壮枝条和接穗，在室外进行。

②砧木切削。选择白榆和榔榆未萌发腋芽的枝条与金叶榆枝条同等粗度的部位，将砧木白榆或榔榆枝条剪断，然后把砧木白榆或榔榆枝条一圈树皮反卷撕下来，撕皮的长度 5 ~ 10cm。

③接穗切削。选用一年生半木质化的金叶榆枝条做接穗，若枝条上部芽已萌发，则选用下部未萌发芽做接芽，将枝条接穗在砧木粗细同等处的上段剪段，再在下部

（与砧木接穗同等处）横切一圈，将树皮完全切断，由下而上取出筒状芽片）。

④套接。将筒状金叶榆芽片，从上而下套在白榆或榔榆砧木上，要求大小合适，如果砧木粗，接穗细则套不进去；如果砧木细，接穗粗，则套进去太松，为了使二者大小合适，在没有经验时，可选取接穗，再剪砧木，砧木细时，可以往下剪一段，以达到粗细一致，套上正好为止。为了保护形成层不被伤害，当套上接穗后，不要来回转动，适当松一点，紧一点都可以。

⑤包扎。嫁接后不必塑料条包扎，只需将砧木皮由下往上翻，使其分布在接穗的周围，保护接穗，减少水分蒸发。

嫁接后一般15~20d腋芽萌动，这时可去除未嫁接枝条，在嫁接口下的主干上蓄留适当数量的斜生白榆或榔榆嫩枝，这些嫩枝作为辅养枝，使接穗和砧木实现营养互补，以克服接穗的死亡，采用本发明嫁接方法，大面积成活率和保存率达95%左右。

11.5.3 金叶榆草书盆景批量生产方法

草书盆景起源于清代康熙年间，一直在云南流传，誉为滇派盆景。选用植物代表树种是紫薇，制作方法是随着植物生长按照草书字谱逐渐完成。常见草书有"福如东海、寿比南山""春、夏、秋、冬"等。近年来，山东枣庄、江苏如皋等地也有人制作草书盆景，市场走俏，价格不菲，所用树种有所增加，有紫薇、石榴、寿星桃、火棘等，但至今未见使用一个彩叶树种。在草书内容上，虽说也在与时俱进，除了"福、寿"之外还有"恭喜发财"等，但由于采用传统制作方法，制作一盆草书盆景花费少则几年多则数十年，而且不能批量生产，难以形成一个产业。因此，不断扩大制作草书盆景的树种材料、缩短生长周期并设法形成规模化生产就成了草书盆景亟待解决的问题。

具体实施方式是：

①一年生白榆播种苗的生产　春天当白榆种子榆钱果翅变白的时候进行种子采收或落地后收集，再在整好的田地里实行密播并覆盖一层1cm砂土，喷水保持湿润，小苗出齐后进行间苗，株行距5cm×5cm。以后加强肥水管理和病虫害防治。秋后苗木长到120~150cm高，树干细长为宜，小雪节气起苗后假植备用。

②接穗金叶榆的培育　只能采用无性繁殖，用扦插或嫁接法培育，否则会引起变异。

③材料与工具　造型材料有14~18号铁丝、塑料绳、小钳子、泥瓦盆、桩景盆、手锯、枝剪。

④制作方法　先把白榆树干与14号铁丝平行并列起来，用钳子在与树干等长的位置把铁丝剪断。再用塑料绳把二者缠绕起来，按预先备好的草书字谱做弯造型，利用铁丝的机械力克服树干的机械力而达到造型的目的。

⑤下地栽种　草书字样造型好后立即下地栽种，浇足定根水后，在荫棚条件下成活后转入常规养护。加强肥水管理和病虫害防治。冬季落叶后调整树形，植株字样用竹片固定。

⑥芽接换冠　当草书字样长到1年半的时候，即次年6~8月，在草书字样上5~10cm处实行截干，待新枝萌发后，把金叶榆芽用"T"字型芽接法嫁接在白榆新枝上，

达到换冠要求。

⑦金叶榆新冠造型 根据金叶榆枝条粗度选用适当粗细的金属丝缠绕45°，把枝条做蛇形弯曲，制作成扬派云片1~5片。

⑧上盆养护 当云片长成后起树上泥瓦盆，再精心养护管理，最后转换精美的桩景盆。

11.5.4 现代草书盆景模具造型法

文字树桩盆景始见于宋代，受吉祥文化及传统习俗的强烈侵染及影响，在喜庆的寿庆环境和气氛的熏陶下产生的，表现出庆寿的文化传统及意蕴。当时利用的材料是桃树，在"花开则二影，结实则九影，平时观其形，花开赏其艳"的基础上，经盆景艺人的精心构思，巧妙制作，创造性地将主干蟠扎，制作成草书"寿"字（白忠，2006）。文字树桩盆景在我国古代曾经有过一度辉煌，但是由于战乱，字形太少，技法太难等原因，自明代在中原地区绝迹。明代洪武年间传入云南，并在云南不断地深化发展，形成了滇派盆景的主要特色。其中袁锡章先生创作的"福如东海·寿比南山"的文字树桩盆景一直流存至今（彭春生，2004）。近年来江苏如皋季友森用桃树、火棘等依照《盆景学》（彭春生主编）介绍的字体制出"福""寿"等草书盆景。采用的是植物边长边造型方法，时间长，手段烦琐，制作者素质要求高，成型需5~10年。云南凤庆县国税局退休干部沈元章用紫薇制作了"凤顶五环""鸟语花香"等草书盆景。山东即墨市高泽泉用金银花制作了"福"字并申请了发明专利（19912320.4）。采用的方法是先用铁丝或电线造成字体。在金银花生长过程中，以铁丝字型为"模"，边生长边造型。北京林业大学教授彭春生在1993年申请了铁丝非缠绕造型法，虽一次成型，但不能批量标准化生产。张正梁等（2003）发明了盆景造型固定器，在植物生长到一定阶段后安装上固定器，校正盆景植物的茎干和枝叶的生长方向，改变其自然生长方向，使之有规律地弯曲蟠扎。曹亮等2005年申请了金叶榆草书盆景批量生产方法，但不用模具，虽能批量生产，但花费时间颇长。

综上所述，这些草书盆景造型法均存在成型时间长（5~10年）、费工费时、不能快速生产的问题。

作者为了克服上述不足，提供一种快速的草书盆景造型法，达到标准化规模化生产，以满足人们对草书盆景的需求。探索并发明了一种草书盆景模具造型方法，该方法包括以下工艺步骤：

①首先确定要造型的文字。

②模具制作 其一，设计出一笔流畅的草书字型，写在或打印在纸上；其二，选2~3mm厚的铁板，把写有草书字型的纸贴在铁板上，用笔把纸上的字型复制在铁板上；其三，根据字型笔顺，在字型笔顺转弯处，用1~2mm钢片依字型弯曲程度焊接在铁板上，即成草书模具，铁板上的钢片即成模型。

③造型苗木的处理 秋季苗木落叶后或生长季节撸去叶片，把14~18号铁丝与造型苗木茎杆并列起来，用钳子在与苗木茎杆等长的位置把铁丝剪断，用塑料扎皮把二者缠绕起来形成造型苗木备用。

④草书造型 把③处理好的造型苗木根颈压在字模起笔处，由下而上、由右而左，依模型弯曲，一次成型，制成草书字型苗木。

⑤温室养活 把造型好的草书字型苗木入温室无土栽培养活。

⑥下地养护 把养活的草书字型苗木下地栽种，并用竹架绑扎固定字型，经常施肥、灭虫、抹赘芽、检查字型生长情况，及时纠正其变形部位，保持模具字型。

⑦嫁接树头 选择树头嫁接在草书字型苗木树干上部，形成草书树体，成活后经常短截，使之生长丰满，花束紧凑。

⑧整形修剪上盆 把草书树体上盆养护，即成品草书盆景。

本草书盆景模具造型方法造型时间短(2～3年)，字型标准，可快速形成批量生产。

11.5.5 现代草书盆景万用造型锥

经调查和了解，制作草书盆景的模具有"网架"造型法(高泽泉专利，植物字体培育方法)、盆景造型固定器(张正梁，2003)、字模图样造型法(彭春生，中国盆景流派技法大全)和草书模具造型法(吴有光，彭春生)。然而，这些草书盆景"模具""器具""图样"都有其局限性或不足，只限于造一个字或完成一个字几个字的批量生产，而不能达到制造N个弯和数以百计的草书盆景字体来，严重地限制了草书盆景的大面积推广、普及，随着现代草书盆景的快速发展，必须发明一种草书盆景万用造型器具。为克服上述不足，提供一种制作草书盆景的万用造型锥，根据不同草书盆景树干一笔狂草字体，存有N个弯曲的实况，又根据树干字体造型中一点集中受力容易折断而N个弧形曲面受力则受力分散不易折断的力学原理，设计一种基部圆柱形、上端有N个弧形面的圆锥形造型器具——现代草书盆景万用造型锥，就能满足大量草书盆景字体存在N个弯曲造型的目的。

具体实施方式如下：

①做一块厚5cm、长50cm、宽30cm的木板。

②做一根长20cm、直径5cm的圆棒。圆木棒基部留5cm，5cm以上的15cm制成圆锥形，将基部用鳔胶固定在木板上。

③制作草书盆景时，采用铁丝非缠绕造型法把平行树干、铁丝用塑料绳缠在一起，再在5cm处做弯，而后根据字体弯曲需要做出弯曲来。

11.5.6 保字固形技术

(1)影响字干变形的因素与对策

多年的经验和教训，使我们认识到，未必种"福"得"福"，种"寿"得"寿"，如若管理不当，则经常出现"天书"或怪字，出现广种薄收甚至广种不收的现象。完成字干造型只解决了草书盆景的第一步。当然，即便是这一步，倘若字体造型不好，字体本身就不准或七扭八歪，将来长出来的字形肯定不佳。从字干造型、栽入地下到日后2年生长季养干过程中，影响字干变形的因素还有很多，综合分析有以下8个方面。

①字形运输不当，造成字干走样 野蛮堆放、野蛮装卸是造成字形走样的主要原

因。好多字纠缠在一起，生拉硬扯，岂有不走样之理。如何克服？搬运中轻拿轻放，小心将字分开，不要用力拉扯，栽前一字字认真检查，随时把变形字纠正过来，以保证栽种下地的字苗字形正确。

②字形直接下地，造成枯干现象　2005年春笔者曾经制作了300多个草书造型，由于未经棚内养活，而直接露地栽种，造成了大部分字干部分枯死现象，新生枝条从字干某一部位冒出，新生枝条上边的字干枯死。这是由于新制作的字干上在弯曲时出现硬伤，直接露地栽植，承受不了露天空气干燥、太阳直晒。克服办法是先把造好的字苗在棚内上盆养活（字顶端冠枝养活），而后再转入露地栽种。

③字形下地栽种操作失误　将字干的一部分深埋入地下过深或浅埋未能把根固定住，导致字形歪斜，都会使日后字干变形。克服办法是由技术人员或熟练工人检查栽种质量并在浇水后把所有变形的字苗校正过来。

④松绑过早过晚或操作不当，造成字干变形　松绑过早，字干不够粗，解下绳索，字干易变样，可通过铁丝简单缠绕或吊扎，或用竹竿、棍棒固定，如在字背后用"A"形固定法、"H"形固定法或在字左旁用"I"形固定法固定之。松绑过晚，容易形成字干"自缢"现象。何时松绑为宜，视所缠绳索勒入树干但还能看到缠绕绳索时为宜，说明树干加粗已经达到足以支撑树冠但又未产生"自杀"现象时松绑效果最佳。一旦看不到所缠绳索，则表明松绑滞后。一般说来，6～7月松绑合适。松绑操作要注意别把字干弄断。

⑤风吹树冠，字干扭曲导致字干变形　这是树干加粗生长的第二年最容易产生的现象。要注意加强树干支撑或腰间用"井"字形固定，棵棵相连，株株互为支撑（犹如无锡一带栽早园竹固定法）。补救办法是在截干起苗上钵前后用"上撑下拉"或铁丝吊扎校正。

⑥字干生枝，新枝取代字干　平时不注意疏去字干上的新枝，新枝"近水楼台"抢先得到来自地下根系输送来的水分养分，拼命生长，很快取代字干冠枝，在字干半截处形成树冠，造字就会出现全部或部分瓦解，造成失败。1994年研究生制作的一批白榆草书造型就因此而一字无收。所以，平时注意疏去字干上的枝条十分重要，有一疏一，马虎不得。

⑦字干扎根，出现字干左大右小　在字干生长过程中，要注意及时铲除左边根须，根除办法是使左边字干悬空，杜绝入土扎根现象发生。

⑧天牛伤干，字干断折　注意及时捕杀天牛，发现有天牛盗洞和排出粪便，及时向洞内注入敌敌畏等农药以杀死害虫。

（2）现代草书盆景字干造型"｜"字形固定法

当前对于草书盆景字干造型固定方法，有"A"网架固定法（高泽泉专利：植物字体培育方法），有用竹片"X"形固定法，还有字干后边用"H"形支撑固定法（成都郫县德源镇）。以上3种方法，存在3个缺陷：其一，费工费料，尤其用于草书盆景批量生产上更是这样。其二，草书盆景字干造型制作完毕栽种下地后，常因字干上萌发枝条夺去顶端生长优势而导致字干变形，使整个草书盆景变成废品。其三，固形效果不佳，由于草书盆景在生长过程中，整个树冠的重力都压在字干的左偏旁，风吹导致字干变形尤其是左偏旁变形，"A""X""H"各种支撑方法从力学上讲，未起到"对症下药"的效果。因此，寻求一种省工、省料、"对症下药"的科学字干固形方法时不我待，现将"｜"字形固定法的主要工艺步骤介绍如下。

①疏除字干萌蘖枝条。每5~7d疏除一次，保证字干树梢树冠正常生长。

②字干左偏旁插入垂直竹竿固定。字干造型下地栽种后，在字干左偏旁垂直插入（或用铁榔头敲入）一根长125cm、粗3cm的毛竹梢，形成"｜"字形固定，下端入地28cm，将字干左偏旁用草绳捆在毛竹梢上，固定2~3点即可。

③字干右偏旁变形部位用草绳拉紧矫正固定。

④固形后生长1~2年，要注意养护管理中人为碰撞树形。

11.5.7 造冠养冠技术

江苏阳光生态农林开发股份有限公司生产的金叶榆草书盆景的冠形有两种，大多数为国际上流行的不等边三角形（投影），少部分为扬派云片造型。由于云片制作起来较费功夫，量大难以承受。所以，在生产中以不等边三角形为主。

阳光牌草书盆景冠形采用"4个1"制作法。具体言之，就是嫁接金叶榆，左（或右）飘一枝，顶上截成一个平头，嫁接捆绳划断一刀，最后通过多次短截制作成一个不等边三角形。这样的造型既省工又时尚，适合成千上万的草书盆景生产。

思考题

1. 什么叫现代草书盆景？其特点是什么？
2. 简述草书盆景发展史。
3. 草书盆景应用计算机设计造型的方法是什么？
4. 草书盆景设计造型还有哪些先进手段？
5. 怎样打造创新型企业？专利技术在其中起的作用是什么？
6. 发展草书盆景苗圃的战略意义是什么？
7. 现代草书盆景的学术地位如何？
8. 奥运会开幕式的"中国元素＋现代科技"，你认为适合现代草书盆景的创作模式吗？
9. 谈谈你对《新病梅馆记》的看法？

推荐阅读书目

1. 盆景学第2版. 彭春生，李淑萍. 中国林业出版社，2002.
2. 中国盆景流派技法大全. 彭春生. 广西科学技术出版社，1998.
3. 狂草探微. 范润华. 天津人民美术出版社，2002.
4. 历代书法名家草书集字丛帖. 杜江. 天津人民美术出版社，2004.
5. 园林树木1000种. 张天麟. 学术书刊出版社，1990.
6. 桩景养护. 彭春生. 湖北科学技术出版社，2000.

7. 中国草书盆景. 彭春生，等. 中国林业出版社，2008.

8. 草书盆景论. 彭春生. 中国常州、海峡两岸盆景业峰会，2008.

9. 谈派别的"自然形成"和"与时俱进". 彭春生. 中国花卉报，2005 - 1 - 15.

10. 彭派草书盆景彰显艺术魅力. 铁铮. 中国绿色时报，2008 - 9 - 9.

阅读材料：

范敬宜《新病梅馆记》

不久前，我曾参观韩国济州道"盆栽艺术苑"（即盆景公园），同苑长成范永进行了一次很有趣味的交谈。话题是从龚自珍的《病梅馆记》引起的。在走马观花地看完了占地 3 万平方米的盆栽艺术苑后，成范永先生请我到茶室品茗，并问我对盆栽艺术的印象如何。我告诉他，看了这里千姿百态的盆栽以后，我改变了对盆栽花木的成见。这种成见，是少年时代读了清代文学家龚自珍的《病梅馆记》以后形成的。成范永先生显然很感兴趣，要求我讲下去。我只好努力搜索自己的记忆，给他讲了《病梅馆记》的梗概。龚自珍在这篇文章里，借"病梅"——即由人工造成的畸形的梅花盆景，影射清王朝摧残人才的罪恶："斫其正，养其旁条，删其密，夭其稚枝，锄其直，遏其生气；以求重价"。可是看到这里富有生气的盆栽松、柏、梅、桧、柳，又读了成范永先生撰写的《盆栽三美》《盆栽十德》《盆栽十得》，才知道对盆栽花木竟然有这么多积极的解释，很有感慨。正如古人说的，"览物之情，得无异乎"——在不同的时代里，在不同的心境下，对同一事物的看法可以完全不同。成先生笑道："我过去不知道龚自珍，但是抱有他那种观点的人，这里也有。去年有 30 多位学者到这里来参观，有的指责我说：'你太残忍了，把好好的天然花木摧残、扭曲成这个样子！'我说：'你这是无知！我做的事情不是摧残，而是矫正。这些含有野性的花木，经过我的设计、培养、调教，最终成为可以引起人们美感的艺术品，这是多么有意义的事情呀！眼看经过我的书，懒惰的'人'变成勤奋的'人'，粗心的'人'变成细心的'人'，浮躁的'人'变成稳重的'人'，我感到十分自豪。作为父亲，您难道不愿意看到自己的子女在一种严格的教育下成长吗？""再说，如果我们对盆栽花木做的工作纯粹是摧残、扭曲，那么他们的结果必然是死亡。但是，它们并没有死亡，而且学会在有限的生活空间内生活下去，生活得很好，达到了我们需要的美。这种现象给改造社会的人以启示；应该像制造盆景那样去矫正、制约社会上的不健康的现象。社会上有许多事情，是需要我们去管理和矫正的。如果我们大家都养成这种习惯，对社会大有好处。"我说："成先生，听了您的这番话，我想起一件往事。过去我看到林业上有个术语，叫'抚育'，以为只是浇水施肥。后来参观了林场，大吃一惊，原来抚育就是用斧子砍，用剪子剪，有的几乎把旁枝都砍光了，看样子非常可怜。可是技师告诉我，如果不这样狠心，它就长不好，成不了材，只能成柴。"成先生听了非常开心，笑道："看来，世界上真正爱树的人的心是相通的，您可以写一篇新《病梅馆记》了！"（范敬宜　人民日报总编辑）

第 12 章　山水盆景创作

[**本章提要**] 本章共讲了 5 个问题：相石与布局；山水盆景的制作技艺；配植与点缀；盆景题名以及几种特殊形式的山水盆景制作要点。

重点是画论和基本技艺，它包括布局原理，锯截、雕琢、拼接、修饰等。

硬石在选不重雕，反其道而行之必失败。

软石在雕不重选。雕刻的依据是中国画中的皴法，依图施工。

几种特殊形式的山水盆景指的是挂壁式、雾化盆景和赏石（严格讲不属于盆景）。它们的制作各具特色。

12.1　相石与布局

12.1.1　相石构思的一般规律

所谓相石，就是对石料认真观察、细心审度并按照美学规律（形式美法则、意境美原则）进行石料筛选和艺术构思的过程，也是盆景艺术家在得到感性认识后在头脑中孕育山水盆景艺术品过程中所进行的形象思维活动。从本质上说来，是一种认识过程，其中并无难以理解的奥妙，它依然遵循着人们认识事物的普遍规律，即从现象到本质、从感性认识到理性认识。

创造山水的典型造型是山水盆景艺术构思中的根本任务和中心环节。唐代画家张彦远说得好："书画之艺，皆需意气而成……意奇则奇，意高则高，意远则远，意深则深，意古则古，庸则庸，俗则俗矣。"意，就是创作意图和意趣，立意就是构思，也即创作前筛选石料，提炼题材，酝酿确定主题、探索最适当的表现形式的思考过程。刘勰在《文心雕龙》中使用"神思"这个概念来表现构思的特点，也是形象思维的意思。凡事要胸有成竹，山石创造亦然。郑板桥画竹有三个过程：自然实景是"眼中之竹"，艺术构思是"胸中之竹"，艺术创作则是"笔下之竹"，创作山水盆景何尝不是这样。

从山水盆景创作的实际情况出发，我们不妨把山水盆景相石构思的一般规律概括为以下 3 个阶段加以阐述，即"观察—想象—灵感（图纸设计）"，也可以叫做"信息输入—信息处理—艺术造型的输出"。

(1) 观察

人们对客观世界的一切知识开始于感觉，即观察。在这里，观察有两方面的含义，一是对现实存在包括社会生活和自然界山水景观的感性认识，二是特指对山石材料的感性认识。盆景作者通过耳闻目睹直接或间接地对现实事物的观察，把亲眼看到的和从书本上、电视中看到的桂林山水、苏杭美景、剑门雄关、北国风光、岭南景色、国外风景以及国家建设的现实等作为信息——记在脑海里。"输入"的这些信息在山水盆景创作之前，只不过是作为无数信息的一部分贮存在盆景作者的大脑的"信息库"之中，日积月累，信息量聚增，再经过长时间的提炼、升华，使盆景作者在感觉方面形成一种精细敏感的感受力和鉴别力或者叫做盆景审美能力，它使盆景作者在日常生活中对各种事物的感受认识经常有意无意地保持一种知觉的选择性，这种选择性，主要表现在能够迅速地把反映对象的某种特性、特征等根据盆景艺术创作的特殊要求筛选出来，这就是平素人们所谓的盆景艺术家的"慧眼"。当观察的目的就是为了探索和研究某种能够提供创作素材的社会现实或自然山水景观，如峰峦叠嶂的造型时，盆景作者的感知选择性就更表现得十分鲜明。在一般人看来只是平平常常的一块三棱四不圆的石头，而在盆景作者眼中却是表现"太华千寻"的山水盆景好材料，原因就在这里。

另一方面的观察，就是特指对各种各样石料的观察。很多有经验的盆景作者都认为，石料由天然形态变为盆景艺术品，必须对原始的石料进行仔细的观察。观察程度决定了艺术造型的准确程度和生动程度，作品主题的确定也无疑要从观察中实现。借用苏东坡的诗句"横看成岭侧成峰，远近高低各不同"，可以很好地说明观察的重要性。同是一块石料，由于观察角度不同，会导致不同的艺术造型呈现。因此，要善于观察，要善于捕捉石料之天趣特征或自然特征。石料天趣或自然特征主要表现在山石的色泽、形态、动律、皴纹、质地、韵味诸方面。对于一块石料要从不同角度去观察，上下看，左右看，前后看，竖起来看，横斜着看，倒转过来看，朝夕端视，日夜观瞧，使石料天趣(自然美)在作者头脑中打上深深的烙印。

(2)想象

盆景作者对社会、自然山水以及石料本身的感性认识，是形象思维即想象的思想基础，王夫之曰："寓意则灵"，寓意过程即艺术构思的过程、想象的过程。在艺术构思的一系列心理活动中，中心环节是想象活动，没有想象，盆景艺术家就无法以艺术的方式概括生活、自然，创造出高于生活、高于自然的艺术形象来。高尔基指出想象是"创造形象的文学艺术之最本质的一个方面"，高尔基的话不仅适用于文学创作，而且对一切艺术包括盆景艺术在内的创作都是适用的。

想象也可以说是把感性认识得到的信息，在大脑中进行复杂处理的过程。想象可以使人认识事物的本质和内在联系。想象可以使盆景艺术家在广阔的范围内去反映客观世界，创造艺术形象。想象的发挥则是盆景艺术家打破直接经验的局限、克服狭隘性的重要手段。盆景艺术家通过想象，他所能把握的生活、自然景观领域远比直接经验过的领域要广阔得多，深刻得多，《群峰竞秀》《西游记》等都是想象出来的，比现实似乎更有艺术感染力。

所谓"精骛八极，心游万仞"的想象，可以把握到当前直接感觉和知觉所不能把握的事物，想象的重要作用还表现在，没有它，盆景艺术家就不可能综合和改造从生活中所获得的种种感觉印象，使它在表象上得到提炼取舍，从而形成比生活、自然本身更集中显示出事物本质的形象特征。盆景艺术家正是依靠自己的想象能力，才能使作品远远"超出一般事物简单平淡的统一性"，因而使典型形象比生活、自然本身更易认识。

山水盆景艺术创作中的想象活动远不如文学、雕塑创作活动中的想象来得那么自由和不受限制，因为山水盆景艺术的想象往往离不开具体石料的形态，尤其是硬石类更是如此。

还有一点需要强调，就是在艺术构思中，想象与感情往往是交织在一起的，没有酷爱祖国大好河山的思想感情，盆景艺术家创作出来的山水造型是断然不能产生巨大感染力的。想象和情感之间的交互作用，使构思得以活跃地展开，导致艺术造型形象不断深化和个性化，情感是激发想象的动力，想象也同样激发情感的升华，从而创造出具有高度艺术感染力的山水造型形象来。山水盆景创作中"有所发现"的过程，除了观察，主要是艺术想象的过程。在天然石料（尤其硬石）造型形象比较明确，一看上去就像个什么地理形貌的时候，想象也许是一瞬间的事情。

实际创作中，想象有时候是和对石料的反复观察同时进行的，但也有的时候，想象却要经历一个较长的时间。在艺术构思不成熟、题材立意未定、材料取舍没把握时，决不轻易、盲目、草率地动手。

总之，形象思维是一个艰苦的脑力劳动。

(3) 灵感

灵感在山水盆景创作的构思过程中，是形象的孕育由不成熟到成熟的质变表现，也是盆景艺术家在构思过程中所产生的强烈的创造欲望在形象上的体现。灵感以观察、想象为基础，是观察、想象的必然结果。盆景艺术家生活经验、创作经验越丰富，想象力越丰富，获得灵感的机遇和可能性就越多。缺少或不注意对社会和自然山水的观察，一般是不容易产生灵感的。

灵感经常是在盆景艺术家高度紧张地进行构思的过程中出现的，它的来临的突然性，实际上是盆景艺术家长时间艰苦构思过程所达到的某一个突变点在艺术家心理上的反映。常言道："得之于倾刻，积之在平日"。音乐家柴可夫斯基把灵感看做是"巨大劳动的结果"；画家列宾说："灵感是对艰苦劳动的奖赏"。当然，在山水盆景创作中边观察、边想象、边制作的现象也是常有的，甚至在最后时刻突然改变原来的创作意图也不乏先例。因而，所谓构想的 3 个阶段，只是为了叙述的逻辑性而已，实际上，观察、想象、灵感、制作是错综复杂地交织在一起进行的，有时一个特大的山水盆景艺术作品，要经过长期的构思，要出现几次灵感、几次冲动才能完成。盆景艺术家贺淦荪先生的《群峰竞秀》就构思、创作了 1 年的功夫，大型根艺山水盆景《万里长江图》创作肯定也是如此。

随着灵感的出现，往往"腹稿"也就随之酝酿成熟了。在此基础上，勾出设计草图来，就可以进入艺术传达即制作阶段了。

12.1.2　相石构思中的具体情况

(1)因意选石,意在笔先

如欲表现山如斧削、形同壁立的石林景观,就要选择坚硬的斧劈石、木化石;若要表现庐山、太行山一类具块状或节理的断块山,则要选择具有明显横纹的砂片石、横纹石、千层石、芦管石;如若表现江南一带土层丰厚、植被茂密的褶皱山,可以选用吸水长苔的软石类;如表现黄山、华山或雁荡山一类垂直节理十分明显的断块山,又当选择石质坚硬、纵裂多皱的锰矿石;做雪山选用白色的钟乳石或海母石,做具有丹霞地貌的武夷山宜选用带赤色具横纹的岩石;做岛矶宜用卵石、英石、砣矶石;做具有云状皱纹的盆景又可选用云纹明显的钟乳石。此外,做春山、夏山、秋山,还可选用带有疤痕易生苔藓的树根、树皮;做夜山、雨山或逆光山,则宜选用色黑、疏松、易吸水长苔而显得丰润华滋的木炭。

(2)因形赋意,立意在后

硬石类加工起来较难,而且不宜于雕琢,因而在创作中,常常根据石料的本来形状赋以意境,局限性很大,不能随心所欲。

(3)依图施艺,随心所欲

对于软石类如海母石、江浮石、砂积石等,可以根据山水盆景的立意,随意雕琢造型,局限性较小。

12.1.3　山峰的基本造型

对于每一座山峰说来,其造型式样不外乎立峰、悬崖、斜峰和折带4种基本造型(图12-1),其他造型样式皆为衍变而来。

12.1.4　布局的基本形式

对于一盆山水盆景,其所有山峰在盆中的布局基本形式不外乎单峰、双峰、三峰、群峰4种(图12-2)。平面布局如图12-3,其余布局形式皆由这4种基本形式衍变而来。如峡谷、石林、山峦等概莫能外。当然在布局中要遵循形式美(统一、比例、韵律、尺度、色彩、均衡等)法则的要求进行构图,就可以形成千变万化的布局和造型。

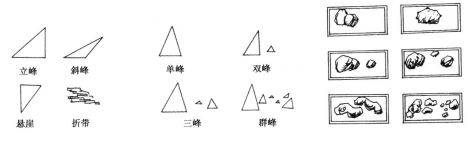

图12-1　山峰的基本造型　　图12-2　山峰布局的基本形式　　图12-3　平面布局

12.1.5 构图的基本要领

(1)空间意识

山水盆景是咫尺之内聚天地之灵秀于盈握间的造型艺术，是以三维空间来体现的。因此，山水盆景造型的空间意识及构图是体现其艺术性的重要因素。山水盆景是神游艺术，在这样的空间形态中，"存想何处是山，何处是水，何处楼阁寺观，何处桥梁、人物、车舟""远则取其势，近则取其质。山立宾主，水注往来。布山形取峦向，分石脉，置路弯，模树柯，安坡脚……"据此以设想空间、置阵布势、安排比例尺度等，都是盆景构图表现中全局性的问题。

(2)焦点透视与散点透视结合的空间

焦点透视是从一个角度观察对象，而散点透视则是从不同观点观察同一景物，是步移景异的"动观"之法。"三远法"就是将平视、仰视、俯视结合起来，流动地观看景物，逃脱了焦点透视的束缚，完满地表达丰富的空间关系。盆景构图最重要的是空间的艺术处理，需要把盆景狭小的空间划分成若干区段，取得扩大景深的效果。即在垂直高度和水平方向安排适当的层次，即习惯上称为上、中、下三层（竖向）来充分表达作品的意境（图12-4~图12-6）。如利用山石的肌理、洞空、崖畔及植被苔点等变化，做竖向层次的处理；利用半石、豆石做小礁和舟、榭、桥等，做水面的分隔；利用山峰势态、大小和纹理变化，做远近的纵向或横向的层次安排等。图12-7《危桥飞柱插澄清》是群峰意连式山水盆景。其主峰在垂直空间分割上，利用乱石做坡脚，以观景台、危桥做点缀，以植被渲染主峰自身的梯度，层层递进、颇为精妙。水平的横向处理也较为简洁，中景为远山、客山及水面帆影，远山如眉黛，以平远烘托高远气势，风格高峻神奇。

图12-4 上、中、下三层示意

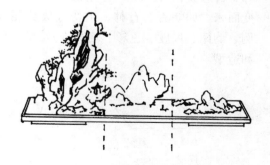

图12-5 左、中、右三层示意

图 12-6　前、中、后三层示意　　　　图 12-7　危桥飞柱插澄清

（3）山水盆景造型的构图原理及其艺术关系

①置阵布势

主次分明、远近有序　"先立宾主之位，次定远近之形，然后穿凿景物，摆布高低。"比如在山水盆景中，客山为主山而傍依，而定位取势，而琢形选材。还有以小礁、小树烘托高山的巍峨挺拔；以帆影、小礁烘托湖面的辽阔，另有曲直对比等，都是循从山水布局中以主领宾、层次分明和运用对比等手法表现主体。《山水诀》中曰："主峰最宜高耸，客山须是奔趋"也说明了叠山取势取得动态平衡的原理。否则盆中几个主峰争当主角，面面俱到，必形成主次不分或布置迫塞，七零八落，失尽山势（图 12-8，图 12-9）。

图 12-8　远山奔趋与近山主峰挺拔的对比呼应　　图 12-9　远近有序，俯仰呼应

取势与写势　宾主之间，远近之形，只是表象，其内涵是形象的势态及形象间的对比呼应。这种势态是运动的。实际上，构图并非单纯地摆布而着眼于"取势"和"写势"，"得势则随意经营，失势则尽心收拾，满目皆非。"在自然形态中，"势"是随处存在的，峰峦草木无不因势而有态。"山本静，水流则动；石本顽，树活则灵。"是写动势；"一收复一放，山渐开而势转；一起又一伏，山欲动而势长。"也是通过起伏、张敛写动势。

②虚实相生，繁简适宜　自然界中，有形谓之实，无形谓之虚。在艺术表现中，有形亦可虚。虚实相生，还要虚中有实，实中有虚。如在水面上放置点点白帆，几块小礁石，能使辽阔的水面不觉空旷。群峰环抱，连绵不断，间以"一线天"，则"明一而现万千"，使实处不感迫塞臃肿。近山为实，轮廓纹理要精细具体，曲尽形容，

犹如特写。远山为虚，则取粗简点睛之笔，纹理概括，色彩上也偏淡。近山参天雄浑，远山透迤如眉，使人有不尽之意(图12-10)。

③动静互衬 水动山静，树动石静，人动物静。在山水盆景创作中，石得水而活，水得石而出。通过不同因素的组合可以表现动势。线条、形、体也都有一定的性格，如直线静止，曲线流动，三角形稳定等。利用石料的形态，可以表现群峰如簇、平夷相对的动态平衡。

盆中景物有虚实、疏密、聚散、宾主、明暗、前后、开合、曲直变化，但变化中必须求其和谐统一，以免杂乱无章。《飞云》(图12-11)山石皆为横纹，脉络相连，但石质相同，景物既生动活泼又和谐统一。

图 12-10 聚散疏密关系一例　　　　　　　　图 12-11 《飞云》

④比例尺度得宜 "丈山尺树寸马分人"讲得就是盆中景物的比例关系。盆浅、配件小，树低矮，便显出山的高耸(图12-12)。然而，盆景不是模型，无须绝对按比例，有时需要艺术夸张。如局部树木体量可大些，使盆景郁郁葱葱，更富生机；欲为突出某一主题而不完全按照比例。"石重，水轻，浓色重，淡色轻。"在总体上要遵循事物形象间协调的比例关系，否则，弄巧成拙，失尽真意(图12-13)。

图 12-12 丈山尺树　　　　　　　　图 12-13 屋小人大比例失调

⑤景物含蓄、耐人寻味　"景越深、境界越大"。有一幅"深山藏古寺"的画，画面上并无禅寺，只见禅家循曲径上山。曲笔达意，古刹藏而不露，却可意会于心。苏州园林为世人称道，原因之一是小中见大，不是一览无余。盆景中洞曲折，水萦迴，道路掩映，亭台隐约，景物藏处多于露处，耐人寻味。

⑥盆景构图诸忌(图12-14)

主景居中　　　　　　　有实无虚　　　　　　　配件过大

宾主不分　　　　　　　配石过大　　　　　　　布置过满

宾主离心　　　　　　　重心不稳　　　　布置太空　布置过散

图12-14　盆景诸忌

12.2　制作技艺

山水盆景在完成相石、布局、设计之后，进入制作阶段，制作技艺是艺术的传达过程，也即将图纸或腹稿中艺术造型通过石料加工表现出来的过程。制作的具体程序有锯截、雕琢、衔接、布石、修饰，其次是植物配植、配件摆放和题名。

12.2.1　锯截

石料太大时必须劈开才能使用。较大的石料，一般情况下，都是美丑合一的不规则几何体，不会面面俱美，因此就需要一个去粗取精的裁截过程。根据构图要求，什么地方该留，什么地方该去，用锯或机锯截。再者，不论是硬石还是软石，山底与盆面接触的部分，也一定要求平稳，也需要通过锯截才能达到。锯截前，最好先找准切割线的恰当位置，找出其最妥善的高度和倾斜度，用彩色笔做好标记。为了防止划线失误，初学者可将全部入选石料，按构思布局竖立于沙堆中，反复挪动位置，经营好位置后，寻找最佳划线部位。这样做较为稳妥，较有把握。锯时，较小石料可用手扶固定。大石料则需要绳子或铁丝固定。锯截起来，动作要稳，宜轻推慢拉，要注意保护截面的平整，并防止损坏边角。

（1）长条山石的锯截

硬质石料中如斧劈石、虎皮石（石笋）、钟乳石等多为长条形石料。这些长条石料中有的一端姿态较好，有的两端都具有山岭形态，在锯截时应区别对待，只一端姿态较好者（如钟乳石），应根据造型需要，最大限度地保留好的一端，截去不佳的一端。而两端都具山岭形态者，可巧妙地将其分为一大一小、一高一矮，高者为峰，矮者为峦或远山，从而获得两块好的石料（图 12-15）。

（2）不规则山石的锯截

对于不规则的石料，粗看浑然，一无是处，但如反复审视，就会发现其虽不规则，但四周多棱状突起，山峦丘壑藏于局部之中，如巧妙地将其截为三四块，甚至七八块，即可获得几块大小不等、形态不同、姿态不一的石料，或作峰、或峦、或远山、或礁矶、或作岛屿，量材取用（图 12-16）。

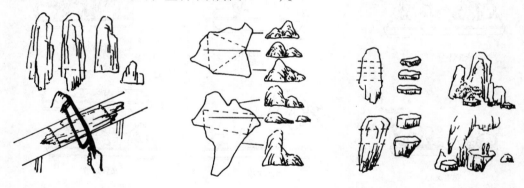

图 12-15　长条石的锯截留　　　图 12-16　不规则山石的锯截　　　图 12-17　各种平台的锯截

（3）各种平台的锯截

平台、平坡、平滩在山水盆景坡脚处理中具有独特的作用。有时在选石时也能发现天然平台石料，但优者少见。如在锯截时将一块石料按厚薄不等截为数块，即可获得各种平台，而后根据不同的造型要求去分别表现之（图 12-17）。

12.2.2　雕琢

（1）皴法

简单地说山石的凹凸皴纹称为皴，表现皴的绘画技巧称为皴法。皴法原是中国山水画中的一种传统技法，它是历代画家对自然界客观存在的地质结构、土石特征及岩石的纹理、裂痕、断层、褶皱、凹凸形态的抽象概括。在山水盆景制作中，除了掌握山水的形貌外，还必须掌握好山石的皴法。由于这种技法是用自然山石材料表现出来的，是立体的，因而较之山水画的皴法更为自然和更有真实感，而且将山水画皴法运用于山水盆景，对于发扬盆景的民族特色说来，也具有重要的意义。

传统的山水画皴法，由于历代画家的不断创新和充实，形式丰富，名目繁多，从画论古籍中常见到的皴法就有30多种。这些皴法主要可分为"面皴""线皴""点皴"三大类。面皴主要包括斧劈皴、铁刮皴等，适于表现坚实陡峭、石块显露、草木稀少的山岳，如花岗岩山岳，令人有刚劲挺拔、瑰奇淋漓之感，有一种刚阳之美。在山水盆景中，面皴所适用的石种有斧劈石、松化石、奇石、锰矿石等硬质石料。

线皴主要包括披麻皴、折带皴、卷云皴、荷叶皴、矾头皴、乱柴皴、解索皴等多种，多用来表现草木葱茏的土质山峦或苍莽古老的石灰岩地层等，有一种阴柔之美。在山水盆景中，线皴所适用的石料有砂积石、海母石、浮石等软石料，以及千层石、英德石、砂片石等硬质石料。

点皴主要包括雨点皴、芝麻皴、豆瓣皴、钉头皴、马牙皴等，既适合表现石骨坚硬而表面有毁坏点的变质岩山岳，也适合表现石骨与土肉混杂的土石质山峦，属于刚柔相济的皴法。在山水盆景中，点皴所适用的石种有砂积石、鸡骨石、芦管石等软石料以及石笋石等硬石料。

在山水盆景中常用的皴法有披麻皴、折带皴、卷云皴、斧劈皴等（图12-18～图12-26）。

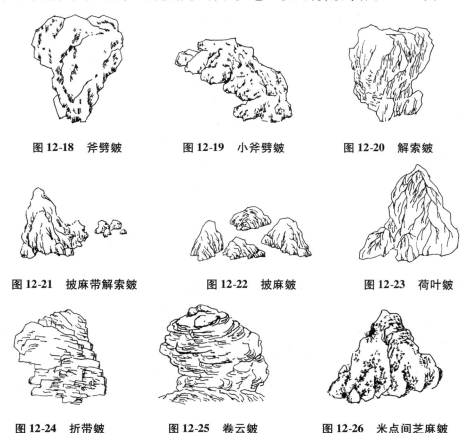

图 12-18 斧劈皴   图 12-19 小斧劈皴   图 12-20 解索皴

图 12-21 披麻带解索皴   图 12-22 披麻皴   图 12-23 荷叶皴

图 12-24 折带皴   图 12-25 卷云皴   图 12-26 米点间芝麻皴

　　一般在一盆盆景中，为了画面的统一，常以一种皴法为主，而以别种皴法为辅助作为对比和变化。然而在自然界中，由于地质变化等原因，山岳的变化常常是很复杂的，有时需要将几种皴法相间混用，才能表现出来。例如，花岗岩的山岳具有雄伟、峭立、体整、坚硬的形态和质感，但它的表面也受外界侵蚀而变成粗糙的外观，所以表现时有的宜用斧劈皴，有的则兼用各种点皴和线皴。研究皴法可以参考《芥子园画传》，以及其他中国山水画传统技法书籍，还要多观摩历代名画，从中吸取营养，并多欣赏大自然山水，体会皴法与真山的关系。

　　一般雕凿时，对无明显纹理的石料，如砂积石、江浮石、海母石等采用上述皴法极易奏效。而有些石料，原有天然纹理可以利用，则不必拘泥某种皴法，生搬硬套，只需在原有纹理基础上稍加补充、夸张即可。

　　运用皴法雕凿时，还应注意近景、中景、远景的透视效果，近景皴纹宜细腻清晰，中景稍模糊，远景只要一个大致轮廓便可，切忌远近不分，一视同仁。

（2）软石雕琢

　　软石雕琢好比在一张白纸上绘画，可以随心所欲地雕出各种造型和各种皴纹来。软石雕琢可分两步进行。

　　①打轮廓　根据腹稿或设计图纸，可先用小斧头或平口凿砍凿出基本轮廓来，这和绘画时打轮廓一样，只追求粗线条和大体形状。这一步很重要，影响到整个山石造型，最好一气呵成。山石大轮廓要放在远一些观瞧，整体造型效果才能显示出来，大的关系定下来后，才可进行细部加工，雕琢皴纹，切不可倒行逆施。

　　②细部雕琢　软石料皴纹的雕琢，多用小山子（或用螺丝刀代替），或用钢锯条拉，或用雕刻刀雕刻。雕凿时对于不同的软质石料要分别对待，有些石料质地不匀，如砂积石常和芦管石混生，雕前可先轻轻地试探一下，然后再根据其软硬程度来掌握用力的大小和方向，否则石料疏松处如用力过大，容易出现大块碎裂。海母石、江浮石质地比较均匀，可采用小山子尖头雕凿与锯条拉纹相结合的方法。对于有天然皴纹可保留的石料，在加工时，须使雕凿纹与天然纹协调一致，尽量不露人工痕迹。对于不同造型的雕凿方法也不尽相同：一般峰峦雕凿的刀法是由低而高，由前而后，皴纹一条条雕上去，形成一层层山峰；每一条皴纹的刀工是由上而下，就像用毛笔写皴纹一样；对于坡脚处和悬崖处，刀工多是由下而上，由外而内，而且要特别当心，轻轻雕凿，以防悬崖处断裂。软石雕凿方法很多，小型石料一般用手拿着雕凿，大型山水盆景的石料则必须放在平台或桌面上加工，并要正确使用工具（图 12-27）。

图 12-27　软石雕琢

(3) 硬石雕琢

硬质石料质地跪硬,雕琢不易,一般多把功夫放在选石上,常常不雕或把雕凿当做一种辅助措施。其雕凿要用钢凿或钢制小山子,凿时用力要适度,凿子顺着自然皴纹移动,宜小不宜大,应一凿接一凿,宁肯多凿几下,也不能操之过急,否则石料会出现一片片碎裂,很不自然。

一般石料主要加工观赏面,但也要考虑到侧面,在每个大的面中又包括许多小面。对于山体的背面,大多不需加工。如要制作四面观赏的山水盆景时,就必须四面加工。中国画论上说:"山分八面,石有三方"。即是说画上要多画几个面,画石要画出立体感来,才能显出其姿态,在山水盆景中更应注意这些。

植物种植槽也应在雕凿中考虑进去,多留在山侧凹进去的部位或山脚乱石、平台之后,也有留在山背面的(图 12-28,图 12-29)。

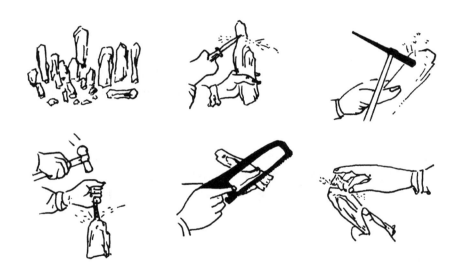

图 12-28　硬石雕琢(1)

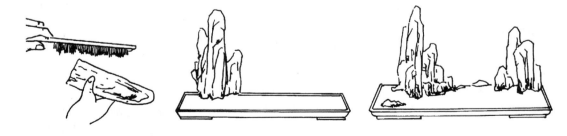

图 12-29　硬石雕琢(2)

12. 2. 3 腐蚀修饰

采用腐蚀的方法有两种情况，一种情况是想造成一种特殊意境或特殊环境(如雪景或梦境)，而采用稀盐酸或稀硝酸把石头表面腐蚀处理，以达到预期的艺术效果。如北京刘天明的山水盆景作品《梦游漓江》，曾在 1986 年北京盆景展中获一等奖，就是这样处理的。另一种情况，硬石类雕琢后容易留下人工痕迹，一般情况常用钢丝刷刷去残迹，如雕琢痕迹重，不够和谐，可用稀盐酸、稀硝酸略加腐蚀，再用清水洗净，可使其面目一新。但多数石种经腐蚀处理后，显得石色枯燥，光泽消失，天趣不浓。故此法非不得已时，是不可滥用的。此外，腐蚀时要多加小心，盐酸、硝酸容易腐蚀衣服、人体，要防止事故发生。

12. 2. 4 拼接胶合

拼接胶合是山岳成型的最后一环，如拼接得法，虽是数块山石拼接，却能得千岩万壑之艺术效果。

(1)拼接胶合的必要性

①制作大型山水盆景时，缺少或没有大料，只好用小块石料拼接而成。

②经加工的石料，如果造型的某些部分不足，自然可以用拼接方法弥补。

③在雕凿过程中不慎碰断了某个部位，也得采取拼接胶合的办法来补救。

(2)胶合方法

①水泥胶合法　一般山水盆景多用高标号水泥，加入少量细沙，水泥与沙的比例为 2:1 左右。但胶合硬质石料时，水泥中一般不掺或少掺黄沙。

②环氧树脂胶合法　微型山水盆景最好用环氧树脂胶合，使用水泥胶合，未免显得粗糙。

(3)各部位的胶合

分为主峰胶合、补脚和固定。

①主峰胶合　胶合时首先要考虑主峰是否符合造型要求，如有不足之处，可用胶合法补救。如主峰过矮、无气势，可拼接一块底石，使其加高，主峰过瘦，则单薄无力，可粘一片石加厚。主峰若无层次变化，可在其两侧各胶合一峰石，高低搭配，以加深层次。

如在峰的基础上表现悬崖，则可接一块倒挂石，改变主题。如表现洞穴，可在两石中间夹一悬石(图 12-30)。

两块石料胶接时，先用钢刷把两石胶接面的泥土、污垢刷去，再在接触面上抹上水泥沙浆，再上下相互对磨一下，使水泥胶合均匀，然后把多余水泥刮掉，即可固定。固定小型石料一般用 8# 钢丝弯个钢丝夹依靠钢丝弧的弹力可将两块石料夹持固定。大型石料或多块组合，可用绳子扎缚固定。遇有倒挂石或重心不稳的拼接胶合，则需给以支撑，以利于胶合固定(图 12-31)。

图 12-30　主峰胶接　　　　　图 12-31　胶接固定方式

②整体胶合　主峰形态完善后，即可进行整体胶合。整体胶合一般在浅盆中进行，以利于随时观察效果。首先在盆底铺一张纸作为垫底，以防止水泥与盆粘连。然后将主峰放在盆中稍偏一侧的位置。如主峰底部不平稳，可用水泥抹平，使其立稳。这叫主峰补脚。其余客山与主峰胶合时要有收有放。不能把主峰抱得过紧而看不清主峰面貌精神，也不能将主峰孤立裸露，松散割裂。主峰有破绽之处常用客峰遮挡。处理好主宾关系，峰峦起伏才能传神。待大小石料搭配布局完毕后，即将水泥砂浆浇灌各部接缝空隙，把每块石料拼接胶合，连成一体，固定造型。另外在较大空隙处，不要将其用水泥沙浆填满，应注意留有洞穴和栽植槽，以便栽种植物。待数天后，水泥砂浆凝固，即可洗去底纸。

③固定补脚　洗去底纸后，将山体翻过来检查一下，如发现空隙过大胶接不牢，应再调整填补，这叫固底。山脚在山水盆景中也比较重要，它是由平台、缓滩、石矶等构成的，处理得当可达到水随山转、山依水活、虚实相依的艺术效果。因此山脚水岸线应蜿蜒曲折，要有曲线美，切忌平直，否则山势呆板而水滞不活。山脚处理可选用参差不齐的零星石料配以水泥浆分别将山体环抱表现之。山脚下增设了平台、坡滩，可置配件，增加生活情趣。

（4）拼接胶合注意事项

①石料洗刷　凡需胶接的石料事先必须将拼接面洗刷干净，一般用钢刷在水中将石料拼接面上的青苔、污迹、粉尘清刷干净，这样有利于胶合粘接。拼接面过于光滑，可用钢刷或碎砂轮打磨一下，以利于水泥胶合。

②接缝处理　两石拼接必有接缝，如处理不好，必然影响美观。接缝处理通常有两种做法：一是水泥调色，如深灰或黑色石料，可用适量墨汁调水泥；石料呈浅黄、土黄，可用白水泥加颜料调至近似黄色。用调色水泥勾缝，可使接缝近似石料颜色，增强自然感觉；二是用同种山石粉末撒到接缝水泥上，也可取得良好效果，达到"合

缝""合色"的目的。还应做到"合纹""合质",即拼料表面皴纹走向、粗细要力求一致,衔接自然;石料在质感上也要一致起来,不要一粗一细、一软一硬。

③软石拼接时,只宜竖接而不宜横接 横接容易切断水脉,使水分不能通过接合部上升,从而引起石料上下颜色的差异,有碍雅观。如非横接不可,则应特殊处理。如胶接面较大,可在胶接面中央留一空隙,填入泥土或纤维物,只用水泥胶接四周,这样水分可通过中心泥土或纤维物直接上升。如接触面小,可在其背面塞泥、铺苔,这样也可以达到上水目的。

④接后养护 胶合的山石必须保持湿润,切忌烈日暴晒。否则干得太快胶接不牢。一般在胶接后盖以湿布,并移至荫处养护,定时往湿布上喷水,以便使水泥很好地凝固。

12.3 配植与点缀

除附石盆景外,中日两国的"水石",名同实异。其主要区别就在于我国山水盆景通常点缀植物,而日本的水石大都以荒山秃岭出现,近似我国的供石而又非供石。山水盆景的配植与点缀能起到画龙点睛的作用。否则山虽优美,水虽秀丽,然而无草木、人物、舟桥、亭阁,就会缺乏生活气息,失去真实感和美感。清代汤贻汾在《画鉴析览》中说:"山之体,石为骨,树木为衣,草为毛发,水为血脉,……寺观、村落、桥梁为装饰也"。这形象的比喻,生动地说明了山石、植物、配件之间的有机联系,它们都是山水盆景中不可缺少的组成部分。

12.3.1 植物配植

植物配植常用种类以株矮叶细的为好,木本与草本均可。常用的木本植物有五针松、小叶罗汉松、真柏、绒柏、瓜子黄杨、珍珠黄杨、六月雪、杜鹃花、虎刺、榔榆、雀梅、小叶女贞、小石榴、金雀、福建茶等,常用草本植物有半支莲、天竺葵、漆姑草、酢浆草和蒲草等。植物配植应注意以下几点:

(1)比例

石上栽树,不可过大,"丈山尺树",不可违背。否则树木高大,压倒山峰,面目皆非,峰成顽石。

(2)姿势

山中树木并非一样,应随环境而异:悬崖树木倒曳,山峦丛林层叠,江岸树木多为临水俯枝,峰巅老树多为悬根露爪。山水盆景植树还要讲求与山石走向保持一致,以助山石动势感,强化其节奏,起到推波助澜的作用。

(3)位置

山水盆景植树,如位置恰当,一草一木都能起到引人入胜的点景作用。位置是否恰当,要看其是否围绕视觉中心来安排。植物配植,从局部看有的是为了衬托主峰,有的是为了加强透视效果,有的是为了加强各组景之间的呼应,有的是为了增加层次和分割空间。从总体来看,都是为主题服务的,就像音乐中的每一个音符都有其应占的位置并为主旋律服务一样。要力争做到从立意内涵到形式结构两方面看，都是此处非有此物不可，减之不得。

（4）数量

山水盆景植树，应以少胜多，少则简洁，多则繁乱，甚至喧宾夺主。总之，植物点缀，不可没有，但求收到点题之功，不可到处乱点。

（5）色调

色调与作品的情调、气氛密切相关。春山新绿，夏木华滋，秋江清远，寒林萧疏，乃自然之规律。山石草木的色调搭配也要体现季相。"寒江独钓"配以茂林，显然气氛不合，"南极企鹅"配以花草树木也是画蛇添足。常绿与落叶，针叶与阔叶的穿插之栽。国画上常见，自然界彼彼皆是，但在一盆山水盆景中除了"岁寒三友"之外，都不如此配植，它会给人以零乱之感，色调不一是其主要原因。树木与山石色彩也应谐调，意境之美有时不在五光十色，而在于和谐统一。

（6）养苔技巧

山石的养苔要掌握"山阴深壑有，向阳突石无"的原则，不可太多太满。一般有快速上苔法、接种鲜苔法、自然上苔法 3 种，常用于松质石料。

①快速上苔法　把加工造型好的山石放在雨中或河水中浸数日，然后取出将山芋粉均匀地撒在山石上。接着用潮湿的稻草将山石包上，用尼龙绳带捆好，置于阴湿处，常用水或米泔水喷洒，在伏天约一周即可生苔。

②接种鲜苔法　选营养土数小块，研碎后放水调至糊状，将背阴处自然生长的苔藓取下，放于糊状泥浆搅匀，将其均匀地用小刷子刷在经雨水浸泡过的山石上，经常用细喷壶洒水，直至苔藓露出。还可将别处刮下来的青苔，除去杂质，研成粉末，浸泡于水中（或稀米汤中），喷洒到需要植苔的山石上，随后将山石连盆一起置于半阴的潮湿处，保持潮湿。若是在天气干燥、多风较冷的春秋季，可将山石用塑料袋罩上，置于阳光直射不太强的暖和地方，保持一定温度和湿度，可确保苔藓良好发育。

③自然上苔法　雨季将山水盆景陈列于院内树底下或较阴湿的地方，让雨水自然淋湿，经一段时间后也能自然着苔。

12.3.2　点缀配件

自然山水总是与人的活动分不开的，在山水盆景中，盆景配件虽然很小，但所起的作用却很大，它能够起到扩大空间的效果，也可以表现特有的环境，创造优美的画境和深邃的意境。此外，还有它一定的尺度效果。所以，配件的点缀不是随随便便安放的，一座亭台、一叶扁舟、一栋村舍，放在盆景中的位置，都应细心推敲。①宜亭斯亭，宜谢斯谢，就是说要因地制宜。名山大川，宜置古典式亭、台、楼、阁；山野、田原，宜配茅亭草台；宝塔安放在山势圆浑的配峰上，亭阁置于山腰停人处，水面宽阔必放船只，水流湍急浮过竹筏，两岸之间可搭桥梁，山脚临水可置水榭。……②以少胜多，不可滥用。山水盆景中安置配件不是多多益善，而是应该根据盆景的题材、立意等因素来决定，一般情况下，只放一两件。③要注意各部分的比例关系，其一是山石与配件的比例，配件越小，山体越大，反之异然；其二要注意树木与配件的比例；如二者同放一处点缀，一般情况下，配件不能大于树木，古塔除外，塔高于树木方能显示塔之高耸；其三，配件与配件之间的比例，同样远近的景物中，人物不能大于亭、阁、房屋，桥不能小于船只，从透视关系来看，近景宜大，远景宜小，山脚配件宜大，山顶配件宜小。④配件固定，因质而异。石质配件、陶瓷配件，宜用水泥粘接，金属配件可用万能胶粘接，而小船等水中配件，则需用小片厚玻璃粘接于船底，放于浅水中，犹如船浮水面，形象逼真，效果较好。

12.4　盆景题名

中国画多有题名，盆景是立体的中国画，自然也讲究题名。盆景制成之后，作者可根据创作意图和具体造型，给作品题名。《红楼梦》里贾政面对大观园说到："偌大景致，若干亭谢，无字标题，任是花柳山水，也断不能生色"此句恰好道出了为景题名的重要性。好的盆景题名可以概括景观的特征神韵，画龙点睛，突出主题，令人遐想，扩大时空境界，以名索美，寻意探胜，回味无穷。因而题名可以使盆景思想性、艺术性得到升华。然而不经命名或命名不当都有损于作品的艺术形象。

盆景题名大约起始于宋代，据《太平清话》一书中提到，宋代田园诗人范成大，爱玩英石、灵璧石和大湖石，并题上"天柱峰""小峨眉"和"烟江叠嶂"等雅名。另据奇石记记载，宋代米元章嗜石成癖，宦游四方，所捡拾东西唯石而已，其中最奇特的一块题名"小武夷"。由此可见，在宋代就有盆景题名之举了。

12.4.1　题名法

归纳各地题名法，大致有如下几种：

①以形题名　按盆景形象起名。如《风舞》《鹿鸣》《奔驰》《飞榕》等。

②以意题名　按盆景立意题名。如《丰收在望》《牧归》。

③以诗题名　用诗词佳句题名。如《秋思》《疏影横斜》《寒江雪》。

④以画题名　根据名画画意题名。如《刘松年笔意》《唐寅笔意》。

⑤以文题名　以文史、典故题名。如《西游记》《秦汉遗韵》《断桥残雪》。

⑥以景题名　以风景名胜题名。如《青城》《桂林山水》《万里长江图》《小峨眉》。

⑦以树题名　以树名、花名题名。如《五针松》《岁寒三友》《四君子》《六月雪》。

⑧以时题名　从现代汉语中提炼富有时代精神的命名。如《日出》《起航》《飞渡泸定桥》《征帆》。

12.4.2　题名注意事项

题名应根据形式和内容的要求，语言力求精练、活泼、新鲜，富于个性。

①要含蓄，忌直露，含蓄发人联想，直露一览无余，如《银装》比《长城雪景》含蓄，更有回味余地。

②要切景，忌离题。题名必须与景物紧扣，离开形则神不复存在，名不切题就会使人不知所云。

③要有诗情画意，忌平庸一般。

④要形象化，忌概念化，如《青峰如剑》比《青山高耸》形象化，生动。

⑤要有声有色，忌平淡无光。如一盆初开的贴梗海棠盆景起名《佳人晓起试红装》，拟人化，生动绚丽。

⑥要有动律感，忌死板。

⑦要精练，忌烦琐。

⑧要突出特点，忌面面俱到。

12.5 几种特殊形式的山水盆景制作要点

12.5.1 挂壁式盆景制作要点

挂壁式盆景是传统的盆景艺术同现代工艺美术巧妙结合的新型艺术品，同时，它又综合吸收了贝雕、树皮画、国画、书法等艺术的精华，在有限的空间里，充分体现出了这些综合艺术的魅力。挂壁盆景在取材、制作、管理上难度较大，以选材为例，它不仅要考虑形态、材质、厚度、重量，又要考虑结构的固定和安装。

(1)背景的设置

背景材料可用长方形大理石板、轻质金属薄板或三合板。大理石板上如有天然的抽象的山水纹理最为理想，可作为远景处理。金属薄板或三合板，上边可涂以湖蓝色的漆，模仿天空和湖水，也用做远景。

(2)中景、近景的设置

从报告的材料来看，中、近景多用斧劈石、砣矶石、砂积石来制作。选用较小片料粘贴或用螺丝固定在中景位置，再选用适当的大料，选好观赏面后，用同样方法固定在底板上。

(3)配植与点缀

如近景要种植较大一些的植物，可将容器置于底板背后，在隐蔽处把底板打个孔，植物从孔中穿过，根部在后，冠部在前。如若只配植微型植物，可直接植于山石隙缝的泥土中。然后再按意境要求点缀配件，于是便成了一副名副其实的活的立体的中国画。题诗、落款可在空白处书写，同国画一样。

12.5.2 雾化盆景制作要点

近年来广东省汕头市机械研究所研制出了一种超声波雾化盆景。它是在原水盆型盆景水下安装一套超声波雾化装置(可用国产晶体管元件组装)。只要盆中注入清水，接通电源，超声波便立即产生喷泉和淡淡的雾气，山石周围，云雾环绕，犹如仙境一般，增添了盆景的神密感，深化了盆景意境。

运用超声波技术使清水产生"云雾"，不仅能增加环境湿度，而且雾气中还含有负氧离子，能起到调温和净化空气的作用。此外，还可以根据不同需要，在清水中掺入香水和药物，使室内香气宜人，或预防呼吸道疾病，驱杀蚊蝇。但负氧离子过多，对人体反倒不好。

12.5.3 石玩制作技艺

石玩是存在于自然界中具有一定形态和艺术素质的原石，通过人们的发现、加工、组合和装配，能给人以美感，能起到陶冶情趣、启迪思想、丰富生活、丰富知识的作用，它是我国独有的艺术瑰宝。欣赏石玩在我国有着悠久的历史。米癫拜石的故事早已为世人所知。北宋年间，大书画家米芾得到一尊奇石竟然斋戒沐浴除秽避腥之后再向奇石拜了三拜，曰："石兄，相见恨晚矣!"足见奇石艺术魅力之大。石玩制作步骤如下：

(1) 洗刷干净

太湖石、风化石可用稀盐酸浸洗或刷洗。而钟乳石、英德石则只能用水洗或用高压水管冲洗。遇酸会弄得面目皆非。

(2) 反复相料

要细心观察，选好观赏面和观赏角度，使其达到以形传神。摆放要得当，如"云头雨"的造型要大头朝上，小脚在下。一般情况下是上轻下重，才有稳定感。有的根据形态，有的根据纹理确定摆放位置。广西柳州贺仲炎在制作石玩方面造诣很深。

(3) 加工

一般情况下很少加工，但对于那些粗糙的部位和严重影响主题的部位，则不得不小心凿去。还可以根据需要上蜡或打油(麻油)，以增加其润泽感。

(4) 配架

根据石玩形状来决定配座或配博古架。高石配矮座，卧石配扁座，淡色配淡色的几座。还要考虑均衡、庄重、自然、大方。

此外，命名要雅，要含蓄，切忌直呼。

思考题

1. 叙述一下山水盆景创作的全过程。创作与制作的含义有什么不同？
2. 有人说山水盆景创作主要是选石，还有人说主要在于雕琢。你认为怎样？
3. 山水盆景创作中常用皴法有哪些？
4. 山水盆景制作中哪些地方需要锯截？
5. 山水盆景制作技艺有哪些？
6. 山石拼接用什么材料？怎样才能拼得自然？
7. 山水盆景植物配植常用哪些树种？植物配植中应注意哪些问题？
8. 山水盆景点缀配件应考虑哪些因素？
9. 盆景命名的方法有哪些？景名对于盆景的重要意义是什么？
10. 雾化盆景的制作要点。
11. 怎样制作挂壁盆景？
12. 怎样制作组合山水盆景？组合中应考虑哪些因素？

13. 外国人喜欢欣赏什么样的山水盆景？

推荐阅读书目

1. 树石盆景的制作．冯连生．花木盆景，1996（6）．
2. 树桩盆景设计与制作．冯钦铎．山东科学技术出版社，1985.
3. 盆景制作与养护．马文其．金盾出版社，1993.
4. 成都盆景．潘传瑞．四川科学技术出版社，1985.
5. 怎样制作山水盆景．汪彝鼎．中国林业出版社，1989.
6. 中国山水盆景艺术．邵忠．中国林业出版社，2002.
7. 当代中国盆景艺术．苏本一，马文其．中国林业出版社，1997.
8. 中国盆景艺术大观．韦金笙．上海科学技术出版社，1998.
9. 树石互补，组合新意．魏文富．花木盆景，1996（5）．
10. 中国盆景．徐晓白，吴诗华，赵庆泉．安徽科学技术出版社，1985.

第 13 章　树石盆景创作

[**本章提要**]本章介绍树石盆景概述(定义、分类等)、树石盆景历史、树石盆景的意义，以及树石盆景的创作。重点是树石盆景的创作。其内容包括原理、构思、布局、选材、用盆、技法。

13.1　树石盆景概述

盆景是以树、石为主要素材，借以表现自然、反映社会生活和表达作者思想感情的活的艺术品。树、石是盆景的基本材料，盆景按材料分类，应该分为树木盆景、山石盆景、树石盆景三大类别。

以植物、山石、土为素材，分别应用创作树木盆景、山水盆景手法，按立意组合成景，在浅盆中典型地再现大自然树木、山水兼而有之的景观神貌的艺术品叫树石盆景。

树石盆景在当前盆景创作中日渐成为盆景造型类别新的主流。这类盆景既不属于山水盆景，也不宜划分为纯粹的树桩盆景类，在历次的盆景评比展览上都因其归属问题引起争议，影响评奖。人们对其称谓也不一致，有的称为水旱盆景，因其在组景中留有水面；有的称旱盆，因其在组景中未留水面；有的称其丛林式盆景，因其主要是用多株树木或树桩组合而成。以上这些称谓都是单纯从盆景的景观某种画面或某种具体造型技法上来确定的。不论是从有无水面，或是从树木多少组合来界定其类别性质都不太适当。这类盆景是以树桩(多株)组合为主，同时又配之石材及其他素材构成景观的，因此应称为"树石组合类"盆景，简称树石盆景。它是以 3 株以上的树桩进行组合，并配之石材及配件，具有一定空间范围的盆景造型景观，其主要造型素材是以树桩和石材为主。树材和石材的运用，也因各地域流派的不同而多样化。虽有基本的"起、承、转、结、合"的造型规律，但变化太大，并无一定的具体造型式样，它是盆景艺术家栽培、造型技艺、文化素养的综合表现。

树石盆景的树桩不是原始形态上的树木，而是经过多年加工并根据景观构思需要形成的，具有一定式样和姿态的造型艺术品。也就是说，在进行树石类盆景造型时，树桩素材是具有一定造型式样的树桩，或直立、或俯仰、或坐卧、或斜飞，大小齐全，粗细齐全。其组合方式在画面盆盎中应具有一定的高低起伏和韵律感，在盆面的平面布局为不对称错落，在立面构图为不等边三角形，造型组合规律与山水盆景造型既有一致，也有区别。

树石盆景按表现的景观，分为旱盆景、水旱盆景、附石盆景 3 类(见韦金笙系统分类法)。

13.2 树石盆景的历史探源

13.2.1 树石盆景的历史

艺术的创新是在继承传统艺术上的创新。传统的中国盆景至少在盛唐时期就与石结下了不解之缘。1972 年,考古发现初唐时代李贤(章怀太子)墓的壁画中,有一手捧盆栽的侍女,双手托黄色浅盆,盆中置数块巧石,石上附生两株小树,可见当时树石组合盆栽已不为鲜见。

在悠久的中国历史文化中,存在着一支树石文化。从石文化方面考证得知:历朝历代对石的鉴赏、收藏和利用,达到了迷、痴、癖的境地。孔子有"击石拊石,百兽皆舞"句。白居易有"石依风前树,莲栽月下池"的诗句。苏东坡曾咏"我持此石归,袖中有东海"。郑板桥曾有题画诗句谓"万古不移之石,千秋不变之人"。在众多奇石、怪石、巧石、纹石、花石、灵石、雅石、寿石、品石、水石、丑石等称谓中,亦有树石、园石之说。古人除将高洁之风附于松、傲骨之气附于梅、柔媚之姿附于柳外,还将道、易思想附于石上,曰石有石德、石信、石贞、石灵、石恒、石寿;称石上能补天,下能固地,醒于造化,通于《易》理。因此,将石运用到盆景造型中来,亦为造园者、盆艺者所推崇。在树石结合方面,古人提出"梅边之石宜古,松下之石宜拙,竹旁之石宜瘦,盆内之石宜巧"的观点,至今仍可借鉴、应用。清代吴友如《富贵平安图》中盆栽菊,置以漏石,更生韵味。可见树、石文化历史悠久、内涵深厚;树石结合之文化源远流长。

13.2.2 当代树石盆景的发展与创新

树石组合盆景是盆景创新发展,满足观赏者多样化需求的必然选择。在海外,大概是因为没有我国长期推崇的石文化之根基,一般是树木盆景(栽)极多,布石者少,树石精心组合就更鲜见。中国的盆景形式如何呢? 让我们用一些资料来进行分析比较。在1982 年出版的《中国盆景艺术》一书《序言》中,汪菊渊先生曾阐述:"在今天,一般盆景分为树桩盆景和山水盆景两大类。"可见当时树石组合的水旱盆景数量很少,造型形式尚未成熟,未单独列为一类型。书中所载插图及照片,点石者有 5 盆,附石者有 1 盆,水旱盆 2 件。从《中国盆景佳作赏析与技艺》一书(1988 年)中登录的 324件(组)盆景中来分析:山水盆景有 52 件;以附石、倚石、点石、石盆、石几形式出现的树木盆景 54 件;真正谈得上树石精心组合盆景的仅有 5 件;树木盆景则拥有213 件。从 1987—1995 年《花木盆景》共 54 期杂志上登载的盆景彩片分析:计有树木盆景 596 件(其中海外 137 件),山水盆景 160 件(海外无),异型(挂壁等)盆景 13件,微型组合盆景 11 组(海外无),简单的布石和附石盆景 91 件(其中海外 27 件),树石组合盆景 86 件。树石组合盆景只相当于树木盆景的1/7。

实践证明,再好的艺术品,如果总是用一成不变的形式出现在观赏者面前时,必

图 13-1　八骏图（赵庆泉　作）　　　　　　图 13-2　风在吼（贺淦荪　作）

然会降低她的艺术感染力。

画面上这两件树石盆景（图 13-1，图 13-2）分别在全国第一、二届盆景评比展览上一鸣惊人，不能不说是树石组合手法创新成功的尝试。

介于树木和山水盆景两种型式之间的树石组合盆景，它既不像独立树木盆景那样，显得单一抽象，对树和树外之情景，要靠丰富的联想；也不像山水盆景那样将山川尽收眼底，显得实在具体，而是几树几石，刚柔相济，高低参差，疏密聚散，俯仰呼应，组成介于抽象和具体之间的生动图画，成了群众乐于接受的新形式。还因为树是有生之物，添石则寿；石是奇顽之躯，有树则灵。树轻石重，树柔石刚，树阴石阳，树巧石拙，树石互补，更能相得益彰，平生出许多韵味。在盆景艺术创新和发展的今天，为了适应盆景展览、评比的需要，以贺淦荪、赵庆泉、魏文福、郑开来、张辉民为代表的很多同志提出了将树石盆景单独列为一类。湖北盆景提出了把树石盆景、动势盆景、丛林盆景组合多变等发展方向。

13.3　树石盆景概念提出的意义

中国盆景的分类和评比，常分为树桩盆景、山水盆景和微型盆景三大类。这种分类法有待进一步研究。因为树桩盆景（应为树木盆景或植物盆景）是指用材而言；山水盆景是按表现题材而论；而微型盆景则是按大小规格而分的。类型不同，不宜相提并论。就用材而言，应为树木盆景和山石盆景。"山水"泛指"风景"，树木也含其内，用词过于笼统；而微型盆景之主要内容，仍为树木、山石等项，就其形式结构而论，应属组合盆景，它是与单体盆景相对而言的。今天我们所谈的"树石盆景"是指在用材上走"树石结合"之路；在结构上走"树石""丛林""组合多变"之路。"树石盆景"应为独立的盆景类别，利于盆景之研究、制作、品评和发展。过去树石丛林盆景《八骏图》正由于在评比中分类模糊、票不集中，致使初评未显，乃为实例。树石结合的好处分述如下：

（1）有利于充分表现大自然丰姿神采

大自然气候和地壳运动所形成的大千世界，景象万千，作为有生命的树木花草和它们赖以生存的水土石岩、风晴雨雪的鱼水关系，息息相关，是永远不可分开的。盆景创作，虽可一树一石地单独制作和欣赏，但大自然的丰姿神采，常常是相辅相成，相得益彰的。只有树与石的结合，形与神的交融，才能丰富自然景观，全面展现天趣。诸如"已是悬崖百丈冰，犹有花枝俏"能展现险峻之美。如没有悬崖百丈冰之险，怎显斗雪花枝之俏？"杨柳岸，晓风残月"能显清逸之神，如没有芳草长堤，怎托杨柳迎风之韵？只有树石结合，才能使树与石各领风骚。在盆景制作中屡见树石结合，惟妙惟肖，启人所思，堪称佳品。如"石旁树根奔腾"，想是《山洪过后》。"石上树动枝摇"，方知《山雨欲来》，皆用树石刻画物象的内在联系，展现大自然之丰姿神采。

（2）有利于弘扬民族文化

华夏民族自古崇尚自然，热爱自然，从来以大自然、社会生活为艺术创作源泉。人们热爱树石，表现树石，颂扬树石，寓情于树石蔚然成风。通过写形、写性、拟人、移情，以达到抒情、传神的艺术境界。树石文化是祖国民族文化的瑰宝之一。它将科学、美学和文学融于一体，将植物栽培、园林艺术、造型艺术和文学融于一体。以树石为题材，文学去描写它，绘画去描绘它，盆景去反映它，使诗、书、画、盆景融于一体，和谐统一，独具民族特色。历来在散文的描写、诗歌的吟咏、绘画的论述、盆景的制作中，树石结合的实例，信手拈来，比比皆是，不胜枚举。诸如文学中的"层峦耸翠，上出重霄"（王勃）；"忽逢桃花林，夹岸数百步……"（陶渊明）；"崇山峻岭，茂林修竹"（王羲之）。诗歌中的"树树皆秋色，山山唯落晖"（王绩）；"明月松间照，清泉石上流"（王维）；"晴川历历汉阳树，芳草萋萋鹦鹉洲"（崔颢）。绘画理论中的"林木当先，峰峦居后""山为骨骼，林木是山眉目""山为骨，水为血脉，树为衣裳""山因水活，树使石生"。可见人们欲表现自然景观，无不将树石紧密相连。尤其盆景制作，自古就是树石结合。众所周知，唐章怀太子墓壁画中所示侍者手捧的就是树石盆景；王维"以黄瓷斗贮兰蕙以绮石"，是为兰石组合小品；王十朋的"岩松根衔拳石"，可算松的附石盆景；而陆游的"垒石作小山……波影倒松捕……"则是有山有水的树石、丛林盆景了。由此可见，探讨树石盆景，并非标新立异，而是要弘扬民族树石文化，把祖国的文化遗产发扬光大，把树石盆景的发展，提高到重要位置。

（3）有利于展现民族艺术特色

中国盆景的艺术特色是讲求盆景作品的自然神韵和意境美。它源于自然而高于自然，饱含诗情画意。把自然之神与作者之神融于一体；把自然美和艺术美熔于一炉。使作品的思想性和艺术性高度结合，以达到神形兼备、情景交融的艺术境界。树石结合能充分展现这一特色。如"苍松寿石"常为"益寿延年"之颂；"牡丹纺石"具有"富贵寿考"之赞；"兰石图"以示"万世流芳"；"竹石图"则取"竹之刚节、石之骨气"以言志抒情，皆能展现情景交融之美。然而大千世界，题材广泛，景象万千，单一的树石孤赏和固定模式的表现，皆有其局限性。一木不能成林，一峰不能千山万水；只有丛林，方能联想"茫茫林海"；只有群峰，方能展现"万水千山"；只有树石结合，方能同时展现"万山红遍，层林尽染"。存在决定意识，联想是有条件的。只有见"景"，才能生"情"，才能引人入胜，耐人寻味，发人情思，才能达到"景有尽而意无穷"的艺术境界，因此树石结合是全面表现自然美的物质基础，是深入创造意境美的重要途径，是表现中国盆景艺术特色的良好形式。

（4）有利于展现时代精神

中国盆景历史悠久。它溯源于秦汉，兴盛于唐宋，充实、完善于明清，但真正得到全面发展还数今朝，尤其近 30 年来，起到质的变化。它的特点是：盆景活动由少数人、少数部门、少数地区发展到全国，成为全民性的艺术活动，成为建设社会主义精神文明的组成部分。盆景的艺术创造和艺术鉴赏都由人民大众来开展。但盆景的审美意识、制作技艺和鉴赏标准，都受历史的局限性影响，存在许多需待改进的问题。如选材上追求奇特枯古、贪大、求稀，造型上拘泥于固定模式：规则式和象形式；题名上的搬弄诗文、名实不符；对创造意境美不知所措，或神乎其神。品评上，用老的清规，吓唬新人。另一方面，城市建设一日千里，人民热爱自然却远离自然，迫切要求回归自然。因此要求在选材上以真实性代替猎奇性；造型上自然式多于规则式；在鉴赏上，喜爱新的现代题材和健康、活泼、舒展、流畅、自然、清新的艺术风格，使盆景艺术真正走向民族的、科学的、大众的方向，成为人民喜闻乐见、雅俗共赏的艺术形式。这是当今人民之所需，时代之所需。因此，树石盆景最能充分表现大自然的丰姿神采，满足人们崇尚自然、回归自然的审美心态。树石盆景最具有自然景观的直观性、可接受性，给人以真实感和亲近感。此外，由于时代在前进，表现题材日益增广，人们欣赏意识不断提高，树的单一而抽象、石的枯寂而少生气，难展时代新貌，只有走树石丛林组合多变之路，方能推陈出新，展现出"洪水听使唤、高峡出平湖、野岭耸危楼、荒山披新装"的崭新宏图。

（5）有利于中国盆景走向世界

中国盆景事业的发展，一是走向千家万户，丰富人民文化生活，保持生态平衡；一是走向世界，开展国际交往。我们要满怀信心，使中国盆景走向世界，让世界了解中国盆景。既不故步自封，自我陶醉，固执井蛙之见，墨守陈腐之法；也不自暴自弃，崇洋媚外，甚至主张把盆景改为盆栽，从头开始。过去我们昏睡多时，今天走出大门，方知日上三竿。我们必须学习先进的科学栽培管理技艺，寻找差距，迎头赶上，但也决不能妄自菲薄，把自己看得一无是处，甚至在造型上也东施效颦，一味模仿某些几何模式，实在令人深思。炎黄子孙，要有民族正气和远大理想：一方面要加速探索世界盆景的共性，在审美意识上、制作技艺上，求同存异，加速接轨，力求取得更多的共识，使中国盆景为世界人民所接受、所喜爱。而另一方面，要在探求共性的基础上发展个性，要弘扬华夏文化特色，独具中国风采，这样才既具民族性，又具世界性。必须在选材上去掉枯朽，走健壮之路；用材上走树石结合之路；造型上去掉陈旧模式，走自然清新之路，同时讲求意境美，突出饱含情画意的艺术特色。这样一定会受到世界人民的欢迎。从中国小型树石盆景的出口、中国盆艺家在海外讲学内容和亚太展中树石盆景的畅销，都得到论证。

（6）有利于合理利用自然资源

中国树桩盆景的选材，常常追求奇特枯古，近年来公共场所又多植大型树桩。这种求古、贪大的倾向，不利于自然资源的保护和合理的综合利用。树石盆景是在单体树石的基础上进行组合的。它从整体结构出发，在单体造型基础上重在树与树之间、树与石之间的巧妙组合，力求造景达意、协调统一、画意境美。它的本身就决定了选材不能追求象形，不能追求奇特枯古，不能选用大型树桩，更不能将一些形象古怪、东倒西歪的树相进行拼凑、堆砌成一个荒诞世界。它的单体选材就立意在先，按意选材，讲求树相之间自然协调。不一味追求"老天爷"恩赐的原型之美，而是因材制宜，见机取势，力求融二神于一体的加工技艺美。加上配石用材广泛，旨在配景得体，硬石、软石皆宜。因此，发展树石盆景要因地制宜、就地取材，而又取材广泛、用材多样，这样既保护了自然资源，又能变废为宝，合理开发资源，更能提高制作水平。不搞"靠天收"——好像找到好的用材就成功大半了。

（7）有利于盆景艺术美的创造

树石盆景的组合，是运用艺术辩证法和美学法则指导盆景造型的集中体现，是盆景艺术结构美的集中体现，为盆景造型向纵深方向发展，达到"艺无止境"的探索，提供"活靶子"。

这是因为它是在单体树木造型、山石造型的基础上发展起来的，不仅要全面继承运用单体树木、山石造型的基本功，而在此以外的众多未发现的问题也必须涉及和进一步具备。诸如形式与内容、技术与艺术、素材与加工、造型与传神、局部与整体、经营位置与表达主题等一系列关系问题，都必须在具体问题、具体分析、具体运用上得到具体解决，使众多对立统一的形式美法则，得以综合运用。诸如虚实相宜、轻重相衡、疏密相间、聚散合理、动静结合、险稳相依、刚柔相济、雄秀结合、欹正相存、巧拙并用、远近相适、冷暖互补、主宾相宜、争让不紊、顾盼有情等原则的综合运用，提高我们创造艺术美的能力。在把握"达意""传神"这个主旋律的前提下，将树石的形态、特征、比例、结构、色彩、质地、方位变化、透视变化、空间关系、呼应关系和内在联系等现象，在错综复杂、矛盾交织的变化中通过造型法则的运用和处理，像交响乐那样，得到和谐统一，从而达到"神形兼备、情景交融"的艺术境界，丰富和发展"和为美"的美学思想。说起来容易，在实际运用中，就千变万化了。例如，"轻重相衡"的运用，绝非一成不变；石比树重，树多则树比石重；石多则石又比树重，皆相互转化，相互为用。又如"刚柔相济"的运用：树干为刚，枝条为柔，而树石相比，则石为刚，树为柔。干具古朴刚劲之美，叶有扶疏清新之美。而树石并存，则石有古朴刚劲之美，树为扶疏清新之美。"远近相适"也是相对的，树为近景，则树为主，石为辅；近石为岸，远石为山；远景则以石为主，树为辅，乃至"远山无树"；中景则树石并重，相互依存。反复交错，千变万化，从而提高我们盆景艺术美的创造能力。

（8）有利于栽培制作技艺的提高

树石组合能促使我们栽培技艺、山石造型技艺向高难度的方向发展。单体造型未考虑到的问题，树石组合后屡屡发现，困难重重。例如，树与树之间的关系问题，首先必涉及单体的选材、单体的层次布局与整体层次的关系。同时常常涉及单体的批量培养和幼苗培养诸问题。其次，艺术上布局考虑到的争让、呼应、变化、协调、疏密、聚散等问题，必将常常涉及树木的习性、层次分布、采光、用水、施肥、土壤要求、朝向、根的分布、换土、换盆等一系列问题，需要相应解决。树与石组合后，树石双方都要依据对方形神，做出相应的搭配、协调措施，方能相互为用。然而树石相依，乃生死之交，树石结合还要考虑前途发展。树石定型后，由于树的生长，树石比例关系的矛盾，日益增大。不是比例失调，就是树的衰弱致死。因此存在树的"保健"与"保型"的矛盾。它是树石盆景高难度栽培技艺的体现，都是需要深入探讨的新课题。

综上所述：树石组合盆景能充分表现自然美，高度创造艺术美和意境美，将自然之神、作者之神于一体，融作品思想性、艺术性于一体，既弘扬民族文化，又展现时代精神，是中国盆景发展的必然趋势之一，是盆景艺术创新的主攻方向之一，是让盆景艺术真正步入艺术殿堂的必由之路。

我们要展望未来，放眼世界，齐心上阵，共创辉煌。

13.4　树石盆景的创作

13.4.1　原理

园林艺术提倡"有法无式"，树石盆景的创作也提倡"有法无式，创作无定型"。"法"即规律，"式"即模式、型式。也就是说，树石盆景的创作，要遵循自然之理、美学原理、透视原理、画论等客观规律，但是具体的造型不拘一格。

13.4.2　构思

"写意"是中华民族的艺术观。在哲学上强调人与自然的和谐，在美学上追求天人合一的意境，不论是中国的绘画，还是雕塑等艺术，都以"意与象浑"的独特的艺术效果，不朽于世界艺术之林。在这种背景下，中国的盆景艺术亦然。在当今，随着盆景这门艺术的蓬勃发展，其艺术水准和艺术价值也日渐提升，它的种类和形式也相应增多。树石盆景可以说是表达"立意"的重要途径。树石盆景以其真实地、集中地、典型地映写自然山水之美为特点，山石、树木、流水尽在其中。"虽由人作，宛自天开"。然而，作为一种艺术，它的写真不是机械地搬抄自然，而必须是经过艺术家再创造，表达出作者主观情思和理想的真实。盆中的一石一木，一山一水皆要使"望者息心，览者动色"。这使得欣赏者"息心""动色"的不仅仅是树石的外在形式，更主要的是通过这些盆中的景色表达作者的审美情趣和意境。为了更好地暗示出这种意境的本质，作者除了具体地造型之外，还必须吸取诗词等文学艺术的表现形式作辅助，如题名、背景题字、山石上的雕刻等。总之，盆景创作，意境应该是首位的。

树石盆景在具体的创作构思上，往往将所立之意境，先以简练的笔墨，以诗的形式做一概括，然后再仔细推敲每一个具体的布置，使之最适合诗意，犹如揣摩诗意作画一般。这要求作者"胸有丘壑"，要"心中有数"，这是前提。在具体创作方法上，因盆景素材的某些特殊性和局限性，有的是因材施艺，因景命题，这可以说是初级创作阶段；由初级阶段上升到高级创作阶段其关键在于立意为先，按意布景。当然需要我们更自觉地"因其自然，辅以雅趣"，巧于因借，借自然之神，传作者之神，融"二神"于一体。在树石盆景创作构思上着重要求创意为先，只有先立意才能创造出美的意境来，因为意象是产生意境的先决条件。立意就是在创作前通过构思，把盆景所要表达的主题确立起来，也就是构思布局的大略设计。预先考虑成熟。先立意是创作第一阶段。第二阶段就是依题选材，有了主题就能"胸有成竹"地动手选材，选什么材，能突出主题最为关键。按意布景，形随意定，使景随景而出，方能达意传神。如丛林树石盆景《我们走在大路上》创作就是立意为先。其主题是歌颂祖国建设，体现中华儿女在党和政府的富民政策指引下走建设祖国的光辉大道。依题选用高大成林的同一树种，远近有序地伸向公路，反映出祖国绿化建设已给大地披上绿装。如果选材只用曲斜各异、低矮不同的树木，就无法表现主题。这些说明了立意为先，依题选材，按意布景的重要性。

自然与生活是一切艺术创作的源泉，树石盆景创作力求源于自然、高于自然，创造美的境界，突出主题。美的境界哪里来？从自然生活中去吸收、去创造。那么作者一定要深入生活，体察生活，特别细心观察树附于石，石又依于树的互相依存的自然真实景观。还要探索大千世界的奇景异物变化万千的景象，以美学法则作指导，将大自然的景观高度概括提炼，去粗取精，通过艺术加工，使自然美与艺术美交融，从而反映社会生活和表达作者的思想感情。

13.4.3　布局

树石盆景的布局讲究疏密有致，即"密不透风，疏可走马"。树石盆景中大树与小树、大石与小石、树与石的布局，最忌均、齐、平，忌等高、等宽、等长、等分、等面积、等距离。树石盆景中的树木布局应注意树与树的宾主关系，应有主、次、配之分，数量上以奇数为主，植物的栽植要注意大统一、小变化。

13.4.4　选材

下面简介树石盆景的选材、制作和表现形式：

（1）树石盆景用树不宜选叶片大的树木，因为在创作某种形式上往往是一石为一山，叶片细小才能与山石比例相和谐，达到最佳效果。一般常用小叶树种如赤楠、柘木、对节白蜡、水蜡、水杨梅、小叶槐、六月雪、黄杨、小叶女贞、雀梅、柽柳、三角枫、羽毛枫、红枫、火棘、六道木、五针松、九里香、福建茶等。树木还必须事先在瓦盆中认真培养造型，素材选择以壮美为佳。不求枯古腐朽，但求健康苍劲。树体的骨架各部位之间都要协调，收尖自然，还要有向四方伸展、健壮、简洁的根。枝干的造型，要求枝条长短粗细处理符合树木的自然规律，力求向势有长枝或俯枝以利于"强化动势"。还应吸取"收尖渐变"的手法，打破正三角形构图。树冠外轮廓线要活跃，结顶要自然富于变化，而不搞"大盖帽"。造片力求层次活泼有空间变化，要打破团块结构和严整的片状结构，使成为枝中有枝、片中有片的大树型姿态，树叶还以茂密细小为佳。

（2）树石盆景的石是树木不可分开的伴侣，它们是相互依存的，石能充分反映山形地貌特征。选择石料，应考虑形态、质地、纹理、色彩是否与树木协调。以能创作出特定的主题意境为佳。其中有：

软石 这种石吸水性能好，易生青苔。栽种植物生长较好，便于锯截及雕刻加工，可塑性较强，选材不受外形局限；可根据作者的意图随意雕琢造型，细心刻画，一些硬石无法表达的形式内容、皴法技巧、造型方法在软石中都可以表现出来。即所谓"软石在雕"。

硬石 石种种类繁多。石色多样。古朴自然，质地坚硬，神态奇特，纹理细腻，脉络清晰。有些质地中度的硬石能长青苔，树石并用和谐自然。"硬石在选"。

树石盆景布石要有山水盆景造型的基本功，也就是说要懂得自然界山石的地貌特征、表现手法和加工技艺。要求石质相同，石色相近，石纹相似，脉理相通，加工自然，坡脚完整等造型基础。

13.4.5 用盆

树石盆景的用盆也十分讲究，旱式树石可用紫砂盆、釉陶盆、瓷盆、云盆、水磨石盆、大理石盆。盆形以浅口为佳，能充分体现景物风貌。组合多变式和水旱式最好选用浅薄水底盆，常用的有汉白玉或雪花白大理石盆。盆里造"景"，好似作画，盆就像白纸，能将"画"衬托得淋漓尽致。水底盆的形状以长方形或椭圆形最为常见，而且比较适用，盆形简洁、线条明快为好，一般长方形整齐大方，需用于表现雄伟的景象；椭圆形柔和优美，可用于表现秀丽的风光。此外为了体现景的深度还可以用正圆形和椭圆加宽形盆。

13.4.6 创作方法

树石结合，自古已然。盆景界先行者早已为我们创造出多种形式和法则，近代盆艺家在继承的基础上，创立新风，形式多样。尤其是贺淦荪教授对树石盆景创作的贡献最大。他将各种方法归纳如下：

（1）以石为主缀树法

此法用于表现自然神韵。赋顽石以生机，借以调节构图重轻，增添画面效果。

①山顶植树法（世称石上式） 用于近景。

峰状、岭状之石，植以直干之树，以示其雄。如《泰山青松》。

岩状之石植以悬崖树相，以示其险。如《枫桥夜泊》（贺淦荪作，见图13-3）。

②山麓植树法 用于表现"高远法""平远法"，以显高下之分，远近有别，加强层次感和空间感。如《更立西江石壁》（田一卫作，见图13-4）。

③倚石布树法 用于表现石景。以石为主，以树为反衬，以示刚柔相济、雄秀结合之美。如《福建茶倚石图》（摘自《青松观盆栽》，见图13-5）。

④全景布势缀树法 用于全面经营位置，协调重轻，渲染隽秀、刚柔，增添整体效果。如《丛林狮吼》（殷子敏作，见图13-6）。

（2）以树为主配石法

用于美化树的鉴赏效果，扩大景观，增添野趣。又可扬长避短，突出主体，刚柔相济，巧拙互用。

图 13-3　枫桥夜泊

图 13-4　更立西江石壁

图 13-5　倚石图

图 13-6　丛林狮吼

①配石法　用于近景。相依生情，倍展天趣。也常为主干欠佳、根理不全之树作遮掩、协调，增添观赏效果。如《云蒸霞蔚》（朱子安作，见图 13-7）。

②以石藏干法　用于近景。作用与配石法相近。用于主干欠佳、细长无力之遮掩，以扬长避短，宛若岭上树生，独具天趣。如《牧归图》（许彦夫作，见图 13-8）、《荟萃》（梁玉庆作，见图 13-9）。

③包干法　用于近景、中景。以石全面包藏树干，作用与藏干法相近。借以达到多角度观赏效果。如《雀舌罗汉松》（朱宝祥作，见图 13-10）。

图 13-7　云蒸霞蔚

图 13-8　牧归图

图 13-9 荟 萃

图 13-10 雀舌罗汉松

④附石法 此法有三，用于近景。树根附于石隙者为附石法，如《福建茶附石》（杨锡拈作，见图 13-11）；根穿石内者为穿石法，如《雪压冬云》（贺放芬作，见图 13-12）；根包石外者为骑石法，如《松石图》（贺淦荪作，见图 13-13）。皆用以展示树根之美，树石结合之妙和树性顽强拼搏之神，以及展观栽培技艺之功。

⑤点石法 用于近景和全景之布局。在配石的基础上，增添点石布局，用以扩大景观，调节重轻。注意疏密相间、聚散合理、远近有序、大小相配。给人以平远清逸、野趣天成之感。如《鸟鸣山更幽》（朱儒东作，见图 13-14）。

图 13-11 福建茶附石

图 13-12 雪压冬云

图 13-13 松石图

图 13-14 鸟鸣山更幽

图 13-15 嘉陵渔趣

图 13-16 南国牧歌

⑥水陆法 又称水旱式。用于近景和全景。是在配石、点石的基础上，发展起来的。以石筑岸，水陆两分，岸上植树，临水清逸，富于天趣。四川盆景常用此法。如《嘉陵渔趣》(重庆市园林处作，见图 13-15)。

⑦水陆布石法 用于全景布局。即将水陆法、点石法融于一体，广布点石。布于树下是为石，增添山岗韵味；点于水中是为渚，丰富溪涧效果；置于远处是为山，深化空间关系，全面展现自然景观。现代树石盆景常用此法。如《南国牧歌》(冯连生作，见图 13-16)。

⑧夹岸水陆法 用于全景。在水陆布石法的基础上，以石筑岸，分陆地为两岸，中为溪涧，夹岸绿云围绕，溪河上或架小桥，或置轻舟，别是一番田园情趣。此法开创现代树石盆景的新格局。如《八骏图》(赵庆泉作，见图 13-17)。

⑨夹坡公路法 用于全景。在夹岸水陆法的基础上，变溪河为公路，两旁乔木参天，公路车声隆隆，反映出时代风貌。此法探索现代树石盆景创新之路。如《我们走在大路上》(贺淦荪作，见图 13-18)。

图 13-17 八骏图

图 13-18 我们走在大路上

⑩石座法 此法用于将造型完整之树木盆景，置于与之相适的石座上，使整体协调，从而产生景与座、树与石的呼应关系和内在联系。如将直干树桩，置于钟乳悬垂之石座上，给人以"要知松高洁，待到雪化时"之感。如《高洁图》(贺淦荪作，见图13-19)。

(3) 以石为盆植树法

用于近景和中景。强化树石结合，走向自然景观的艺术效果。如树有飘逸之姿、清新之韵，石有浑浊之势、阳刚之美，树石结合神韵天成。

①凿石为盆法 用于近景和中景。采用吸水石，凿穴植树，置于水盆。石头吸水，根附石内，符合自然生态和天然之理，不用水盆，也能观赏。如《岩松图》(陈顺

图 13-19　高洁图　　　　　　　　图 13-20　岩松图

义作，见图 13-20)。

　　②云盆法　用于近景或全景。直接采用溶岩"云盆"植树。小者像写意画小品，巧拙互用，宛若天成。大者宛若山乡野趣。如《春到山乡》(贺淦荪作，见图 13-21)。

　　③景盆法　此法用于近景、中景和全景。是依树习性、长势、阴阳向背，以石绕树，造景为盆而不见盆，树石相依，景盆结合，相映互补，浑然一体。它是现代树石盆景造型基础之一，也是组合多变的单体造型之基础。如《骏马秋风塞北》(贺淦荪作，见图 13-22)。

图 13-21　春到山乡　　　　　　　图 13-22　骏马秋风塞北

(4) 树木相依、组合多变法

　　此法创意为先，以动为魂。依题选材，按意布景，形随意定，景随情出，多法互用，相辅相存，式无定型，不拘一格。"树植石上，石绕树旁；以石为盆，树石相依；以石为界，水陆两分。多式组合，三景一体；组合多变，协调统一。""石因树活，树固石灵，树使石生，不为树存，按意布景，互补生情，浑然一体，相互依存"。树离石则"空中楼阁""孤峙无依"；石离树则"鹤去楼空"枯寂空存；"树石相依，各有侧重。按意布景，变化万千。"如《群峰竞秀》(贺淦荪作，见图 13-23)。石多于树，近景：树植"景盆"；中景：树植石上；远景无树，以苔造景。《风在吼》(贺淦荪作，见图 13-24) 则树石并重，以"景盆"植树为单体造型，然后组合多变。

图 13-23　群峰竞秀

图 13-24　风在吼

因此，树石盆景的造型，我们主张在继承传统的基础上广学博采，走创新之路。提倡"有法无式""规律有共性，创作无定型"，要求作者胸有丘壑，创意为先，依题材，按意布景，形随意定，景随情出，因情有别，创造多种格局。"百花齐放，推陈出新"。

同样是树，同样是石，由于立意不同，选材各异；由于立意有别，则情调、格调为之而变。如"抚孤松而盘桓"需选斜曲虬劲之松，配以丑石，以显幽闲、轻盈之感。歌颂雷锋豪言壮语——"我愿做高山岩石之松"，则选用高耸雄劲之直干青松，立于刚劲雄浑斧劈石上，以示坚韧顽强、斗志昂扬的英雄气概。同样是竹石，若用玲珑剔透太湖石，植竹疏斜两三枝，则宛若来到"潇湘馆"前，展现"风吹竹影动，疑是玉人来"的情调。若用高耸丛竹，配以雄浑之山东文石，则格局为之一新，仿佛亲临"红岩竹园"，缅怀革命先烈高风亮节抗寒斗雪的高尚情操。《竞秀》只有选用高耸笔挺之管石，才能表现祖国建设蒸蒸日上磅礴气势。

《风在吼》在用材上则树石并重。由于心动，造型上不仅树动、石动，全局皆动才能反映出中华民族不屈不挠的战斗精神。这都说明因情有别，因题格变，发展个性，创立新风。

对树与石的关系的理解，表面上，树石结合就能收效，其实深入下去，才知关系复杂，瞬息万变。它们既是伙伴关系，又是主从关系；既是主从关系，又时时转化，变化无常。实质上，矛盾的一方与另一方是船与水的关系，"水能载舟，也能覆舟"。搭配得好，则画龙点睛，如虎添翼，珠联璧合，恰到好处。搭配失调，则一损俱损，同归于尽，画蛇添足，反受其害。而且树石盆景旨在创意，讲求意境，这就需要作者不断提高自身的文艺素养。以上种种反映出无论是盆景制作者、欣赏者和品评者都要自我提高文艺素养，提高艺术思想境界，方能虚实结合，事半功倍。立于现实创新意，辩证求得和谐美，是树石盆景发展的科学信念。

图 13-25　杨柳岸边（对节白蜡、龟纹石）（徐祖胜作）

思考题

1. 什么叫树石盆景？
2. 发展树石盆景的意义是什么？
3. 怎样制作树石盆景？其要领是什么？

推荐阅读书目

1. 论树石盆景．贺淦荪．花木盆景，1996(5)．
2. 动势盆景的哲学和美学基础．唐吉青．中国盆景论文集，1997.
3. 树石盆景创作初探．冯连生．花木盆景，1997(10)．
4. 树依石而生，石因树而活．张家林．中国盆景论文集，1997.

第14章　盆景养护管理总论

[**本章提要**]本章讲述6个问题：

(1)生境管理。水、气、光、热(温度)、土、场地，是盆景赖以生存的环境。盆景生态学是盆景养护的理论基础。

(2)盆土或基质在盆景养护管理中至关重要，故而从生境内容中单独抽出来讲。介绍了各地盆土配方及日本通用配方。

(3)盆景无土栽培代表了发展方向，介绍了营养液配方和基本技术。

(4)树上管理、病虫害防治。

(5)遮荫、防寒也是很重要的管理措施。

(6)山水盆景的养护要点。

盆景，尤其是桩景，它们是有生命的雕塑艺术品，不像绘画、雕塑那样一举告成，因而决定了其创作的连续性，只有通过连年的养护管理才能达到叶色浓绿、花果满枝、姿优韵美、生机盎然，才能实现和维持它们的理想的观赏效果。倘若养护管理跟不上搞不好，任凭人们在制作中怎么呕心沥血也是枉然。桩景一旦因养护管理失误而死掉，其艺术生命也即告终。所以，养护管理对于从事盆景工作者来说是一项十分重要的工作，而且是一项长期繁杂的工作。

盆景养护管理主要包括3个方面：即生境管理、盆土管理(土、肥、水)和盆树管理(修剪、防寒、遮荫、病虫害防治)。盆景无土栽培是盆景栽培管理中的一项新技术，也有必要在此作一简单介绍。此外，还有山水盆景的养护管理。

盆景生态学是盆景养护管理的理论基础，也就是说，盆景养护管理应该在盆景生态学的指导下进行。

14.1　生境管理

生境即生态环境(各生态因子的总和)。生境的管理包括以下几个方面：

(1)置放盆景的地势应该高燥、通风，有凉爽的小气候。如有积水现象，应该通过人工的方法加以改造。

(2)置放盆景的场所，应该水源充足，能满足桩景对水分的起码要求，而且水质纯净，无污染，水温与盆土温度要接近。

(3)要空气流通，但要避风，不放在风口上，周围不存在空气污染(SO_2、HF、H_2S、Cl_2)。因为空气中 SO_2 浓度达到 $0.01\mu l/L$ 时，松类盆景就开始受害，年平均浓度 $>0.05\mu l/L$，受害指数为38%。

（4）场地必须满足盆景植物对光照的要求。对于稍耐荫的树种，如罗汉松、圆柏、南天竹、十大功劳、山茶、杜鹃花等，在高温季节要适当遮荫，要有遮荫的设备。

（5）夏天要创造一个凉爽的气候，有些树种要进荫棚；冬季北方要有防寒措施，如温室、地窖、风障等。

（6）要有理想的盆土，物理性能要良好，排水好，含有丰富的腐殖质，不板结，无地下害虫和病毒病菌。

（7）环境要优美，使盆景为环境锦上添花。

（8）周围无严重的病虫害。

14.2　盆土管理

14.2.1　盆土配制

盆土是桩景植物生长的物质基础。南北方盆土配方不同，不同树种对盆土的要求也不一样。在这里列举南北方有代表性的盆土配方以供参考。

（1）岭南盆土

岭南常用盆土有塘土、山土、腐叶土、红泥、沙、培养土、黏土。

①塘土　大多是从种过西洋菜、蕹菜或养过鱼而排干水的塘中挖出来的，把这些挖出来的塘土放在岸上铺平晒干，做成15cm×20cm的泥坯，干透后敲碎使用。塘土比较肥沃，适合绝大多数盆树使用，"泥坯"在南方花木店有出售。

②山土　山林地带的天然腐殖土，呈黑褐色，颗粒细而疏松，富含有机质，通透性良好，宜于培养松柏类树种。

③腐叶土　以树叶、草类埋置土中，腐烂后即成为腐叶土。

④自制培养土　旧盆土与鸡粪、碎骨头、植物性垃圾和煤渣混合，再加入人粪尿，反复翻抖，沤烂晒干，装入缸或箱里贮存备用，这种培养土不但疏松、排水、透气好，而且肥效显著。

（2）江浙盆土

以杭州为例，杭州常用盆土有以下几种：

①山黄泥　呈酸性，团粒结构较好，空隙间具有一定的贮肥、保水能力和通透性。

②腐殖土　也属酸性，土质较细，通透性不及山黄泥，但富含有机质。

③河泥　土质细腻疏松，富含养分，宜栽杜鹃花。

④焦泥灰　富含钾肥，有利根系发育。

⑤粗沙　大如麦粒的粗沙，用做底层盆土，能保证底部排水良好。

盆土配方　山黄泥30%（观花类用河泥代替）+腐殖土20%+焦泥灰20%+粗沙30%。松树类用土可以土沙各半，甚至土∶沙为4∶6。

(3)四川盆土

以成都盆土为例。成都盆土是将落叶倒入土坑，加入人粪尿沤制而成。每50kg树叶加石灰1~1.5kg。盆土堆制时，枯叶、人畜粪尿要分层堆积，分层泼洒。每50kg落叶加畜粪300kg，人粪尿100kg。然后用稀泥加封。其间翻堆2次，第一次在高温后10~15d，上下内外翻匀后再加水封泥。翻堆后又有一次高温期（1周后出现高温），待二次高温期后10~15d，行第二次翻堆，1个月左右即可腐熟。腐熟后的腐叶土，经筛子筛过，再加入骨粉、菜饼、草木灰，拌匀堆沤后，即可使用。

(4)北方盆土

北方盆土常以沙、园土、泥炭土、腐叶土、草木灰配制而成。

松柏类盆土配方　沙10%+泥炭40%~50%+园土30%~40%+腐叶土10%+草木灰适量。

杂木类盆土配方　沙5%+泥炭30%~40%+园土20%~30%+腐叶土30%+草木灰适量。

北京颐和园盆土配方　盆树原生长地土壤50%+腐殖土30%+沙15%+肥5%，北京土壤pH值为8~8.5，可加入硫酸亚铁、磷酸或黑矾水调整土壤酸碱度。

这里值得一提的是泥炭在盆景植物栽种中的重要作用。尤其是山茶、杜鹃花、兰花、栀子等，喜好酸性、透性、肥沃、湿润的土壤，以泥炭、草灰粉末混以2/3~1/2的泥土栽种上述植物为好。使用泥炭，最好先加入人粪尿，泥封腐熟，可使其中尚未炭化部分充分腐解，更加疏松、肥沃。

(5)日本盆土配方

对盆景的盆土配制的基本要求是排水顺畅和不板结。不同的树要配制不同的盆土。不过一般来说，标准的盆土配方是：1份腐殖质土、2份泥炭土和2份粗沙。

14.2.2　土壤消毒

盆土来源广，里边常常有对植物有害的病毒、病菌或虫卵，因此必须消毒。消毒方法有5种：

(1)腐熟发酵

盆土沤制过程中温度可升至55~65℃，有一定的消毒作用。

(2)暴晒

把盆土摊在地上，暴晒数日。

(3)蒸汽消毒

需要有高温蒸汽消毒设备，是现代盆景、盆花和容器育苗常用的设备之一。

(4)药物消毒

用0.15%的福尔马林或用氯化苦、托布津等。

(5)烘烤

把盆土放入大锅内，用火烘烤，加热到80℃，不断翻拌，受热均匀，经30min即可达到杀菌、灭虫和消毒的目的。

14.2.3 翻盆

(1)翻盆的必要性

翻盆主要是为了更新盆土，扩大营养面积。土壤是基础，过一定年限后，就会整盆长满根系，耗尽养分，盆土再也满足不了树木生活的需要，如不及时换土，盆树就会极度饥饿而衰老甚至死亡。另外有时是为了展览的需要，换上一个更雅观适当的盆，或者是因为原用盆尺寸规格不当，或者种植位置不佳，深度、体势失宜，或因虫害侵入盆底危害根系等，则非翻盆不可。

(2)翻盆年限

翻盆年限因树种、树龄、盆景规格而定。

①树种 生长旺盛且喜肥的树种，翻盆次数要多些，间隔年限要短些；观花观果类，消耗养分多，需要每年或隔年翻一次。生长缓慢者，需肥较少，翻盆次数可少些、间隔时间长些，如松柏类，3～4 年 1 次，松柏类老桩不宜多翻。

②树龄 幼龄树 1～2 年翻 1 次，成年树 2～3 年 1 次，老龄树 4～5 年 1 次。

③规格 小盆景 1～2 年翻 1 次，中号盆景 2～3 年 1 次，大型盆景 3～5 年 1 次。根据北京颐和园的经验，尺半(盆长 45cm)以下的盆景 3 年 1 次，尺半以上的 5 年 1 次为宜，可见翻盆的年限也不是死规定的，主要是根据根系生长状况，当把盆树倒出来发现根系布满盆底时，则说明需要换盆。国外盆景年年翻盆换土。

(3)翻盆时间

翻盆时间一般都在早春(2～3 月)、晚秋(10～11 月)进行为宜，如保留原土较多，则随时都可以翻盆；如需要换去大部或全部盆土则必须在休眠季节进行，一般说来，冬夏非不得已应避免翻盆。如松类在 4 月最好，梅花在花前或叶芽萌动之前换盆适宜，竹类在 5 月或 9 月进行较适合，而翠柏、偃柏、六月雪、虎刺、栀子花等常绿树种，适宜秋季移栽换土。罗汉松、柏树须根发达适应性强，除严冬外，随时可换土。

(4)翻盆方法

当盆土不干不湿时，先用花铲剔除盆内四周部分宿土，再将盆倒扣过来，用手拍打盆底，或将盆沿轻轻磕一下，使树木连根带土全部倒出来(嫁接愈合组织不良的桩头，脱盆时要谨慎操作，防止折断)。翻盆时结合修根，可根据以下情况考虑：

①树木新根发育不良，根系未布满土团和底面，则翻盆可仍用原盆，不加修根，只要适当加些新土即可。

②如须根密布土团于盘底，则需换稍大一号的盆，疏剪密集根系，去掉大部老根，一般去掉原盆土 2/3 左右，保留少数新根进行翻盆。

③一些老桩盆景，在翻盆时，可适当提根，以增强其观赏效果，剪去部分老根和根端部分，培以疏松新土，促发新根。

④松柏类树种伸长的细根，可酌量剪去根端部 1/5～1/4，而黄杨、竹类须根发达，则应剪去根端全部，以控制须根过密。

⑤不管什么树种，发现腐根、病根都应剪去。根系发育不良，底土结构松散者，

要谨防土团散落。

14.2.4 浇水

盆景植物生长在有限的盆土中，土壤定容，极易干燥缺水。如不适时浇水，就有干死的危险。但遇多雨季节，又容易积水，造成根缺氧，使植物窒息。所以有人认为盆景水分管理的重要性在施肥之上。故古人风趣地称栽花老者为"灌叟"。

(1)浇灌次数

因季节而异，各季次数如下：

①春季　每日中午，浇水 1 次(雨天除外，下同)；

②夏季和早秋　每天 2 次，9:00~10:00 1 次，15:00~16:00 1 次；

③晚秋　每天浇灌 1 次；

④冬季　2~3d 1 次。

(2)浇灌方法

①喷洒法　盆景浇水均以喷壶喷洒为宜。

②浸盆法　为不使盆土板结，还可采用浸盆法，即将盆子浸到淹没盆口的池子里，浸透盆土(水泡没有时为止)。

③灌水法　把水直接浇灌到盆内，不浇则已，浇则必满，浇则必透。

④虹吸法　在桩景旁边放一桶水，中间用毛巾把桶、盆连起来，即一头放入水中，另一头放入盆口土面上，利用虹吸原理浇水。这种方法用于无人看管的少数几盆盆景(如出差十天半月，家中盆景无人照管)。

⑤滴灌法

(3)浇水注意事项

①一般情况下，盆土不干不浇，浇则必透，不浇半水、地皮水。

②不论是河水、自来水、井水，均需用水池先贮存一二日，使水温与盆土温度接近，不致因浇水引起温度的激变，损伤根系，甚至造成萎蔫。

③梅花、桃花、玉兰等忌湿盆景植物，除注意土壤的透气性外，还须控制浇水次数。

④杜鹃花、山茶对空气湿度要求较高，宜用叶面喷洒的方法，同时注意将其置于半荫下养护。

⑤高温季节，宜早晚浇水，不宜中午浇水。而且宜于将叶面喷洒和盆土灌水结合进行。

14.2.5 施肥

(1)肥料类别

肥料分为有机肥和无机肥两大类，有机肥包括人粪尿、厩肥、堆肥、绿肥、动物毛、蹄角、骨粉、豆饼、麻酱渣等，无机肥包括化肥、草木灰。肥料所含营养成分包括 6 种大量元素氮、磷、钾、钙、镁、硫和 6 种微量元素铁、硼、锌、锰、钼、铜。其形态有固体肥、液体肥之分，肥效有长效、速效之别。在盆景施肥中，习惯于施有机肥为主,但化肥也施,如有些观叶、观花、观果树种当发现缺素症时,如叶子黄了就追施些氮肥、铁肥(FeSO$_4$),为提高座果率而追施些磷钾肥,效果比基肥来得快。有些桩景缺少微量元素时也可追施一些微量元素。

(2)施肥方式

一般分为施基肥和追肥两种。

①基肥 上盆、换盆时施入盆土中的底肥为基肥,大都属于迟效、长效性肥料,旨在提高土壤肥力,为盆景植物提供整个生长过程中所需要的营养元素。饼肥、骨粉、鱼下水、动物血、人粪干、蹄角都属于这一类。施基肥多在上盆、翻盆时把基肥掺入盆土或撒在盆底,再盖以少量盆土,而后栽上植物。这样,随着根系的不断伸长,就"吃到"营养了。基肥要腐熟,不然会伤害根系或招来病虫害。

②追肥 是在盆树生长过程中,视其生长需要而临时补给的肥料。追肥一般用速效性肥料,大都采用液肥,常用的有经过充分腐熟的饼肥液汁、粪水及毛、角、蹄片浸出液。液肥施用时应酌情加水,一般以薄肥多施为原则。各种化肥片也可用做追肥,一般口径15~20 cm盆,可散埋3~4片,不少花店有售。根外施肥,其性质也属追肥,肥效来得快。如观花盆景或观果盆景,可在花前追施过磷酸钙100倍或磷酸二氢钾500~600倍液或三十烷醇0.1mg/L溶液喷洒叶面,对提高开花着果率效果显著,时间以10:00前,15:00后为好,可以减少蒸发,利于吸收。

根据北京颐和园的追肥经验是,对于鹅耳枥、小叶朴要在春梢停止生长时(6月中下旬),用腐熟肥追肥效果最好,开始液肥浓度为水:肥为10:1,半个月后改为8:1,再过半个月为5:1;一共浇施2个月即可,要结合浇水施肥。

③施肥要因时、因土、因树而异 春季多施氮肥,秋季施磷、钾肥,休眠期一般不施肥;幼树多施氮肥,果树盆景多施磷、钾肥。土壤缺什么肥,就多施什么肥。要做到因树施肥。比如松柏类,要使其长得风姿苍劲,倘若施肥过多,必然导致嫩枝徒长、针叶过长,有碍观赏。一般1年2~3次即可(秋后、早春)。松类施肥以蹄角、羽毛、动物内脏浸出液最好。此类肥水含氮、磷较多可使树叶油绿发亮(施时要兑10倍水)。杂木类如小蜡、女贞等树种,生长期可每月施肥1次。南天竹秋后施长效肥。春季花前施追肥。罗汉松等树种如在秋后施肥过迟或秋后施氮肥,则新梢容易受冻害。杜鹃花性喜薄肥多施,用饼肥、骨粉、绿肥浸出液兑水浇灌最好。海棠、苹果、葡萄、梨树盆景如不注意秋季施肥,则次春开花不繁,座果率不高。石榴特喜肥,应在春、夏、秋生长季不断施肥,才能花多果硕(多施磷肥)。对于观叶类如红枫、榆等,初秋摘除老叶后,应追施速效氮肥1次,可促发新叶,更为娇嫩。

④施肥注意事项 第一,施有机肥必须腐熟,不可施入生肥,以防伤害植物或发生虫害;第二,追肥浓度(尤其叶施)不宜过大,要勤施少量;第三,气温太高时不宜施肥,夏季施肥宜在傍晚或早上;第四,土壤追肥前必须松土,以利植物迅速吸收,施肥后土壤要灌足水,以防烧伤植物,产生肥害。一旦发生肥害就要及时挽救。其方法有:浇水喷水;脱盆冲洗;剪去受害根尖;换土倒盆,放阴凉处养护,以后转浇绿肥水。

14.3 盆景无土栽培

14.3.1 定义

盆景无土栽培是不用土壤而采用某些无机材料作基质浇灌营养液的栽培新技术。国际无土栽培主席 A. A. Steiner 将无土栽培明确定义为营养液栽培,他用下列等式表示:

$$Soiless \ Culture \ = \ Hydroponics$$

同时他依据基质不同而将无土栽培分为水培、气培(营养液直接喷淋根系)、砾培、沙培、蛭石培、岩棉培、玻璃纤维培。根据这个定义,"蛭石 + 马粪""锯末 + 人粪尿""泥炭 + 营养液"等栽培方式均不属于盆景无土栽培的范畴。盆景无土栽培是盆景历史上的一次革命。

14.3.2 盆景无土栽培的优点

①生长快、周期短、质量高,盆景植物生长健壮、根系发达 实践证明,无土栽培对盆景植物龙柏、雪松、蜀桧、紫荆、杜鹃花、雀梅、六月雪、火棘、小叶黄杨等有明显的促进生长的作用。而且能增强盆景植物的抗寒耐暑和抵抗病虫害的能力,提高盆景的观赏效果。

②无毒、无臭、无菌,清洁卫生,不污染周围环境,使盆景更适宜宾馆、酒家、居室的室内装饰,有利于盆景大普及,使盆景走入千家万户 盆景无土栽培这门新兴技术能彻底根绝有害病毒、细菌和虫类,使植物处于无菌或少菌条件下进行栽培。其基质蛭石、珍珠岩、岩棉、煤渣等都是逾越千度焙烧工艺制成的,即使是耐温性极高的一切微生物都将化为灰烬,因而微孔性无机矿石无菌无毒无病虫隐患。其营养液中绝大多数化学物质也能抑制菌毒;硝酸钙、硝酸钾、硫酸镁、硼酸等可以防腐,硫酸铜、硫酸钾、磷酸二氢钾等可以起到消毒作用。所以消毒营养液的应用,也能经常性地防御病菌入侵。

③为盆景出口创汇创造了有利条件 盆景无土栽培因无毒、无虫害,能使盆景顺利通过各国检疫关(目前盆景出口除英国、德国、法国、中国港澳地区可带土外,其他许多国家如美国、日本、澳大利亚、荷兰等都不允许带土植物进境);无土栽培可大大减轻盆景重量,便于搬运,便于长时间海运。它为盆景批量出口提供了前提条件。

④采用无土栽培可以充分发挥盆景的浅奇风格 盆景植物生长不靠土壤而靠营养液,因此基质可以减少到最大限度,盆钵可以更浅,从而更加突出景物的观赏效果。再由于基质的微孔性,盆钵可改用工艺玻璃、塑料、釉瓷制作,使盆景变得更加美观优雅。

⑤减轻劳动强度 一是省去了翻盆的繁杂劳动,二是搬运轻便。

⑥为盆景工厂化生产和电脑的应用开拓了新的前景

14.3.3　进展情况

目前美国、日本和西欧一些国家，盆景无土栽培已逐步取代了传统的土培。日本盆景得力于营养液加速栽培，提高了盆景的生产率和质量，并使其冲破了欧美森严壁垒的检疫关，向外输出了大量盆景，从而占领了国际市场。

我国江苏盆景采用无土栽培已有近 20 年的历史，南京农业科学研究所朱士吾在盆景无土栽培研究和宣传方面做出了突出的贡献，积累了丰富的经验，使盆景无土栽培进入实用性阶段，此处介绍的有关资料主要来自朱士吾先生的报道。1983 年南京曾在莫愁湖公园举办了全国首次无土栽培盆景的展览。1984 年苏派、通派盆景首次对雀梅、罗汉松、小叶女贞、黄杨、银杏盆景采用无土栽培，出口意大利，获得了成功，从而开创了我国盆景无土栽培出口创汇的新纪元。1985 年江苏与深圳联营开始大批量生产无土栽培中、小型盆景，种类有九里香、福建茶、榕树、雀梅、六月雪、罗汉松、黄杨、银杏、铺地柏、南天竹等，受到外商的欢迎。与此同时，国内也在大量普及盆景无土栽培，并生产了一批便于销售、使用的营养液。深圳市洪涛花木公司生产的"洪涛"牌、上海市江阴路花鸟市场，启东未正东花圃生产的"红梅"牌，南京市玄武湖苗圃生产的"玄武"以及南京市生产的"梅花""雪松""花神""金月"等牌号的盆景无土栽培营养液，相继投放市场，受到各地盆景栽培者的欢迎，使盆景无土栽培开始扎根于民众之中，进一步推动了这一新技术的发展。

目前，江苏已能充分利用无土栽培方式批量出口盆景，如南京园林局、苏州花卉中心。如皋邓元苗圃、绿园等单位都解决了桩景无土栽培的问题，在全国盆景无土栽培领域居领先地位。

14.3.4　营养液配方

朱氏通用配方（1988）是：

（1）大量元素（农业级）

硝酸钙 0.8g，硝酸钾 0.4g，磷酸二氢钾 0.25g。

（2）微量元素（化学纯）

乙二胺四乙酸二钠 20mg，硫酸亚铁 15mg，硫酸锰 4mg，硼酸 6mg，硫酸锌 0.2mg，硫酸铜 0.1mg，钼酸铵 0.2mg。

（3）自来水

1000mL（表 14-1）。

表 14-1　盆景植物无土栽培营养液通用配方（朱士吾，1988）

大量元素	用量（g/L）	NO_3^-	$H_2PO_4^-$	SO_4^{2-}	K^+	Ca^{2+}	Mg^{2+}	Na^+	Cl^-（mg/L）
$Ca(NO_3)_2 \cdot 4H_2O$	0.8	420				136			
		245			155				
KNO_3	0.40		178		72				
KH_2PO_4	0.25			156			40		
$MgSO_4 \cdot 7H_2O$	0.40	20		100	5	50	20	50	50
共　　计		685	178	256	232	186	60	50	50

（续）

微量元素	用量 （mg/L）	Fe	Mn	B	Zn	Cu	Mo	（mg/L）
Na_2EDTA	20.0	3.0						
$FeSO_4 \cdot 7H_2O$	15.0		1.3					
$MnSO_4 \cdot H_2O$	4.0			1.0				
H_3BO_3	6.0				0.05			
$ZnSO_4 \cdot 7H_2O$	0.2					0.025		
$CuSO_4 \cdot 5H_2O$	0.1						0.1	
$(NH_4)_6Mo_7O_{24} \cdot 4H_2O$	0.2	0.20	0.05	0.05	0.20	0.10	0.01	
共　计		3.20	1.35	1.05	0.25	0.125	0.11	

上述配方制成的营养液，可用磷酸调整 pH 值到 6.0。营养液无毒、无臭，清洁卫生，可长期存放备用。

配方说明：表 14-1 中，自来水杂质含量系根据国家饮用水标准及实际情况拟定的参考量，营养液中无铵态氮、未添加氯钠，仅利用水源及化学品中杂质含量；营养液中主要阴离子之间百分比关系 NO_3^-：$H_2PO_4^-$：SO_4^{2-}＝61％：16％：23％，主要阳离子百分比关系 K：Ca：Mg＝48％：39％：13％。

14.3.5 操作要点及注意事项

（1）基质以混合使用效果最佳，蛭石：珍珠岩：沙石＝1：1：1。如植株栽入后缺少稳定性，可适当增加沙子的比例，必要时用配石压根、压面或用金属丝固定植株。这样既保证了稳定性，又起到了美观作用，还解决了浇水冲走基质的问题。决不能使用有机基质如锯末、棉籽壳。

（2）盆钵、山石要消毒，可用福尔马林浸泡 0.5h，或用新洁尔灭洗擦。苗木、树桩也应经过消毒（使用杀虫剂、杀菌剂密闭熏蒸），尤其出口前。

（3）营养液浓度以稀淡为原则（用水稀释 100 倍），必须应用离子平衡吸收的营养液，这是栽培的关键（朱氏配方能保证离子平衡吸收）。第一次浇灌营养液一定要浇透，最好采用浸盆法。以后每周根据植株大小浇适量营养液，休眠期 20d 左右一次。不可改浇有机肥水。

（4）提倡在避雨条件下栽培，在此条件下营养不易流失，而且能减少病菌、害虫的侵入。平时浇水以自来水为好，发现基质稍干，即应浇水，浇则必透。对于盆景植物要求的光照、温度、湿度、通风条件与土壤栽培相同，不再赘述。

（5）有土栽培转无土栽培时，要特别注意盆、土、苗或桩的消毒，切不可把土中病虫害带给无土栽培。

（6）对于杜鹃花、山茶、栀子等喜酸树种，最好运用改良自来水，即在自来水中加入磷酸二氢钾，这样既能改变 pH 值，又能增加磷、钾元素。改良自来水配制：每 10 kg 自来水加入 1g 磷酸二氢钾，不能直接运用硫酸亚铁来改良自来水，否则会引起植株铁中毒（可配成黑矾水浇灌）。

14.4　树上管理

盆景树木的树上管理包括修剪、蟠扎以及病虫害防治和越冬防寒。剪、扎贯穿着盆景制作、养护管理的始终。剪扎知识请参阅有关内容，此处不再赘述，仅附栽培历（表14-2）。

表14-2　盆景植物季节性栽培历（《盆栽研究》）

树　种	摘　心	修　剪	整　形	上盆、根部修剪
枫　树	春~夏	春	春~秋	冬~春
竹	春~夏	春~夏	不能蟠扎	春~夏
山　茶	夏~冬	夏~冬	夏~冬	春~夏
朴　树	春~夏	春~夏	春~秋	冬~春
柳　树	春秋两季	春~夏	春~夏	春
柏　树	春秋两季	任何时期	任何时期	春
贴梗海棠	春~夏	春~夏	任何时期	春
金弹子	春~秋	夏	春~秋	春~夏
山毛榉	春~夏	春~夏	春~秋	春
银　杏	春~夏	春~夏	任何时期	春
常春藤	春~夏	春~夏	任何时期	春
冬　青	春~夏	春~夏	春~夏	春
杜　松	春秋两季	任何时期	任何时期	春
落叶松	春秋两季	任何时期	任何时期	冬~春
松　树	春	夏	秋~冬	春
樱　花	夏~秋	冬~春	春~夏	冬~春
石　榴	春秋两季	春~夏	春~夏	春~夏
火　棘	春秋两季	春~夏	任何时期	春
栎　树	春秋两季	夏~冬	春~秋	春
杜鹃花	夏	夏	春~夏	春~夏
柽　柳	春~夏	秋	春~夏	春
紫　杉	夏	夏	夏~秋	春
榆　树	春~夏	春~夏	春~夏	冬~春
紫　藤	夏~冬	夏~冬	春~夏	春
榉　树	春~夏	春~夏	任何时期	冬~春

说明：春，3~5月；夏，6~8月；秋，9~11月；冬，12~2月。

盆景树木的病虫害防治也很重要，要防重于治，治早治了，倘若不及时防治，就会损坏树桩的生长，轻者影响观赏效果，重者导致树桩死亡。有关病虫害的一般知识在有关课程中已做过全面论述，此处不再重复。为了使读者一目了然和实用，此书仅就盆景树木常见病虫害及其防治方法列表简介如下（表14-3，表14-4）。

表14-3　树木盆景病害及其防治

病害名称	危害树种及症状	防治方法
黄化病（缺绿病）	杜鹃花、山茶、栀子、含笑等。叶黄，进而出现乳白色斑点，严重时组织坏死呈褐色	喷灌0.2%～0.5%硫酸亚铁、锌微量元素，隔周喷1次，或浇灌黑矾水
立枯病	各种树桩盆景苗木。幼苗茎基出现椭圆形褐斑，最后植株枯死	0.5%硫酸亚铁或100倍等量式波尔多液每10d喷1次，发病后用800倍退菌特药液喷洒，1周1次
猝倒病	各种桩景苗木，幼苗胚茎烂死	喷施160倍等量式波尔多液，半月1次，或发病后喷铜铵合剂
白粉病	紫薇、月季、栀子、小菊等。嫩枝叶覆盖白粉，后出现斑点，弯梢卷叶，枯叶枯死	用100倍等量式波尔多液预防，发病后用500～1000倍退菌特或800倍代森锌或0.5度石硫合剂防治
松类落叶病	危害松类。叶子由绿变黄、变黑，大量落叶	4～5月喷70%甲基托布津800～1000倍液，或65%代森锌600倍液，10d 1次，喷药后1周喷硫酸亚铁1000倍
罗汉松叶枯病	危害罗汉松。叶面中上部灰白并有黑点，后叶枯死	65%代森锌可湿性粉剂600倍液，7～10d 1次，连续3次
煤烟病	危害杜鹃花、山茶、黄杨、迎春、柑橘类。叶面一层煤烟，此病是由蚜虫、介壳虫分泌物造成	消灭蚜虫、介壳虫，改善通风透光条件
锈病	月季、海棠、苹果、梨、菊花等。叶面出现锈色孢子，卷叶，落叶	发病后喷代森锌可湿性粉剂600倍液
褐斑病	贴梗海棠、榆叶梅等易受危害。叶面出现圆形红褐斑，有黑点。叶子焦黑脱落	65%代森锌可湿性粉剂600倍液喷洒
炭疽病	紫藤、梅、桃、米兰、月季、绣球、蕙兰叶缘、叶尖出现白边、褐圆斑	病初，施50%多菌灵可湿性粉剂500～600倍液或50%甲基托布津600倍液
根癌病	梅、桃、李、苹果、葡萄、柑橘类。根际出现肿瘤，严重者使盆景致死	土壤消毒，翻盆时剪去根癌
病毒病	牡丹、蔷薇类、水仙等。叶子出现花叶、黄化	选择优良品种、繁殖无病毒种苗，消灭害虫，拔烧病株
线虫病	菊科、蔷薇科植物。叶子由淡绿变黄、变黑最后脱落，根部出现肿瘤，白色线虫体	拔烧病株，土壤用1500倍40%氧化乐果乳剂或80%敌敌畏乳剂浇灌。或用80%二溴氯丙烷熏蒸石、土壤（5～8mL/m²）

表14-4　桩景虫害及其防治

病害名称	危害树种及部位	防治方法
蚜虫	桃、梅、李、石榴、柑橘类、紫荆等。危害新枝叶、诱发煤烟病，为刺吸害虫	40%氧化乐果1000～1500倍液，加强通风透光。也可用烟草浸液喷洒
红蜘蛛	山楂、柑橘类等，为刺吸害虫，破坏叶绿素，叶片变黄，脱落	用杀灭菊酯3000倍液

（续）

病害名称	危害树种及部位	防治方法
介壳虫	苏铁、石榴、黄杨、茶花、南天竹、含笑、桂花、冬青等，属于刺吸害虫，吸吮汁液，诱发煤烟病	用刷子刷掉介壳虫
粉虱	杜鹃花、山茶、葡萄、月季、丁香、石榴。为刺吸害虫，叶后变黄、脱落，诱发煤烟病	用 25% 溴氯菊酯 2000 倍液喷洒
刺蛾	梅、碧桃、贴梗海棠、栀子、桂花。食叶害虫，幼虫专食叶肉	人工捕杀，喷 40% 氧化乐果，或敌敌畏 1500 ~ 2000 倍液
袋蛾	蜡梅、石榴、梅、桃、茶花、葡萄等。食叶害虫，幼虫吐丝作囊，负囊食树叶	人工摘除，3 ~ 6 月喷 90% 敌百虫 100 倍或 80% 敌敌畏 800 倍液
毒蛾	松类、紫薇、梅、桃、柑橘类。食叶害虫，专食嫩叶	采下卵块烧死，黑光灯诱杀，幼虫期喷 50% 锌硫磷乳剂 1000 ~ 2000 倍液或 50% 敌敌畏乳剂 1000 倍液
金龟子	松、苹果、海棠类、桃、梅等。食叶害虫，夜晚出没食叶片	盛发期喷氧化乐果 1000 倍液。诱杀（用灯光）
军配虫	火棘、杜鹃花、海棠、苹果。群栖于叶背主脉两侧吸食叶液	5 月喷洒 40% 氧化乐果或敌敌畏乳油 1000 倍（隔周），烧掉落叶
天牛	柑橘、桃、梅、柳、杏等。食干害虫，蛀食枝干	人工捕杀。清除蛀孔木屑后注入敌敌畏或氧化乐果 1500 倍液
松梢螟	五针松。专食松嫩叶，咬断嫩枝	4 ~ 5 月喷洒 50% 杀螟松 1000 倍液，或剪去虫枝烧掉
蠹蛾	枫类、石榴、柑橘类。蛀干害虫，啃食韧皮部组织	棉球蘸 50% 敌敌畏 10 ~ 20 倍液，塞进虫孔将其熏死
吉丁虫	桃、杏、苹果、樱花等。幼虫串食枝干皮层，破坏输导组织，使枝干致死	人工捕杀。春天羽化前喷 80% 敌敌畏，羽化期喷 50% 对硫磷 2000 ~ 3000 倍液，危害期枝干上刷敌敌畏或氧化乐果

　　盆景树木生长发育是在错综复杂的生态条件下进行的，病虫害的发生发展也离不开复杂的生态环境。因此，防治病虫害需要贯彻"预防为主、综合防治"的原则。所谓"预防为主"是指首先应着重于"防"，即防患于未然。"综合防治"不能仅仅理解为是防治手段的多样化，主要是贯彻预防为主的指导思想，体现明确的生态学、社会经济学和环境保护学的观点，要从经济、有效、安全的要求来衡量各类防治措施的作用。基于这种认识，在病虫害防治上既要考虑品种、栽培、农药、生防、检疫等各种措施的不同效果，又要考虑操作简便、经济实用。在实际工作中采取的预防措施和综合防治方法主要有以下几项：

（1）加强植物检疫

　　凡是由国外或国内外地新引进的种苗或新的盆景树木种类，必须根据国家规定的检疫对象进行严格检查，发现有检疫对象时，绝对禁止输入，以防蔓延成灾。

（2）选用抗病虫害的品种

　　盆景树木品种不同其抗病虫害的能力有异。一般组织强健者抗病虫力较强。选用抗病虫品种，既经济又有效。

（3）加强栽培管理

养护管理加强后，植株生长健壮，从而提高对病虫害的抗性。如浇水要适当，施用腐熟肥料，防止造成烂根。又如加强通风透光和保持适当的温、湿度等。

（4）喷药保护防止病菌入侵

早春各种盆景树木将要到达旺长期前，喷1%波尔多液2~3次，可以防止多种真菌和细菌性病害。

（5）抓住各个环节，消灭隐患

如做好种子、插穗、花盆、土壤等消毒工作，杀死种子、插穗和土壤中的病菌和虫卵。

（6）及早发现，及时隔离

经常注意仔细观察盆景树木上是否有病虫危害。一旦发现应及时采用人工捕杀害虫，摘除病叶，然后进行隔离。并采取有效的防治措施。

（7）调整翻盆期

许多病虫害的发生，每年往往在某一时期最为严重，如提早或延迟翻盆也可以减轻危害。

（8）及时处理病虫害植株和做好越冬防治工作

发现病虫害植株宜及早拔除处理。残花、落叶、枯枝等均应及时清除烧掉。许多病菌和害虫以菌丝、菌核及卵、蛹、幼虫潜伏在土壤中休眠越冬，有些是在寄主的枝干上作茧越冬的，应细心观察，及时发现和消灭，这对来年防治工作大有好处。

（9）合理修剪整枝

结合修剪可以剪除病枝、病根等，减少病原菌的数量，同时也可以消灭在枝条越夏越冬的虫卵、幼虫及成虫，减少虫源。

（10）及时清除盆中杂草

杂草往往是一些病菌的繁殖场所，一些病毒、病菌常以杂草作为寄主，与此同时，杂草也多是某些害虫的野生寄主或越冬场所。因此，及时清除杂草，清洁盆景展出场地或盆景园，是防治病虫害的必要技术措施。

（11）人工防治

例如，刮取枝上的卵块，刷除枝干的介壳虫，振落捕杀具有假死性的害虫如金龟子、卷叶虫、舟蛾等；利用害虫的趋光性设置黑光灯诱杀成蛾，利用害虫的趋化性，用糖醋液诱杀夜蛾类害虫等。

（12）物理防治

利用热力处理是防治多种病害的有效方法，主要用于苗木、接穗、插条等繁殖材料的消毒。如用50℃温水浸桃苗50min，可以消灭桃病毒病。此外，还有生物防治。

14.5　遮荫与越冬防寒

一些耐荫的树木如罗汉松、圆柏、南天竹、山茶、杜鹃花等，高温季节应有遮荫措施，否则生长不良。微型艺术盆栽养护管理在考虑遮荫的同时还应将其置放在沙台上，使沙保持湿润，以造成小气候。

　　防寒措施在北方很有必要。北方冬季严寒，空气干燥，对一些树种说来，如不加保护，就会出现梢条、树干冻裂或冻死等现象。主要有生理干燥、冻害、伤根等情况。常用方法有：①风障防寒；②埋盆防寒；③遮稻草防寒；④地窖越冬；⑤低温温室(0～5℃)越冬；⑥居室越冬；⑦覆盖塑料薄膜等。长江以北地区可根据具体情况灵活采取相应防寒措施。

14.6　山水盆景的养护管理

　　对于山水盆景中的植物，其养护管理与桩景的养护管理相同。由于山水盆景中土壤更少，因而养护管理需要更加精细，要特别注意下列几点：

(1) 喷水

　　山石和山石上的植物喷水，尤其是硬石山水。对于软石山水盆景除将盆中贮满清水外，也要适当喷洒清水。山石上要不见污泥残迹及白碱。

(2) 换水

　　要定期换水，洗刷盆具，擦干后要打一次蜡，防止沉淀物污染盆底。

(3) 施肥

　　山水盆景土少且不容易换土，容易缺肥，因此要注意经常施肥。肥料宜用稀薄液肥也可用浸盆法施肥或叶面追肥。

(4) 整形

　　及时整形修剪，保持植株造型优美。

(5) 防寒

　　山水盆景既不耐晒也不耐冻，因此要做好遮荫和防寒的工作，宜放在半荫处，冬季不宜放在室外。

(6) 保护

　　搬动时要轻拿轻放，不要将山峰碰坏，尤其注意不要把山脚部分碰坏。

思考题

1. 盆景养护管理包括哪些内容？
2. 什么叫盆景生境管理？生境管理包括哪些内容？
3. 盆景浇水中应考虑哪些因素？不同季节、盆钵不同怎样控制浇水量？
4. 盆景怎样施肥？
5. 各地盆土配方怎样？叙述一下当地盆土配制过程。
6. 微型盆景养护中应注意什么问题？
7. 叙述翻盆要领。
8. 盆景越冬防寒措施有哪些？哪种措施适合于你们当地？
9. 桩景常见病害有哪些？怎样防治？

10. 桩景常见虫害有哪些? 怎样防治?

11. 山水盆景养护管理要点是什么?

12. 成型的桩景修剪与养坯中的修剪有什么不同?

13. 结合当地实际,分析盆景养护管理中的主要问题。盆景无土栽培的意义和要领是什么?

推荐阅读书目

1. 园林树木学. 陈有民. 中国林业出版社, 1990.

2. 盆景制作. 彭春生, 李淑萍. 解放军出版社, 1990.

3. 中国盆景流派技法大全. 彭春生. 广西科学技术出版社, 1998.

4. 盆栽艺术. 梁悦美. 台湾汉光文化事业股份有限公司, 1990.

5. 盆景制作与欣赏. 姚毓璆, 潘仲连, 刘延捷. 浙江科学技术出版社, 1996.

第 15 章　盆景养护管理各论

[**本章提要**] 分门别类地介绍了各种盆树的生态习性、分布、管理要点。介绍五大类树种养护：松柏类、杂木类、观花类、观果类、观叶类，共计 80 种左右(含品种)。

15.1　松柏类

(1) 五针松

学名　*Pinus parviflora*

产地　原产日本。我国长江流域各城市及青岛有栽培。

习性　喜光树，能耐荫，忌湿畏热，不耐寒，生长慢，阴湿条件下生长不良或死亡。

养护要点

①放置　宜置于阳光充足、空气流通而又湿润的地方。冬季室内越冬，气温不低于5℃。

②浇水　忌旱畏涝，盆土宜偏干，但叶面要常喷水。春夏适当扣水。

③施肥　忌施浓肥，尤忌生肥。一般每年施 1 次稀薄液肥即可。

④翻盆　每 3~5 年翻盆 1 次，时间宜在春季 2~4 月。

⑤修剪　主要是摘芽。4~5 月摘去主芽 1/3。

⑥病虫害　常见病害有松类落叶病、叶枯病、锈病等，用 40% 甲基托布津 800 倍液喷布控制。干燥通风可预防此病。虫害有螨类、介壳虫、蚜虫、红蜘蛛等，可用 40% 氧化乐果 1000 倍液喷杀。

(2) 黑松(变种有锦松等)

学名　*Pinus thunbergii*

产地　原产日本及朝鲜南部，多生于沿海地区。华东沿海、辽东半岛、安徽等地有栽植。山东沿海地区生长旺盛。

习性　强喜光，耐干旱、瘠薄及盐碱土，抗海潮风，性喜温暖湿润的海洋性气候。对土壤要求不严，喜砂质壤土，最好是排水良好且富含腐殖质的中性土壤。

养护要点

①放置　宜置于阳光充足、湿润通风之处，盛夏避免强光暴晒。冬季可置室外。生长期不可长时间放入室内。

②浇水　喜干燥，烧水要适量，春夏适当浇水。

③施肥 不喜肥，每年春秋各施 1 次稀薄液肥。

④翻盆 每 3~5 年翻盆 1 次，早春 2~3 月间进行。

⑤修剪 摘芽为主。

⑥病虫害 夏季高温高湿、通风不良可引起黑松叶枯病，可用 70% 甲基托布津 1000 倍液喷布防治。常见虫害有蚜虫、螨类、介壳虫等，可用 40% 氧化乐果 1000 倍液喷杀。

(3) 赤松

学名 *Pinus densiflora*

产地 产我国北部沿海山地至东北长白山低海拔处。日本、朝鲜、俄罗斯也有。

习性 强阳性，喜酸性或中性排水良好的土壤，不耐修剪。

养护要点

①放置 宜置于阳光充足之处，保证光照充足，勿久置室内。

②浇水 见干见湿，注意排水。

③翻盆 每 1~2 年翻盆 1 次。

④病虫害 病害有枝枯病、叶锈病等，用 40% 甲基托布津 800 倍液喷布控制。虫害有松毛虫等，可用 40% 氧化乐果 1000 倍液喷杀。

(4) 马尾松

学名 *Pinus massoniana*

产地 广布于长江流域及南部各地。

习性 强喜光，喜温暖湿润气候，耐瘠薄，喜干燥，忌水涝，忌盐碱，生长快，耐寒性差。喜酸性、微酸性土壤。

养护要点

①放置 宜置于阳光充足之处，北方地区冬季入室越冬。

②浇水 见干见湿，注意排水。

③翻盆 每 1~2 年翻盆 1 次。

④病虫害 病害为松苗立枯病、松瘤病等。虫害为松毛虫、松干蚧、松梢螟等，可用 40% 氧化乐果 1000 倍液喷杀。

(5) 金钱松

学名 *Pseudolarix amabilis*

产地 中国特产，分布于长江下游一带。

习性 强喜光，喜温暖湿润气候，喜肥沃的酸性土壤，耐寒性不强。不耐干旱，不耐积水。

养护要点

①放置 宜置于阳光充足、温暖湿润之庭院、阳台、窗台等处。夏季应遮荫，北方地区冬季入室越冬。

②浇水 不耐旱也不耐涝，随时保持盆土湿润，还要防涝。

③施肥 每月追施稀释的薄饼肥水或矾肥水或腐熟粪肥，立秋停施。

④翻盆 每 3~4 年翻盆 1 次，注意保留菌根土。

　　⑤病虫害　实生苗苗期有猝倒病，可用 1% 硫酸铜溶液浸种 24h 后再播种可预防，或用 70% 敌克松 700 倍液喷洒防治。主要虫害有袋蛾，应及时摘去袋囊，并对幼虫用 70% 敌百虫 1000～1500 倍液喷杀。

(6) 雪松

　　学名　*Cedrus deodara*

　　产地　原产喜马拉雅山西部，现长江流域各大城市多有栽培。北方城市也有较多栽植。

　　习性　喜光树，有一定耐荫能力，幼苗期较耐荫。喜温凉气候，有一定耐寒能力。耐旱力较强。宜土层深厚而排水良好的土壤，能生于酸性及微碱性土壤，忌积水。性畏烟，二氧化硫气体会使嫩叶迅速枯萎。

　　养护要点

　　①放置　宜置于阳光充足之阳台、窗台和庭院等处。

　　②修剪　主要保护树尖，若折断应及时选一健壮侧枝扶正。

　　③施肥　在 10 月～次年 1 月可用腐熟豆饼堆肥做基肥，生长期用液肥补充，夏天可不施肥。

　　④浇水　勿积水。

(7) 落叶松

　　学名　*Larix gmelinii*

　　产地　产我国东北、华北地区。

　　习性　强喜光，耐寒，喜温凉气候。适应性较强。对土壤要求不严。

　　养护要点

　　①放置　宜置于阳光充足、通风之处，避免酷暑暴晒。

　　②浇水　见干见湿。

　　③修剪　随时修剪。

　　④翻盆　每 2～3 年翻盆 1 次。

(8) 水杉

　　学名　*Metasequoia glyptostroboides*

　　分布　分布于我国川东、鄂西南和湘西北山区。

　　习性　喜光，喜温暖湿润气候及肥沃深厚且排水良好的土壤。具有一定耐寒性，在北京可露地越冬。不耐涝，不耐干旱。

　　养护要点

　　①放置　宜置于阳光充足、通风良好之处。

　　②浇水　排水要好。

　　③修剪　春季萌芽时疏枝修剪。

　　④翻盆　每 1～2 年翻盆 1 次。

　　⑤病虫害　夏季易见红蜘蛛和小蠹蛾，可用 40% 氧化乐果 1000 倍液喷杀。

(9) 圆柏 (变种有龙柏、真柏等)

　　学名　*Sabina chinensis*

产地　原产中国东北南部及华北等地。朝鲜、日本也有分布。

习性　喜光，但耐荫性很强，耐寒耐热。对土壤要求不严，能生于酸性、中性及石灰质土壤上，对干旱及潮湿均有一定抗性。

养护要点

①放置　宜置于日照充足之阳台、窗台和庭院等处。

②修剪　根据树型修剪。摘掉多余的枝梢新芽，应随时修剪。

③施肥　以鸡粪、油粕为主。夏至初秋，另予追肥，以油粕肥为主。

(10) 侧柏

学名　*Platycladus orientalis*

产地　中国特产，原产华北、东北，目前全国各地均有栽培。朝鲜亦有分布。

习性　喜光，有一定耐荫性。耐旱，亦耐湿，喜温暖湿润气候，不耐水涝，较耐寒，耐瘠薄和盐碱地。寿命长。耐修剪。

养护要点

①放置　宜置于日照充足之阳台、窗台和庭院等处。

②浇水　见干见湿，不干不浇。注意排水，勿积水。

③修剪　采梢。

④翻盆　每2~3年翻盆1次，在初春进行。

⑤病虫害　常见侧柏毒蛾、双条杉天牛、叶锈病、扫帚病等。

(11) 刺柏

学名　*Juniperus formosana*

产地　广布于我国长江流域地区，南达两广北部及台湾。

习性　性喜光，中性偏阴，耐寒性不强，喜湿润，喜肥沃深厚、排水良好的石灰质土壤。嫁接以侧柏为砧木。寿命长。

养护要点

①放置　宜置于日照充足之阳台、窗台和庭院等处。冬季埋盆入土室外越冬。

②浇水　保持盆土湿润，防止积水。

③修剪　随时修剪，除去枯黄无用枝条。

④翻盆　每1~2年翻盆1次，在春季萌动前进行。

⑤病虫害　刺柏是苹果、梨、石楠等植物锈病的中间寄主，早春宜喷0.3~0.5°Be石硫合剂1次，盛夏易发生小蠹蛾蛀食主干，要浇水保湿，并在树干上注射1000倍的敌敌畏乳剂。

(12) 罗汉松

学名　*Podocarpus macrophyllus*

产地　产我国长江以南地区。日本亦有分布。

习性　较耐荫，为半阴性树。耐海潮风，耐寒性较弱。华北地区栽植，喜排水良好且湿润的砂质壤土。培养土可用沙和腐殖土等量配合制成。抗病虫害能力较强，对多种有毒气体抗性较强。寿命很长。

养护要点

①放置 宜置于日照充足之阳台、窗台或室内温暖湿润、半阴半阳之处。夏季高温避免阳光直射，冬季搬入室内。

②浇水 需水量大，夏季水分要充足，还要注意排水。

③施肥 宜在春季施有机肥，勿多施浓施，每年 10 月初即停止施肥。

④翻盆 每 3 年早春 3 月出芽前翻盆 1 次。

⑤修剪 可随时修剪、摘花。

⑥病虫害 空气干燥、通风不良会有介壳虫、螨类虫害，并诱发煤烟病，因此应注意通风，发现虫害用 40% 氧化乐果 1000 倍液喷杀，对病害则喷 0.5% ~ 1% 波尔多液预防。

(13) 铺地柏

学名 *Sabina procumbens*

产地 原产日本。我国各地常见栽培。

习性 适应性强，不择土壤，但以阳光充足、排水良好处生长最好。

养护要点

①放置 宜置于日照充足之阳台、窗台等有遮荫、通风、湿度较大处。冬季埋盆，室外越冬。生长期不宜长时间放置室内。

②浇水 要常浇水，尤其是夏季，但防积水。

③施肥 每年春、秋各追施 2 次稀液肥。

④翻盆 每 2 年早春萌芽前翻盆 1 次。

⑤修剪 春季新枝抽生前修剪。休眠季剪除无用枝条。粗扎粗剪。短截为重。

⑥病虫害 常见有锈病，喷洒 1% 波尔多液。虫害有红蜘蛛、螨类等，分别喷洒 40% 氧化乐果乳油 2000 倍液预防和 20% 三氯杀螨醇 500 ~ 600 倍液。

15.2 杂木类

(14) 榔榆

学名 *Ulmus parvifolia*

产地 产华北中南部至华东、中南及西南各地。日本、朝鲜亦产。

习性 喜光，稍耐荫，喜温暖湿润气候。有一定的耐干旱、瘠薄能力。喜肥，喜湿润土壤。萌芽力强。

养护要点

①放置 宜置于日照充足之阳台、窗台和庭院等处。夏季不需遮荫，北方地区冬季宜置冷室中。

②浇水 浇水要充足，夏季需水量大，早晚各 1 次，但勿积水，秋季少浇，北方地区冬季可少浇。

③施肥 可不施基肥，但每月追施 1 次稀薄液肥，以氮、钾肥为主。

④翻盆 每 2 ~ 3 年春季萌芽前翻盆 1 次。

⑤修剪　随时修剪，如摘芽、短截、摘叶等。

⑥病虫害　常见有黑斑病、榔榆炭疽病、白粉病等，应改善通风，用甲基托布津或杀菌灵防治。常见虫害有介壳虫、榆叶金花虫、天牛、螨类、蚜虫等。对刺吸式口器类害虫用40％氧化乐果1000倍液喷杀。对咀嚼式口器类害虫用80％敌敌畏1500倍液喷杀。天牛，要用药棉堵塞虫孔。

(15) 榕树

学名　*Ficus microcarpa*

产地　产我国华南。印度及东南亚各国至澳大利亚也产。

习性　喜暖热多雨气候及酸性土壤，生长快，寿命长。喜光，稍耐荫，不耐寒。

养护要点

①放置　宜放置于温暖湿润、空气流通、阳光充足的场所。夏季需略遮荫，不可暴晒。北方地区冬季在低于5℃时，移至室内越冬。

②浇水　喜湿，须经常保持盆土湿润，不可积水。浇水宜勤，浇则浇透。

③施肥　每年4~9月，追施3~4次腐熟的饼肥水即可，不宜过多过浓。北方地区冬季可施1次有机肥。

④修剪　可常年进行，一般在春初修剪，南方用截干蓄枝法。

⑤翻盆　不宜常翻，以免块根受伤腐烂。一般每3~4年翻盆1次，在晚春4~5月为好。

⑥病虫害　偶有介壳虫危害，发现时即用刷子人工刷除。

(16) 雀梅

学名　*Sageretia thea*

产地　产亚热带地区，华北亦有野生。

习性　亚热带喜光植物，略耐荫。喜温暖湿润，不耐寒。忌涝，对土壤要求不高，耐干旱瘠薄。萌芽力强，极耐修剪。

养护要点

①放置　宜置于通风透光处，窗台、阳台、庭院、室内均可。夏季高温时应遮荫。北方地区冬季可室外越冬。

②浇水　经常保持盆土湿润，盛夏水分要充足，雨季要排水防涝。

③施肥　勤施薄肥。生长旺期常追施稀薄液肥。

④翻盆　每2年1次，宜在春季2~3月结合提根进行。

⑤修剪　每年秋后疏去过密枝条，剪去杂枝。及时摘心，促使腋芽发侧枝。

⑥病虫害　常见虫害有蚜虫、螨类、介壳虫等。用80％敌敌畏乳剂1000倍液喷杀，1周后复喷，天牛要用药棉塞虫孔。

(17) 对节白蜡

学名　*Fraxinus chinensis* f. *hupehensis*

产地　产长江流域，集中在湖北。

习性　喜阳光，较耐荫寒，喜湿润之地，耐干旱，对土壤要求不严，耐修剪，萌蘖力强。

养护要点

①放置 宜置于日照充足之阳台、窗台和庭院等处。东西阳台较好。

②翻盆 每 2 ~ 3 年春季萌芽前翻盆 1 次。

③浇水 保持盆土湿润，保持排水良好。

④修剪 可随时进行。

⑤病虫害 病害有白粉病、锈病等，可用 1% 波尔多液喷杀。虫害有天牛、卷叶虫、茶袋蛾等，可用 80% 敌敌畏 1500 倍液喷杀。

(18) 朴树

学名 *Celtis tetrandra*

产地 产淮河流域、秦岭以南至华南各地。散生于平原及低山区。

习性 喜光，稍耐荫，喜温暖气候及肥沃湿润、深厚之中性黏质壤土，能耐轻盐碱土。深根性。寿命较长。生长较慢。

养护要点

①放置 宜置于庭院、阳台、窗台处。

②浇水 不耐旱也不耐涝，要常保盆土湿润，还要防涝，注意疏水透气。

③施肥 非常喜肥，少量勤施。

④翻盆 每 2 年翻盆 1 次。

⑤修剪 枝条柔韧易弯曲造型，愈合力强，不留伤痕，耐修剪。

⑥病虫害 常见虫害有红蜘蛛、吹绵蚧、榆蛎蚧、天牛等，用药物喷杀外，还可将全部叶片摘光，促使发芽。

(19) 黄荆

学名 *Vitex negundo*

产地 我国大部分地区均有野生分布。

习性 喜温暖向阳环境，耐半荫，耐寒耐旱，不择土壤。

养护要点

①放置 南北方均可露地越冬。

②浇水 北方冬季适当浇水，防止旱死。

③翻盆 每 2 ~ 3 年春季萌芽前翻盆 1 次。

④病虫害 极少见。北方夏初干旱偶有蚜虫，可用 80% 敌敌畏乳剂 1000 倍液喷布杀灭。

(20) 福建茶

学名 *Carmona microphylla*

产地 原产广东、福建、台湾、广西等地。

习性 喜温暖、湿润，阳光充足，不耐寒，热带喜光植物。耐旱、忌水涝，喜疏松肥沃、微酸性及砂质壤土。

养护要点

①放置 宜置于窗台、阳台、室内通风透光湿润之处，夏季放在阴凉处。北方地区冬季搬入气温高于 10℃ 以上的场所。

②浇水　保持充足水分，叶面常喷水，生长旺季每日浇 2 次水，北方地区冬季少浇。

③施肥　春末秋初连施 1~2 次稀液肥，北方可浇黑矾水。

④翻盆　每 2~3 年初夏翻盆 1 次。

⑤修剪　春秋季修剪，短截为主。

⑥病虫害　常见虫害有蚜虫、螨类、介壳虫等。加强通风，提高湿度，并用 80% 敌敌畏乳剂 1000 倍液喷杀。

(21)九里香

学名　*Murraya paniculata*

产地　产亚洲热带，我国华南及西南有分布。

习性　热带喜光植物，喜温暖湿润、阳光充足，较耐荫，较耐旱，不耐涝，不耐寒。适于肥沃疏松、排水良好的中性或微酸性土壤。萌芽力强，耐修剪。

养护要点

①放置　宜放在窗台、阳台、室内等半阴处，北方地区冬季放入高于 5℃ 的温室。夏季勿暴晒、施肥。生长季常追施稀薄液肥，秋季不宜施肥。北方可浇黑矾水。

②翻盆　每 2 年翻盆 1 次，晚春 4~5 月为好。

③修剪　萌芽力强，有用枝要等春季 4~5 月再剪。

④病虫害　常为叶枯病，避免受冻，发病初用 70% 甲基托布津可湿性粉剂 1500 倍液喷布，并集中烧毁落叶。常见虫害有介壳虫、螨类等，用 40% 氧化乐果乳剂 1000 倍液喷杀。

(22)六月雪

学名　*Serissa foetida*

产地　原产日本及中国东南部和中部各地。

习性　喜光，也耐荫，喜温暖湿润气候及肥沃湿润的酸性土，不耐寒，喜荫湿，在向阳而干燥处生长不良。中性、微酸性土均能适应，喜肥。萌芽力、萌蘖力强，耐修剪。

养护要点

①放置　宜置于室内窗台、阳台之处。夏季勿暴晒，北方地区冬季在室内越冬。

②浇水　生长期要水分充足，夏季早晚叶面喷水，秋季勿浇水，防烂根。

③施肥　生长旺季追施几次稀薄液肥，多施易疯长。

④翻盆　每 2~3 年春季 3 月翻盆 1 次，翻盆后宜于阴凉通风处暂放。

⑤修剪　萌芽力强，随时修剪，夏季常摘心。

⑥病虫害　常见虫害有蚜虫、介壳虫、螨类等，可用 80% 敌敌畏乳剂 1000 倍液喷杀，1 周后再喷 1 次。

(23)柽柳

学名　*Tamarix chinensis*

产地　原产中国，分布极广，自华北、西北至长江中下游各地，南达华南及西南地区。

习性　性喜光，耐寒、耐热、耐烈日暴晒，耐干又耐水湿，耐盐碱土。深根性，根系发达，萌芽力强，生长迅速，耐修剪。

养护要点

①放置　宜置于阳台、窗台、庭院。夏季庇荫，避免暴晒。北方地区冬季可室外越冬。

②浇水　保持盆土水分充足，夏季不可使盆土干燥，北方地区冬季盆土也要常保湿润。

③施肥　喜肥，生长季常追施稀薄液肥。

④翻盆　每年 2 月下旬至 4 月下旬翻盆 1 次。

⑤修剪　极耐修剪，生长期摘芽，7～8 月疏枝、剪叶、摘顶。

⑥病虫害　常见有蚜虫、介壳虫等，可用 40% 氧化乐果 1000 倍液喷杀。

(24) 黄杨

学名　*Buxus sinica*

产地　产我国中部及东部。

习性　较耐荫，也较耐寒。北京可露地栽培。抗烟尘。浅根性，生长极慢，耐修剪。喜半荫，在无庇荫处生长，叶常发黄，喜温暖湿润气候及肥沃的中性及微酸性土。

养护要点

①放置　宜置于阳台、窗台、室内半阳处，夏季庇荫。北方地区冬季可室外越冬。

②浇水　喜湿润，但不宜积水。

③施肥　生长季略追施稀薄液肥。

④翻盆　每 2～3 年翻盆 1 次，在春季发芽前或秋季新梢老熟后进行。

⑤修剪　常修剪，防止徒长，及时摘果。

⑥病虫害　常见虫害有蚜虫、介壳虫等，可用 40% 氧化乐果 1000 倍液喷杀，1 周后复喷，1 个月后再喷。平时叶面要常喷水。

(25) 小叶女贞

学名　*Ligustrum quihoui*

产地　产中国中部、东部和西南部。

习性　喜光、稍耐荫，较耐寒。北京可露地栽培。对二氧化硫、氯气、氟化氢、氯化氢、二氧化碳等有毒气体抗性均强。性强健，萌枝力强，叶再生能力强，耐修剪。

养护要点

①放置　宜置于窗台、阳台、庭院、室内等处，夏季勿暴晒。北方地区冬季小气候下可室外越冬。

②浇水　常保盆土湿润，夏季早晚浇水，喷洒叶面。

③施肥　每年夏秋各追施 2 次稀薄液肥即可。

④翻盆　每 2 年于春季 2～3 月发芽前翻盆 1 次。

⑤修剪　春季及时摘芽，平时随时修剪。

⑥病虫害　常见有介壳虫、蚜虫等，可用 40% 氧化乐果 1000 倍液喷杀。

(26) 虎刺

学名　*Euphorbia milii*

产地　产于亚热带。

习性　亚热带耐荫植物，喜温暖阴湿，畏烈日暴晒，不耐寒，不耐旱，喜肥沃湿润的微酸性土壤。

养护要点

①放置　宜置于室内窗台、阳台等庇荫、湿润又通风地方，夏季忌日光暴晒。北方地区冬季在室内即可。对光照变化敏感，所以不宜经常搬运，谨防引起落叶。

②浇水　盆土经常保持湿润，不干燥又不积水。北方地区冬季节制浇水。

③施肥　生长旺期追施几次稀薄液肥即可。

④翻盆　不宜过于频繁，常结合分株进行，修剪仅剪去枯枝、病枝、过密枝即可。宜在春季 4 月为好。

⑤病虫害　常见虫害为螨类、介壳虫等，用 40% 氧化乐果 1000 倍液喷杀，或用 20% 三氯杀螨醇 1500 倍液喷杀。

(27) 水蜡

学名　*Ligustrum obtusifolium*

产地　产华东及华中。日本也有分布。

习性　性较耐寒，北京露地栽植。耐修剪，萌枝力强，叶再生能力强。

养护要点

①放置　宜置于阳光充足、通风良好之处，阳台、窗台、庭院皆可，冬季埋盆于土中，室外越冬。

②修剪　耐修剪，可随时整形修剪，除去无用枝条。

③翻盆　每 1~2 年翻盆 1 次。

④浇水　见干见湿。

(28) 榉树

学名　*Zelkova schneideriana*

产地　产淮河及秦岭以南，长江中下游至华南、西南各地。

习性　喜光，喜温暖气候及肥沃湿润土壤。在酸性、中性及石灰性土壤均可生长，忌积水，耐干旱瘠薄。生长速度中等偏慢，尤其是幼年。

养护要点

①放置　宜置于阳光充足之阳台、窗台和庭院等处，不可置于荫湿处。北方地区 8 月中旬入冷室（最冷 5℃ 左右）越冬。

②浇水　不耐旱，水分要浇足。冬季节制浇水，盆土要半干，防止萌芽。

③翻盆　每年 3 月中旬出冷室时翻盆 1 次，老桩 3 年翻盆 1 次。

④病虫害　常有金龟子、卷叶蛾、象鼻虫蚕食叶片。发现后喷布 40% 氧化乐果 1000 倍液杀灭。卷叶蛾也可用 50% 杀螟松 1000 倍液杀灭。发现虫孔用棉球蘸 80% 敌

敌畏液塞住虫洞，再用黏土封堵洞口。

(29) 柞木

学 名 *Xylosma japonicum*

产 地 产长江流域及以南地区，多生于村落路旁。日本、越南也有分布。

习 性 喜阳光，喜温暖湿润，喜排水良好。

养护要点

①放置 宜置于通风良好、阳光充足之阳台、窗台、庭院等处，北方冬季室内越冬。

②浇水 保持盆土湿润，防止积水。

③翻盆 每 2 ~ 3 年翻盆 1 次。

(30) 鹅耳枥

学 名 *Carpinus turczaninowii*

产 地 分布于东北南部、华北至西南各地。

习 性 稍耐荫，喜生于背阴之山坡及沟谷中，喜肥沃湿润之中性及石灰质土壤，亦耐干旱瘠薄。移栽易成活，萌芽性强。

养护要点

①放置 宜置于阳光充足通风良好之处，夏季勿暴晒，初冬移入低温室内。

②浇水 保持盆土湿润，浇水过多会烂根，过干会脱水而死，入冬后少浇。

③施肥 盆底放少量腐熟的饼肥做基肥。等春芽停长后，每隔半个月施 1 次腐熟稀薄的有机液肥，连施 3 ~ 4 次即可。

④修剪 萌芽力较强，要及时修剪。

⑤病虫害 偶有食叶害虫发生，一经发现及时除掉。

(31) 水杨梅

学 名 *Adina rubella*

产 地 产长江以南各地，多生于山坡潮湿地或塘边。

习 性 喜阳光，喜温暖湿润。喜肥沃、排水良好土壤。

养护要点

①放置 宜置于通风良好、阳光充足之阳台、窗台、庭院等处。冬季室内越冬。

②浇水 保持盆土湿润，防止积水。

③施肥 喜肥，要经常施肥。

④翻盆 每 2 ~ 3 年翻盆 1 次。

(32) 银杏

学 名 *Ginkgo biloba*

产 地 中国特产，我国北自沈阳南至广州均有栽培。

习 性 喜光，耐寒，适应性强，耐干旱，不耐水涝，深根性，生长较慢，寿命长。对大气污染也有一定抗性。

养护要点

①放置 宜置于庭院、阳台、平台，北方(北京以南)可露地越冬，喜欢阳光。

②浇水　按一般原则不干不浇,浇则必透。

③施肥　秋、春两次施肥即可。

④盆土　砂质肥沃土壤为好。

⑤翻盆　2 年翻盆 1 次。

⑥病虫害　病虫害很少。叶斑病、叶轮斑病可用 65% 代森锌可湿性粉剂 600 倍液喷洒防治。

⑦修剪　按所要求树木造型修剪,使其树冠保持不等边三角形(V 面投影)。

(33) 赤楠

学名　*Syzygium buxifolium*

产地　产于我国华南、华中及贵州等地。

习性　亚热带植物,喜温暖湿润,不耐寒,喜光,耐半荫。对土壤要求不严,在中性至微酸性土中生长良好,耐瘠薄,不耐旱,忌涝。

养护要点

①放置　宜置于阳光充足的阳台、窗台、庭院等处,保持盆土湿润。幼苗需遮阳,老桩不需遮阳。防积水。北方冬季入室越冬,室温不低于 5℃。

②施肥　生长旺季每月施用腐熟的稀薄液肥 1 次,每次翻盆宜施少量有机肥做底肥。

③修剪　萌芽力强,以剪为主,扎为辅,反复摘心促其分枝。

④翻盆　每年早春翻盆换土 1 次,老桩每 2~3 年翻盆 1 次。

(34) 蚊母

学名　*Distylium racemosum*

产地　产我国东南沿海各地。日本、韩国也有。

习性　亚热带树种,抗二氧化硫、氯气较强。耐修剪。

养护要点

①放置　宜置于阳光充足、通风良好之阳台、庭院、窗台等处。保持充足的光照,北方地区冬季入室越冬。

②浇水　见干见湿。

③修剪　耐修剪,随时整形修剪,去除无用枝条。

④翻盆　每 2~3 年翻盆 1 次。

(35) 山橘

学名　*Fortunella hindsis*

产地　原产我国浙江、福建、广东、广西等地。

习性　亚热带喜光植物,喜温暖湿润、阳光充足,不耐荫,耐旱,忌涝,不耐寒。

养护要点

①放置　宜置于阳光充足的庭院、阳台等处。北方地区冬季移入气温不低于 0℃处。

②土壤　喜肥沃疏松的微酸性至中性土,忌黏重土和碱性土。

③修剪 以剪为主，较少蟠扎。尽量不做重剪。适当多留夏梢。立秋后摘心，限制枝梢生长。结过果的枝条，及时缩剪。

④施肥 初上盆不施基肥，用微酸性壤土。次年早春翻盆时施入腐熟的有机肥做基肥，生长季每月追施 1 次稀薄液肥。7 月中下旬施 1 次以磷、钾为主的有机肥。初上盆时多向叶面喷水。夏季花芽分化期适度节制浇水。

15.3 观花类

(36)杜鹃花

学名 *Rhododendron simsii*

产地 产长江流域及以南山地。

习性 喜半荫，喜温暖湿润气候及酸性土壤，不耐寒。

养护要点

①放置 宜置于通风又庇荫的室内靠窗或阳台内侧，夏季要遮荫。北方地区冬季室内养护。

②浇水 喜湿，应保持盆土湿润，夏季早晚喷水，秋季减少浇水量，以防抽生秋梢，影响次年花芽形成。浇雨水为好。

③施肥 喜肥，但因根极细，不可施浓肥，否则易枯萎。要薄肥勤施。肥料可用腐熟的豆饼、菜饼、鱼腥水、骨粉、鸡粪等。要用酸性土壤，忌碱性土。

④修剪 枝多而乱影响观花，应重造型修剪，开花后摘去花蒂。

⑤翻盆 每 3~5 年翻盆 1 次，开花后进行。

(37)贴梗海棠

学名 *Chaenomeles speciosa*

产地 产我国东部、中部至西南部。缅甸也有。国内外普遍栽培。

习性 喜光，耐瘠薄，有一定耐寒能力，喜温暖湿润，不耐荫，不耐水湿，喜排水良好的深厚、肥沃土壤，根蘖性较强。

养护要点

①放置 宜置于庭院、窗台、阳台等处，夏季遮荫。北方地区冬季埋盆于土中，也可搁于阳台、窗台处。

②浇水 防积水烂根，但要保持盆土湿润，花期水分要充足。

③施肥 冬季施足基肥，生长期每月追施 1 次稀薄液肥。

④翻盆 每 2 年春季翻盆 1 次。

⑤修剪 花后修剪无用枝条，休眠期整形修剪。

⑥病虫害 常见锈病，远离柏类，并喷 0.5°Be 石硫合剂预防。蚜虫、螨类等虫害，可用 40% 氧化乐果 1000 倍液喷杀。

(38)海棠

学名 *Malus spectabilis*

产地 原产中国北部，华北、华东尤为常见。

习性　喜光，耐寒，耐旱，忌水湿。北方干燥地生长良好。

养护要点

①放置　宜置于日照充足、通风良好之处，如阳台、窗台、庭院。

②修剪　花后将过长的新芽只留 2～3 叶，其余剪除。及时摘去不定芽。1～2 个月花开后剪去无关枝条。

③施肥　2 月施堆肥、鸡粪，花期后及 8 月下旬，施油粕、磷肥及钾肥。

④病虫害　有卷叶虫和蚜虫，喷药防治。忌与松、桧盆景靠近，易感染锈病。

（变种有冬红果、茶花海棠、西府海棠等）

(39) 紫薇

学名　*Lagerstroemia indica*

产地　产华东、中南及西南各地。

习性　喜光，有一定耐寒能力。北京可露地越冬。喜温暖湿润，略耐荫。

养护要点

①放置　宜置于庭院、阳台、窗台等处，过分庇荫会生长瘦弱，花少或不开花。夏季不必遮荫，北方地区冬季埋盆土中室外越冬。

②浇水　宜充足，花期更要浇水，但要防积水。休眠期控水。

③施肥　秋后施基肥，5～6 月 2 次追肥。控制氮肥，防止徒长。

④翻盆　每 2 年翻盆 1 次，3～4 月为宜。

⑤修剪　花后重度缩剪花枝。随时抹去不定芽和无关枝条。

⑥病虫害　煤污病，喷洒 0.3～0.5°Be 石硫合剂预防，蚜虫、叶蝉等虫害可用 80% 敌敌畏乳剂 1000 倍液喷杀。

(40) 月季

学名　*Rosa chinensis*

产地　原产中国，国内南北各地及国外均有栽培。

习性　喜光，喜温暖湿润，喜肥，耐寒性不强。华北需灌水、重剪并堆土保护越冬。花期长。适应性强，北京小气候处可露地越冬。对土壤要求不严。生长季开花不绝，但春秋最多最好。

养护要点

①放置　宜置于阳光充足、温暖之阳台、窗台、平台、屋顶花园、庭院等处。

②施肥　施肥要勤，出蕾前，每周加施肥料。花后也每周施 1 次肥。

③换盆　每年春季发芽前换盆 1 次。

④修剪　选择去年春、夏生枝条，只需保留健壮芽 2～3 个，使开花整齐。夏季剪掉花后的花梗。

⑤病虫害　潮湿、闷热不通风、低洼处易发生白粉病和黑斑病。应改善通风，剪除病叶，烧毁病枝，可喷 0.3°Be 石硫合剂。有蚜虫可喷 2000 倍 40% 氧化乐果乳剂，用烟草水冲洗也可。

(41) 梅花

学名　*Prunus mume*

产地 原产我国西南部。

习性 喜光,喜温暖湿润。耐寒性不强,较耐干旱,不耐涝,寿命长。

养护要点

①放置 宜置于阳光充足、空气流通之处。北方地区冬季室内越冬。

②浇水 平时保持盆土湿润,防止盆中积水。

③施肥 翻盆时在盆底放置骨粉、豆饼等做基肥,5、6月花芽形成前施1~2次饼肥水做追肥,8月再追1~2次,入秋再追1~2次。

④修剪 每年开花后应随即短截。

⑤翻盆 隔1~2年翻盆1次,宜在3月开花后进行;北方地区冬季11~12月亦可。

⑥病虫害 主要有炭疽病、白粉病、缩叶病、煤烟病。虫害有梅毛虫、蚜虫、天牛、刺蛾等。均可采用常规方法防治。

(42)'寿星桃'

学名 *Prunus persica* 'Densa'

产地 原产中国中部及北部。

习性 喜光,较耐旱,不耐水湿,喜夏季高温的暖温气候,有一定耐寒力,寿命短,喜肥沃且排水良好的土壤。

养护要点

①放置 宜置于光照充足、通风良好之阳台、窗台、庭院等处,北方地区冬季埋盆于土中,在背风向阳处室外越冬。

②施肥 要重施肥。生长期多施肥。

③浇水 排水要良好,勿积水。

④翻盆 每2~3年春季翻盆1次。

⑤病虫害 桃粉蚜用2000倍亚胺硫磷防治。叶蝉用6%可湿性六六六的2000倍液喷杀。

(43)三角花

学名 *Bougainvillea spectabilis*

产地 原产巴西。

习性 喜温暖湿润,不耐寒,喜强光,喜肥,忌水涝,萌芽力强,耐修剪。

养护要点

①放置 宜置于阳台、窗台、庭院处,北方地区冬季室内越冬,不低于10℃。

②施肥 喜肥,故应多施肥。

③浇水 见干见湿,忌积水,常喷水,保持空气湿度。

④修剪 花后将老枝短截,平时可随时修剪,常摘心。

(44)合欢

学名 *Albizzia julibrissin*

产地 产亚洲和非洲。我国黄河流域至珠江流域都有分布。

习性 性喜光,树干易晒曝裂。耐寒性差,华北宜选小气候好的地方。耐干旱、瘠薄，不耐水涝，生长快。

养护要点

①放置　宜置于日照充足之处，如阳台、窗台之处。

②修剪　不需特别修剪，剪去长枝即可。

③施肥　每2个月施1次堆肥或腐熟的鸡粪。

④病虫害　偶有溃疡病和天牛危害。

(45) 檵木

学名　*Loropetalum chinense*

产地　原产我国中部至东部。长江中下游常见。

习性　喜光，喜温暖，耐荫、耐寒、耐旱。对土壤要求不严，肥沃酸性土最好。萌芽力极强，耐蟠扎，耐修剪，易造型。移栽易成活。北方不能露地越冬。

养护要点

①放置　宜置于阳光充足、通风之阳台、窗台、庭院等处，盛夏遮荫勿暴晒。北方11月中旬移入气温不低于3℃的冷室越冬。

②翻盆　每2~3年翻盆1次，于早春萌芽前进行。最好每年翻盆1次。

③浇水　防积水。

④病虫害　通风不良、干燥易导致蚜虫、螨类及介壳虫危害，可喷布40%氧化乐果1000倍液杀灭。

(46) 金银花

学名　*Lonicera japonica*

产地　中国南北各地，北起辽宁，西至陕西，南至湖南，西南至云南、贵州。

习性　喜光也耐荫，耐寒，耐旱，耐水湿，酸碱土均可生长。性强健，萌蘗性强，茎落地能生根。

养护要点

①放置　宜置于温暖、阳光充足之庭院、阳台、窗台、平台等处。北京冬季可露地越冬。

②修剪　生长快且根蘗丛生，喜攀缘，往往只需一两个枝条做主干，因此要随时修剪，抹去干基的根蘗芽。侧枝要反复摘心，以控制树势。花后短截花枝，勿使结果，以免空耗养分。

③施肥　用肥沃疏松的砂质壤土上盆，同时施以腐熟的有机肥做基肥。花后追施1次稀释的液肥。每年早春上盆时可提根2~4cm，直到满足为止。

④病虫害　不多见。偶见蚜虫和温室白粉虱，可用40%氧化乐果1000倍液或80%敌敌畏1000倍液喷布杀死，10d后复喷1次。

(47) 紫藤

学名　*Wisteria sinensis*

产地　我国南北各地均有分布，广为栽培。

习性　喜光，对土壤和气候的适应性强。略耐荫，较耐寒，喜肥，排水要良好。生长快，寿命长。

养护要点

①放置 宜置于阳台、窗台、庭院等处，盛夏要遮荫。北方地区冬季埋盆于土中或置于冷室。

②浇水 每日1次，花期每日2次，8月以后控水，促使来年多开花。防积水。

③施肥 喜肥。生长期常施追肥，开花前追施磷、钾肥。

④修剪 花后及时修剪。平时随时修剪。

⑤病虫害 较少。偶有刺蛾、蚜虫或紫藤叶虫，用敌百虫或锌硫磷800倍液喷杀，或80%敌敌畏乳剂1000倍液喷杀。

(48) 小菊

学名 *Dendranthema morifolium*

产地 原产中国。

习性 较耐寒，喜凉爽、阳光充足，喜肥，不耐积水，宜湿润肥沃、排水良好的土壤。

养护要点

①放置 宜置于光照充足之处，不耐荫。北京10月下旬室内越冬，4月中旬后搬到室外。

②施肥 生长期间注意控肥，勿使徒长。上盆时不加底肥，用普通培养土即可。盆底可加入适当马蹄片。3月下旬~4月中下旬可浇肥水3次，中耕1次，追肥1次。冬季随时去除脚芽，以保树干长寿。

③浇水 上盆后放在阳光充足处，浇水要少，以防积水，花头上忌淋水。冬季潮湿植株会死。

④修剪 苗高一定程度后摘心，促使生成新芽。

⑤病虫害 较少。若有蚜虫，可用1500倍的敌敌畏液每5d喷1次，共喷2次。

(49) 迎春

学名 *Jasminum nudiflorum*

产地 产山东、河南、山西、陕西、甘肃、四川。

习性 喜光，稍耐荫，颇耐寒。北京可露地栽培。

养护要点

①放置 宜置于庭院、窗台、阳台等处，冬季黄河以南地区可露地越冬。

②浇水 浇水宜充足，及时排除积水。

③施肥 北方地区冬季施1次基肥，生长期常施追肥，花前施1次豆饼肥。

④翻盆 每1~2年翻盆1次，在春季开花前或秋季落叶后并逐年提根。

⑤修剪 花后短截。休眠期剪去长枝，生长期适当摘心去梢。

⑥病虫害 虫害较少，偶有螨类，可用20%三氯杀螨醇800倍液喷杀。

(50) 金雀

学名 *Caragana sinica*

产地 原产我国和欧洲，我国西北部和中部均有分布。

习性 性强健，喜阳光，能耐寒，耐瘠薄，喜轻黏土，不宜碱性土，管理粗放。

养护要点

①放置 盛夏要遮荫，勿暴晒，宜置于阳台、窗台等处。

②施肥 春天或秋天上盆时略施肥。

③翻盆 每次翻盆不断提根。每 2～3 年翻盆 1 次。

④修剪 较随便，可随时修剪。

(51) 凌霄

学名 *Campsis grandiflora*

产地 主产我国中部、东部各地。日本也产。

习性 喜光，耐寒，稍耐荫，幼苗宜庇荫，喜温暖湿润。北京地区苗越冬需保护。耐旱，忌积水，喜中性、微酸性土。萌芽力强，砂质培养土为宜。

养护要点

①放置 宜置于温暖潮润之处，如东西阳台、窗台处。

②施肥 苗期置半荫处，每月施液肥 1～2 次。

③浇水 每年将要发芽时至长叶期间，每天浇水 2～3 次，秋季浇 1～2 次。8 月下旬以后少浇水。勿积水。

④修剪 每年发芽前，将病弱无用枝条疏剪掉。

⑤病虫害 较少，春冬干燥时，常有蚜虫，可喷 1200 倍三硫磷药液防治。

(52) 六道木

学名 *Abelia biflora*

产地 产河北、山西、辽宁、内蒙古，生山地灌丛中。

习性 耐寒、喜湿润土壤，生长缓慢。温带喜光植物，喜温暖，喜阳光充足，耐半荫，耐寒，忌水湿。对土壤要求不严。

养护要点

①放置 宜置于通风、阳光充足的阳台、窗台、庭院等处。北方冬季埋盆入土室外越冬。

②浇水 生长季每日浇水 1～2 次，防积水。

③换盆 每 1～2 年换盆 1 次，对根系适度修剪。

④修剪 随时剪除徒长枝。

⑤施肥 无需过勤，以防徒长，生长旺季可施 1～2 次稀薄液肥。

⑥病虫害 较少。偶有蚜虫，用 80% 敌敌畏 1000 倍液喷施。

(53) 五色梅

学名 *Lantana camara*

产地 原产美洲热带。我国海南、广东、广西、福建等地常见野生。

习性 性喜温暖湿润，喜阳光。不择土壤，但以腐殖质较多的砂质壤土为好。不耐寒，耐修剪，花期终年不断。

养护要点

①放置 宜置于阳光充足、通风温暖的阳台、窗台、庭院等处，保持盆土湿润，喷水保持空气湿度。北方降霜前移入温室越冬，室温不低于 5℃。

②浇水 喜水，夏季勤浇水。北方地区冬季少浇水，维持不干即可。

③施肥 花期前后，施稀薄的液肥 1~2 次。换盆时装入肥土。

④修剪 耐修剪，可经常修剪。每年春季换盆时先将枝条剪短，铲去四周老根。

⑤换盆 每年春季出温室时换盆 1 次。

15.4 观果类

(54) 火棘

学名 *Pyracantha fortuneana*

产地 产我国东部、中部及西南部。

习性 喜光，不耐寒，喜温暖湿润，土壤要排水良好，不耐旱，耐瘠薄，萌芽力强。

养护要点

①放置 宜置于庭院、窗台、阳台等处。光照不足会瘦弱、花少或不开。夏季要遮荫，北方地区冬季入室。

②浇水 保持盆土湿润，花期、果期水分要充足，勿受旱，注意排水。北方地区冬季少浇水。

③施肥 冬季施基肥，生长期及花果期常施追肥，补充磷、钾肥，促花促果。

④翻盆 每 3~4 年翻盆 1 次。

⑤修剪 果后多剪，平时稍剪，幼树摘心促使分枝。

⑥虫害 防治疮痂病，早春新芽萌动时喷施 60% 代森锌可湿性粉剂 600 倍液，10d 后复喷。虫害常有蚜虫、螨类、介壳虫等，用 40% 氧化乐果 1000 倍液喷杀。

(55) 金弹子

学名 *Diospyros armata*

产地 产浙江、湖北、四川等地。

习性 较耐荫，适应性较强。栽培容易，适当修剪及施肥。

养护要点

①放置 宜置于阳光充足通风之处。冬季入室越冬。

②浇水 浇水要充足，保持盆土湿润，还要保持空气湿度，勿过于干旱。

③修剪 不须多管，适当修剪。

④翻盆 每 1~2 年翻盆 1 次。

(56) 石榴

学名 *Punica granatum*

产地 原产伊朗、阿富汗。我国黄河流域以南有栽培。

习性 喜光，喜温暖，有一定耐寒能力，抗旱，不耐荫，不耐涝。适生于土质略带黏性且富含石灰质之地。

养护要点

①放置 宜置于庭院、窗台、阳台等处。北方地区冬季可于室外越冬。

②浇水　平时保持盆土湿润，生长旺期及花期多浇水，但防积水。

③施肥　生长期常追，并施磷肥以促花促果，花期要少施。

④翻盆　每2年翻盆1次，于春季4、5月或秋季10月进行。

⑤修剪　易发生根蘖，要及时剪除。及时剪去徒长枝并摘心。

⑥病虫害　病害常有干腐病，可剪去病枝。

（变种有月季石榴、墨石榴等）

57. 苹果

学名　*Malus pumila*

产地　原产欧洲及亚洲中西部。多见于我国北部。

习性　喜光，喜冷凉干燥气候，喜肥沃深厚且排水良好的土壤。湿热气候下生长不良。不耐瘠薄。品种上千。

养护要点

①放置　宜置于阳光充足、通风之处，11月初入温室，室温0~5℃即可。4月初出温室时换盆，头3年每年换1次，不去老根；以后3年换1次，可去1/2老根并换掉陈土。

②施肥　换盆时垫入蹄角片作基肥，每盆100g。施肥宜少施勤施。花前2周追施尿素。萌芽期可撒施2~3g，后浇水，共施2次。以后每10d浇1次麻酱渣水，并掺入少量硫酸亚铁。花谢后加大肥水浓度，每周浇1次较浓的麻酱渣水，6月中旬开始喷洒0.3%磷酸二氢钾，1d1次，共3次。入温室前施1次腐熟的麻酱渣干肥。

③浇水　常保盆土湿润，见盆土花白便浇水。夏季每天2~3次，春秋每天浇1~2次透水。花期向地面喷水。夏季高温时，每天向植株和地面喷1~2次水。入温室后每周浇1次水，不干不浇。

④修剪　出温室前整形修剪。结果后，注意回缩结果枝组，盛果期多短截。

⑤病虫害　易患锈病，远离圆柏，向苹果树喷200倍退菌特或200倍的波尔多液，叶上若有红蜘蛛，喷洒1000倍的三氯杀螨醇或1000倍的灭螨胺。6月若有蚜虫，可喷洒2000倍的溴氰菊酯或1000倍的敌敌畏液。

(58) 白梨

学名　*Pyrus bretschneideri*

产地　产我国北部及西北部，多见于黄河流域。

习性　喜干燥冷凉，抗寒力较强，喜光。对土壤要求不严，以深厚、疏松、肥沃的砂质壤土最好。花期忌寒冷和阴雨。

养护要点

①放置　宜置于阳光充足、通风干燥之处，如阳台、窗台、庭院等处。冬季可室外越冬。

②浇水　忌大旱大涝，经常浇水。

③修剪　幼树通过短截，促发新枝。已结果的盆树，重点培养靠近内膛的结果枝和小型结果枝群。适当除去密枝，以利光照，保持树势旺盛，年年结果。

④翻盆　每2~3年翻盆1次，在春季萌芽前进行。

⑤施肥 生长季每 10d 施 1 次 200 倍有机液肥。萌芽期、花芽分化期、采果前后都要追施无机肥。

(59) 南天竹

学名 *Nandina domestica*

产地 原产中国和日本，现各国广为栽培。

习性 喜半荫，最好上午见光，中午及下午有遮荫，喜温暖气候，喜湿润、肥沃且排水良好之土壤。耐寒性不强，对水分要求不严，生长较慢。

养护要点

①放置 宜置于东西阳台，勿暴晒。北方地区冬季室内越冬。

②浇水 富含腐殖质的土为好，且要排水良好的砂质土，常保盆土湿润。

③修剪 乱枝从节上切除或从根部剪除，树高保持在 1m 以下较好。

④施肥 1~2 月施鸡粪、磷肥、钾肥。

⑤病虫害 常见有马塞虫病、介壳虫、卷叶虫等。防治方法：刷掉介壳虫，用氧化乐果 1000 倍液喷洒；卷叶虫可用敌百虫 1000 倍喷洒。

(60) 柑橘

学名 *Citrus reticulata*

产地 原产我国东南部，广布于长江及以南各地。

习性 喜光，喜温暖湿润气候，喜肥沃、微酸性土壤，不耐寒。

养护要点

①放置 北京地区不遮光可正常开花结果。10 月上旬入温室，室温不低于 5℃。次年 4 月底~5 月初出温室。

②翻盆 结果后 2 年换土 1 次，在 4 月底~5 月初进行。并适当修剪枝和根。

③浇水 夏季防积水，每天浇 2 次。8 月中旬后减少，入室后几天浇 1 次，经常喷水。

④施肥 需较多肥料。结果植株每周浇 1 次蹄角片水，15d 施 1 次麻酱干肥。10 月上旬停肥。

⑤修剪 结果植株新芽萌发后每个枝条留 2~3 个芽，其余芽抹掉。疏除不孕的弱花幼果。定果时，健壮枝条留 2~3 个果，弱枝 1~2 个果。

⑥病虫害 有红蜘蛛，可喷洒 40% 三氯杀螨醇 1000 倍液。有介壳虫，可喷洒 40% 氧化乐果 1000 倍液。有蚜虫，喷洒 25% 的亚胺硫磷 1000 倍液。烟煤病，可用清水刷除，或喷波尔多液。

(61) 枸杞

学名 *Lycium chinense*

产地 我国自东北南部、华北、西北至华南、西南均有分布。

习性 性强健，稍耐荫，耐寒，耐干旱及碱地，忌黏质土及低湿条件。根蘖性强。

养护要点

①放置 宜置于庭院、阳台、窗台等处，荫处不利开花结果。夏季避西晒。北方

地区冬季埋盆于土中室外越冬。

②浇水　常保盆土湿润，不宜积水。花果期防过干，也防过湿。

③施肥　5～10月花果期常追施腐熟液肥。

④翻盆　每年初春翻盆1次。

⑤修剪　每年早春剪去上年枝条，随时疏除徒长枝。

⑥病虫害　病害常为黑果病、白粉病等，用0.3～0.5°Be石硫合剂预防，并及时摘除染病花果并烧毁。虫害常为蚜虫、金花虫、瘿螨、刺蛾等，可用90%晶体敌百虫1000倍液喷杀。

(62) 山楂

学名　*Crataegus pinnatifida*

产地　产我国东北、华北至江苏、浙江。朝鲜、俄罗斯也有分布。

习性　喜光，耐寒，喜冷凉干燥气候及排水良好的砂质壤土，耐贫瘠，萌蘖性强，耐修剪。中性和微酸性、腐殖质多而疏松的砂质壤土最适合。忌积水和盐碱。

养护要点

①放置　宜置于阳光充足、通风之处。北方11月中旬入室越冬。

②翻盆　每1～2年换1次盆，培养土为四份腐叶土，三份堆肥，三份普通砂土。

③浇水　春秋季每天浇1～2次透水，花期少浇水、忌喷水，周围环境可洒水，入冷室前浇1次透水。

④施肥　换盆时施用蹄角片作基肥，春季出室后施1次腐熟的麻酱渣干肥，每盆50～75g，并掺入硫酸亚铁10～15g。6月中旬、7月中旬、10月中旬各施1次麻渣干肥。生长期浇2次稀薄的蹄角片液肥。

⑤修剪　上盆头2年不宜修剪，只略疏枝。2年后春季萌发时剪去无用枝。树势衰老时可重抹头，形成新树冠。

⑥病虫害　北京易患黄化病，缺铁所致，可喷洒0.3%硫酸亚铁溶液加0.1%～0.3%的磷酸二氢钾，10d喷1次，喷3次；另外，宜用晒过的自来水喷洒山楂，蚜虫可用2500倍溴氰菊酯防治，红蜘蛛可喷2000倍克螨特液。

(63) 平枝栒子

学名　*Cotoneaster horizontalis*

产地　产陕西、甘肃、湖北、湖南、四川、贵州、云南等地。

习性　喜光，耐干旱瘠薄，适应性强，较耐寒，性强健，喜肥，喜砂质土。耐修剪。

养护要点

①放置　宜置于窗台、近窗处、阳台内侧，夏季勿暴晒。北方地区冬季室内越冬。

②浇水　夏季常喷水，保持阴湿。

③施肥　春夏生长季进行。花前多施磷钾肥，以利开花结果。

④修剪　及时修剪。

⑤病虫害　较少。偶有介壳虫可用洗衣粉水洗刷。

同属还有小叶栒子、多花栒子等。

(64) 胡颓子

学名　*Elaeagnus pungens*

产地　分布于长江以南各地。日本也有。

习性　性喜光，耐半荫，喜温暖气候，不耐寒，对土壤适应性强，耐干旱又耐水湿。亚热带喜光树种，耐修剪。

养护要点

①放置　宜置于庭院、阳台等光照充足处。北方 10 月下旬室内越冬，室温不低于 5℃，4 月中旬出室。

②施肥　盆底垫少量蹄脚屑或油粕做基肥。立秋前追肥 1 次以磷、钾为主的液肥，以后每半月追施 1 次，至开花停肥。

③修剪　萌芽力强，易生徒长枝，要随时修剪，尽早剔除徒长枝。

④病虫害　通风不良偶有蚜虫和介壳虫，可用 50% 马拉硫磷 1000 倍液或 40% 氧化乐果 1000 倍液喷布杀灭。

(65) 冬青

学名　*Ilex chinensis*

产地　产长江中下游及以南各地。朝鲜也有。

习性　喜光，较耐荫，不耐寒，耐旱，生长很慢，温室越冬。喜温暖湿润气候及肥沃的酸性土，较耐潮湿，耐修剪。不择土壤。萌芽力强。

养护要点

①放置　宜置于阳光充足之处，北方 10 月下旬移入室内，室温不低于 3℃。

②施肥　用普通培养土上盆，盆底垫少量腐熟的油粕作基肥，生长季每月追稀薄液肥 1 次。

③修剪　以剪为主，扎为辅。侧枝反复摘心以促枝叶茂盛。随时修剪整形。

④病虫害　偶有介壳虫，用 40% 氧化乐果 1000 倍液喷布杀灭。

（同属还有小果冬青、龟甲冬青、波缘冬青等）

(66) 枸骨

学名　*Ilex cornuta*

产地　产长江中下游各地。朝鲜也有。

习性　喜光，稍耐荫，不耐寒，喜温暖气候，喜肥沃、湿润且排水良好的微酸性土壤。生长缓慢。萌蘖性强，耐修剪。

养护要点

①放置　宜置于室内、窗台、阳台等半阳、湿润之处，夏季遮荫。北方地区冬季入室越冬。

②浇水　性喜阴湿，常保盆土湿润，夏季叶面常喷水，防涝。

③施肥　生长旺期常追施稀薄液肥。北方地区冬季施 1 次基肥。

④翻盆　第 2 ~ 3 年于 2 ~ 3 月翻盆 1 次。

⑤修剪　极耐修剪，随时都可修剪、抹芽。

⑥病虫害 病害常见煤烟病,可喷波尔多液,涂石硫合剂以防治。虫害常见介壳虫,用40%氧化乐果1000倍液喷杀,1周后复喷1次,或用淡洗衣粉水清洗。

(67)丝棉木

学名 *Euonymus bungeanus*

产地 产东北南部、华北至长江流域各地。

习性 喜光,稍耐荫,耐寒,耐干旱,对土壤要求不严,以肥沃、湿润、排水良好的土质为最好。耐水湿。根萌蘖性强。

养护要点

①放置 宜置于阳光充足之阳台、窗台、庭院等处。夏季置于半阳处,冬季埋盆入土。北方室外越冬。

②浇水 浇水要充分,见干见湿,防积水。

③施肥 喜肥,多施肥料。

④翻盆 每2~3年春季萌芽前翻盆1次。

15.5 观叶类

(68)'红枫'

学名 *Acer palmatum* 'Atropurpureum'

产地 分布于长江流域各地,山东、河南、浙江也有。日本、朝鲜也有。

习性 弱阳性,耐半荫,夏季孤植易受日灼之害,喜温暖湿润气候及肥沃、湿润且排水良好之土壤,耐寒性不强。北京小气候下加保护才可越冬。酸性、中性、石灰质土均能适应。

养护要点

①放置 宜置于东西阳台等半荫处,夏季遮荫,勿暴晒。北方地区冬季室内越冬。3月中旬出室。

②施肥 施少量基肥。春夏间宜施2~3次速效肥。生长季每个月追施1次腐熟的稀薄液肥,立秋停止。

③浇水 夏季保持盆土湿润,水分要充足,勿受旱,但防积水。北方地区冬季保持土干,3~7d浇1次。

④翻盆 每2~3年翻盆换土1次。

⑤修剪 叶节较长,枝细弱,仅对主干蟠扎,侧枝长度用摘心控制。

(鸡爪槭的变种之一;还有羽毛枫等)

(69)元宝枫

学名 *Acer truncatum*

产地 主产黄河流域,东北、内蒙古及江苏、安徽也有分布。

习性 耐半荫,喜侧方庇荫,喜温凉气候,喜生于阴坡及山谷,喜肥沃、湿润且排水良好的土壤,较耐旱,不耐涝,土壤太湿易烂根,萌蘖性强。

养护要点

①放置 宜置于阳光充足、通风之阳台、窗台等处，东西阳台半荫处为好。北方冬季可于背风向阳处露地越冬。

②施肥 用普通培养土上盆，施少量有机肥做基肥，以后不再追肥。

③修剪 粗扎粗剪，主干大枝定位后，用摘心法控制树势。适当提根。

④浇水 冬季晴暖天可浇水，室内越冬勿置暖气旁。

⑤病虫害 偶有蚜虫，可用 80% 敌敌畏乳剂 1000 倍液喷杀。

(70) 三角枫

学名 *Acer buergerianum*

产地 主产长江中下游各地。北起山东，南至广东、台湾。日本也产。

习性 稍耐荫，喜温暖湿润，较耐水湿，耐修剪，萌芽力强，喜酸性、中性土，不耐寒。

养护要点

①放置 宜置于阳光充足、通风之阳台、窗台处，东西阳台半荫处为好。

②施肥 冬季可于背风向阳处露地越冬。用普通培养土上盆，施少量有机肥做基肥，以后不再追肥。

③修剪 粗扎粗剪，宜早不宜迟，主干大侧枝定位后，用摘心法控制树势。适当提根。

④浇水 冬季晴暖天可浇水，室内越冬勿置暖气旁。

⑤病虫害 少见。偶有蚜虫，可用 80% 敌敌畏乳剂 1000 倍液喷杀。

(71) 苏铁

学名 *Cycas revoluta*

产地 原产亚洲热带，华南有分布。

习性 喜温暖湿润气候及酸性土壤，不耐寒，生长甚慢，寿命长，喜阳光充足，略耐荫，忌涝。

养护要点

①放置 宜置于阳光充足、通风良好之处，如阳台、窗台、庭院等处，夏季庇荫，北方地区冬季室内不低于 0℃处。

②浇水 保持盆土湿润，勿积水。冬季控水，不干不浇，浇就浇透。

③施肥 生长季常施追肥。夏季半月追施 1 次稀释的矾肥水。

④翻盆 每 3~4 年于 2~4 月翻盆 1 次。

⑤病虫害 通风不良、干燥易遭受介壳虫危害，并发煤烟病和叶斑病。介壳虫可人工洗刷杀之，或用 40% 氧化乐果 1000 倍液喷杀。另用 70% 甲基托布津 1000 倍液喷布控制蔓延。

(72) '罗汉竹'

学名 *Phyllos tachys* 'Aurea'

产地 原产我国南部，长江流域多见栽培。

习性 喜阳光，也很耐荫，喜温暖湿润。喜疏松和富含腐殖质的土，不耐盐碱，耐旱，怕水涝。

养护要点

①放置　宜置于阳光充足通风之阳台、窗台、庭院等处，北方冬季入温室越冬，但要充分见光。

②浇水　保持盆土湿润，防积水。北方地区冬季要浇足冬水。时常喷水，保持空气湿度。

③施肥　早春出笋前施 1 次基肥。

④翻盆　每 1~2 年翻盆 1 次。

(73) 黄栌

学名　*Cotinus coggygria*

产地　产我国西南、华北和浙江。南欧、印度、伊朗亦产。

习性　喜光，耐半荫，耐寒。耐干旱瘠薄和碱性土，不耐水湿，喜深厚肥沃排水良好之砂质壤土。萌蘖性强。

养护要点

①放置　生长季宜置于通风向阳处，夏季置于半阴处。北方地区冬季入低温室内越冬。

②浇水　见干见湿，勿积水，四周喷水保持湿度。

③施肥　不宜大肥，肥大易徒长。栽种时施基肥，春秋各施 1 次腐熟的有机液肥。

④修剪　春季发芽前修剪 1 次。

⑤病虫害　常见有白粉病和毛虫，及时防治。

(74) 玉树

学名　*Crassula arborescens*

产地　原产南非。

习性　性强健，喜温暖，喜阳光充足，不耐寒，要干燥、通风良好。宜疏松的砂质土壤，忌土壤过湿。

养护要点

①放置　宜置于阳光充足、温暖、通风良好之处。北方冬季室内越冬，室温不低于 7℃。

②翻盆　盆底常垫碎石、瓦片，以利排水。

③浇水　生长期每周浇水 2 次，休眠期控制浇水，防止烂根，限制浇水，勿积水。

④病虫害　多为介壳虫，可用 40% 氧化乐果 1000 倍液喷杀。

思考题

1. 盆景养护管理包括哪些内容？

2. 什么叫盆景生境管理？生境管理包括哪些内容？

3. 盆景浇水中应考虑哪些因素？不同季节、盆钵不同怎样控制浇水量？

4. 盆景怎样施肥？

5. 各地盆土配方怎样？叙述一下当地盆土配制过程。

6. 微型盆景养护中应注意什么问题？

7. 叙述翻盆要领。

8. 盆景越冬防寒措施有哪些？哪种措施适合于你们当地？

9. 桩景常见病害有哪些？怎样防治？

10. 桩景常见虫害有哪些？怎样防治？

11. 山水盆景养护管理要点是什么？

12. 成型的桩景修剪与养坯中的修剪有什么不同？

13. 结合当地实际，分析盆景养护管理中的主要问题。盆景无土栽培的意义和要领是什么？

推荐阅读书目

1. 园林树木学．陈有民．中国林业出版社，1990.

2. 中国盆景．徐晓白，吴诗华，赵庆泉．安徽科学技术出版社，1985.

3. 家居盆景．明军，彭春生．中国农业出版社，2000.

4. 花卉无土栽培．王华芳．中国林业出版社，2000.

5. 海派盆景造型．王志英．同济大学出版社，1985.

6. 盆景制作．彭春生，李淑萍．解放军出版社，1990.

7. 中国山水盆景艺术．邵忠．中国林业出版社，2002.

8. 中国盆景——佳作赏析与技艺．胡运骅，等．安徽科学技术出版社，1988.

9. 花卉病虫害综合防治手册．冯天哲．北京农业科学编辑部，1984.

10. 常见盆景植物的栽培．胡三生．南海出版公司，1999.

第4篇 盆景园、盆景欣赏与世界盆景

　　盆景的社会效益、经济效益、生态效益是通过盆景的应用而实现的。盆景创作完成后,一方面是给人看的,使人看后受到思想教育(寓教于乐)和美的熏陶;另一方面盆景也是商品,它可以拿来在国内外市场上销售,进入商品流通领域;第三方面盆景可以用来美化环境,其中盆景园是实现美化环境的重要形式,此外,还包括阳台、居室、庭院、公共场所的装点和陈设以及临时性盆景展览。

第16章　盆景园与盆景欣赏

[本章提要] ①介绍各地盆景园的入口、展厅、陈设和盆景园设计要点。②盆景展览的组织、陈设艺术。③盆景其他应用方式。④盆景欣赏，包括潘仲连大师、贺淦荪大师、赵庆泉大师代表作赏析。本章重点掌握盆景园的入口特点偏、小、幽、活，园内植物配植要求。

16.1　盆景园

16.1.1　盆景园的性质与任务

盆景园属于专业性庭园，它是以长期展览盆景为主要内容并具园林外貌的园中之园。

专业性盆景庭园在我国过去不曾有过史料记载，宋画中虽有描绘用小舟运送盆景集中到某宅第庭园供人欣赏的图画，但是否就叫盆景园值得商榷。有关盆景园的报道在我国始于 20 世纪 60 年代广州和广东新会县，近年来盆景园备受人们喜爱，各地纷纷修建了各种类型的盆景园，其中著名的有上海植物园中的盆景园（1966 年建）、广州流花湖公园中的西苑盆景园（1975 年建）、桂林七星公园中的七星岩盆景园（1978 年建）、武汉东湖磨山园林植物园的盆景园（1978 年建）、重庆鹅岭公园中的鹅颈山庄盆景园（1986 年建）和苏州万景山庄等（表 16-1）。

表 16-1　全国部分盆景园一览表

省、自治区、直辖市名称	盆景园名称	开放时间	面　积		
			总面积(亩*)	水面(m²)	建筑(m²)
北京市	地坛集芳囿	1986			
	宣武艺苑	1984			
上海市	龙华盆景园	1980	90	8000	3700
广东省	广州西苑盆景园				
	汕头中山盆景园	1980	3	320	
	新会盆趣园	1958			
	人民花园盆景园				
浙江省	杭州掇景园				
	温州花圃				

（续）

省、自治区、直辖市名称	盆景园名称	开放时间	面　积		
			总面积（亩 *）	水面（m²）	建筑（m²）
江苏省	苏州万景山庄	1982	24		1431
	徐州云龙盆景园	1982			709
	无锡吟苑	1985			
	扬州红园盆景场				
	泰州公园盆景园				
	南京玄武湖盆景馆				
福建省	三明盆景园	1984	7		300
	湖市文化公园盆景园		7		
重庆市	重庆鹅岭盆景园				
四川省	南充果山盆景园		20		
陕西省	长安盆景园	1986	60		
甘肃省	金城盆景园				
安徽省	歙县盆景园				
广西壮族自治区	南宁南湖盆景园	1981	18	1242	
	柳州柳侯盆景园	1980	11		
	桂林七星岩盆景园	1977	6.6		

* 　1 亩 = 1/15hm²

盆景园的任务有 4 个方面：

（1）科学普及

盆景园的科普教育是寓教于乐，游人在愉悦的观赏中得到盆景知识；盆景的种类、流派、用材、发展史、盆景创作技艺和鉴赏知识等。盆景园也是附近有关大中专院校以及职高、培训班的教学参观实习场地。

（2）科研基地

盆景园也是当地盆景协会活动和进行科研的场所。如北京地坛集芳囿盆景园和北京植物园盆景园就是北京盆景协会的活动科研基地。

（3）生产产品和产品展销基地

有些盆景园偏重于生产，既组织盆景生产又展出销售，如扬州红园盆景场等。

（4）休息游览

更多的盆景园是公园的一个园中园，游人到此主要想在优美的园林环境中休息、度假、游览，丰富文化生活。

16.1.2　盆景园总体规划

截至目前，对于如何搞好盆景园的规划设计还处于探索阶段，尚缺少理论研究，有待今后不断充实完善。一般说来，其总体规划中应考虑的基本问题有：①规划原则；②盆景园性质；③面积大小；④用地选择；⑤出入口规划；⑥展览区规划；⑦生产区规划；⑧建筑规划；⑨其他辅助设施；⑩种植设计等。在拟定盆景园规模时应该根据城市规模、当地人口状况、盆景园位置、自然环境、今后发展前景以及当地盆景爱好者情况等因素而定。在规划中应充分利用自然条件，园内的河流湖泊、山石、树木、房屋，最好在充分利用原有条件前提下，因地制宜加以改造，创造优美环境。在制定盆景园总体规划时，设计人员应广泛听取盆景工人、管理人员、附近居民、盆景协会等方面的意见和要求，以便得出切实可行的规划方案来。

(1)园址选择

①纳入城市规划　在需要造盆景园的城市，应在城市绿地规划时就把盆景园作为一项内容考虑进去，选在城市适宜的位置，集中人力、财力把城市盆景园办出水平来，克服建园中的盲目性。

②园中建园，锦上添花　目前国内建立盆景园大多数是在原来的环境优美的公园、花园、花圃、植物园中切割一块土地，改建成园中园的形式。如北京地坛公园集芳囿是地坛的园中园，上海盆景园是上海植物园中的园中园，杭州盆景园是杭州花圃中的园中园等。桂林盆景艺苑选地十分得宜，它位于七星岩公园骆驼山下，环境幽静、自然景色优美，近有形象逼真的骆驼山，远有峰峦起伏的普陀山，近旁湖水涟漪，四周树木繁茂。"园虽别内外，得景则无拘远近"（《园冶》）。在组织园林空间构图上，将园外的自然山水风景纳入到园内来，虽非我有，但为我用。从艺苑留春水榭观看驼峰赤霞、普陀胜景，似在园内遥远的一隅，近旁湖水与池水似连似断，成为开阔平远的近景。四周高大林木，将艺苑浸没在茂林浓荫之中。丰富的借景，扩大了游人视野，突破了有限空间，充分利用优美的自然环境，把有限空间融合于大自然怀抱之中，从而产生园景丰富、小中见大的艺术效果（图16-1）。

另一种情况是利用公园扩建而修建盆景园的。从而使公园内容更加丰富、结构更加完整。广州西苑盆景园园址选择就是如此。西苑原是一片瓦房库房而又日久失修，一片荒凉，大大影响了流花湖公园的总体布局的完整性，使流花湖公园西岸大煞风景。1964年广州市政府结合旧城改造、美化环境，决定把这片库房区改建为以观赏盆景为主要内容的专业性公园，结合空间构图和组景要求，保留其适用部分，改造其不适宜部分，从而使旧建筑换新颜。西苑园址选择得好，有荡漾的流花湖水面，平坦的绿地，它们空间的关系和大小比例都很恰当，若浮若现的岛屿和郁郁葱葱的绿化环境，加上远借有景，能突破庭园空间，扩大视野，事半功倍，自得野趣风致（图16-2）。

③能够满足各种盆景植物所需要的生态环境　如水源充足，水质纯净，无水质污染；地势高燥，排水良好，不积涝；空气流通，又不在风口上，周围不存在空气污染源；南面不存在高层建筑，有充足的光照条件等。

④有完善的城市公用事业　如供电、电话、上下水道、交通等，但不宜建在远离城市的地方。

(2)分区规划与序列设计

盆景园按功能一般可分为：①门庭区（出入口、接待室或学术交流室）；②展览

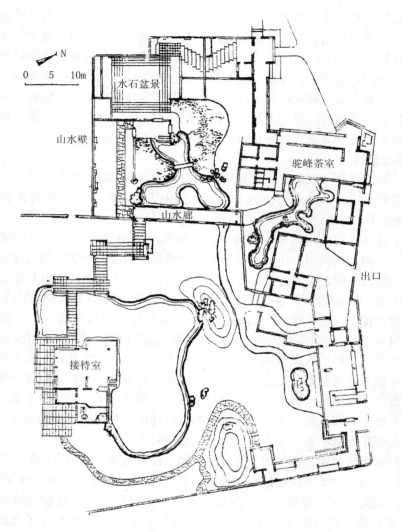

水石盆景

山水壁

驼峰茶室

出口

山水廊

接待室

图 16-1　桂林七星岩盆景园平面图

陈列区（树木盆景、山水盆景、地方风格、微型盆景、石供等）；③生产、科研区（育苗养坯地、引种驯化、制作室）；④养护区（温室和其他养护设施）。如何分区在实际工作中可灵活掌握。

　　在各分区布局上可以多做些文章，不能平铺直叙，平铺直叙势必乏味。"造园如作诗文，必须曲折有法，前后呼应……方得佳场"（钱咏：《履园丛话》）。盆景园造园也必须曲折有法，犹如戏剧，把整个剧本分为几幕几场，每一幕每一场戏，是全部戏剧中的一个段落，这些段落，都自成为一个相对独立的局部，但是幕与幕、场与场，对整个剧本来说，相互之间有联系，有呼应，有主次之分，根据剧情的发展则又有序幕、转折、高潮、结尾之分。盆景园分区序列设计的连续构图中，在景观展开的演变过程中，通常可分为 3 个主要阶段，谓起景（入口）、高潮（展厅）和结尾（出口）。较复杂的连续序列布局在细节上还有许多穿插、转折，形成序——起景——发展——转

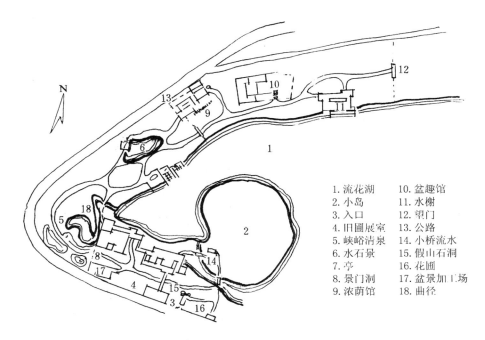

1. 流花湖　　　10. 盆趣馆
2. 小岛　　　　11. 水榭
3. 入口　　　　12. 望门
4. 旧圃展室　　13. 公路
5. 峡峪清泉　　14. 小桥流水
6. 水石景　　　15. 假山石洞
7. 亭　　　　　16. 花圃
8. 景门洞　　　17. 盆景加工场
9. 浓荫馆　　　18. 曲径

图 16-2　西苑总平面图

折——高潮——转折——收缩——结尾——尾景的复杂情况。广州西苑盆景园的空间组织，正体现了这种传统手法，通过一收一放，再收再放，……一静一动，再静再动，……的连续过程来展示盆景园意境构思艺术，把园景从一个高潮推向另一个高潮，使游人自然而然地进入庭园艺术境界，并且随着庭园意境的韵味上升和变化，产生相互呼应的观赏情感和佳景无尽的艺术感受。如西苑入口以平淡、简朴、典雅的小门楼和紧接着的假山石景观作为全园布局的起始。通过这个先收后放的空间，含蓄地表现庭园的盆景主题，同时为展示下一空间创造条件，好比戏剧的序幕和乐曲的前奏，以简练、概括的手法向观众交代剧情背景，烘托气氛，引人追索(图 16-3)。

穿过石洞，空间豁然开朗，绿草如茵，嘉木横斜，竹栏掩映，曲径迂回，花香蝶舞，显然是"平庭"立意。这是空间构图的过渡手法。通过这个过渡空间，使游人自然进入主题空间。这就好比文学艺术中的矛盾发展过程，以此为过渡把观众带进矛盾冲突的段落和章节中，使观众不觉生硬、突然。沿曲径、越石板桥，便是高山榕环抱的溪涧布局盆景陈列小院，这是构图中的"重点"，穿过"重点"空间，开始点出主题建筑，深幽的美化，典雅的装饰，奇观的盆趣，名人的字画，深深的庭园，潇洒的小院，更有碧水蓝天，鱼跃鸟鸣，融汇渗透，整个空间，处处有情，面面得景，妙趣横生，构成空间组织上的"高潮"，从而感人肺腑，扣人心弦。最后以内庭景门作为结束，同时，通过景门对景"峡谷泉声"又展开新的庭园境界。寻幽不尽，探胜无穷，节奏之妙，旋律之美淋漓酣润，可称佳作。穿过新区景门又是一景复一景，一景胜一景，丰富了空间层次，加强了时间上的渐进过程，激发了人们的欣赏情趣。特别是"望门"的处理，以"实则虚之""不尽尽之"留有余味，发人深思。

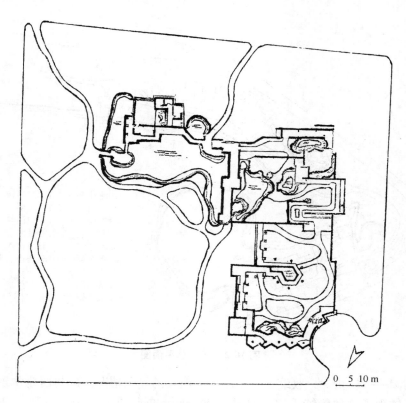

0 5 10 m

图 16-3   南湖盆景园

(3)出入口的规划

盆景园一般说来面积不大，同时，游览的被动性强。为了保证游览能按顺序进行，一般盆景园都设置比较明确的入口和出口。如果出入口分工不明确，或出入口设得太多，则造成人流混乱的状况，这不仅破坏了盆景展出的顺序，而且也破坏了盆景园静观细赏的环境(图 16-4)。

①入口的选择   具体地说，就是要考虑入口与道路有较好的联系，便于游人进园参观游览。桂林盆景园入口位于公园主干道西侧，便于人们在游园的同时以及在驼峰茶室休息之后，能够很快地进入盆景园参观，所以选择驼峰茶室廊端的方亭作为盆景园的入口。朴素幽雅的方亭，既有入口的功能和环境效果，又不觉入口臃肿做作，量体裁衣，恰到好处。

②入口处理   盆景园入口以偏、小、幽、活为特色。一般不采用规则式处理。同时以能点出盆景园主题和富有地方特色为佳。桂林盆景园一进门就在第一个小空间的地盆中种植了一株有 200 年树龄的紫藤，这株苍劲、古老、虬曲多姿的紫藤就给人们点出了园子的主题，这种处理既自然又富有特色。再如上海龙华盆景园、杭州掇景园，都是以简单的椭圆形洞门为出入口，简洁大方，精巧动人。"简以救俗，深以补淡，笔简意波，画少气壮。"(陈丛周：《说园》)。入门之后。迎面设白色照壁，置大型盆景或迎客松，点明主题，避免一览无余，盎然生趣，诱人深入(图 16-5，图 16-6)。

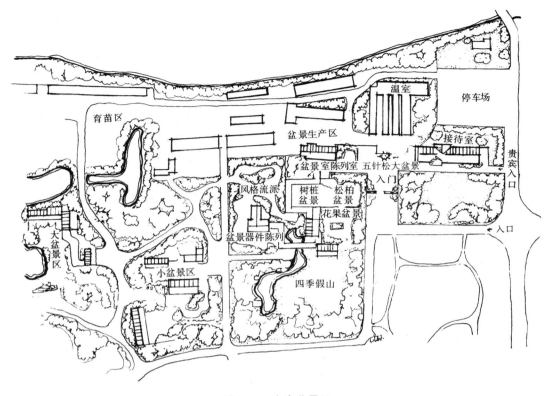

图 16-4 上海盆景园

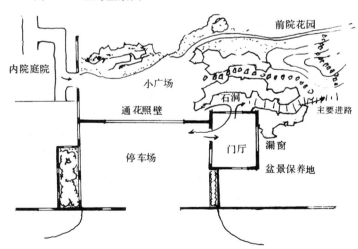

图 16-5 上海盆景园入口　　　图 16-6 西苑入口平面图

　　广州西苑盆景园，也用的是传统手法，更富戏剧性、艺术性。先在前庭照壁把人挡在门外广场（车场），其手法和苏州拙政园处理相仿，但拙政园是高墙大院，而西苑则是用通花照壁漏景，并使门厅和英德石洞相结合的处理。游人进门先要通过狭窄的石洞，才能到达前庭花园，在先抑后扬的情绪对比关系中，宛如到了一处"世外桃源"。出了大门入口的石洞，沿小山坡下前行，便进入前院花园。这是一组自然山水园林，树木不多，空间开阔，向前望去，右边条凳上列置几行盆景，左边缓坡上细草如茵，直趋水际；山坡西侧丛植几株红杏成林；蹬步小径消失在林荫之间；坡上圆形千头柏一枝独秀；地脚拐弯处用英石和榆树桩配植一组突出岭南自然风格的盆景构图，既作迎客姿态，又点出盆景园的主题。向东有临湖眺台一处：遥望远处，越秀山五层楼、圆水塔、电视塔尽收眼底。稍前桥头又以英石配龙爪槐一株和多姿的紫薇花夹道掩映，花荫之下小桥流水，莲花盛开；溪涧深处，柳絮飘拂，水榭倒影，荡漾其间；景物由近及远，层次分明；用笔不多，却使整个园子呈现出疏朗、明快的气氛。扼要交代了庭园的内容和风格特点，在庭园章法上，很好地完成了"序幕"任务。

门庭区最好设接待室，接待室内除接待内外宾外，还应挂有序言，陈列一些盆景史料，展示我国盆景悠久史实和盆景大观。同时配以盆景录相、多媒体光盘设施。通过介绍，使游人和客人对我国盆景概貌有一定了解，然后步入盆景展区。

（4）陈列展览区规划

为了给游人以系统的盆景知识和便于展出，盆景园展区规划可分为以下几种形式。

①按盆景分类布置　将展区划分为桩景区、山水盆景区、大型盆景区、小型微型盆景区等。如上海盆景园分为5个展区，即序区、盆景分类区、大盆景区、小盆景区和兰区。桂林盆景园分为3个区即水石盆景区、树桩盆景区和钟乳石盆景区。

②专类布置形式　根据当地盆景风格优势，也可以按专类布置，以突出当地盆景的特点。如单独布置小菊盆景区、果树盆景区、微型盆景区、浮石盆景区、木化石盆景区、三春柳盆景区、石供区等。

③按流派风格布置　如苏派区、扬派区、川派区、岭南派区、海派区、浙派区、徽派区、通派区、福建风格区、中州风格区、……

④混合式布置　展区不大即可采用混合式布置。陈列展览区以室外展览为主结合室内陈设，在考虑到艺术效果的同时，还得注意植物的生长环境，如水、气、光、热，夏、冬保护等。展览区是全园的构图中心，各分区实际上是划分为若干空间，空间通常以绿篱、花篱、花墙、展厅、亭廊、假山、博古架、丛林等进行分隔。分隔形式（虚隔、实隔、虚实隔）和高度（半封闭或全封闭）可根据具体情况和立意灵活掌握，桩景区适于露天半遮荫环境展出。展出所用几架一般采用耐风化的水泥调合制成，坚固耐用。陈设中应注意高低、前后、疏密变化，不可重叠也不宜均匀布置、呆板一律，要尽可能错落有致，断连有序，动势协调，背景要简洁素雅，并与周围建筑、植物取得统一，使盆景与园景互相融合，相映成趣。微型盆景展区应在室内或荫棚下展出为宜。山水盆景室内外均可陈列，但一般以室内陈设为主。园路在连接各区、景点中起纽带和导游作用，沿园路前进，各区景物就像一幅幅立体的画面，展现在人们眼前。运用收放、藏露、虚实、开合变幻手法，有机地将其组成"画廊"。

（5）生产、科研区规划

盆景生产、科研区应与展区分开。生产区主要是生产盆景商品的场所，必须阻止游人的干扰，同时也避免生产活动干扰游人游览。生产、科研区可划为苗圃区、养坯区、盆景养护区、制作室、材料库、引种驯化试验区。为了将新引入的植物进行检疫，还应设检疫苗圃。

16.1.3　建筑与小品规划

盆景园中的建筑及园林小品除了分隔空间，形成景点外，主要是为盆景展出服务的，如台、架、墙等都是直接为盆景展出服务的，而亭、榭、景门等则是为室内置景和静态赏景以及突出盆景而设置的。因此，盆景园中建筑的比例不宜太大，以免造成喧宾夺主之弊。建筑形体以轻巧、空透，便于与地形、植物有机结合。在色彩上不宜过于华丽耀眼，应既与盆景植物有一定的对比，又有全园统一的格调。在盆景园中常见的园林建筑及园林小品有亭、廊、榭、厅、景窗、景墙、景门、棚架、博古架、台座、雕塑、地盆等。

盆景园是长期展览陈设盆景的场所，因此，在建筑上除了考虑艺术效果外，还必须注意如何能使盆景养护管理方便，使盆景植物终年生长良好。如盆景园展览馆中要使盆景在室内长期展出而不影响生长，应考虑室内有充足的阳光，夏日能迎风承露，冬季可以防寒越冬(北方要有温室)。

各地盆景园建筑各具特点。上海龙华盆景园，吸取古典园林的造园手法，轩馆之间以曲廊连接，盆景分类陈设于轩馆廊之间，并充分利用园林艺术各种手段，来烘托陪衬盆景艺术的优美造型。山水盆景馆，局部采用可移动的玻璃顶，既避免了沉重的山水盆景的经常移动，也不影响石上植物生长。室内室外都有陈设布置，使园林景色与盆景艺术融为一体，相互配合，更便于发挥盆景艺术的观赏效果。

广州西苑盆景园在建筑上，巧妙利用园林空间组织，室内外空间渗透和各种自然地形处理为盆景陈设、栽培创造了有利条件，体现了岭南园林和岭南盆景的地方特色，反映了盆景布置陈设的近代风格。

苏州盆景园建筑利用漏墙、漏窗的地方特点，使用古朴的石台、石鼓及陶瓷座为室外陈设的几架，而室内陈设则完整地保留着古典风格的陈设形式，使盆景的陈设布置与苏州园林的环境气氛能够很好地协调起来，从而使盆景艺术的观赏效果能极好地表现出来。

桂林盆景园将建筑艺术与盆景艺术巧妙地融合在一起，利用园林建筑中的墙加以艺术处理，组成传统形式的博古架来陈设盆景，别具一格，饶有风趣。

16.1.4　种植设计

盆景园绿化规划中应遵循以下原则：

(1) 围绕主题，渲染主题

植物配植应紧紧围绕着盆景展出这一主题，结合自然环境特点，与建筑、山石、水池等巧妙配合，使绿化起到衬托盆景、点缀风景的作用。所以，配植应着重选择观赏价值高和盆景山石天然为伴、枝叶纤细、清秀潇洒、花香淡雅的一两种植物为统帅全园的基调树种，应避免应用花大艳丽、浓妆重抹的种类，以免喧宾夺主，影响盆景主题。如桂林盆景艺苑以竹类为基调，配以棕竹、南天竹、棕榈、散尾葵及桂花、蜡梅、含笑、紫藤。使全园形成芳草如茵、翠竹掩映、香馥清远的植物特色。

(2)点题

利用植物点题，如上海盆景园入口处的五针松，桂林盆景艺苑入口处的紫藤等。

(3)植物造景

如桂林盆景艺苑在围墙的死角处开一瓶状门洞，内种几株芭蕉，芭蕉宽大的叶片伸出墙外，春意盎然，富有诗意。还有叠石旁的棕竹，曲廊边的桂花、罗汉松，草坪上的凤尾葵，水池旁的红枫等，都有造景遮丑和组织空间的作用。

(4)遮荫

杜鹃花、山茶盆景都需要半荫，栽培一些高大乔木，将盆景置于树荫(半荫)下，可以为盆景植物创造良好的生态条件，同时起到绿化作用。

(5)特色

各地盆景园应多用乡土树种，以形成地方特色。另外，各分区绿化也应有自己的特色。

(6)保留老树

应尽量保留一些原来的苍老奇特的老树。古老的树木容易和桩景取得协调。

(7)符合游人的游憩需要，创造舒适环境

16.2 盆景展览

盆景展览也是盆景应用的主要方面，是盆景欣赏的主要形式之一。从展出时间来看，长则一两个月，短则几天。近年来全国各地举办过很多次盆景展览，积累了丰富的经验，但欠缺总结。盆景展览不单纯是个陈设艺术，它实际上是一项极其复杂的系统工程：组织动员、场地规划、场地准备、展品筛选、包装运输、陈设布置、养护管理、安全保卫、评比发奖、撤展收尾，一环紧扣一环。为叙述方便，不妨分为 4 个阶段来谈。

16.2.1 组织动员阶段

(1)组织动员

筹备工作的第一项就是做好展览会的组织动员，由主办单位向参展单位发出通知，文件中要写清展览会的名称、目的、意义、参展时间、地点、规模、参展单位、各单位参展任务(数量)，并且明确展览会指挥部成员及其分工(总指挥、副总指挥、总体布置设计负责人、评委负责人、秘书组负责后勤、保卫、养护、新闻发布的秘书长、副秘书长等)，同时也要明确各参展单位的负责人以及展出注意事项和具体要求等。

(2)场地规划与财务预算

展览会指挥部要在了解掌握参展单位、数量的基础上，结合展出现场具体情况及时制定展览布置规划，并画好图纸。展览会布局可大体按出入口序幕—高潮—结尾安排。图纸上注明展出总面积、各单位展出位置及面积、展架分配等。现场如有干扰和障碍物应及时排除。大会指挥部要做好财务支出预算并请求上级审批拨款或联系赞助。

（3）展品筛选与收集

为把真正代表当地（参展单位）水平的盆景送上展出，各单位必须组织当地盆景界有鉴赏力的人进行筛选把关，严格控制数量和质量，要绝对按照大会指挥部下达的任务指标选送。如有变动应及早向指挥部汇报。

16.2.2 展前筹备阶段

（1）包装运输

目前国内大的展览，运输工具有火车、汽车、轮船、飞机（随身携带）等。更多的情况下是用汽车，因为用汽车运输机动灵活。运输工具决定包装形式。汽车运输关键在于固定盆景。汽车装运固定法有：

①两固定法　盆景固定在包装箱内，包装箱固定在汽车里。

②埋沙固定法　车槽中先填30～40cm湿沙放上盆景，再填10cm湿沙。

③沙发椅固定法　盆景直接固定在客车的沙发椅上。

④"井"字形固定法　车槽内将木杠固定成"井"字，"井"字中固定盆景，小盆景填空。

⑤竹竿固定法　为保护枝片而将竹竿两端固定在板条箱上，用竹竿夹住枝片，以防途中把枝片吹断。为了提高包装运输质量，今后应采用集装箱的形式。

（2）陈设布置

盆景运到展览现场后，具体布置工作大多是由参展单位派出园林设计师、画师和木工自己现场设计施工。陈设布置中遇到的问题有：

①总的主题思想及展出风格的确定　如1979年国庆期间第一次全国性盆景展览会中，广东馆的立意就是要创造一个"南国风光"的岭南风格并具有浓厚的生活气息，使观众在广东园林里欣赏广东盆景并产生亲切感，从而得到艺术享受，取得了理想的艺术效果。加之将盆景放置在具有浓厚的地方色彩的斑竹几架之上，布置富有南国园林特色的鱼眼笪竹棚和松木曲廊周围衬以各种南方植物，朴素典雅，地方色彩浓郁。苏北馆采用传统的厅堂布置方法，古香古色，富丽堂皇。而上海馆布置则在室外采用新型的金属展架，室内用仿明式的新型家具和博古架，气氛明朗活泼，饶有特色。

②分组布局，主景突出　布置展览，要把展览室（架）分割成若干个小空间，盆景分组，几架也分组（或隔断空间），每组中即每个小空间中，要有主有次、高低错落、上下呼应、左顾右盼、疏密有致，形成艺术整体，达到统一协调。1995年全国盆景评比展览中，湖北盆景布置尤为突出，曾获得陈设布置一等奖。

③参观路线，井井有条　展室出入口严格分工，参观路线严格规定，最好用绳子将观众与盆景隔开，使观众可望不可及。

④背景装潢、书画插花　背景要淡雅，不可花花绿绿，喧宾夺主，装潢要简洁大方，防止弄巧成拙。展室中可挂一些中国名人字画宫灯等，渲染气氛。插花可配合盆景同时展出，东方式插花可以与盆景配合布置，西方式插花万万不能插入，否则形成

不伦不类或喧宾夺主的局面。

16.2.3 展出阶段

(1)养护管理

养护管理要有专人负责。

(2)保卫安全

白天要有专人管,夜间要有专人值班。

(3)评比

这是盆景展览中一项重要工作,要通过评比评出水平和方向,否则就失去了评比的意义。评比中主要有两个问题要解决,一是品评标准、二是评比办法。

品评标准:目前品评标准众说纷纭,其中有代表性的是耐翁先生提出的八字标准:①树桩盆景品评标准是"势、老、大、韵"4个字。就是说,树势要有紧凑良好的结构,多变化,符合植物生长规律(即表现自然);植株苍老;气魄浩大;神韵盈溢。②山水盆景也有"活、清、神、意"四字标准。就是说,假的山水让人看起来像真的一样,景中要有人,加深景物的感染力(即表现自然);清静典雅,景物精炼;创作技艺要巧妙,天衣无缝,出神入化(即离神于形);立意在先,景物要有所指,突出主题思想。上述八字品评都是互相依存不可分割的。桩景重点是树姿美又符合植物生长规律;山水重点是做假成真,有目的有立意。品评时既要抓住重点又要把四条灵活起来综合细察神韵,深解意境,全面评论。盆景评比用模糊数学的方法比用分割按条记分似乎更合理一些,因为盆景是综合艺术。主要应该评"景",至于盆、架,只能作参考。

盆景评比要有一个健全的评委会,评委会应采取民主集中制的方法,统一认识。评委中要推选出有实践经验又有理论、大公无私的真正专家任主任委员、副主任委员,由他们负责解决评比中的难题和对评委会所决定的问题作最后裁决,对群众所反映的问题作最后审定。初评要公布,听取群众意见。不要采用简单的绝对民主的投票方式,防止有人搞拉票等不正当行为。

16.2.4 收尾阶段

(1)展品包装运输,安全运回原送展单位。

(2)清理现场,总结工作。

16.3 其他应用方式

16.3.1 公共场所应用

(1)宾馆、接待室、招待所应用

近年来在电视上我们经常看到国家领导人接待外宾时,在背景或建筑拐角处置放一几架,上面陈设一盆松柏类盆景,国风之物,庄重典雅,象征着两国人民友谊万古长青。公用建筑用盆景软化建筑直线也很有效。

（2）会场

会场入口宜对称布置中大型松柏类常绿盆景或盆栽，礼堂舞台沿口可陈设悬垂式花草，让纷披的枝叶部分地披盖舞台脚线，台口两侧可陈设苏铁、棕榈等常绿盆栽。礼堂拐角处可陈设盆景几架，打破建筑硬线，讲台一端可点缀一瓶插花，显得高雅、简洁、大方。

（3）纪念堂

纪念堂比较庄重肃穆，可陈设一些具有刚毅风骨和英雄气节的象征性花木盆景，如松、竹、梅、菊、兰等。松柏、苏铁、君子兰也能烘托英雄性格。

16.3.2　家庭布置

用盆景或盆栽美化家庭阳台，国外多有报道。近年来国内发展也很快。阳台是居室和家庭环境美化的重要组成部分。阳台的装点和陈设是主人审美趣味和艺术素养的自白，一个花红叶绿的阳台，会使人自然联想到一个幸福、愉悦、雅洁的家庭。

适合阳台绿化的盆景植物有五针松、六月雪、苏铁、槭树类、榔榆、梅、蜡梅、雀梅、迎春、榕树、福建茶、石榴、黄杨等。用这些盆景装点阳台，要把形体较大、造型优美或主人特别喜爱的盆景置于主位，作为全阳台构图中心，但陈设位置要偏向一侧，不宜太居中。中小型盆景则错落有致、疏密有间地分列两旁，要仔细斟酌花叶朝向，注意彼此间的呼应顾盼。间或穿插一两盆盆栽花卉，以创造活泼跳跃的色彩韵律，显示出柔和的曲线（图16-7）。

图16-7　阳台盆景布置

假如条件许可，不妨以靠边栏台为基，充分利用栏台的上层小空间，自制一个别致的水泥博古架。陈设各式小型或微型盆景。预制时可有意识地将博古架一侧的钢筋骨架横露一段，弯成悬挂多层吊篮或悬垂式奇花异卉的承重钩。这样论实用价值，可增添盆景的陈设数量；论艺术效果，像小巧玲珑的园林漏窗。水泥制作的搁架、搁槽、花梯和栏台上面的博古架，宜朴素典雅，切莫漆成大红大绿，流于艳俗。要注意防暑、防寒、失水和刮风时花盆坠毁伤人等。

盆景可使居室内增添情趣。要根据厅房大小和家具陈设情况而使用几架、博古架、书架、窗台来陈设布置盆景，亦可陈设微型盆景于茶几和书案之上，陈设挂壁式盆景于墙上。“室雅何须大，花香不在多”，布置房间也像写字画画一样，要有意留出恰当的空间与空白。既不能空空如也，也不能密密麻麻。要注意对比变化，切忌均衡对称。大柜顶端宜放悬崖式盆景，位置宜靠边缘，使婆娑枝叶沿柜壁垂挂；茶几、单人沙发几上的盆景或插花多为平展式、斜干式、卧干式，位置居中；墙角处宜陈设高架盆景，窗前、檐下也可悬挂一两盆挂吊式盆景等。为了使盆内盆景生机盎然，应选择耐荫盆景植物，如竹、常春藤、文竹等，并创造良好的通风透光条件。春秋冬正午和夏季早晚应将植物移出室外，承受阳光雨露，使盆景植物四季景色常新。

家庭小院也可以用盆景装点。可在向阳角隅放自制石墩、树墩或水泥博古架，其上陈设盆景。屋前可设葡萄架，架下摆石桌、石凳，置放微型耐荫盆景。

16.4 盆景欣赏

16.4.1 盆景欣赏常识

盆景欣赏是盆景制作的目的之一。盆景园、盆景展览、盆景在家庭中和公共场所中陈设布置，就是为了供人欣赏。

所谓盆景欣赏就是人们（欣赏主体）带着喜爱的心情、审美的眼光领略盆景（欣赏对象、客体）趣味的过程。从定义中不难看出，盆景欣赏活动至少应具备3个要素：①欣赏主体，即具有视觉能力的欣赏者，包括他们的生活经验、想象力、思想感情、审美观、欣赏能力、欣赏生理、欣赏心理等；②欣赏客体或欣赏对象，即盆景作品中的形、姿、色、意、韵、风格、水平等；③主体与客体必要的相互联系、相互作用。三者缺一不可。下面谈谈盆景欣赏中的一些有关知识，其中包括盆景欣赏的本质、特点等。

（1）盆景欣赏的本质

人们从事的全部盆景艺术活动，总括起来说，就是盆景创作和盆景欣赏两个前后连结并相互制约的阶段。从盆景艺人观察社会、观察自然界、观察树桩、山石开始，经过艺术构思（形象思维），再经艺术形象的物质化（或叫艺术传达、制作），从而生产出盆景艺术品来。这观察、构思、制作的整个过程是盆景创作的全过程，也是盆景艺术家认识社会现实、认识自然界、反映社会、反映自然的过程。欣赏者通过对盆景作品的欣赏，受到启迪，受到教育。如观赏《秦汉遗韵》《万里长江图》会受到爱国主义教育，观赏《群峰竞秀》《丰收在望》会使人受到形势教育等，这是一种无形的鼓舞力量，能推动欣赏者去参加变革现实，建设更加美好明天的社会实践。于是盆景的社会效益就此发挥出来了，这种"发挥"正是靠盆景欣赏来实现的。如果只有盆景创作而没有盆景欣赏，那么，盆景作品的社会效益只能是一种潜在的价值。所以，盆景欣赏，就其实质说来，便是艺术反作用于现实的过程。即使是欣赏盆景的自然美也是如此，因为它能使人们更加热爱大自然，使大自然更好地服务于人类。

（2）盆景欣赏的特点

不同类别的艺术品欣赏都有其特殊性或特点。盆景欣赏也不例外，其特点有如下3个方面：

①视觉感知，心领神会 盆景是一种特殊的造型艺术。盆景欣赏是一种视觉、心理、理解、情感与认识相统一的精神活动。当然首先要用眼睛去看（视觉艺术），而不是听或诉诸表现。也就是说视觉是盆景欣赏感受和认识的前提，它使人分辨出盆景

作品的色彩、质地、具体空间特征和空间关系，如盆景作品形态、大小、动势，整体与局部、局部与局部的关系以及作品与周围环境的关系。再者，盆景作品有它自己的鲜明的审美特征，所以，欣赏盆景主要是心领神会。

②寓教于乐，潜移默化　人们从盆景作品中受熏陶、受启迪，不是采用讲课、听报告那种直接形式。盆景作品是群众喜闻乐见的艺术形式，趣味性很强，它的造型优美、千姿百态、玲珑可爱之处会使人带着愉悦感并在愉悦中受到教育和启迪。这些都将是在潜移默化中进行的。

③欣赏效果，差异显著　欣赏盆景作品，有的人联想丰富，有的人则由于文化基础所限很少或根本没有丰富的想象。因此，对同一作品常常会有截然不同的评价。对于较抽象的作品，则更不是所有的人都能深领其意的。欣赏盆景，要从中得到收获或受到教益，需要不断培养和提高个人的审美能力。经常参观或欣赏这类艺术，并通过学习积累美学知识，丰富和增强艺术素质，那么，对于艺术包括盆景的欣赏情趣就一定会得到提高。

16.4.2　盆景佳作赏析

(1) 山水盆景《群峰竞秀》赏析

大型活动山石盆景《群峰竞秀》始创于1982年7月，完成于1983年10月，高120cm，宽270cm。在1985年中国盆景评比展览中，它以立意深远、构图精巧、形式新颖，荣获山石盆景一等奖最高分，成为"为时而作"的艺术珍品。《群峰竞秀》立意深邃，它颂扬了党的十一届三中全会以来，百业俱兴，盆景艺术之花迎春怒放，如群峰竞秀，百舸争流，欣欣向荣，也象征振兴中华，蒸蒸日上，富有时代精神。

在艺术形式上也是一种创新。这件山水巨作由《巫峡晨曦》《雄伟的巴东垭》《高风图》《宋洛奇峰》《美丽的洛溪河》《层峦耸翠》《千里江陵一日还》《云深不知处》等25件单独造型完整的山石盆景组合而成。它像积木一样，千变万化，随心所欲。既能摆出《三峡之险》，又能布成《武当之奇》《至若》《昆仑横空出世》《漓江玉簪叙插》，均能依制作者之意挥手而就。它打破了长期以来山水盆景创作中"一石一式"的常规模式，开创了"组合多变"的新径。其优点在于三法并用(高远、深远、平远)、三景一体(远、中、近)、多式综合(孤峰式、主宾式、对峙式、重叠式、环抱式、疏密式、峰岩式、谷潭式等)和布景多采、气势磅礴。

《群峰竞秀》的石料选择是就地取材，因材制宜。它采用了湖北盛产的芦管石，石料的高耸笔挺最适合表现巍峨险峻的雄峰。然而将25盆山石汇聚于一处，讲求格调统一，就需要作者大量收集素材、深入钻研纹理、精心选用石色相同、石质相仿、石纹相似、轻重相宜的材料，还要见机取势，因势利导，方能收到预想的效果。素材定后，作者熟练地应用了对立统一原理和一些美学法则进行造型，从而达到了和谐统一、平中求奇、高下相成、轻重相衡、主宾相应、顾盼有情、疏密相间、聚散合理、藏露有法、虚实并举的艺术效果。

作品善于师法造化，力求表现自然万物的各自特征和内在联系。峰状石虽以峰为统调，但力求有峰、岭、坡脚、洞、谷、台、溪、路、……引人入胜，匠心独运

图 16-8　《群峰竞秀》

（图 16-8）。

石因材而活，树因石而灵。《群峰竞秀》在植物配植上也是成功的。山石上栽植了植物，赋山石以生机，形成了山青水秀的景色。远山间植小半枝莲，给人以云雾缭绕之感，恰到好处。

《群峰竞秀》的作者贺淦荪先生是一位美术教师，他曾遍游祖国名山大川和园林胜景，这对于他从事盆景创作无疑是大有益处的。在谈到创作经验时他讲道：要胸有丘壑，因材制宜，见机取势，以形传神，以达到源于自然、高于自然的艺术境界。这既是对盆景艺术的真知灼见，又是《群峰竞秀》成功之奥妙所在。

（2）靖江山水盆景赏析

靖江山水盆景之妙，妙在发展神速，题材广泛，用材考究，意境深远；还妙在布局有章，巧夺天工，自然秀丽，气势磅礴；更妙在誉满中外，名不虚传，堪激爱国之情，能令人自豪骄傲。有诗为证："鬼斧神工堪夸，飓尺犹能藏天涯；赏心悦目无限趣，盆景艺术一奇葩。"

靖江山水，后起之秀，年虽不长，却赢得第 15 届国际园艺展览会的金牌，波恩、东京、伦敦、中国香港都曾听到过对她异语同声的称赞。靖江山水盆景使世界各国人民领略到了黄山奇峰、泰山险峻、桂林山水、三峡风光、苏杭园林、疆岛风云等富于诗情画意的中国山川之壮美。看，《南海风涛》（盛定武作），原只不过是十来块坚硬呆板、毫无情趣的卵石，但经盆景新秀锯截、雕琢、粘接、布置，竟成了一幅惟妙惟肖的立体画面！逼真的形象，酷肖的景状，生机盎然，妙趣横生，使观赏者犹如站在被波浪冲击的鼓浪屿崖石上，远望渔帆点点，脚上浪花飞溅，耳闻涛声澎湃，但觉海风扑面而来，把个万里海疆表现得淋漓尽致，令人如痴如醉。上海盆景名家看后啧啧称赞：用料大胆，构图合理，立意新颖，实为杰作矣（图 16-9）。

再看《湖上奇峰卷夏云》（朱文博作）、《太湖奇峰忽飞来》（钱建港作）和《晴峰滴翠》，还有人所共知的《瑶池仙境》《漓江风光》《霁雪兼山粉黛重》《大江东去》《雪融江河溢》等作品，也都匠心独运，别具风采；或者玲珑剔透，或者隽秀清雅，或者险峻

图 16-9　《南海风涛》

壮观，或者气象万千，……令人神往，留连忘返。

靖江山水所用石料，除当地产斧劈石外，还有来自广东、贵州、山东、四川、福建等地的英石、砂积石、鸡血石、海母石、砣矶石、芦管石等近40个石种。并根据石料的观赏特性因材致用，如用线条刚直的灰黑色斧劈石表现悬崖绝壁，用色彩柔和的鸡血石再现山峰晚霞，用易于加工的白色海母石制作冰山雪峰，以玲珑剔透的太湖石描写奇峰、石窟等，恰到好处。

靖江山水盆景布局多用偏重式与开合式。画面简洁大方，有主有从，层次清晰，统一均衡，比例协调，富有韵律，完全符合美学规律。

此外，在植物配植和配件使用上也十分注意整体艺术效果，上下呼应，左右顾盼，一切为主题思想服务，达到了完美的艺术形式与高深的思想内涵的统一。

靖江之所以在山水盆景制作上取得如此显赫的成绩，完全与3位青年盆景艺人艰苦努力、潜心钻研、大胆实践分不开的。

(3)树桩盆景《秦汉遗韵》赏析

1985年中国盆景评比展览会上，苏州展区有一盆古老的圆柏吸引了众多的观赏者，其树龄500余岁，树高170cm，冠幅106cm。据介绍此桩原从苏州郊外某家祖坟上挖来。20世纪50年代初上盆，栽植在一只明代的大红袍紫砂莲花盆中，置放在元代遗物九狮石墩之上，古桩、古盆、古座，三者配合十分协调，被评为全国特等奖(图16-10)。从图上可以看到，这棵古桩苍老的主干龟裂。

图16-10 《秦汉遗韵》

干枯，显得老态龙钟。然而，在紧贴枯干的地方却萌发了新枝，这新枝有的伸展向上，有的蟠曲婆娑，浑身披绿挂翠，老当益壮，大有枝繁叶茂、生机勃勃之势。它的枝干与枝叶对比是那么强烈，简直是生与死的搏斗，颇有人生哲理，也再现了大自然的壮观，大有秦松汉柏韵。因此，著名书法家费新我观后欣然在苏州此桩背后空白轴上题名为《秦汉遗韵》，并在两旁书联：“不向半天擎日月，却来片地撼风霜”一语道破了明代古树名木的妙处。

(4)树桩盆景《刘松年笔意》赏析

《刘松年笔意》为浙派代表人物之代表作。1985年全国盆景评比展览会上被评为一等奖。其素材于20世纪50年代由地栽起掘上盆，后经过修剪整形，于1976年春脱盆做合栽配植，做成高干型合栽式。貌似三干，实为二株，其中主干、副干、衬干的组合，高低、粗细、疏密关系十分和谐。全景共分11片，而占统率地位的主干仅有2片，一作结顶，一作背基(也即后遮枝)。加强了前后层次感。从整体来看，皆作自右后方向左前方布局，呈椅角之势。其间特别注意节奏布势，线条流畅、简洁、明快，富有力感和刚性美。讲求动势，侧重“笔意”精神意念。在杆干线条处理上力求做到直线与曲线并用，顺势与逆势并用，长跨度与短跨度并用，硬角度与软弧线并用，从而使整体形象雄伟、潇洒、奔放，堪称盆景之杰作（图 16-11）。

（5）水旱盆景《八骏图》赏析

在中国传统的绘画中，曾有过不少以八骏为题材的作品，然而不曾有人用立体画——盆景形式描述这个题材。扬州盆景名师赵庆泉先生受此启发后成功地创作了长 180cm、宽 50cm 的《八骏图》水旱盆景（图 16-12），在 1985 年全国盆景评比中获得一等奖，受到了同行们的一致赞许。

《八骏图》创作意在笔先，是先根据表现题材及初步构思，选好配件、植物、山石、盆钵，经过苦心设计、巧妙布置、精工制作成的艺术珍品。

图 16-11　《刘松年笔意》

图 16-12　《八骏图》

《八骏图》意境深邃。静静的山林，清清的小溪，悠悠的骏马，……一片和平幸福景象，非常含蓄地表达了作者酷爱大自然和对未来美好生活的追求，也表达了亿万人民追求和平、自由、幸福、安宁的共同心声。

用含蓄而不是用直叙的手法表达作者思想感情或作品主题，是盆景艺术最突出的特征之一。《八骏图》在这一点上运用得非常出色，可以说达到了炉火纯青的地步，也就是说它达到了完整的艺术形式与高深的思想内涵二者完美结合的理想境界。

从作品形式来看，《八骏图》的确有创新韵味。它采用的是水旱盆景形式，既栽种树木，又布置山石；既有水面，又有旱地、驳岸，加上配件，表现的内容十分丰富，并具有浓厚的自然气息。所用植物材料，以多年培育加工而成的几株主干虬曲、枝繁叶细的六月雪为主，苍老雄浑，自然流畅。配以较小的六月雪植株和雀蝉等做远景陪衬，层次清晰，对比强烈。植株高低与骏马大小比例协调，合乎规范。山石材料选用四川产的龟纹石，形态自然，色泽古朴，恰到好处。八马配件为广东石湾的陶土制品，造型逼真，神态各异，但没有动势感太强的跃马、滚马和奔马，而以静态的卧马、立马和饮马为主，使整个画面幽静感更加突出，所有这些，都是单纯树桩盆景或单纯的山水盆景所不能比拟的，表现内容丰富是水旱盆景形式的一大功劳。

《八骏图》布局合理，一点透视，小溪近宽远窄，树木近高远低，左高右低，主次分明，统一均衡，左顾右盼，前后呼应，疏密有致，繁简互用，虚实相生。八马位置有聚有散，两马相依，三匹一群，一马独卧，或饮水或站立，避免了呆板生硬。树木配件处为繁，山石水面处为简，旱地为实，水面为虚，水面较空处则添几块小石，即所谓虚则实之，实则虚之，如此布局，使画面达到了多样统一的艺术效果，从而有助于诗情画意的表现。

常言道"文如其人"，《八骏图》之所以能取得很大成功，是与作者勤奋好学、功底深厚分不开的。赵庆泉自幼受到家庭环境的熏陶，尔后又专门设计配件，1974年拜徐晓白先生为师，再拜朱子安、殷于敏、孔泰初、万觐堂为师，专门从事盆景创作多年，盆景造诣颇深，成就显著，这是《八骏图》成功的基础。

思考题

1. 结合实例说明盆景园园址选择中应考虑哪些因子？
2. 根据功能分区要求盆景园应该分为几个区？说说上海盆景园的分区情况？
3. 盆景园入口规划中应考虑哪些问题？
4. 盆景园展览区规划中应考虑哪些问题？
5. 从盆景园入口到展区过渡方式有哪几种？
6. 盆景布置中应考虑哪些因子？
7. 谈谈盆景园规划中的序列设计？
8. 南方盆景园与北方盆景园有什么不同？
9. 盆景园的建筑怎样才能与盆景协调统一？
10. 盆景园的绿化应该考虑哪些因素？
11. 为什么说盆景展览是一项系统工程？怎样才能组织好一次盆景展览？
12. 盆景应用方式有哪些？
13. 盆景的社会效益是怎样实现的？
14. 在盆景欣赏中怎样体现双百方针？怎样赏析一件盆景？
15. 试论当前盆景园建设中存在的问题。

推荐阅读书目

1. 盆景园规划设计. 沙钱荪. 广东园林，1984.
2. 盆景制作. 彭春生，李淑萍. 解放军出版社，1990.
3. 广州三个专业性花园之一——盆景园艺苑. 郑祖良，文树基. 广东园林，1984.
4. 盆景制作与欣赏. 姚毓璆，潘仲连，刘延捷. 浙江科学技术出版社，1996.

第17章　世界盆景

[**本章提要**]本章主要介绍世界盆景业发展概况；中国、日本盆景盛况及代表作；东南亚盆景指印度、印度尼西亚、菲律宾等地盆景；欧洲盆景，包括意大利、瑞士、俄罗斯等国家盆景概况；北美洲盆景，以美国、加拿大为主；拉丁美洲盆景概况；非洲盆景，主要是南非盆景；大洋洲盆景，主要介绍澳大利亚盆景。

盆景是用木本植物、草本植物或山石、水、土及其他构件等材料，经过艺术加工和精心培育，把大自然的优美景物浓缩于咫尺盆中的一件艺术珍品。它古朴清秀，典雅多姿，不仅是我国优秀的传统艺术，而且也赢得了世界人们的喜爱。我国以"无声的诗，立体的画"形容之，更是自然美的象征。她给我们带来的不只是对美的追求和启迪，更多的是赋予我们生活的幸福与快乐。她的发展跨越了国界，架起人类与自然及世界人民和平共处的桥梁。

17.1　世界盆景业发展概况

有关盆景的起源与发展，形象形容之：中国是盆景的祖父母，日本是盆景的父母，欧美是盆景的孩子。创始于我国的盆景，至少已有1000多年的历史，这门艺术自古即传入日本，后发展于中、日两国，近代流传于欧美，当今已成为世界性的一门艺术。

盆景的历史虽然悠久，但在二次世界大战前，只有中国、日本以及其他个别国家的少数人玩赏，造诣深的专家不多。二次世界大战后，随着各国经济的迅猛发展和人们生活水平的提高，加上国际间交流机会的增多，盆景艺术之风吹向五湖四海，使一直被认为东方所特有的植物技艺盆景，逐渐在全球范围内受到世人的理解、接受和喜爱。现在，全球盆景爱好者不断增多，盆景俱乐部、盆景协会如雨后春笋，层出不穷，不少国家都成立了致力于提高和普及盆景艺术的组织，并于1989年4月在日本成立了国际盆景组织——世界盆景友好联盟(WBFF)，还有亚太盆景、雅石协会。

随着盆景组织的相继设立，盆景的各种展览、交流、研讨会等活动频繁举行；盆景园地和研究机构相继建立；各国都在研究开发并利用乡土树种，为本国盆景艺术特色的形成奠定基础；盆景经营已在有些国家和地区分化成一种商业行为；盆景书刊、制作工作也日益增多。

改革开放以来，我国经济得到快速发展。这门古老的盆景艺术获得新生，在继承传统技艺的基础上大胆创新，使盆景艺术得到大发展。由于我国盆景工作者的努力，在国内不断开展盆景活动并多次参加、举办国际展览。有关盆景专家还外出讲学和表演制作技艺，盆景出口量逐年增加，使世人逐渐认识到我国盆景的魅力，也让国外人士认识到中国是盆景的发源地。近几年来，中国盆景已震动欧美，打破日本盆景一统天下的局面。但是，目前世界上实力雄厚的盆景组织有两个：一是世界盆景俱乐部，它由美国人操纵；二是世界盆景联盟，由日本人控制。而作为盆景大国的中国却与世界盆景组织无缘。我们应组织力量积极参与国际交往，要着力培养一批既懂外文，又懂盆景技艺的年轻盆景专家参与国际盆景交流。如此既能扩大中国盆景艺术的影响，又能学习外国的先进技艺。只有这样，中国盆景才能真正地冲出国门，走向世界。

17.2　中日盆景

17.2.1　中国盆景

在 Bonsai of the world 的基础上，我们编写了这一章内容，仅供参考。

盆景起源于中国，它享有广泛的盛誉，它的历史可以追溯到新石器时期。那时候就有了原始草本盆栽。

我们的祖先对大自然有着深厚的爱。远在三四千年前的殷代和周代起，他们就开始模仿自然景观并培育装饰植物来美化花园。考古学者在河北省望都挖掘出的东汉朝代(25—220)的古墓葬物中的墙壁上发现了种在花盆内花的图案，我们认为那是盆景的萌芽。

在魏和金代(220—420)，受道教和佛教的强烈影响，形成了质朴和优美的意境。有关山与水的诗歌与绘画在那段时期里也如雨后春笋般的展露出来。

在唐代(618—907)的早期盆景基本形成。在唐代一坟墓中的壁画上，一仕女手中拿着一个盆景的图案很有力地证实了这种说法。我们从唐代的许多诗歌中了解到，此时盆景的艺术形式得到重视，而且盆景以各种各样的方式表现出来。

宋代(960—1279)绘画艺术得到了空前发展，这些绘画艺术的发展推动了盆景艺术的发展。"盆景"这一名词就是在这一时期产生的。那时欣赏珍奇的树木和奇异的石头已成为一种普遍的时尚。著名的宋代绘画大家——十八学士以及许多诗歌和文章都显示了这一事实——盆景艺术已更加完美，其中盆景的两种重要形式——山水盆景和树桩盆景，也得到了更进一步的发展，而且后者(树桩盆景)与我们现代的盆景非常相似。

早在元代(1206—1368)期间，中国的盆景开始销往日本。

中国土地面积辽阔，不同地域形成了不同的地方景观。各地所用的植物材料和岩石材料也不尽相同，审美标准和技术也不同，从而形成了不同的地方风格。

扬州盆景——其代表树种是松树、桧、白榆和黄杨，这些树种都以棕丝绑扎，并且剪成一层层的云片。扬派盆景的特点是严谨和优雅。水旱盆景和山水盆景以及其他的盆景形式，都给人以诗情画意般的感觉。

苏州盆景——众所周知的是它的古韵之美。其所用的植物材料有榔榆、雀梅、三角枫和梅树，培植的方法是粗扎细剪。

四川盆景——其常用树种是罗汉松、银杏、金弹子、六月雪以及花灌木。蟠扎方法是用棕榈的纤维（棕丝）缠绕树的枝叶，扎成盘状，使树干显得更挺拔有力。四川的山水盆景和水旱盆景以其宁静、庄重、险峻、雄伟而著称。

岭南盆景——其典型树种是雀梅、榆以及福建茶等。修整的主要方法是截干蓄枝，使得树木显得饱经风雨而古朴自然。它的山水盆景美丽而奇异，也非常吸引人。

上海盆景——上海以各种各样的自然式盆景而著称。其制作方法是用铁丝蟠扎并加以修剪。海派盆景充满活力，微型盆景显得精致，而山水盆景既庄重又富有生气。

徽州桩景——梅花、圆柏和黄山松是徽州桩景的代表树种。粗扎粗剪是徽州盆景修剪的典型方法。徽州盆景以其粗犷和奇特的形状而著称。

浙江桩景——往往使用松柏类树木，使用棕丝和铁丝蟠扎，使树木显得自然优美，形神兼备。

福建盆景——特点是自然、有力、古朴。福建盆景以榕树为代表树种，经过栽培加以修剪。

南通桩景——主要以罗汉松为代表树种。树干用棕丝缠绕成两弯半或"S"形，枝干修剪成稀疏的片状。

中州盆景——经过蟠扎修剪的柽柳、牡荆和石榴使中州盆景显得刚柔相济。

除以上介绍外，河北、南京、贵州和徐州的盆景都已经形成或正在形成自己的地方风格。

17.2.2　日本盆景

（1）日本盆景的产生与演变

日本盆景的起源可以追溯到一幅古画轴上描绘的松树盆景（约1309年，中国元代），至今已有近700年的历史。

盆景艺术由中国引入日本后，开始主要是少数贵族及宗教的一种消遣娱乐方式。大约1800年（清代），盆景才开始进入普通百姓的家庭。在日本王宫庭院内，现在还陈列着一件有500多年历史的五针松珍品，在园艺师的精心培育下，生长越发茂盛，曾在1989年的世界盆景展览会上作为精品展出，十分引人注目。

1900年，在东京、大阪、京都等大中城市，时有盆景爱好者自发组织一些小型的盆景展览，为创立第一个盆景协会奠定了基础。

至1911年，随着社会的进步和经济的发展，盆景艺术越来越受到人们的关注，追求完美、崇尚自然的愿望也越来越强烈。由于社会各界的支持，使得许多盆景书籍和画册相继出版。

1923年，东京的关东地区发生强烈地震，东京从事盆景的很多技师和爱好者不得不迁到大阪。由于他们的共同努力，在市郊开辟了盆景生产基地，逐步形成当今著名的"盆景村"。此村主要将野生种（如云杉属植物等）经过引种、驯化，培育和开发成适合盆景制作的栽培品种，并进行大批量生产，为快速将盆景推向世界各地做出了贡献。

　　1914 年，第一次地方性盆景展览在东京都的上野公园举行，后逐渐发展为一年一度的盆景活动。至 1934 年成立了栝库福盆景协会，由贵族院约梨奈担任第一届主席，同年 3 月，该会首次在东京都美术馆有组织地举办了全国性盆景展览，从此延续为年度展览。但战后由于各方面原因，发展甚为缓慢。至 1966 年在栝库福盆景协会基础上，改称为"日本盆景协会"，并成为政府认可的唯一的全国性盆景组织。

　　1970 年，日本盆景协会在大阪举办了长达 6 个月之久的大规模盆景展，有 2000 多盆作品参展。1975 年，该协会借美国建国 200 年纪念之际，赠送给美国国家植物园 53 件盆景作品。1988 年 4 月，在大阪召开了国际盆景研讨会，来自 11 个国家和地区的代表出席此次会议，呼吁在全球范围内建立世界盆景组织。1989 年 4 月 6 ~ 9 日，在日本琦玉县大宫市召开了"世界盆景友好联盟"成立大会，为盆景的推广与发展做出了积极的贡献。

　　（2）日本盆景近况

　　目前，全国有各种大小的盆景团体 3000 多个，其中最大的是日本盆景协会，拥有团体成员 200 多个，会员达 2 万多人；其次为日本盆景生产者协会，有 500 多名会员。这些组织在近代日本盆景的发展中，无论在理论上还是实践上都起到了不可估量的作用。

　　近数十年来，日本还出版了一批高水平的盆景著作，为盆景的迅速传播起到很大作用。如日本盆景协会于 1983 年编辑出版了《盆景大事典》三卷和《盆景名品大全》；1990 年出版的《美术盆器大全》，分中国、日本两册；日本盆景协会理事长加藤三郎于 1988 年出版了《盆景的美》等。除书籍外，盆栽、山水盆景类的杂志多达 10 种以上，如日本盆景协会机关刊物《盆景春秋》、以实用性为主的《盆景世界》月刊、以创造性为主的《近代盆景》月刊等。

　　日本有个特别适宜栽培盆景的环境，那里气候较温暖。即使在较冷和多雪的地区，如果冬天给予防寒措施，也有可能观赏到盆景。许多本地的植物都是做盆景的好材料，日本现在大约有 200 种植物用于盆景制作，常用的松柏类有：日本五针松、黑松、日本赤松、杜松、日本柳杉、日本扁柏等。常用的落叶树有：鸡爪槭、三角枫、梨属、苹果属、紫薇、石榴、银杏等。杜鹃花、山茶和竹类也被用来制作盆景。所有这些树种，以及器皿、工具、土壤等，不但在盆景苗圃很容易买到，而且在花园、园林局的储藏室和农业协作社的花卉中心也很容易买到。

　　日本盆景经历 500 多年的发展，已具相当水平，但由于近几年经济不景气，使其群众基础受到一定的冲击。

17.3　东南亚盆景

17.3.1　印度盆景

　　盆景在印度的兴起早在 30 多年前，当时新德里的阿尼霍彻先生在赤陶器皿中栽植树木，受到广泛的赞赏。美国的玛丽科斯夫人把制作盆景的基本技法，如制土、上盆、整枝、修剪等介绍到印度。1972 年，在美国驻印度使馆的苏尼·瓦斯婉尼女士的倡议下在孟买成立了印度盆景协会。

为使越来越多的人了解盆景技艺和美学，提高栽培技术和欣赏水平，印度于1979 年和日本成立了"印日盆景研究小组"，专门召开盆景研讨会，并组织一些盆景爱好者到日本参观。从 1981 年开始，特邀请国际著名专家，如约翰·约克、汤姆·亚玛莫特等进行演讲，还专门开设学员培训班进行盆景培训。

在印度，生产盆景的树种以热带和亚热带植物为主。1977 年出版了由椰特·帕克编写的《热带植物》。1980 年雷拉·拉罕达女士撰写的《盆景艺术与文化》和希尼德等联合创作的《美丽的热带盆景》等书籍相继出版，深受群众欢迎。

自 1987 年以来，"印日盆景研究小组"做了大量工作，一是联合全国各地的盆景爱好者、专家、学者，共同筹建了全国性的盆景团体，在各地设立相应的盆景机构。据不完全统计，全国有 22 个盆景组织，400 多名盆景种植者和 3500 多名盆景爱好者；二是通过举办各种展览活动和电视、广播、报纸、杂志的广泛宣传，盆景的栽培技术很快得到推广；三是 1993 年 1 月，成功地组织了"东南亚盆景会议和展览"，日本、英国等盆景专家也前往参展。印度邻邦如巴基斯坦、尼泊尔等国家也开始了盆景的栽培。在"世界盆景友好联盟"的提议和帮助下，印度于 1989 年正式成立了"印度盆景友好联盟"（简称 BFFI）。

BFFI 为印度全国性的盆景机构，是联系各盆景俱乐部或社团组织、盆景爱好者之间的纽带，其宗旨是统筹印度的盆景团体，自上而下推动盆景的发展，积极支持会员与团体组织开展各种活动，最终目的通过盆景艺术，促进国内与国际间的和平与发展。

印度的盆景树种既有热带的也有亚热带的，适合于各种各样的气候与地理条件。喜马拉雅松、雪松属、云杉属、杜鹃花属、李属植物生长在印度北部。典型的常绿及落叶树生长在其他地区。印度的大部分地区只有 3 个月下雨，大部分地区遭受干旱。野生的树木通过伸长主根维持生长。植物只有在雨季才可能在地面生长和从野外收集养分。现在由于种树的空间限制，盆景在城市越来越大众化。

最普通的盆景树种有木兰属、叶子花属、*Serissa*、*Camona microphylla* 和热带果树。普通的培养技法是采用"修剪和生长"的方法或用绳子挂重的石头的方法整形，而不用铁丝缠绕整形。

17.3.2　印度尼西亚盆景

盆景在印度尼西亚这个"千岛之邦"可以称为热带盆景，遍布了太平洋和印度洋这个最大群岛中的 1300 多个岛屿。盆景在印度尼西亚繁荣了 50 多个年头，所用树种大约有 10 种，包括榕属和罗望子等树种。1979 年，印度尼西亚盆景协会（简称 PP-BI）宣布成立，并在首都雅加达举办了首届全国盆景展览。

PPBI 建立后，除通过盆景专业报纸、杂志宣传，还邀请日本及我国盆景专家，现场传授技术和示范表演。不仅使盆景知识得到普及，也提高了人们的欣赏水平。目前，已有 40 个分会和 3000 多名会员，分会间既分工又合作，每月也开展相应的教学活动。

PPBI 每年举行一次全国性盆景展览，参加展览的盆景在全国范围内挑选。1992
年 6 月，PPBI 在巴厘岛承办了第一次国际性盆景会议（即亚非盆景联合会），来自两
大洲 15 个国家和地区的 300 件作品参加了展出，其中 40 多件盆景作品获得一、二、
三等奖。

17.3.3 菲律宾盆景

在菲律宾，虽然取自于自然的盆景早有栽培，但盆景真正进入现代人的生活，还
是从 1972 年菲律宾盆景协会（简称 PBS）成立后才开始。这个组织先是一些盆景爱好
者成立的，每年开展各种宣传活动，特别是每年的盆景展览、摄影与比赛，吸引了无
数参观者与游客。一些受欢迎的盆景树种有蜡烛树、Nulawin、Argao、Lemonsito 等。

PBS 在每个月的第一个周六都召开盆景会议，还经常邀请外国盆景专家、教授进
行各地巡回示范、表演与讲座，力争将盆景艺术之风吹向各个角落。盆景材料的野外
采集和植树工程是 PBS 承担的另一些日常活动。PBS 的成员们组成了盆景旅游团去
海外参加国际性盆景大会，如 1989 年日本的世界盆景大会。

17.4 欧洲盆景

1878 年在巴黎举行的大型花卉展览会上，盆景首次出现在欧洲。其后，各种盆
景展览会相继出现。如伦敦、切尔斯花展每年均有盆景展出。在西班牙、意大利、荷
兰、比利时等举办的各种花卉博览会上也开辟了盆景展览项目。大约 30 年前，第一
个盆景俱乐部建立了，它是作为日本盆景协会的一部分，称做伦敦盆景协会。随后，
每个国家都形成了自己的盆景协会和联合会，如 1972 年荷兰的各种小型俱乐部联合
为荷兰盆景协会，1981 年瑞士建立盆景协会，英国和法国也分别于 1982 年和 1988
年建立了国家盆景协会。

20 世纪 70 年代末，欧洲政治、经济环境风云变幻，特别是欧洲经济共同体的建
立，对加强各国的友好往来，促进盆景艺术的交流起到积极作用。欧洲盆景协会（简
称 EBA）正是在这种形势下，于 1980 年在英国的海德堡成立的。至 1993 年，欧洲盆
景协会已有 11 个成员国，它们是比利时、丹麦、德国、法国、意大利、卢森堡、摩
纳哥、荷兰、西班牙、瑞士和英国。1989 年，EBA 正式被世界盆景友好联盟吸收为
成员之一。

下面主要对盆景发展较为热门的意大利、瑞士和俄罗斯三国情况作一介绍。

17.4.1 意大利盆景

1960 年初，荷兰的盆景商把日本培育的五针松盆景进口到意大利，一些有兴趣
的意大利园艺者开始创作盆景。1980 年 3 月，200 多名盆景爱好者欢聚一堂，召开了
第一届全国盆景会议，并于 6 月在里约那举办了全国盆景展览。同年 11 月，正式成
立了意大利盆景协会，大会决定以后每年举办一次全国性的盆景展览。

　　意大利四季如春，属地中海式气候，盆景树种较为丰富，除常见的松柏类外，还有油杉、油橄榄、榆树、枫树等树种。

　　在日本盆景协会的大力支持下，意大利目前正在进行一项试验，即通过培养具有一定理论和实践水平的教师，去指导与培训各级盆景爱好者。如果该试验效果好，这个项目将由欧洲盆景协会进行大力推广。

17.4.2　瑞士盆景

　　1977 年，瑞士盆景专家乌尔利克·迪凯先生首次在斯维茨城展出个人盆景，并对每件作品做了介绍，吸引了无数当地的参观者。后为扩大盆景艺术的影响，又在该地成立了"瑞士盆景园"，园内主要有欧洲水杉、云杉、栓皮槭、落叶松等许多盆景珍品。1981 年，迪凯先生又与彼斯·诺特先生联合创办了瑞士盆景协会，为推动盆景发展做出了积极的贡献。在 10 年时间里，该协会共吸收了 3000 多名盆景爱好者，有 100 余个团体成员。

17.4.3　俄罗斯盆景

　　盆景在俄罗斯的发展，同日本盆景界的努力是分不开的。

　　1976 年，为促进两国关系，日本驻俄使馆把一组具有日本民族风格的盆景送给俄罗斯科学院，至今仍保存在莫斯科的波坦尼克公园。1987 年，由日本著名的风景园林学家肯·哈特斯曼设计与指导的"日本园艺展览"在该公园成功展出，使莫斯科人真正欣赏到了盆景艺术的魅力。大量的舆论报道引起了当地人们的兴趣和园艺生产者的重视。从 1985 年开始，公园内的景区对外开放，吸引了一大批业余爱好者。

　　1989 年，俄、日两国盆景人士联合，在波坦尼克公园成立了"俄罗斯盆景协会"。同年，各盆景俱乐部在该公园组织首次盆景展览，吸引了大批游客和一些荣誉人士前来参观。

　　1989 年秋，俄罗斯盆景协会召开会议，在东方艺术博物馆举办以中日哲学为主的盆景艺术研讨会。日本驻俄大使馆提供了有关日本盆景历史和发展的录像、资料等，由波坦尼克公园的盆景专家讲授了制作盆景的技术和实验课程，为盆景的发展做了大量的基础工作。

　　自 1989 年以来，各种展览会不断举办。1989 年 10 月，俄罗斯盆景协会与日本驻俄使馆共同举办了"日本文化艺术活动"，旨在推动盆景艺术的提高和普及。

17.5　北美洲盆景

　　早在 1890 年，第一批迁至夏威夷和美洲西海岸的日本移民，将盆景艺术带到了北美洲。有记载：一个名叫凯利·尼丝坦的日本移民，于 1912 年在北美创作了第一批盆景作品。还有传说：20 世纪早期，在洛杉矶发现了一些从事盆景培植的日本移民。总之，盆景传至北美洲至少是在 20 世纪初期。

17.5.1　美国盆景

（1）东北地区

有关盆景的文字记载，最早是 1904 年 5 月，在美国的新泽西州一家图书馆的拍卖目录中，有一家日本苗木公司把 600 多盆盆景进行拍卖的记录。

在 1955 年和 1957 年，布鲁克林植物园先后邀请亚斯罗德和亚斯莫拉两位教授进行了盆景制作现场表演和示范，引起了成千上万的美国人民的注意。1963 年，亚斯莫拉又与其他爱好者联合组建了纽约盆景协会，每季发行盆景简报。此后，各种盆景书籍相继出版，对盆景艺术在美国的传播做出了很大贡献。

20 世纪 60 年代末，在美国东部的一些主要城市，如夏洛特、克里夫兰、亚特兰大、波士顿等，先后成立了盆景俱乐部，随后便遍及美国各大州。为扩大交流，一些盆景俱乐部联合建立了各州、区盆景联盟。

1975 年，由杜利斯先生倡导的美国盆景种植者协会，积极与各大洲的盆景专家建立联系，吸收加拿大、意大利、挪威、日本和澳大利亚的一些盆景专家为协会名誉会员。

（2）佛罗里达州

盆景长期以来在佛罗里达州盛行不衰。因其有两类种植区，较低区的部分被认为是"亚热带"种植气候区。1973 年，在 9 个盆景俱乐部的商议下，形成了佛罗里达州盆景协会（BSF），同年又召开了盆景会议。至今，该协会已有 20 多个团体成员，已成为美国盆景俱乐部中最具规模和实力的组织之一。

（3）西北部

在太平洋西北部，盆景起源得从 1912 年日本移民尼丝坦来到太平洋沿岸说起。他由于受其父影响，从小就对盆景产生兴趣，不仅受到各大区盆景大师的指点，而且从日本买来的许多盆景书籍中，吸取了日本盆景之精华。1935 年，他迁移到美国西雅图的同时，首次与布鲁尼博士共同研究与创作。1959 年，在华盛顿州林业大学开设了盆景课程，尼丝坦与玛利先生担任第一批教师，培养了大批学员，并在西雅图艺术博物馆开辟了盆景展示厅。1964 年，这批学员配合日本的一些盆景俱乐部在当地举办展览活动，积极参与了盆景的组织工作。

1973 年，在许多盆景专家、爱好者的共同努力下，建立了西北部盆景协会，现有 400 多名成员。1984 年，在西雅图成功地召开了全国性盆景会议。

（4）加利福尼亚州

加利福尼亚州的盆景也是由早期的日本移民引进的。二次世界大战后，许多人重返加利福尼亚州，开始营造园林，国内盆景又悄然兴起。约翰·纳克利用加利福尼亚州丰富的天然资源，创造出独特的南加利福尼亚州盆景造型。如加利福尼亚州真柏盆景，多借助自然形成的枯枝和秃梢，天趣自成，令人赏心悦目。至 1950 年，南加利福尼亚州盆景俱乐部在约翰等人的努力下建立起来，1958 年，俱乐部成员增至 100 多人，并易名为"加利福尼亚州盆景协会"（CBS）。从 1968 年起，协会正式出版了《加利福尼亚州盆景》杂志。

1987 年，成立了"金色州盆景联盟"，将加利福尼亚州许多分散的俱乐部组织起来，召开了对该地区具有较大影响的大型年度会议。同时，轮流在加利福尼亚州西北举行盆景活动。目前拥有 56 个俱乐部成员，是美国最大的地区性盆景联盟组织之一。

（5）中西部

1964 年，自鲍勃发表了将"盆景艺术"称为"堪萨斯城之星"的文章后，吸引了一大批盆景爱好者。经过 4 年的盆景展览与研究，在 1968 年组建了"堪萨斯盆景协会"。盆景艺术在中西部的产生与发展，虽然迟于各沿海地区，但在近 20 年里，人们对盆景艺术的追求和创作已蔚然成风。目前，从明尼苏达州、堪萨斯城到肯塔基为界的广阔中西部地区，已有 40 多个盆景俱乐部、成千上万个盆景爱好者。其中，明尼苏达州盆景协会还于 1989 年承办了世界盆景会议。另外，有 19 个俱乐部联手建立了"中美洲盆景联盟"，目的是发展与普及中西部地区的盆景艺术。

（6）落基山脉地区

早在 20 世纪 50 年代，鲍勃·卡塔克就对盆景产生了浓厚的兴趣，他从山谷中采集了许多矮型的树木来装饰他的花园，这一举动使丹佛地区的人们对盆景有了最初的认识。卡塔克将采集的自然树木，经过整形与修剪，使其成为传统的主栽盆景，从而使落基山脉地区盆景形成了独特自然风格。由于他的带动，当地大批爱好者对盆景艺术产生了兴趣。

（7）夏威夷

大约 100 年前，也是一些从事盆景种植的日本移民将盆景艺术带到了夏威夷地区。在 20 世纪初，一些日本商业舰队访问夏威夷，受到热情招待，这些船长们就将盆景作为礼物赠送给了夏威夷人民，其中一盆日本黑松，据说已有 150 年的历史。

二次世界大战期间，许多人由于惧怕受到牵连或被当做亲日派，不得不把拥有的盆景抛弃或毁坏。二次世界大战后，第一代日本移民获得解放，重新激起了对盆景艺术的追求。1965 年，成立了以美籍日本人为主的火奴鲁鲁盆景俱乐部，并相继在珍珠港和希罗海岸建立了类似组织。1970 年，哈瑞斯博士、戴维德、奥泽诺等人联合创办了夏威夷盆景协会（HBA），主要在说英语的人中倡导并传授盆景艺术，目前，这个协会已发展为全州性的盆景团体。1980 年，HBA 与 BCI（国际盆景俱乐部）联合举办了国际性盆景会议，日本盆景协会第一次被邀请出席此会，著名的盆景大师加藤三郎在会上做了精彩的示范表演。1990 年，HBA 再次与 BCA 联手，组织了世界盆景会议，吸引了 17 个国家的 700 多名爱好者参加，获得了圆满成功。

1973 年，由戴维德及其家族成员成立了一个"盆景检疫出口苗场"和夏威夷盆景协会所属的分会，30 年来硕果累累，为夏威夷盆景艺术的发展做出了积极贡献。为保护夏威夷地区的盆景珍品与资源，促进盆景艺术的新发展，"太平洋中部盆景联盟"于 1986 年正式成立。

17.5.2　加拿大盆景

在加拿大西部艾伯塔、马尼托巴及不列颠哥伦比亚等省，盆景发展也较快。一是沿海一带气候与日本相似，盆景种植者往往使用与其类似的盆景树种进行生产；二是内陆不断开发和利用乡土树种，如加利福尼亚州铁杉、杜松等较好的盆景素材。在卡尔加里及温尼伯均有一批较为活跃的盆景俱乐部，特别是温哥华地区为最多。

1962 年，日本与加拿大文化中心联合筹建了"多伦多盆景协会"，使盆景艺术首次在加拿大东部产生并发展起来，至今已有 40 多年的历史。70 年代，许多盆景教师被邀请到加拿大东部授艺，增加了人们对盆景的兴趣，这些人中有约翰·纳克、奥卡默拉、罗萨德等盆景大师。多伦多盆景协会现有 300 多名成员，共进行了 2 次盆景展览和 18 次会议，这些活动大大促进了盆景艺术在加拿大的扩展。此外，在伦敦及渥太华也有一些盆景协会，主要搜集东部地区的一些植物资源，如雪松、落叶松等松柏类来制作盆景。

17.6　拉丁美洲盆景

拉丁美洲人热爱大自然，盆景艺术深受当地人们的青睐。由于缺少资料记载，很难说拉美各国的盆景起源于何时，但可以肯定，盆景热潮已存在许多年，并正在日益发展。

1919 年，日本盆景教授米亚穆特女士来到阿根廷，首次将盆景知识与技艺做了介绍，为阿根廷培养了第一批学员，并经过几年的努力，与学员共同建立了第一个盆景协会。至今，由 20 多个盆景俱乐部联合，成立了全国盆景联盟。主要盆景树种有鸡冠睫苞豆和肖乳香等乡土树。

哥伦比亚是世界著名鲜花出口国（1993 年占全世界出口额的 10%，列荷兰后居第二位），盆景在这里也有 40 余年的历史。全国最早对盆景有所了解的是哥伦比亚第二大城市——麦德林，该市位于波尔塞湖畔，四季如春，盆景艺术的发展是与其美丽的环境密不可分的。随后，在素有"南美洲的雅典"之称的首都——波哥大成立了首家盆景组织，即哥伦比亚盆景协会前身。1982 年一些盆景爱好者在卡利市组建了渥丽科盆景协会，这一团体目前已拥有 70 多个成员，为成立哥伦比亚盆景联盟奠定了基础。盆景以其独特的艺术风格呈现在这里的人们面前，男女老少都十分喜爱。一些园艺学校也设立相应的盆景课程，努力推动盆景知识的普及。与此同时，还涌现出许多的盆景技工。

在厄瓜多尔，提起"盆景艺术"虽然不是新鲜事，但是真正了解盆景艺术，那还是在建立厄瓜多尔基亚盆景俱乐部以后。特别是 1984 年，该俱乐部对盆景技艺进行了系列研究，不仅有了盆景艺术的理论依据，还涌现出一大批盆景爱好者。目前，该俱乐部除有许多致力于盆景艺术的成员外，还赢得了很多人的信任和支持。

巴拿马盆景协会已成为世界盆景友好联盟的成员之一。盆景艺术在巴拿马扎根多年，很受当地人的喜爱，这里有很多适合盆景生产的热带树种。

在秘鲁的利马市也有类似的盆景团体，它的成员为提高盆景的技能、普及盆景艺术做了不懈的努力。人们对盆景艺术已不再陌生，盆景也不再仅供少数人欣赏，正在逐渐进入人们的生活。

波多黎各是位于加勒比群岛东部的美丽岛屿，那里有 3 个较为重要的盆景组织：

第一个是波多黎各盆景协会，其次是卡利比和卡罗利那两个俱乐部。盆景在别克斯、莫纳、库莱布拉等岛上也很普遍。

在被誉为"玫瑰之城"的乌拉圭首都——蒙得维的亚，以前有许多分散的小型盆景组织，现已联合为乌拉圭盆景协会。这里的男女老少，无论年龄大小，对盆景艺术都有浓厚的兴趣，也正是由于乌拉圭盆景协会的诞生，对盆景知识与技艺的普及产生了重要影响。

危地马拉是一个风景秀丽的中美洲独立国家，是古代玛雅人居住的地方之一，因此有"玛雅人的国度"之称。这里不仅有众多的盆景爱好者，而且有许多适合作盆景材料的乡土树种。现已联合组建了全国性盆景联盟。

委内瑞拉也许是南美最早传播盆景艺术的国家之一。从1970年开始，在桑塔玛利亚大学就开设了盆景的课程。1976年，温斯拉那盆景俱乐部在加拉加斯建立，并于1977年成立了巴伦西亚盆景组织。至今，全国有许多盆景俱乐部，同时，还出版了一本反映当地盆景创作的作品集。

以上所述国家都是拉丁美洲盆景协会联盟（FELAB）的成员国。该联盟于1992年2月21日在第4次国际盆景会议期间诞生，机构设在哥伦比亚的卡利市。

17.7　非洲盆景

非洲盆景从20世纪60年代才产生，比其他洲起步晚，而且主要是在交通和经济相对较发达的南非。1991年正式成立非洲盆景协会，是世界盆景友好联盟九大地区代表之一。盆景树种主要有槭属、榆属等，造型和风格较为单调。下面主要介绍南非和津巴布韦两国的盆景发展情况。

17.7.1　南非盆景

据说1950年左右，由我国去南非的兄弟二人首次给南非带去了盆景艺术，爱好盆景之风逐渐流传开来。至60年代初，第一个盆景协会在好望角开普敦建立，随后在纳塔尔、东伦敦、伊丽莎白港等地也纷纷成立了小规模的盆景组织。

1980年12月第一届南非盆景大会召开，美国加利福尼亚州盆景委员会主席约翰·纳克作为第一位外国专家应邀出席了会议，并进行了演讲和示范。盆景艺术得到园艺界的重视，并很快成为大众化的艺术品进入人们的生活，各种组织在大中城市也相继诞生，现有团体25个。

1982年1月1日，"南非盆景联盟"正式成立，并在得班市召开盆景年会。为普及盆景知识和技艺，南非盆景联盟在各大城市轮回召开年会。1993年在素有"黄金城"美誉的最大商业、采金业中心——约翰内斯堡城举行，开创了"非洲盆景"的新篇章，另外，为让南非盆景走向21世纪，进一步加强国际间的交流与合作，该协会在广泛收集盆景的基础上，精选本国最优秀的盆景作品，参加苏格兰和美国加利福尼亚举办的盆景展览。

除此之外，一些地方协会也开展大量的活动。如1969年建立的好望角盆景协会，拥有了很多较高水平的盆景技师,他们的主要工作是根据当地气候与树种进行分类栽培、养护,收集各种盆景珍品,培养年轻的盆景技工,定期举行各种盆景展览等,为南非盆景的发展起到了积极的推动作用。目前,南非主要有金合欢、橄榄、猴面包树、非洲朴、刺桐等优良盆景树种。

17.7.2 津巴布韦盆景

津巴布韦首都哈拉雷素有"花树城"之誉。1969 年 11 月,马绍纳盆景协会正式在这里创立,由于受当时条件限制,每年仅能举办一次盆景展览。随着经济发展和爱好者的增多,参展树种越来越丰富,各地区的盆景展览也随之增多。

津巴布韦的采矿业在经济中占有重要地位,一些掠夺式的开采致使环境被破坏。盆景知识和技艺的普及,对增进人们的环境保护意识,起到了较好的推动作用。

由于受各种贸易条件的限制,有关盆景的工具、书刊与技术培训较为缺乏,当地图书馆虽已选择了部分书籍和小册子,但远远不能满足读者的需要,十分希望得到世界各地盆景协会的支持和帮助。

17.8 大洋洲盆景

大洋洲是世界上面积最小、人口最少的一个洲。绝大部分为热带和亚热带气候,澳大利亚南部为温带大陆性气候。该洲从温带到热带,盛产松树、山毛榉、棕榈树、桉树、杉树、白檀木和红木等多种珍贵木材,有的也是生产盆景的很好树种。盆景的发展主要在澳大利亚和新西兰等少数国家和地区。

1965 年,在澳大利亚历史最悠久、规模最大的悉尼市成立了第一个盆景协会,延至今日成为澳大利亚盆景协会。成立的宗旨是为那些盆景爱好者提供指导与服务,培养并激发人们对盆景艺术的兴趣。紧随其后,许多郊区爱好者也成立一个个盆景组织。

继悉尼之后,盆景传至维多利亚州首府墨尔本。这里有世界上设计最好的墨尔本皇家植物园,植物品种繁多,总共有 20 000 多种,还有一些盆景陈列于该园。1971 年墨尔本盆景协会正式成立,并带动了该州一些城乡盆景协会的设立。不久,澳大利亚另外一些州也先后成立了盆景组织。

1983 年,"澳大利亚盆景联盟"成立。至今已在全国设立 40 多个分支机构,召开多次盆景会议,还接待了日本盆景协会负责人的参观等活动。10 年后,该联盟又在墨尔本市代表大洋洲地区出席了世界盆景友好联盟会议。

新西兰的第一个盆景组织是 1967 年在全国工业中心和国际交通枢纽——奥克兰市开创的,第二个盆景协会于 1968 年在克利斯特彻奇地区建立。直至今日,在新西兰大部分城市设有相应盆景机构。

澳大利亚和新西兰两国的盆景爱好者相互间学习交流,不仅加深了了解,而且形成类似的艺术风格。值得称道的是 1993 年 3 月,澳大利亚和新西兰两个盆景协会联合组织了"大洋洲地区盆景研讨会",双方决定每年的春秋两季轮流举办盆景展览,为盆景在大洋洲地区的传播起到积极的推动作用。

思考题

1. 试述世界各地盆景的特点。
2. 世界盆景发展趋势是什么?

推荐阅读书目

1. 世界盆景. 彭春生,译. 北京林业大学内部资料. 1993.
2. 世界盆景. 张引潮,译. 花木盆景,1996.

附录一

盆景实习指导

盆景学属于视觉艺术，又是一门实践性很强的边缘学科，不动手制作盆景等于没有学会盆景，"百闻不如一见，百见不如一做"就是这个道理。为加强学员们的实践操作能力的培养和提高鉴赏水平，拟在现有条件(经费、学时、师资力量等)下，先开设以下 6 个实习，棕法、舍利干、水旱盆景、挂壁式盆景等实习内容待条件成熟后再陆续开设。这 6 个实习项目包括：①盆景园(或盆景展览)调查实习；②桩景造型基本功训练；③仿通派(规则型)造型练习；④桩景生产实习；⑤硬石山水盆景制作；⑥软石山水盆景制作。

此 6 个实习为《盆景学》最基本的实习内容，属于基本功的练习，是提高盆景技艺的基础，对日后从事盆景制作至关重要。同时也是本课程学习成绩考核的重要组成部分(占 50%)。因此，要求每个同学必须一一通过，缺一补一。

实习一　盆景园(或盆景展览)调查

1. 目的意义

通过对北京颐和园盆景园(或届时在京举办的盆景展览)的调查实习，主要解决课堂上学习过的如下几个问题：①明确发展当地盆景的正确道路：只有选用乡土树种，才能适地适树地发展当地盆景，单靠外购树种发展当地盆景是没有前途的；②养坯过程和技术；③加强盆景分类的直观印象；④各类盆树、石料的识别；⑤对盆景园规划设计或展出布置艺术的了解。此外，通过此次实习要学会调查报告的写作规范与方法。

2. 调查方法

不能走马观花，更不能跑马观花，要下马赏花，仔细品味。在教师讲解、师傅传授的前提下，要耳闻目睹，边听边看边记边绘，对树种、石种类别要认真识别，入微观察。有照相机的学员，最好把自己认为要拍摄的内容照下来，对盆景园或展览路线、布置艺术(平面图)测绘出来，对盆景的大、中、小尺寸要用尺子或手掌测量一下。

3. 调查结果

(1) 盆树种类(名称、科属、拉丁学名)

按①乡土树种；②外地树种统计，以松柏类、杂木类、观花类、观果类、观叶类顺序整理。

(2)石料各类

①硬石类；②软石类；③代用品。

(3)树桩盆景、山水盆景类别的统计

(4)草绘盆景园或盆景展览现场平面图

4. 讨论

①找出调查结果中带规律性的东西来。

②对盆景园或展览发表独特见解或提出建议。

③对如何发展你所在地域的盆景提出设想。

5. 作业

于参观后第一周上课前，把调查报告交上来，报告必须按照上述大标题格式（四股文章）撰写，不得写成散文式的游记形式，否则按不及格论处。

实习二 桩景造型基本功训练

1. 目的意义

通过模拟实验，达到以下目的：①熟悉铁丝型号和力学性能；②模拟各盆景流派10种身法（树干造型法）、技法造型练习，练好造型的基本功底。掌握技巧并加深对各流派代表树形的立体印象，亲身体验造型的感受；③通过教师对修剪方法的演示，加深对修剪造型法及其修剪反应规律的理解，加深对岭南派"截干蓄枝"和苏派"粗扎细剪"的印象。

2. 材料与方法

(1)植物材料

一年生迎春条（*Jasminum nudiflorum*），每人2根。

(2)工具

①枝剪（3~5人1把）；②尖嘴钳（3~5人1把）；③铁丝（刚性材料）8#、14#、18#、20#；④草片及塑料捆绳（柔性材料）每人1m；⑤水桶（贮备枝条用）。

(3)造型方法

第一，教师演示修剪造型法。摘心、摘叶、截（短截、中截、重截）、疏、缩（截干蓄枝）、雕干、放、伤、变，解释其修剪反应。

第二，铁丝非缠绕造型法练习。取长60~80cm的一年生迎春条1根（以条代苗）和等长的18#铁丝1根，将二者平行并拢，再用草片均匀地把它们缠绕起来（草片两端打结固定，要求绷紧），而后跟随教师做如下各盆景流派10种身法、枝法模拟造型练习：C型（体会做弯感受）；一弯半（通派）；二弯半（通派）；S形全扎法（苏派）；寸枝三弯、对拐及游龙式（扬派、川派、徽派）；滚龙抱柱（川派）；掉拐（川派）；三弯九倒拐（川派）；疙瘩式（扬派）；方拐（川派）。要求每做完一个造型练习都要与《盆景学》书中相对应的插图对照（或教师将图一一画出在黑板上），这样既练习基本功，又让学生头脑中建立起各流派造型的立体概念；每做完一个造型，教师对每个人的作品要一一认真检查，不合格者重做，直到全部学到家为止，教师还要总结出此法的特点；结合中西方优点，使造型技法进一步简化，简单易学好普及，用在盆景生产上不伤树皮、不死树、不枯枝，能使因缠绕铁丝造成的死树枯枝的几率降低为零，省工省料省时间。对提高经济效益大有好处。

第三，铁丝缠绕造型法。取另 1 根迎春条 40cm 长（以条代苗）和相当枝长长度的 1.5 倍的 18#铁丝 1 根（非缠绕造型拆下的铁丝重复使用），根据教材上的要求，练习铁丝固定和 45°缠绕造型一遍。一来让学员掌握铁丝缠绕造型法的要领（松紧度、均匀度、45°），二来通过两种方法的比较，了解缠绕和非缠绕造型效果是一样的，但后者较之前者有费工、费料、伤皮、死树、枯枝的缺点。

3. 结果

以每个人学好练会为原则。

4. 要求

要求留值日生，课后打扫清理教室。在操作过程中要注意安全，不要伤害同桌的眼睛。

实习三　仿通派造型练习

1. 目的意义

通派造型，弯度适中，不繁不简，艺术性强，颇受目前国内外买者的青睐。学好通派基本功对生产艺术性较强的商品盆景以占领市场实有益处。

2. 材料与方法

(1)材料

①河南桧扦插苗 1 株（高 30～45cm）或沙地柏 45cm 长的枝条 1 根，有条件的每个学员 1 株（根），无条件的只备 1 株（根），由教师演示；②14#铁丝 1 段，与树干等长或是树干的 1.5 倍，18#和 20#的铁丝若干；③枝剪和尖嘴钳3～5 人 1 把；④草片每人 1m（如用非缠绕造型法）。

(2)造型方法

造型与通派相仿，但所用蟠扎材料不同（通派传统用棕丝），故而叫仿通派。北京不产棕丝，材料来源困难，况且棕法不如铁丝造型好学，所以采用后者。操作步骤是：①教师先在黑板上画一通派树型图，同学跟绘，然后分析通派树体结构的特点：树两弯半，上向前倾，下往后弯，如人鞠躬状；枝片分为 4 层：第一层左一片（大），右一片（小），后一片（中）；第二层右一片（小），左一片（大），后一片（中）；第三层左右各一片；第四层一个圆顶，大枝片总位于树干突出部位，小枝片总位于树干凹进部位；②由教师用 1 株河南桧或 1 根沙地柏枝条，1 根 14#铁丝，用缠绕或非缠绕造型法依图施艺，演示一下（枝片用 18#～20#铁丝），作为"模特儿"，教师边讲边作，学生边听边看；③由学生每人制作一仿通派规则型桩景。

3. 结果

做完之后，每个学生把自己的作品交给教师讲评打分，指出优点和不足之处，不及格者重做，直到学会。

4. 要求

①用铁丝不能过多，以用尽量少的铁丝达到造型目的为宜，不能把树干或枝片变成"铁树"；②铁丝缠绕角度、紧度、匀度一定要按规范去做，不能出现忽松忽紧、忽密忽疏和伤树皮等现象；③铁丝头要固定，要有支撑点（着力点）；④枝片要一层层做出来，不能只做树干不做枝片；⑤造型要规范要美观。此外，操作时一定要注意安全，别扎着同桌的眼睛。课后派值日生打扫现场。

实习四　商品盆景生产实习

1. 目的意义

山采不宜提倡，为了保护生态环境和种质资源，商品盆景大批量生产在盆景苗圃中进行；此实习在京海鲜花基地或北京林业大学苗圃中结合盆景生产进行，旨在让学员掌握苗圃盆景生产的技术环节：盆土配制、造型、上盆、浇水、换盆等。

2. 材料与方法

(1) 盆土配制

①直径 1cm 的过筛炉渣 10% ＋ 砂土 10% ＋ 腐熟的农家肥 30% ＋ 园土 50%，用铁锹将其充分拌匀后等用（留部分炉渣垫盆底用）。②日本配方：腐殖土 1 份 ＋ 泥炭 2 份 ＋ 粗沙 2 份。

(2) 树体造型

用北京阳台盆景常用树种 1～2 年生苗，如元宝枫、矮紫杉、河南桧、大叶黄杨、华山松、白皮松、火棘、白榆、北京小叶榆、紫叶小檗、寿星桃、榆叶梅、紫薇、杜梨、西府海棠等，用铁丝缠绕或非缠绕造型法造型，以制作一弯半、二弯半、疙瘩式为主，兼做少部分直干、斜干、悬崖式等造型。造好型的树苗要假植起来或立即上盆。

(3) 上盆

用凹形瓦片反扣盆底内排水孔上，再垫一层直径 1cm 的炉渣，以利排水。而后植苗埋土提根，马上浇透水。

(4) 浇水

对过去 1 年前造型后的盆景，用皮管浇水，不干不浇，浇则必透。

(5) 换盆

按教材要求进行，不再赘述。

(6) 拆绑

对过去 1 年前造型后的盆树，拆去树上铁丝。

3. 结果

每人上午制作 10~15 盆，牌上写好班级名称、学号、姓名，以便教师评分。

4. 要求

认真操作，保证质量，不许粗制滥造赶速度；不浪费苗木、配土；操作时注意安全；同学之间互相切磋，取长补短，共同提高。苗木一时用不了，要埋土假植，用一棵拿一棵，其余苗木一定要注意防止根部风吹干燥。要提倡文明生产。

实习五　硬石山水盆景制作

1. 目的意义

①了解硬石的物理性质，确立硬石在选、软石在雕的思想。

②掌握硬石选石原则：大小适中，形状奇特美观而纹理丰富等。

③掌握截石要领。

④掌握山石布局的美学原理；掌握硬石山水盆景制作步骤及要领。

2. 材料与方法

(1)材料及设备

①制作台；②盆器，采用汉白玉山水盆(200mm×100mm)；2 人 1 个；③切石机，日本产松下牌玉石切石机 1 台；④石料用广东产英德石；⑤胶合剂，建筑胶(本实习不胶合，只做到布局一步)；⑥植物材料、苔藓及小叶树种；⑦配件 1~3 件(自制)。

(2)方法步骤

首先，由指导老师演示并传授要领，拿出高远式和平远式各一盆作为"模特儿"。

其次，选石：①主峰选择。根据盆器大小选石，要求学员先挑好主峰，主峰好比一首歌定调子，主峰形状、大小、色调、观赏面纹理、形状动势、纹理去向等因素在山水盆景中起着"基调"的作用，其余配峰、山脚都要统一于它，从属于它。②挑选配峰。配峰形状、大小、色调、纹理等要与主峰相匹配相协调，在统一的前提下求变化。③主配峰选好后；先在沙地上试作布局(不许在盆内进行，不然容易把盆砸碎)。④锯截。试做布局后便可锯截。截前学生先用粉笔把要锯截的部位标记画线；然后交老师或自己开机截石。开机截石要稳、准、齐，安全第一。主峰截下来的部分最适合做配峰和山脚，不可废弃。尤其小碎块，是做山脚的好材料。⑤布局。将截好的山石按美学原理在盆内摆放，要处理好宾主关系、统一变化关系、透视关系、虚实关系等；山脚自然，布局不要局限于一种样式；要反复进行，摆出几种布局形式来，从中选优，不要一个样式一摆到底；⑥装饰、命名；⑦作品展评。为了提高学员的鉴赏水平，要求学员把作品按学号顺序布展好，当一次参赛者，又当一次评委，按山水盆景的五项评分标准，以记名投票形式给每个学员打分(评委签名的目的在于检验评委的鉴赏水平；培养良好的职业道德)。要求每个学员在参展卡片上标名景名、学号；⑧教师进行作品讲评，并根据作品和投票质量打分，作为一次实习成绩。

3. 结果

2 人制作一盆。

4. 要求及注意事项

保护好盆器，轻拿轻放，要像拿取鸡蛋一样小心；制作完以后留值日生打扫现场，收净残石；要节省原材料，不要从大块石料上截取山脚。评比打分要公正，严格按标准打分。

评分标准：①选石得当（形状、色调、纹理、大小等）；②布局合理（宾主、透视、统一、变化、虚实等）；③立意深邃，命名贴切；④山脚自然，统一中有大小形状的变化；⑤装饰配件（不严格要求），有无均可。

实习六　软石山水盆景制作

1. 目的意义

了解软石物理性质（硬度、颜色、形状等）；明确软石重雕不在选，掌握软石雕塑及制作步骤。

2. 材料与方法

(1) 材料及设备

①制作台；②盆器　200 mm×100mm 汉白玉山水盆每人一个；③石料　本实习采用加气块（泡沫砖亦叫加气混凝土），以砖代石。因加气块与江浮石颜色、硬度、疏密度相近，但加气块易得且便宜，能够满足教学之需要，适用于软石山水造型教学之用。④锯　果树修剪使用的手锯（每实验室 2 把），钢锯条每人 1 把。⑤中山子两人 1 把，小山子每人 1 把；⑥配件、绿化材料学生自备；⑦胶合剂　水泥、快速胶粘剂、建筑胶（本实习略）。

(2) 方法步骤

①教师演示传授技艺要领，拿出主峰样品（模特儿）；截石。②用手锯将大块加气块锯成 10cm×5cm（高×宽，厚度固定）的长方体；③设计山水盆景的平面、立面图；④打轮廓。软石山水盆景可以概括为两大类型：第一类为立山式类，包括立山式变化而来的斜山类，只要改变山体底座角度方位就可以得到立山式类各种造型样式；第二类属于怪石类，山峰形状、皴纹、洞穴皆呈不规则型，看上去奇形怪状，奇峰异洞，如猫似狗，似像非像。悬崖式属于其中典型样式。因此，制作时先大刀阔斧雕出大体轮廓，而后再用中山子雕出粗线条（皴纹）来。⑤精雕细琢。利用小山子按皴法要求精心雕刻出细密皴纹来。⑥先做主峰，再做配峰，最后做山脚。⑦布局同实习五，不再赘述。不同的是依图施艺。⑧装饰、配件、配植自便，本实习不作打分考虑。⑨命名，软石山水盆景一般是意在笔先，依图施工。⑩清扫现场，作品布展，学生评分，教师讲评（同实习五）。

3. 结果

每人制作一盆，作为一次实习成绩考核。

4. 要求

加气块不要放在盆器上敲；小山子避免敲在水泥制作台上；安全第一，小山子不要抡到同桌身上。

在硬石、软石山水实习中，要爱惜盆器，若打碎盆器赔偿 30 元，丢失小山子赔偿 10 元。

附录二

一、盆景艺术大师及其代表作

第一批、第二批及第四批盆景艺术大师分别于 1989 年、1994 年及 2001 年由中华人民共和国城乡建设部、中国园林学会、中国花卉盆景协会联合颁布，评出 28 人。第三批盆景艺术大师于 1994 年由中国盆景艺术家协会评出 15 人。共计 43 人，其中间重复 8 人，实为 35 人。第一批 10 人，分别是：万觐堂、孔泰初、王寿山、朱子安、朱宝祥、李忠玉、陆学明、陈思甫、周瘦鹃、殷子敏。第二批 2 人：贺淦荪、潘仲连。第三批 15 人：王选民、吕坚、伍宜孙、苏伦、陆志伟、汪彝鼎、林凤书、胡乐国、赵庆泉、胡荣庆、贺淦荪、徐晓白、盛定武、梁悦美、潘仲连。第四批 16 人：于锡昭、万瑞铭、冯连生、田一卫、朱永源、邢进科、苏伦、陆志伟、李金林、邹秋华、邵海忠、胡乐国、赵庆泉、胡荣庆、梁玉庆、盛定武。为弘扬中国传统文化艺术并向前辈大师学习，特将这些盆景艺术大师的生平事迹及代表作简介如下（按姓氏笔划排列）。

（一）第一批盆景艺术大师及其代表作

1. 万觐堂

万觐堂（1904—1986），出生于泰州市的一个盆景世家，其祖辈从清代乾隆二年就开始从事盆景艺术，传至万觐堂为第五代。万氏盆景的特色，一是精扎细剪的云片式树桩盆景，树干虬曲多姿，总体造型平稳工整，装饰性强；二是自然丛林式盆景，布局新颖、意境深邃，极富山林气息；三是应时观花类盆景，如疙瘩式、顺风式、提篮式春梅、兰花点石小品，还有松竹梅"岁寒三友"等；四是动物象形一类，主要用于喜庆节日装饰布置，形神兼备，活灵活现，其中尤以瓜子黄杨、圆柏云片盆景最能显示出万氏盆景的深厚功力。

万觐堂的青年时代，处于富商斗室、匠人斗艺这样一种状况，为此，万先生刻苦钻研剪扎技艺，并走遍大江南北，从大自然景观中吸取营养，终于练就了一套过硬的盆景技艺，致使当时迷恋盆景的富豪争相邀请他上门加工盆景，许以重酬，并以拥有万觐堂剪扎的盆景为荣耀。万大师虽技艺高超，却虚怀若谷，善于与各地盆景高手交往、切磋。

他的作品，1954 年被选送到中南海陈列，深受中央领导的好评。1964 年，他的作品在英国展出，引起了欧洲盆景界的关注。1981 年他的瓜子黄杨盆景《巧云》《瑞云》等，参加在香港举办的盆景艺术展并轰动了整个东南亚地区。1985 年，作品《凌云》荣获第一届中国盆景评比展览一等奖，之后，他的许多作品争相被外商求购，销往英、法、德、意、丹麦等国家。

万大师精于制作，又善于传授。他先后授徒数十人，大多已在各地园林部门挑起大梁。

他从事盆景艺术 70 余载，根据多年的实践经验，归纳整理出扬派传统棕法 11 种，被写入《中国盆景艺术》一书，为扬派盆景的研究和发展做出了极大贡献。1989 年 10 月，万觐堂先生被追认为"中国盆景艺术大师"。

最值得万大师欣慰的是，他的儿子万瑞铭先生已成为万氏盆景技艺的传人，正在进一步继承和发展扬派艺术。

2. 孔泰初

孔泰初（1903—1985），出身于一个商人家庭，1949年前从事茶叶生意，他自幼习画，热爱大自然，对中国书法、画理颇有研究。孔大师平素非常注意细心观察自然，亲手临摹树桩百态，并且将图贴满门窗，捕捉各种树木形态特点，还通过阳光投影把它们描绘下来，用于盆景创作。因此，欣赏他的盆景有身临其境的真实感。他从20世纪30年代便开始研究岭南盆景创作，成为岭南盆景之创始人之一。由于过去长期的经商生活，他形成了稳重、注重实际、脚踏实地以及待人热情诚恳、平易近人的性格，因此他的盆景也是刚健稳重、四平八稳、适合大众、人人喜爱。他创造的雄浑刚劲的大树型盆景风格，功深基稳、构图严谨、疏密有韵、形神兼备，体现了古树雄风的特色，堪称盆景爱好者模仿和追求的典范，对岭南盆景地方风格及流派的形成和发展最具影响，他与素仁，人称"岭南二杰"。著有《岭南盆景》《岭南盆景百态图》等。鉴于他对中国盆景事业的卓越贡献，中华人民共和国城乡建设部于1989年10月追认他为"盆景艺术大师"。

3. 王寿山

王寿山，江苏省泰州市人。他与万觐堂先生都是扬派的老艺人，继承和发展了扬派盆景艺术。王先生于20世纪80年代谢世。

王先生技艺高超，特别对一些遗留下来的古老扬派盆景，通过他的精心培育，使之枯木逢春。

为了表彰他在盆景事业上的业绩，中华人民共和国城乡建设部1989年追认他为"中国盆景艺术大师"。

其子王五保在努力继承父业。

4. 朱子安

朱子安（1902—　　），当代著名盆景艺术大师，苏派盆景代表人物之一。1902年生于常熟，5岁迁至苏州。14岁开始当花工，青年时代酷爱盆景艺术，抗战时期起对盆景技法就一直不懈地探索研究，成为当时周瘦鹃先生的推崇者。正如周先生在《盆栽趣味》结束语中所描写的那样："胜利以后，我回到苏州的故园，收拾残余，还是楚楚可观。'含英社'的朋友们，有的已去世了，盆栽都已散失；仍还健在的若干位，也因遭了大劫，心灰意懒，不再玩盆栽了。只有观前荣方园的朱子安兄，因以此为业，仍有不少上好的盆栽，前年（1957年）已让与苏州市园林管理处，陈列于拙政园西部，加上了园中原有的许多盆栽，蔚为大观。今春（1958年），由我推荐他参加园林工作，担负了管理盆栽的责任，成绩优异，不同凡俗，朱兄是苏州现在仅有的盆栽专家，不论剪裁蟠扎，或技术特工，任何平凡的盆树，一经他的手，就能化腐朽为神奇，不论内家外家，一致称许。"他的盆景也连续3次在中西莳花会上夺魁，名噪一时。后与周瘦鹃先生交往，颇受启迪，使其在选材、修剪、造型诸方面更趋完善，艺术上更加成熟，为他后来独树一帜地进行盆景创新奠定了基础。1949年前就一改"盘圈"做法为"二曲半"的全扎法和对老桩的半扎法。有力地推动了苏派盆景的发展，形成了以他为代表人物之一的苏派圆片风格类型。

1962年与周瘦鹃大师一起被邀参加广州文化公园举办的盆景展览，致使苏派盆景誉满羊城，声震海外，引起国内外盆景艺术界的广泛瞩目。

朱子安先生在园林部门从事盆景创作中，以他的智慧和高超的技艺先后在拙政园、慕园、留园、万景山庄创作了大量盆景作品，上品不计其数。突出的代表作有榆树王（20世纪50～60年代作品），植于明代大金钟盆内，与当今万景山庄的一棵雀梅古桩并列为冠，成为苏州历史罕见的古桩盆景。还有《秦汉遗韵》《巍然侣四皓》《龙湫》《腾飞》《沐猴面冠》《苍干嶙峋》《玉龙洒雨》《锦秀》等。1971年，他亲自筹备"又一村"盆景园并立下了汗马功劳。1982年在江苏盆景艺术展览中荣获10项最佳奖，13项优秀奖，几乎囊括了全部奖牌。他的作品《秦汉遗韵》《苍干嶙峋》《龙湫》《巍然侣四皓》《云蒸霞蔚》《鸢尾》，在全国盆景评比中都得到了最高奖励。其中《秦汉遗韵》在1985年第一届全国盆景评比展览中荣获特等奖，与杨吉章先生的《凤舞》齐名。

朱大师身怀棕丝蟠扎绝技，操作时总是剪子不离手，干枝蟠扎技巧炉火纯青，娴熟自如，扎形时因材施艺，造型千变万化。他制作特别快，一盆五针松，略思动手，立等可取，尤其令人叫绝的是看不出棕丝蟠扎的痕迹来，朱老真不愧为国内扎剪高手，一代名师。

朱老退休后仍专心致志地为苏州盆景的发展操劳，老骥伏枥，志在千里，烈士暮年，壮志不已。近年来，他为武汉、沈阳、北京、南昌、杭州、南京等地园林部门培训了一批又一批盆景专业人员。虽年已九旬，却精神矍铄。1989年被中华人民共和国城乡建设部和中国花卉盆景协会批准为全国第一批盆景艺术大师，成为国内十位大师之一。

5. 朱宝祥

朱宝祥（1914—　），1914年出生于江苏南通市一个五代从事盆景艺术的盆景世家。12岁起跟从其父——通派盆景著名老艺人朱汇泉学艺，亦拜师于当时南通剪扎二弯半盆景高手、其父亲好友金保生、杨甫之门下习艺多年。1989年9月被中华人民共和国城乡建设部、中国园林学会、中国花卉盆景协会联合授予"中国盆景艺术大师"光荣称号。现任南通园林学会常务理事，中国盆景艺术家协会理事。

在漫长的艺术生涯中，他含辛茹苦、孜孜以求，弥补了传统通派盆景中存在的不足，在精湛的通派棕法基础上，广采四方盆景之长，博取百家艺术之髓，推陈出新，另开蹊径，总结出了一套完整的通派盆景理论。选材上，采取"满、残、清、奇、古、怪"的选材经验；制作上，运用刚劲的"座地弯"、奇特的"爬根"、大刀阔斧的"片节"、舒展自然的"枝干弯"、丰满的"馒头顶"、秀美的"鲫鱼背"，还有独树一帜的"贴骨棕"棕法，先剪后扎剪扎并施，使创作的盆景古朴苍劲、盘根错节、体态丰满、造型奇特、意境深远，富于时代气息。近几十年来完成作品一万多盆。

朱大师的作品屡获大奖。1979年雀舌罗汉松桩景《巍然屹立》参加首次全国盆景展览（北京），受到中外观众的一致好评，被选入《盆景艺术展览》一书，其彩照并作为该书封面饰图。

1985年，雀舌罗汉松桩景《源远流长》获第一届全国盆景评比展览二等奖（上海）。

1986年，参加在武汉举行的全国盆景学术研讨会，所带雀舌罗汉松桩景获佳作奖。

1987年，雀舌罗汉松桩景《巍然屹立》获全国首届花卉博览会佳作奖（北京）。

1989年，五针松树桩景《金蛇狂舞》获第二届全国盆景评比展览"艺术大师奖"，同时雀舌罗汉松桩景《蛟龙观海》获传统佳作奖。同年，雀舌罗汉松桩景《盘膝罗汉》和五针松桩景《蛟龙窜云》均获中国第二届花卉博览会佳作奖（北京）。

1990年，雀舌罗汉松桩景《巍然屹立》《源远流长》均获日本大阪国际花卉博览会银奖。

1991年，所带盆景参加在扬州市举行的江苏省首届职工盆景展览，获特别奖。

自1983年以来，他还做了多次盆景制作演示。

1983年，参加在扬州举行的全国盆景老艺人座谈会，发表论文《初谈南通盆景艺术》，并做盆景剪扎现场表演。

1986年，至武汉参加全国盆景学术研讨会，做通派盆景剪扎现场表演。

1989年，在武汉全国的学员学习班上，做盆景剪扎现场示范。并宣读论文《材、剪、种——创作通派盆景的技巧》。1991年，参加南通市城建局、园林管理处等单位组织编写的《南通盆景》一书的编写工作，主写内容：通派二弯半盆景。

艺海无涯，朱大师已年逾耄耋，但仍在盆景艺术的道路上攀登、追求与探索，以期将祖国盆景大花园中的奇葩——通派盆景提高到一个新的水平。

6. 李忠玉

李忠玉（1921—　），1921年生于四川成都近郊的花卉园艺世家，自幼受家庭环境影响，除植花种草外，喜好摆弄树桩和山石，为其在后来的盆景艺术的造诣和发展上打下了坚实的基础，并逐步形成了以模仿自然山水为主的盆景艺术特色。

1952年于成都市人民公园开始从事盆景制

作和管理工作，成为新中国成立以来成都地区第一代盆景艺术工作者。为提高盆景技艺、促进川派盆景事业的不断发展，他认真学习中国画的理论，把绘画知识运用于盆景创作艺术中去。他与著名国画家冯灌父先生有很深的交往，共同探索绘画艺术和盆景艺术的联系，相交切磋技艺。在不断创作实践中，创作出了一批苍古雄奇、融诗情画意于一体的川派盆景艺术精品。其中包括《石笋烟雨》《五大夫松》《巫山十二峰》《双峰破云》等优秀代表作，被选入冯灌父先生编写的《成都盆景》画册(1957年出版)。

1958年被调到杜甫草堂工作并担任博物馆副主任职务。当年杜甫草堂被定为成都盆景生产基地，于当年在草堂举办了规模宏大的万盆盆景展览，李忠玉先生担任了此次展览的组织者和布展者之一。此次展览为促进川派盆景的发展起了一定的积极作用。

1959年他与成都著名园艺家王明文先生和著名盆景艺术家甘如才先生创作了20余件盆景佳作，他亲自乘飞机将盆景送往北京人民大会堂四川厅陈列，一时间引起了盆景界的极大轰动。同年11月担任了"成都盆景艺术展览"的组织、布展和制作工作，11月6日陈毅元帅在盆景展出的南郊公园视察工作，欣然为盆景展览题词"高等艺术，美化自然"，成为中国盆景历史上一个重大转折。

在杜甫草堂工作期间，他致力于园林建设和盆景创作，创作了一大批写意盆景，如《峨眉烟云》《竹深留客处》《九老洞天》等。充分表现了巴蜀名山大川的自然风光，也充分体现了川派盆景的艺术特色。在此期间，他还培养出了一批颇有实力的中青年盆景艺术家，成为当今省内外盆景事业的顶梁柱。

1980年被聘为《中国盆景艺术》一书编委，1982年谢世，终年62岁。

1989年10月，中华人民共和国城乡建设部等为表彰他在中国盆景艺术事业中做出的突出贡献，追认并授予他"中国盆景艺术大师"称号。

7. 陆学明

陆学明，1989年被中华人民共和国城乡建

设部等授予"盆景艺术大师"称号。他既是盆景世家，又从师于孔泰初大师，多年的盆景创作已使他在国内外盆景界享有盛名。他大量的盆景作品积累着岭南盆景发展的宝贵经验。他不仅继承了孔大师盆景创作的艺术特长，而且推陈出新，创出了以他为代表的"大飘枝"技法的自家风格。"大飘枝"技法即一棵大树以一侧的一根大枝飘出为章法的树体结构，成为作品主题中不可缺少的组成部分，是作品的画龙点睛之妙笔，富于草书之浪漫色彩。作者对这一主枝苦心经营，下大工夫使其升华，在不均衡中求得动势均衡，展示出迎送、揖让、俯垂、腾起、飘逸等等动势，于是整个作品便显得生机勃勃、雄浑稳健、气势磅礴。

陆大师创造的大飘枝技法独树一帜，自成一家，使他的作品在群芳中脱颖而出。他治学态度严谨，在借鉴岭南派画法的基础上，重在情、理、态上下功夫，虽由人作，宛自天开。陆大师的大飘枝造型着重在树桩的基部展示稳重粗壮的特点，用修剪的方法使树桩构图变得"大巧若拙，巧拙结合"。使得作品在脱衣之时可现秀苍劲韵，换锦时能赏秀茂情，总有一种雄浑的艺术感染力在激励观者。另外，陆学明创造的丛林式盆景也是布局得体、错落有致，再现了祖国山林之雄健气势。所以，他的作品深受当地和港澳台同胞及海外友人的喜爱，他的不少精品在香港电视台专题介绍。他的精品也曾被周恩来总理、陈毅元帅出国访问时作为珍贵礼品馈赠外国国家元首，至今传为佳话。陆大师不遗余力地为发展岭南盆景事业做出了卓越的贡献。

8. 陈思甫

陈思甫(1924—)是当今国内盆景界影响最大的川派代表人物。身兼数职，除任中国盆景艺术家协会四川分会负责人之外，还兼任中国盆景艺术家协会常务理事、成都市园林学会常务理事、成都市花卉盆景协会常务理事等职。

1924年生于成都，先辈六代从事园艺生涯。自祖父起偏爱树桩蟠扎，其父陈玉山早年名传剑南，堪称蟠扎世家。陈氏家乡，系著名花乡成都金牛区营门口，故陈先生继承祖辈传

统蟠扎技艺，又经长期探索创新，不仅精通桩头蟠扎技艺，且能将实践上升为理论而进行著书立说，还栽培了大批盆景艺术新苗。

1960年参加成都市绿化委员会编写《成都市观赏植物名录》和专编《蟠扎手册》；1979年参加编写《中国盆景艺术》；1981年著《盆景桩头蟠扎技艺》。近年来又发表了《树桩蟠扎几个要点》《剑南盆景苍雅多姿》《成都树桩盆景》等数篇学术论文。还先后在成都、自贡、灌县、西安、靖江、北京等全国各地进行盆景讲学，大力传播了川派艺术。

陈先生非常注重弘扬民族文化，弘扬川派传统盆景，他认为只有民族的，才是世界的。他的作品颇富诗情画意，成为海内不可多得的具有浓厚地方色彩的艺术精品。1989年，他被中华人民共和国城乡建设部等联合授予"中国盆景艺术大师"的光荣称号。

9. 周瘦鹃

周瘦鹃(1894—1968)，苏州人，我国著名的盆景艺术家、盆景理论家、作家、翻译家。生前连任第三、四届全国政协委员、全国作家协会委员、江苏省人大代表、江苏省和苏州市博物馆名誉馆长、苏州市园林管理处顾问等职。1989年被中华人民共和国城乡建设部等追认为10位盆景艺术大师之一。盆景专著有《盆栽趣味》，文艺著作有《拈花集》《苏州游踪》《花木丛中》等。曾于20世纪30年代末，参加西方人举办的"中西莳花会"比赛，3次蝉联冠军，并荣获了"彼得葛兰银杯"，为中华民族争了光，使中国人在西方人面前扬眉吐气。

他爱好花木，出于天性，早年在上海忙于文事，整日孜孜不倦，作文字工作，而一放下笔，便以花木为消遣。不过那时，他没有园只有庭，一切条件都不够，只能玩玩盆植而已。直至1930年移居故乡苏州之后，有了一片小小园地，才大规模地玩起盆景来。先向本城的各园圃多方搜求，再扩展到山林中去，日积月累，越聚越多。除了在抗日战争中损失一部分外，随时加以补充，到1958年，大、中、小和最小型的桩景、盆植以及山水盆景，共有五六百盆之多。桩景偏爱老干和枯干，并且偏爱开花结

子者。日常除了正事要干外，即忙于园艺。剪裁整形，灌溉培养，都当做日课，乐此不疲。

与其说周大师喜欢六台三托一顶等规则式造型，倒不如说他更酷爱自然圆片。苏州、常熟一带的盆景，从前也有它的"清规戒律"，每一盆树，往往要扎成"六台三托"，为当时内行一致轻视，以为不足为奇的。对于扬州、南通等地的太极图式的盆景造型，他认为虽予以特别加工，其实并不讨好；对于20世纪20年代上海圆桌横式的桩景，他认为是从"六台三托"演变而来。抗日战争以前，他和苏州几位爱好盆景的朋友结成"含英社"，每年春、秋二季都将各社员自己培养的各种盆景，在公园里举行展览会。他和书画家陈迦盦、丁慎旃、朱犀园三位，都反对矫揉造作，力求自然。他们认为盆景的枝叶不妨有片子，但是一定要剪片，不许扎片，并且不一定要六台三托，就是三片、五片、七片都好；而每一片也不必剪得太圆，大小也不必一律，参差一些都行。这种剪片的盆树，不过聊备一格，大多数还是以力求自然为标的。周大师继承了明清苏州盆景艺术的精华，并对苏派传统技艺进行了改革和创新，突破了六台三托一顶的模式，创立了圆片盆景。采用了"以剪为主，以扎为辅"以及"粗扎细剪"的手法，主张"六分自然，四分人工"。在他看来，修剪和蟠扎，无非是整姿整形，借此增加它的美观罢了。

周大师的盆景作品，重选材，重用盆，重几架配植，也重陈设。他的盆景有好多株是一二百年的老干和枯干的花木，如1株悬崖形的单瓣白梅，1株松树，2株柏树，2株榆树，有的枯干上长满了苔藓，有的干已中空，形成了一个窟窿。国际朋友们见了都啧啧称奇，以为像这样一二百年的老树，怎么能在盆子里活着呢。至于数十年和一二十年的盆树，那就太多了，简直不胜枚举。内中最稀有的，如1株四季桂，1株锦带花，1株木香，1株八仙花，2株李花，1株素心蜡梅花，2株垂丝海棠……又将老柏4株配成一组，仿效光福司徒庙的清、奇、古、怪4株千年以上的古柏。还有树干并不粗壮而树龄已在百年以上的，有1株名叫"雪塔"的白山茶，和1株三干的紫杜鹃，这是

清代相国潘祖荫家的故物，1957年春和次年春季都曾开满了上千朵的花，如火如荼，鲜艳夺目。来宾们见了，都赞叹不已，甚至有的远道而来观赏的。梅中最最名贵的，是苏州已故名画家顾鹤逸先生手植的一株绿萼梅，枯干虬枝，好像一头仙鹤振翅欲舞，大师因名之为《鹤舞》，树龄虽在100年以上，而生命力还是很强，年年着花茂美。1958年春初，曾参加拙政园的梅展，博得观众一致赞赏。这株绿萼老梅，是顾老先生后人移赠于他的。这许许多多的老干枯干盆树，都是树中"古董"，周瘦鹃用多种多样的旧陶盆栽种着，古色古香，相得益彰。它们是国家的至宝，也是一切盆景中的至宝。

大师对于盆景特别爱好，恨不得每天都有一种新作品，因为这与画家作画一样，可以表现自己的艺术个性。他的盆景，一方面是别出心裁的创作，一方面是取法乎上，仿照古人的名画来作。先后作成的，有明代唐伯虎的《雀石图》、沈石田的《鹤听琴图》、夏仲昭的《竹趣图》《半窗晴翠图》；清代王烟客的《新蒲寿石图》，这与国画家临摹古画，同一意味，这是周大师所独创的。仿照近人名画来做的，有张大千的《松岩高士图》。还有《听松图》《梅户图》《紫竹林》《竹林七贤》《枯木竹石》《田家小景》《孤山放鹤图》《枫林棋乐图》《陶渊明赏菊东篱图》等。周大师还将他创作的山水盆景《长江万里图》一角、《江岸望山图》《桃花源》《观瀑图》《香雪海》《独秀峰》《赤壁夜游图》《严子陵钓台》《雁荡大龙湫》等，全用白端石、玛瑙石、矾石、白瓷、紫沙的水盘来装置，并且也与盆景一样，配以小树、配件，看上去便更觉生动。这批山水盆景曾取毛泽东沁园春词名句"江山如此多娇"作为总题在拙政园展出，博得了观众的好评。

周先生看到日本人盆栽很好，而盆子却做不好，因此抗日战争以前，日本人常出高价向上海古玩店中收买盆子。他看到祖国的艺术品源源不绝地被他们捆载而去，很觉痛心，所以节衣缩食，和日本人竞买，总算搜罗到了不少精品。名家如萧韶明、陈文卿、钱炳文、陈贯粟、杨彭年等的作品，各有两三只。这些盆子他平时不肯用，怕有损坏，每年只在菊花时节

和梅花时节或参加展览会时，偶然一用罢了。

抗日战争期间，他最初避地浙江南浔和安徽黟县山村，积习难忘，依然就地制作盆景消遣。后因在申报馆工作关系，仍回到上海，苦闷之余，弄些小型盆栽、盆景玩，聊以忘忧，那时日军尚未侵入租界，由于友人的怂恿，去参加英国人组织有60余年历史的中西莳花会，为了要在国际间出人头地，分外卖力，因此成绩很好，曾连得两次总锦标杯，一次特种锦标杯。最初西方女士们见了他的作品，大加赞赏，以为是出于日本人之手，彼此议论着。他在旁听见，很觉难堪，立时挺身而出，说："这是我的作品，而我是一个中国人。"他们急忙向周大师道歉，又热情地赞美了一番，以后就刮目相看了。当时周大师曾作了8首诗登在《申报》上，内中有3首就是向他们西方人夸大的：

奇葩烂漫出苏州，冠冕群芳第一流；
合让黄花居首席，纷红骇绿尽低头。
占得鳌头一笑呵，吴官花草自娥娥；
要他海外虬髯客，刮目相看郭橐驼。
百劫余生路未穷，灌园习静爱芳丛；
愿君休薄闲花草，万国衣冠拜下风。

对此周先生说道："原来我有一种出于自然的爱国思想，以为国家正在岌岌欲危之际，我们中国人无论什么事，只要能在国际间争一口气，也是好的；所以我在西方人跟前夸大一下，未为不可。"

兵连祸结，寇患益深，他坐困上海，欲归苏州故园而不得；而儿子周铮恰从南通农学院学了园艺出来，一时无事可做，父子合作，辟香雪园于西区黄家库，出卖盆栽、盆景，以补生活费用之不足，他曾有七律一首寄慨云：

西眺苏台不见家，更从何处课桑麻？
燕来莺去流光换，地暗天昏望眼赊。
敦品无惭彭泽菊，治生未种邵平瓜；
剧怜臣朔饥难疗，日向江头学卖花。

一时文艺界朋友们，纷纷赠诗赠文，赠联赠画，给周氏父子不少鼓励。

香雪园开幕以后，生涯不恶，他们父子还创作了许多小型盆景，陈列在南京路新雅酒家的橱窗中。中外人士，都前往选购，这使他父子俩很为兴奋。

1945 年以后，他回到苏州故园，收拾残余，还是楚楚可观。"含英社"的朋友们，有的已去世了，盆栽都已散失，仍还健在的若干位，也因遭了大劫，心灰意懒，不再玩盆景了。从此，他结识了朱子安大师，二人进行了成功的合作。

1963 年 1 月 31 日，周恩来总理和邓颖超同志参观了周瘦鹃的小院莲花堂，欣然为大师题字留念，朱德委员长和康克清同志在参观后也题字留念。前往参观作客的还有国家领导人董必武、李先念、叶剑英、陈毅、陆定一、薄一波、谭震林、刘伯承、乌兰夫、班禅等。

周老先生是苏派传统盆景的继承人，又是苏州现代盆景的创始人之一，在盆景艺术界是位德高望重、受人尊敬的艺术大师，苏州盆景的兴旺、发展是与他的热心指导分不开的。20 世纪 50 年代周大师推荐朱子安大师到园林部门从事盆景艺术工作。而后数年内又将盆景业余爱好者组织起来，于 60 年代初成立了苏州市盆景协会，年年举办盆景展览活动。

周老先生为人谦虚，据李连舫同志回忆，1963 年拙政园盆景展览中，周老先生发现周永华先生的作品提高很快，即提议鸳鸯厅主桌荐与周永华先生放置，而将自己的作品放其下手相扶。永华先生听后断然不从，双方互谦互让，最后在众人劝说下，才定为永华先生作品放主厅下手，与周老先生作品共登大雅之堂。

周老先生一向平易近人，从不居高自傲，20 世纪 60 年代，苏州爱好盆景的小青年们常去他家求教，他总是以礼相待，并毫无保留地给青年人讲解，使他们受益匪浅。

周大师对盆景爱护，真正达到心力交瘁的地步，正如他填写的《浣溪沙》词中所云："姹紫嫣红花满枝，晨钞暝写百花时。爱花总是为花痴，晓起不辞花露湿。往来花底拔蛛丝，惜心往事有花知。"这正是周大师酷爱园艺的自我写照。在他的精心培育下，庭园中盆景多达 600 余盆。雅趣隽永，千姿百态，真可谓"蔚为壮观"了。

周大师于 1968 年 8 月 12 日谢世。

10. 殷子敏

1919 年生于上海宝山，上海植物园资深技师、上海市盆景协会名誉副会长、中国盆景艺术家协会高级顾问、上海花木公司盆景艺术高级顾问。

殷子敏先生出身于园艺世家，从小便随父学艺，耳濡目染，极有天赋，创作的梅桩盆景更是别具一格，在当地小有名气，是殷氏花店的热销货。少年殷子敏好学心强，曾因观看日本人制作盆景而被认为偷看遭到挨打，但也因此更激起了他立志盆景事业、振兴中国盆景的雄心壮志。解放后，殷子敏先生进入上海龙华苗圃继续从事盆景的创作与研究。上海是我国经济文化中心之一，汇集了国内多种风格流派的盆景作品以及日本盆栽，殷子敏先生在学习、借鉴各派艺术优点的基础上，力破陈规，大胆创新，在实践中逐渐形成了自己独特的创作风格和艺术特色。此后，即使是在十年动乱期间，殷子敏先生也没有中断过对盆景艺术的追求：向同在牛棚的画家学习国画原理，摆弄花生壳、木炭、火柴、废纸研究盆景造型。

殷子敏先生主张盆景创作师法自然，不拘格律，苍古入画，并要布局新颖、意境高雅。其创作题材广泛，画面开阔，以制作山水盆景、小型树桩盆景见长。他的山水盆景，一改前人使用高口盆只能观山腰的做法，采用浅口大理石盆，使人在观山腰山顶的同时，更能欣赏曲折多变的山脚（岸线）和波光潋滟的水面。他十分注重山脚及岸线、小摆件的点缀及石上的种植，努力使整个画面处处能体现诗意与画境。在创作中，殷子敏先生提倡金属丝蟠扎，主张扎剪并重，认为用金属丝蟠扎整形，可使枝条弯曲角度、方向、距离变化多端，曲伸自如，不仅省工省时，养护方便，而且枝条明快流畅，形态浓厚古朴，刚柔并济。几十年来，他创作了如《狮吼》《苍龙探海》《沙漠驼铃》《扬帆》《象的故乡》《刺破青天》等一大批海派盆景佳作。殷老的理论与实践，为海派盆景的创立与发扬光大，做出了不可磨灭的贡献。

1989 年，中华人民共和国城乡建设部、中国风景园林学会、中国花卉盆景协会等单位联合授予殷子敏先生"中国盆景艺术大师"荣誉称号，以表彰他对中国盆景做出的贡献。

（二）第二批盆景艺术大师及其代表作

1. 贺淦荪

贺淦荪教授，字云峰，生于 1924 年，湖北武汉人。先后在华中师范学院、湖北艺术学院、武汉第二师范学校（含湖北幼师）等院校从事艺术教育 40 余年。专攻书画和工艺美术，对剪纸、泥塑、木偶、雕刻等皆有研究，尤其擅长艺术教育理论，熔艺术理论、教育理论、美工技法理论和教学实践于一炉，多次参加有关艺术教学大纲和教材的制定和编写工作，著有师范院校用书《图画教学法》。

贺淦荪先生自幼热爱生物，兴趣广泛。他受家庭影响，从小酷爱花木盆景。20 世纪 50 年代即从事工艺盆景、山石盆景和树桩盆景的制作和探索。他是中国特种工艺美术协会顾问。数十年来，他运用美学、文学、艺术理论和金石书画技法于盆景造型的理论研究和技艺创新取得了一定的进展，发表了大量文章和作品。在理论上，提倡用马列主义文艺思想、哲学原理和美学法则指导盆景造型，提出了较完整的艺术造型理论，重视作品的主题思想表达和作者艺术思想境界的提高。在造型技艺上创立了"动势盆景"造型技法。主张以动势为主体，把山石盆景、树桩盆景、石供、根艺、工艺有机地结合起来，走"书石盆景""丛林盆景""组合""多变"的艺术创作道路。其代表作有：大型组合山石盆景《群峰竞秀》（获中国盆景评比展览一等奖山水组最高分）；丛林盆景《秋思》（获中国盆景评比展览一等奖）；大型组合树石盆景《风在吼》（获第二届中国盆景评比展览一等奖中型树桩最高分）；大型树石丛林盆景《我们走在大路上》（获第二届中国盆景评比二等奖）等。

贺先生积极参与发展盆景事业的社会活动，他是武汉花卉盆景协会湖北省花木盆景协会和《花木盆景》杂志社的创始人之一，为发展湖北、武汉盆景事业做了大量工作。在他的参与下，湖北盆景在 1985 年"中国盆景评比展览"中跃居全国总分第三，被誉为异军突起。在 1989 年第二届中国盆景评比展览中得分最高。根艺在两届"中国根艺展览"中赢得榜首。他参加了"中国盆景学术讨论会""中国盆景地方风格展览""第二届中国盆景评比展览"和"第二届中国根艺展览"的组织工作和主持学术讨论。他还积极参加盆景艺术教育活动，他主办或参加了盆景培训教学活动达 30 余届次，多次参加北京、上海、武汉、沙市等全国性盆景讲学活动及应邀赴各地讲学。

贺淦荪教授现任中国花卉盆景协会理事、中国盆景艺术家协会常务理事、湖北省花木盆景协会常务副理事长、武汉花卉盆景协会副理事长、《花木盆景》杂志社副主编、《花木盆景》刊授学校副校长以及武汉市科协委员等职。1989 年中国花卉盆景协会授予他一级奖章。对他"在发展湖北盆景艺术事业方面的卓越贡献"予以表彰，在盆景界同仁心目中，他是国内目前著名盆景艺术大师之一。

2. 潘仲连

1932 年生，浙江省新昌县人，高级园林工程师，中国盆景艺术家协会副会长。自幼家贫，好读书，1956 年进入杭州园林局工作，1962 年开始从事盆景创作与研究至今。

40 年来，潘仲连先生之盆景创作，虽涉及水石、花果、杂木类，而以其性之所近，尤钟于松类树桩盆景，在松树盆景造型上独具一格。其手法继承了宋、明以来浙派画风的清刚、粗犷、峻峭之气，主干多取直势，尤喜高位出枝，合栽、悬崖、平卧亦有所及；布势奔放，节奏尤重力度；线条结构主张曲直、顺逆、长短跨度综合运用，求其韵律而不屑于琐细矫饰，注重发掘意向的内在气韵和风骨。潘仲连先生主张以形写神，坚持形式为内涵服务；认为盆景作品既具民族传统，又富时代精神。其代表作《刘松年笔意》《如云飞渡》《窥谷》《听天籁》《黑旋风》《秦岱风骨》《一介匹夫》《岿然》《铁骨铮铮》《疏林》等均获全国性盆景评展一等奖，其中《秦岱风骨》还获第四届亚太地区盆景会议暨展览金奖、'99昆明园艺博览会大奖；《刘松年笔意》《如云飞渡》《岿然》作品被收辑于伦敦、纽约联合出版发行的英文版精装本《中国盆景》。

创作之余，潘仲连先生还勤于笔耕。其著作有《盆景制作与欣赏》《树木盆景艺潭》《论中国盆景民族风格及其气质》《日本盆栽通史》（译）及其他数十篇论文，并被指定撰写《中国农业百科全书·观赏园艺卷》中的《盆景的创作》《树木盆景制作》《金属丝吊扎》等条目，为中国盆景事业做出了贡献。

潘仲连先生襟怀坦白，朴实谦逊，淡泊名利。他十分关注盆景界的新人新作，多次强调盆景界的青年应继承先人精粹和借鉴海外经验，将艺术发扬光大，向世界艺林展示中华盆景艺术之博大精深。1994年中华人民共和国城乡建设部城建司、中国风景园林学会、中国花卉盆景协会等单位联合授予潘仲连先生"中国盆景艺术大师"荣誉称号；同年10月，中国盆景艺术家协会授予潘仲连先生同一荣誉称号。

（三）第三批盆景艺术大师及其代表作

1. 王选民

1953年生，河南开封人，笔名"拙工""善植"，毕业于医科大学，原为骨科主治医师，后因酷爱盆景而弃医从艺，至今已有20余年。现任中国盆景艺术家协会副会长、中国风景园林学会盆景委员会委员。

20世纪80年代初，垂柳盆景在国内极为少见，其艺术表现形式、造型技法等方面的研究均为空白。王选民先生以独特的眼光，潜心研究垂柳盆景，主张"应物象形，随类赋彩"，以中国画理为基础表现垂柳树态古老、大枝苍劲、小枝柔和、下垂枝流畅飘逸的特点，达到"无风自动"及临水"相映生辉"的艺术效果。数年来他创作了《黄河之春》《幽居图》《柳荫唱和图》《眠柳惊风》等一批优秀作品，形成了独特的垂柳盆景艺术风格，不但领中州盆景一代潮流，还被公认为国内垂柳盆景的代表人物。

王选民先生在盆景艺术理论上的深入研究，使他对中国盆景艺术的本质特征和创作规律有着独特的见解。正确的理论认识促使他对自己的艺术创作自我否定、自我超越、更新，他认为这是艺术的生命和时代的要求，更是艺术家的责任。他还认为盆景是活的艺术，盆景应具有传世意义，所以要高度重视盆景创作的连续性和可变性。近年来，他将创作方向转向

了松柏类等长寿树种，为创作出符合时代审美需求的现代盆景艺术作品潜心耕耘。他主张盆景作为一种艺术要以美启真，以美扬善，以美存德，以美怡情；盆景创作上要师法造化，虽树无常形但有常理，施以章法布局要审材度势；作品要有个性而不落俗气。在柏树盆景的舍利干制作上，王选民先生集多年的实践心得，自制了多种雕刻工具，形成了一套独特的雕刻加工技法，创造了既符合自然美，又具有中国盆景艺术表现章法特色的舍利干艺术形象。

数年来王选民先生的作品在全国性盆景展览上屡获各种大奖，并在《花木盆景》《中国花卉盆景》《中国花卉报》等报刊上发表了《怪柳垂柳式盆景的造型》《树木盆景的取势》《盆景的形与神》等十余篇论文，担任过《观赏园艺学》《中国盆景流派技法大全》《中国盆景艺术大观》《中国盆景制作技术》《中国当代名人名作盆景精典》等盆景专著的编委，共有逾30万字的盆景论文、讲稿、教材问世。他还多次担任全国盆景展览评审，应邀为盆景培训班、学术研讨会做专题讲演，为盆景事业的普及发展做出了重大贡献。1994年，王选民先生荣获中国盆景艺术家协会授予的"中国盆景艺术大师"称号。

2. 吕坚

吕坚，1952年生于江苏南通。1979年开始从事业余微型盆景创作。1984年转入专业盆景

艺术创作与研究，是近年来颇有成就的青年盆景艺术家之一。当初他曾博览群书，遍访名师，在认识到微型盆景源于自然、高于自然的道理后，他开始遍游祖国名山大川，"搜尽奇峰打草稿"，为他的盆景创作打下了基础。1985 年，在盆景创作上有长足进步的吕坚作为江苏省南通市参加援建拉萨饭店的人员之一，负责创作一盆大型山水盆景，作为献给西藏人民的礼物。经过精密构思、辛勤创作，他在写字台面大小的长方形汉白玉盆中，立体地表现了"日出江花红胜火，春来江水绿如蓝"的意境。这盆"江南春"以"愿祖国西藏处处似江南"的高远立意表达了江苏人民的深情厚意，受到全国人大副委员长阿沛·阿旺晋美的赏识。同年 9 月，他的两组微型盆景作品《无声胜有声》《玲珑潇洒各有姿》分别获全国盆景评比一等奖、二等奖。著名书画家任政军参观后题词道："诗情画意手掌中""寸石观天地"。之后不久，他首创设计制作了一套用宋锦盒精致包装的微型山水盆景，送去参加了第十七届意大利佩夏国际花卉博览会，引起轰动。现在，这类精品已被国家有关部门选作珍贵礼品分别赠送给捷克、日本、意大利等国友好人士。1987 年 4 月在北京举行的中国第一届花卉博览会上，吕坚的两盆微型盆景《唐人田园诗意图》《浓缩的画》又分别获佳作奖和表扬奖。在京期间，国家领导人万里、张爱萍、荣高棠等同志看了他的作品，表示赞赏，并为之题名、签字。1988 年 3 月应香港政府邀请，吕坚随中国花卉协会代表团赴港参加 1988 年香港花展，他的作品获得香港市府颁发的冠军奖。同年 4 月被中国盆景艺术家协会吸收为正式会员，并被选为理事会理事。

吕坚不断开拓进取，在创作盆景的同时，他还研习书法、绘画、篆刻等，以求融汇贯通，发展出新的艺术形式。1989 年 5 月，他为微型盆景陈设展览配套设计了"一滴壶"，虽然只有分币那么大小，却能盛水注滴，玲珑剔透，巧夺天工。著名画家为之题词："滴水能知沧海性，微壶别有大千天"。一套集诗文、金石、篆刻于一体，具有浓厚的东方色彩和民族特色的"一滴壶"，现已被日本冈山范曾美术馆作为至宝永远珍藏。收藏状中写道："中国微刻大师吕坚先生所制'一滴壶'涉笔之处，精巧至极，难以名状，其构思精妙绝伦。"恰到好处地点明了吕坚作品的艺术特色或创作个性。

3. 伍宜孙

据《中国花卉盆景》总编、中国盆景艺术家协会常务副会长苏本一先生介绍，伍宜孙博士所著《文农盆景》一书自 1969 年问世以来，历经 26 个春秋，其间一版再版，影响之远，遍及海内外，功绩之大，永载盆景史册。其功之一，系对祖国"盆景"名称毫不动摇地坚持始终；其功之二，系对盆景艺术师法自然的发扬光大。

为了实现盆景艺术在传统基础上的创新，伍博士对明清两代风靡一时的诸多艺术风格进行了深入的理论研究，其后对民国以来多姿多彩的艺术风格和章法加以细致入微的鉴赏与比较，他终于发现粤人根据绘画理念发明的蓄枝截干新法符合自然法则，认为盆景艺术只有趋向天然画意，才能达到飘逸苍劲兼收并蓄，才会产生无限的艺术生命力，因而身体力行，潜心培育，锐意创新，一木一石，无不遵循自然之道。

早在 33 年前就倡导岭南盆景风格并出版《文农盆景》的伍先生，1994 年荣获"中国盆景艺术大师"称号之后，虽年迈多病，仍念念不忘祖国盆景事业的发展，并身体力行，不断创作出新的作品来，如最近在《中国花卉盆景》上公开发表的合植式"扁柏"、附石式"福建茶""红枫"……特别是飘逸苍劲兼容、诗情画意并居的"执经问道"，在海内外反应十分强烈。可谓"一木一石总关情，缕缕情思寄后人。"他的作品无不遵循造化之道。

4. 苏伦

苏伦，1926 年生，广东省广州市人，原任广州市流花湖公园盆景技师，现任广东园林学会盆景专业委员会顾问，广州盆景协会副会长。苏伦出生于广州著名花卉村——芳村，其父苏卧农是岭南画派祖师高剑父的入室弟子，擅长花鸟人物绘画，并酷爱盆景。1936 年开始随父从事花卉盆景栽培工作，自幼受到岭南绘画与盆景艺术熏陶。1958 年起在广州越秀公园从事盆景生产和创作，并师从岭南派盆景之家——西苑，与孔泰初共同创作和探讨岭南派盆景艺术。岭南派盆景创作以"截干蓄枝"为主，独折枝法构图，形成"挺茂自然，飘逸豪放"的盆景艺术特色，在这一过程中，苏伦做出了一定贡献。其创作的作品，树种选材广泛，作品灵巧明朗，枝法细腻，构图生动，既有苍劲雄奇的力作，也有潇洒灵秀的精品，充分展示其丰富深厚的功底。他尤其擅长修剪功夫，一枝接一枝，枝枝有交代，做到一枝一托均可入画。其创作的雀梅盆景《崖秀垂青》，参加1979年10月在北京举办的建国以来首次全国盆景艺术展览，被评为最佳作品；1986年5月作为中国花卉代表团成员，参加在意大利热那亚举办的第五届国际花卉博览会，其创作的九里香盆景《铁骨欺风》荣获金牌奖；同年10月英国女皇伊莉莎白二世访华期间，专程参观流花西苑时，原省长叶选平代表广东人民赠送给英女皇的礼物就是由苏伦创作的九里香盆景《九里香传万里香》，为岭南派盆景争得殊荣。其创作的九里香盆景《老将新兵》、雀梅盆景《流金泻玉》分别荣获第四届中国盆景评比展览一等奖和二等奖，第四届亚太地区盆景赏石会议暨展览银奖；九里香盆景《直上云霄》荣获第五届中国盆景评比展览一等奖。苏伦虽早已退休，仍继续潜心研究岭南派盆景栽培技艺。1998年9月广东园林学会盆景专业委员会，为其主办"苏伦盆景展览"，受到一致好评。2001年5月中华人民共和国城乡建设部、中国风景园林学会授予苏伦"中国盆景艺术大师"荣誉称号。

5. 陆志伟

陆志伟，是中国盆景艺术家协会中最年轻的常务理事，从事岭南盆景创作已近30年。

陆志伟是盆景艺术大师陆学明的次子，自幼接受父亲严格的专业训练。儿时父亲给他的玩具是小品盆景，学龄时在课余常年累月参与家中盆景园的栽培管理。近30年来，经他制作的盆景有数万盆。父亲的悉心指导加上自身的刻苦勤奋，使他很快成为岭南盆景创作的好手。

岭南盆景要求枝位要长得恰到好处，这要用嫁接的方法解决问题。以往用的是靠接法，

但成活后伤口必留下不能消除的"脐带"，直接破坏了盆景的美观。针对这一情况，陆志伟与父亲共同研究，摸索出"T"字枝嫁接法：他们选用有一横枝（分叉枝）的枝条，将底部正正地嫁接在树干上。成活后将嫁接枝条的两端截去，只留用横枝，从而消除了"脐带"。此法深得岭南派盆景创作者的赏识和采用。岭南古树盆景重视表现错节盘虬的头型，而头根完美的树胚偏不易得。为了弥补这一缺陷，陆志伟协助父亲反复推敲试验，创造出"头根嫁接法"和"气根嫁接法"。最近，他在一株大型榆树上恰到好处地嫁接上几条"气根"，使该作品充分显示出广东百年老榕气根盘绕、生机勃勃的风韵，不日即成为得意之作。

多年来，陆志伟积极参加全国各大流派的盆景艺术交流，致力促进盆景艺术的发展。1983年，他在扬州全国盆景老艺人座谈会附设的首届中国盆景艺术研究班上主讲了"岭南盆景风格的形成和造型的特点"；1984—1989年间，曾几次在全国各地举办的盆景培训班上讲授"岭南盆景的立意构思和选材造型"，并现场做操作示范。在广州多期盆景讲习班中，他详细地把自家的"打皮""挑皮""打木砧""丁字枝嫁接""头根嫁接"等技法传授给盆景爱好者，受到一致好评，并被大家效法采用。他经常与各派盆景艺术家切磋技艺，虚心汲取各派所长，又把岭南派的理论和技艺传播出去。《广州日报》《中国花卉盆景》《大众花卉》等报刊都刊登过他系统介绍岭南盆景艺术的文章。其作品也先后在第一届、第二届全国花卉博览会上获奖。

陆志伟并不满足已取得的成就，近年来他又在苦心经营新的系列作品了。他说："岭南盆景艺术承先启后，拓展未来的重担就落在我们这些中青年身上。我们一定要努力进取，决不能辜负时代的重托。"

6. 汪彝鼎

1938年生，江苏海门市人，高级技师，中国风景园林学会花卉盆景分会委员，上海市盆景协会理事，原上海植物园盆景研究室副主任。

1962年，汪彝鼎毕业于上海农业专科学校园林专业，后进修于北京林业大学，1978年调

入上海植物园盆景研究室专事山水盆景研究。多年来，他在总结前人经验，参考中国画理以及自己制作实际的基础上，提出了山水盆景"上观峰、下观脚"的观点。他认为，山水盆景作为造型艺术，要注意其生动的形态和表达意境，作品应具一定的态势；创作中，要考虑石料的颜色、纹理、质地的统一变化以及布局的神韵和意境，使作品达到形、色、神、韵和谐统一。汪彝鼎先生的软石（海母石、浮石）远山雕琢技艺，参照自然界中真山纹脉，结合中国山水画"荷叶皴"技法，形成了一套独特的雕刻加工技法，使软石更具观赏性；而他的山水近景特写则吸收了中国盆景大家殷子敏先生的章法，树、石更具性格化，突出了山石的韵味，如《听涛》《水乡情趣》《虹桥》《南山不老松》《独峰奇秀》等。

1984年，汪彝鼎先生随中国花卉考察团赴波兰讲授、示范中国盆景；其作品1994年获美国波士顿举行的"纽英仑第123届国际春花大展"满分金奖，1997年获亚太第四届盆景赏石展铜奖，同时还多次获其他全国性展览奖项。他创作的壁挂盆景被选送到英国女皇访华起居处摆设，另有部分作品被昆明世博会收藏。他还多次被聘为专家组成员，参加全国性、地区性盆景展的评比工作。

数十年来，汪彝鼎先生陆续发表了《如何制作沙积石盆景》《如何加工硬石山水盆景》《砚式盆景释论》《斧劈石山水盆景的制作》等十余篇论文，出版了《山水盆景技艺基础知识》《怎样制作山水盆景》，以及与他人合作出版了《盆景手册》《上海盆景欣赏与制作》《山水与树桩盆景》等书，为盆景理论与技艺的普及和发展，做出了巨大贡献。

1994年，中国盆景艺术家协会授予汪彝鼎先生"中国盆景艺术大师"荣誉称号。

7. 林凤书

1947年生，江苏扬州市人，现任扬州红园花木鱼鸟服务公司副总经理，中国盆景艺术家协会常务理事。

1976年，林凤书怀着对盆景艺术的极大兴趣和历史责任感进入扬州红园工作，决意投身盆景事业。早期，林凤书主攻扬派盆景剪扎技艺，曾受到扬派盆景宗师万觐棠先生的指点。创作中，他主张师法自然，不拘陈式，因材而作，善于运用传统剪扎技法创作出不同风格的盆景。林凤书善于学习也善于总结，他在前人积累的基础上结合自己的实践，与韦金笙先生合作撰写了《扬派树桩盆景剪扎技法》，并绘图解说，为后人学艺提供了方便。

林凤书长期致力于水旱盆景的创作与研究。他注重从古诗词、山水画及自然界中吸收营养，所作盆景格调清丽，意境深远，犹如一幅幅平淡天真的宋元山水画。他的不少作品虽是用极其平常的材料构思创作而成，但却如诗如画，别有情趣。其不同时期的代表作有《珠围翠绕》《承露》《秀色可餐》《鹅池留踪》《柳村诗话》《野旷天低树》《萧萧播绿叶无声》等，其作品多次参加国内外展览并获奖。林凤书还擅长园林小品创作，1993年他受扬州市政府委派，在北京农展馆主持制作的园林景点《烟花三月下扬州》，获第三届中国花卉博览会银奖。多年来，林凤书先生积极为《中国花卉报》《花木盆景》《中国花卉盆景》《园林》等报刊撰稿，先后发表专业论文和科普文章数十篇，其创作经验和理论见解给盆景界同行留下深刻的印象。

林凤书先生曾多次接待外国盆景专家，并数次赴海外考察、表演，为宣传中国盆景，促进中外盆景艺术交流做出了贡献。1987年，他作为中国花卉进出口公司赴英小组成员之一，考察了英国的花卉盆景市场，并做了中国盆景制作表演；1991年他出席北京首届中国国际花博会为中外代表作水旱盆景制作表演；1994年、1995年和1998年先后赴荷兰和意大利等国作交流，并在意大利波罗尼亚市和佩鲁贾市主持"中国盆景艺术展览"，为欧洲盆景爱好者表演树木盆景和水旱盆景制作，展示了东方盆景的艺术魅力。

鉴于林凤书先生长期以来为发展中国盆景事业所做出的突出贡献，1994年10月，中国盆景艺术家协会授予他"中国盆景艺术大师"荣誉称号。

8. 胡乐国

祖籍浙江永嘉，1934 年出生于浙江温州。1959 年进入原温州市园林管理处从事盆景研究与创作，其间自 1965 年开始主持妙果寺盆景园及温州盆景园的工作长达 30 余年，1994 年退休后继续潜心于盆景艺术，力求有更新的突破与发展。

胡乐国先生成长于我国现代盆景发展和新旧更替、改革创新的年代。他接受老师项雁书整整 10 年的培养，遍访国内盆景界前辈名师，在融会贯通、兼容并包的基础上，逐步走出了旧的盆景表现形式和制作方法，开辟了自己的一条新的道路。胡乐国先生的盆景创作较为全面，但主要以松、柏类居多，对松、柏盆景尤擅长运用高干合栽的处理方式，并能针对不同的松柏素材，因材施艺，制作出形式风格各异的盆景；而对杂木盆景，则以"修剪法"为主，既继承了北派盆景对主干的取材与审美要求，又吸收了岭南盆景对枝条处理的方法，故其作品的表现形式多样，构图清新自然秀美，景观动静相宜，洋溢着强烈的时代感和浓郁的书卷气，对当代浙江盆景风格的形成产生了积极的影响。

胡乐国先生从未停止对盆景艺术的追求，至今他仍孜孜不倦地进行盆景理论的学习与研究，并亲手实践体悟。他的近期作品更注重骨架结构和对根、干、枝的处理，提倡自然舒展，注意完整协调和朴素简练，处处体现着线条的自然与流畅。他还十分重视在栽植和裁剪方面要符合生态要求，突出空间美，并着眼神枝、舍利干的运用，以求达到更高的艺术境界。

胡乐国先生将自己全部精力都奉献给了盆景事业。40 余年来，他不仅创作了一大批如《向天涯》《临风图》《铁骨凌云》《天地正气》《雄风依旧》等为盆景界所熟知的优秀作品，还主编了《温州盆景》《五针松栽培和造型》等盆景专著，并发表了数十篇有关盆景的专业论文及科普性文章。胡乐国先生是中国盆景艺术家协会的发起人之一，并历任协会副会长；此外，胡乐国先生还多次走出国门，向世界各地的盆景界朋友宣传、讲解中国盆景艺术。1994 年，中国盆景艺术家协会授予胡乐国先生"中国盆景艺术大师"称号；2000 年，他又荣任国际盆栽俱乐部讲师。

9. 赵庆泉

赵庆泉，1949 年生，江苏省扬州市人。现任扬州红园高级工程师、中国盆景艺术家协会副会长。赵庆泉的祖父和父亲均酷爱花木盆景，曾于扬州城内择地作园，莳养花卉盆景。家庭的熏陶，使赵庆泉从小便爱上了盆景艺术，高中毕业后下放农村期间，依旧喜爱摆弄盆景，曾在一家工艺厂设计盆景摆件，最终确定以盆景艺术为自己终生奋斗的目标。1974 年起，他开始师承徐晓白教授，进行盆景的创作与研究。1977 年春节他首次在扬州瘦西湖公园展出了一组新题材作品，受到人们的好评，后来作为特殊人才，调进扬州红园从事盆景工作。如鱼得水的赵庆泉，从此一心扑在盆景的创作和研究上，一步一步向盆景艺术的高峰攀登。

搞盆景艺术如果没有一定的文化素养，就会沦为工匠，艺术上也难有突破。赵庆泉抓紧时间，自学与盆景有关的多方面知识以及外语。为了师法自然和博采众长，他游历了不少名山大川，拜访过孔泰初、朱子安、殷子敏等多位盆景界前辈，搜集到许多宝贵资料。从艺术理论的学习中，赵庆泉认识到盆景创新的重要性。他注意将传统文化与现代审美情趣结合，独辟蹊径，在水旱盆景的技艺、丛林式的布局、文人树的造型、树木盆景的改作等方面做了许多创新和探索，并取得了成果，其中以水旱盆景尤为国内外所瞩目。

赵庆泉的作品，风格清新自然，具有鲜明的抒情特性，体现了中国悠久的文化传统。其代表作有《春野牧歌》《八骏图》《小桥流水人家》《历尽沧桑》《樵归图》《烟波图》《一枝独秀》《听涛》《古木清池》等。赵庆泉先后有十几件作品在国内、国际重要展览中获奖，其中 8 件获一等奖、金奖和大奖，4 件获二等奖和银奖。

赵庆泉将学习、实践和总结经验结合起来，近 20 年来在国内外发表了 100 多篇专业文章，出版了《盆景》《中国盆景造型艺术分析》《中国盆景制作技艺》《盆景——神奇的世界》（西班牙文版）、《扬州盆景》等 10 部专著（含合著）。

1980 年赵庆泉赴日本出席世界盆栽会议并

做了演讲。在此次出访中，他耳闻目睹了现代日本盆栽的技艺水平以及在国际上的影响，颇受震动，由此更坚定了中国盆景要"走自己的路，以民族特色取胜"的思想，回国后便通过各种途径介绍国外盆景的发展状况，希冀与国内同行共同努力，让中国盆景早日得到一个盆景创始国应有的地位。

1989 年赵庆泉作为中国代表出席了在日本举行的第一届世界盆栽大会。他 1993 年又出席在美国举行的第二届世界盆栽大会，并做了水旱盆景示范表演。1997 年、1998 年和 2000 年分别在上海第四届亚太地区盆景赏石会议暨展览、波多黎各国际盆栽大会和第四届欧洲国际盆栽大会上做了示范表演。此外，他还 10 多次应邀去国外访问，在法国、美国、意大利、澳大利亚、加拿大等国共做了 60 多场讲学表演。这些活动扩大了中国盆景在世界上的影响。2001 年 5 月中华人民共和国城乡建设部、中国风景园林学会联合授予赵庆泉"中国盆景艺术大师"荣誉称号。

10. 胡荣庆

胡荣庆，1945 年生，江苏省宿迁市人，现任上海植物园盆景研究室主任、中国盆景艺术家协会常务理事、上海市盆景协会常务理事。

胡荣庆 1962 年进入上海园林系统工作，1964 年师从殷子敏（中国盆景艺术大师）学习盆景制作技艺，1965 年随同殷子敏大师调入上海植物园从事盆景工作至今。

在其 30 多年的盆景创作实践中，其创作的盆景树种丰富，构图简洁、明快、流畅、自然、清新。他创作的罗汉松盆景《旧貌变新颜》荣获第二届中国盆景评比展览一等奖，对节白蜡盆景《独木也成林》荣获第二届中国国际园林花卉博览会金奖，雀梅盆景《苍龙回首》、榕树盆景《雨林》分别荣获日本大阪花与绿国际花卉博览会优秀奖和金奖。

胡荣庆先生曾担任第三、四、五届中国盆景评比展览特邀评委。他在 1995 年 5 月应邀参加在新加坡举办的第三届亚太地区盆景雅石会议暨展览，并代表中国代表团做创作示范表演。他与胡运骅先生合作，为上海科教电影制片厂

拍摄科教片《掌上盆景》。他参加编著《中国盆景——佳作欣赏与技艺》《中国盆景——流派佳作荟萃》《中国盆景》。

2001 年 5 月中华人民共和国城乡建设部、中国风景园林学会联合授予胡荣庆"中国盆景艺术大师"荣誉称号。

11. 贺淦荪（其简介详见第二批）

12. 徐晓白

1909 年 3 月出生，汉族，江苏南通市人，中国盆景艺术家协会名誉会长。1937 年毕业于南通学院农艺系，历任南通学院、苏北农学院、江苏农学院及扬州大学农学院教授，享受政府特殊津贴。

早在 20 世纪 40 年代初期，徐晓白先生出于对自然与艺术的热爱，授课之余，常制作盆景和观摩他人作品，对盆景研究颇有心得。建国后，徐晓白先生大力倡导盆景创作与研究，创作出瀑布水旱盆景。在 50 年代全国第一次花卉会议上，徐晓白先生提出"盆景艺术"一词，将盆景与艺术在概念上联在一起，认为盆景是一门综合性的艺术，是"画意与诗情"的结合，是"神似超形似，无声胜有声"，并指出没有深厚的文化底蕴和丰富的园艺知识，是很难创作出佳品的。这些观点逐步为大众所认同，对中国盆景的发展方向起了积极的指导作用。1961 年，徐晓白先生在担任中国农科院盆景香花工作组技术指导期间，与周瘦鹃先生共同成功举办了苏州盆景艺术展，有力推动了江、浙、沪一带的盆景事业发展。他这一时期的作品《春江水暖》《两岸猿声》《疏林晨曦》无不充满书卷气息。

改革开放后，徐老更潜心于盆景创作与理论研究，先后审订了《中国盆景艺术》，主编了《盆景》《中国盆景》《中国盆景制作技艺》等书，并发表了数十篇有关盆景论文；在八十高龄后，他还亲自创作了《枫桥夜泊》《北国春回》等一批盆景佳品。

徐老是我国盆景理论的带头人之一。他经过大量的史料考证，提出了我国盆景"滥觞于汉晋，形成于大唐，发展于宋元，兴盛于明清，

近代一度衰落，现今正在复兴"的观点。他非常重视盆景艺术的继承与创新，多次强调盆景作品应体现强烈的时代精神与鲜明的民族风格。他还根据自己的创作实践提出树木盆景"人工与自然结合，以自然为主；扎与剪结合，以剪为主；棕丝与金属丝结合，以金属丝为主"的原则，认为山水盆景要"布局适当，配植适当，结合适当和选石适当"，主张盆景创作应达到"线条流畅、配合默契，造型完美、意境深远"，以诗情画意为最高标准。徐老还十分注重对盆景新生力量的培养。他最早在高校中开设盆景课，培养了大批青年盆景人才。

由于徐老对我国盆景事业的突出贡献，他先后担任了中国盆景艺术家协会第一、二届会长、首届中国国际盆景会议主席、首届中国海峡两岸盆景名花研讨会主席等职务。1994年，他荣获中国盆景艺术家协会授予的"中国盆景艺术大师"称号。

"迎来山花烂漫，留得松柏长青"（贺淦荪教授题赠），这正是徐老事业与精神的写照。

13. 盛定武

盛定武，1953年生于江苏靖江。他志高好学，经过20年的艰苦奋斗，终于成为国内瞩目的年轻盆景艺术家。其作品曾先后多次参加德国、日本、英国以及香港地区的花卉盆景大型展览活动，获得过金奖。为了提高盆景艺术水平，他曾拜殷子敏、胡荣庆为师，重点学习山水盆景和树桩盆景的制作与养护。后又在徐晓白教授、王志英教授门下学习园艺专业知识。1978年，开始致力于有关盆景植物材料和盆器的搜集与研究，生产制作了数以千计的树桩盆景，其中500盆通过上海口岸远销海外。

1979年与朱文博、钱建港共同创作山水盆景18盆，参加在德国波恩举行的第十五届园艺展览会，他本人创作的斧劈石山水植物盆景荣获金奖，为祖国争得了荣誉。此后，几乎每年都要参加国内外的一些重大展出活动，如1980年在英国举行的皇家花展，1981年在日本举行的"世界盆景研讨会"，都受到了好评。同年在扬州举行的首届盆景艺术展览中，他有4个作品同时获奖。对此，中国女排全体队员在参观

靖江馆后，留下了"学习靖江盆景三青年对技术精益求精的精神"的题词。1982年，他的作品《青峰滴翠》《海狮浴日》获得江苏省盆景艺术展览优秀奖。1984年，在香港举办的"江苏盆景艺术展览"中，盛定武的作品受到港澳各界的欢迎，销售额达28万港元，这次展览实况由香港亚洲电视台播放。1985年在上海举行的"中国盆景评比展览"中，他的作品《大江东去》荣获一等奖。在1987年举办的中国花卉博览会上，他的作品《听涛》《南海风涛》分别获佳作奖和表扬奖。1988年3月，参加香港花展，其展品销售一空。

盛定武现任靖江人民公园副主任，主管盆景创作与生产经营。1988年被选为中国盆景艺术家协会理事。

14. 梁悦美

据苏本一先生介绍，她是二十几位中国盆景艺术大师中唯一的一位女性。她是台湾盆景风格的带头人（作者群有梁悦美、李国安、周春居、郑贵阳等）。

在盆景界久负盛名的梁悦美教授系台北盆栽树石会永久性会长兼台湾省小品盆栽会名誉会长，受聘于美国西雅图太平洋大学及美国南区大学任盆栽教授。她创作的朴树、金柳、福建茶、黑松盆景作品被选作台湾特种邮票发行（含首日封、纪念封）。1994年当选为"中国盆景艺术大师"。她的著作《盆栽艺术》一书已风靡世界，1994年被美国评为"全美十大好书"之一，在台湾获出版界最高荣誉奖——金鼎奖。目前该书已版3次，英文版甚至超过中文版的发行量，在西方影响甚广。

梁悦美的作品以"情理交融，美不胜数"八个字形容并不过分。她最近在刊物上发表的巨风中之火炬《七星山杜鹃》、下垂式《臭黄荆》、飘逸式《福建茶》，更能说明"天人合一"的艺术魅力。其盆景艺术作品和所有具有高尚情操的艺术家的作品一样，其本身就是一首首无标题的诗歌，也是一幅幅靠优美线条构成的图画，更是一曲曲无音符无休止符的乐章。

以梁悦美为代表的台湾盆景风格在树种选择上过去一直以杂木树种为重心。如榕、榆、

七里香、状元红、福建茶、枫、槭、朴等。这几年不断有新树种开发，如海芙蓉、翠米茶、山柑等。其中除翠米茶已选优秀品种进入人工繁殖外，其他尚止于山采试种培养中。另外，最近对花果盆栽也开始重视，如梅花、杜鹃花、山茶、合欢、花木杏、海棠、紫藤、石榴、长寿梅等普遍被栽植。因为花果盆景色彩艳丽、有变化、季节感十足，可给人甜美的视觉上的感受。有些果实可食的树种更是引人喜爱，如梨、樱桃、老鸭柿、金弹子、柠檬、橘子、佛手柑、石榴、桑、金豆柑等。很多花果树种均有人工生产繁殖。

如今，松柏类盆景已成为台湾盆景中的主流，尤其柏树盆景更是风行。柏树树干上下起伏，前后扭转，左右弯曲，富于变化，特别是舍利干千变万化，耐人寻味，含有神秘感，在展览场上纷纷扮演主角。松柏类生命力强，翠绿长青，又适合寒带、温带种植，管理省工，所以颇富经济价值。

在造型方面，梁教授认为台湾盆景高度呈降低趋势，这有生活空间愈来愈小方面的因素，也是整个世界性的趋势。现在大家公认的理想高度是 60～75cm，因此盆栽主干直径应控制在 9～12cm，如此才能配合高度比例，做出有安定感的盆景。枝干的直径大小比例也相应拉近到 1/4～1/3，这样的树才有老树的感觉。以前枝的比例小，总有老干新枝之感，很不协调。此外，对切口处理愈合问题，除改进方法外，配合使用愈合剂效果更佳。因愈合剂本身有杀菌作用，又可添加植物生长荷尔蒙，能配合发育，使伤口生长愈合，达到健康美的效果，避免形成病态美。她认为健康美也是世界性的共同观点。

在管理养护方面，台湾盆景也有着相应的措施：

首先，在盆景用土上已普遍重视土壤三相原理（固相、液相、气相），并尽量以团黏土、沙石混合使用，避免单一用土。栽植时针对树种的需要按比例调整。如松柏类用砂质比例较高的土种植。杂木类、花果类、草类因小枝繁茂、花朵盛开、结果累累，需用蓄水性好、吸肥力强而土质比例较高的土种植。

在树种消毒上也逐渐普遍化。对各种病虫害详加研究，并不断引进新农药。一般每半月消毒 1 次，采取防胜于治的方针，依温度、湿度变化及虫害发生季节定期施药，使盆树发育良好。

在施肥方法上亦在不断改进。肥料常用油粕、骨粉，比例为 7∶3。液肥一般是按油粕和骨粉体积的 10 倍加水，充分混合发酵后制成原液，使用时加水稀释，再加上除臭味的次亚硫酸即可。固肥则是将油粕和骨粉加水搅和，捏成 2～3cm 直径的球体晒干。平时施用固肥，在秋季（盆树蓄积期）加施液肥（最好每周 1 次）。施秋肥可使树体积蓄营养，安全过冬，并使次春萌芽力增强，若施肥不够，将影响盆树次年的生长。

在配盆方面，以梁悦美教授为代表的台湾盆景界主张用盆的长宽比例最好符合黄金分割比（1∶0.618），并且最好使用浙江宜兴盆钵。

15. 潘仲连（其简介详见第二批）

（四）第四批盆景艺术大师及其代表作

1. 于锡昭

于锡昭先生 1940 年生于北京，自幼对植物具有浓厚的兴趣，1961 年高中毕业后，即步入园林部门从事花卉栽培实践。他一向虚心好学，到处寻师访友，不断提高理性认识，博采众家之长，运用植物生长发育理论，总结出了菊花、月季、大丽花、兰花等一整套栽培经验和方法，并有所突破。1981 年在我国首次推出案头菊盆景造型和栽培方法，并在第一届全国菊花品种展览会获一等奖。在小菊盆景的栽培技术上创造了菊花树干多年生存的方法，即以一株草本小菊表现千年古木风貌，在传统的盆景技艺上独树一帜，自成一家，形成了众所公认的北京盆景的一种风格。所取得的成果曾在《植物杂志》《大众花卉》"名师传艺"栏目内发表。他与薛守纪先生等合编并出版了《养花问答》一书，还主编出版了《北京赏石与盆景》，为花卉栽培事业的发展做出了一定贡献。

近几年来，在北京园林职业高中讲授盆景和插花课程，以理论联系实际的教学方法培养插花、盆景人才，在历次北京市职高盆景、插花展览中他的学生的作品都取得了可喜的成绩，受到了北京市教育局的表彰。

于先生最初在地坛公园工作，后调入中国科学院植物园工作4年，1991年曾被派往巴黎爱丽园艺公司工作一年，现任北京东城区园林局园林工程师，同时兼任中国盆景艺术家协会副秘书长、理事以及北京花卉盆景协会秘书长、副会长等职。

2. 万瑞铭

万瑞铭，1944年生，江苏省泰州市人，原任扬州盆景园主任，现任江苏省花卉盆景协会理事，扬州市花卉盆景协会副理事长兼秘书长。

万瑞铭出生于扬派盆景世家，为万氏六代传人。10岁随父万觐棠（中国盆景艺术大师）学艺。20世纪60年代初期他随父进入扬州瘦西湖公园工作，后任瘦西湖公园副主任。1964年他参加筹建扬州盆景园，并首任扬州派盆景主任，领导全园职工继承扬州派盆景艺术，同时积极参加国内外重大展览。

万瑞铭除继承其父扬派盆景剪扎技艺，同时还在传统基础上进行创新，使扬派盆景缩短成型年限，并富有动态美。特别是擅长将清代遗留下来长荒的盆景进行再创作，令其不仅恢复了昔日光彩，甚至高于昔日。其再创作的黄杨盆景《腾云》荣获第二届中国盆景评比展览一等奖和日本大阪花与绿国际花卉博览会金奖；黄杨盆景《行云》荣获第三届中国盆景评比展览一等奖。

1981年他代表扬州参加在香港举办的"江苏盆景艺术展览"；1987年受中国对外园林建设公司委托，与苏州朱永源共赴德国法兰克福、慕尼黑、海德堡等六城市进行"中国盆景巡回展览"3个月，并做中国盆景现场示范蟠扎表演，深受盆景爱好者喜爱。1993年他又随同中

国江苏代表团赴德国斯图加特参加国际园林节，并举办江苏盆景展览，其中扬派银杏盆景荣获银奖。1994年、1996年还分赴美国、日本考察和交流中国盆景技艺。

万瑞铭培养的学生，也在各自岗位出色工作，有的已成为领头人。2001年5月中华人民共和国城乡建设部、中国风景园林学会联合授予万瑞铭"中国盆景艺术大师"荣誉称号。

3. 冯连生

冯连生，1949年生，湖北省黄陂县人，现任湖北省咸宁市供电局盆景园主任、园艺师。他是中国盆景艺术家协会常务理事和湖北省花木盆景协会理事及鄂南盆景艺术研究会会长。

冯连生20世纪70年代初从事盆景事业，足迹踏遍鄂、湘、赣地区的山山水水，历尽艰辛万苦，采集各类盆景素材60余种、数百余件，创作了一大批优秀作品。冯连生认为，从事盆景事业，树木盆景、山石盆景两类应同步发展，只有精心创作才能更好地提高创作技艺。近年来他着重盆景艺术的继承与创新的研究，将树木盆景与山水盆景融为一体，提倡"树石相依、组合造景"，使盆景创作自然美与艺术美、意境美巧妙融合，提高盆景艺术观赏价值，形成了"树石组合盆景"的独特艺术风格。1987年他创作的《家乡小水电》荣获首届中国花卉博览会"佳作奖"。1990年他创作的树石盆景《枫桥夜泊》被选入第十一届亚运会艺术节，深得国内外人士的赞誉，并评为一等奖；1992年他的树石盆景《故乡情》《南国牧歌》分别荣获海峡两岸盆景精品大赛一、二等奖；1995年他创作的树石盆景《情满淦溪》《崖韵》《峡江烟雨》分别荣获第三届中国盆景评比展览一、二、三等奖。1998年他的树石盆景《暮川夕照》荣获第四届中国花卉博览会一等奖。1999年10月，《中国日报》《香港杂志》都曾报道冯连生的艺术业绩。

冯连生从事盆景艺术创作的同时，还进行理论研究，其撰写的《树石结合、开拓创新》《树石盆景初探》《树木养护造型》《山石盆景之我见》等20多篇论文和文章，曾分别在《中国盆景论文集》《长江开发报》《湖北日报》《中国

花卉报》《花木盆景》《中国花卉盆景》等刊物上发表。他有 60 余幅作品照片选入《中国盆景艺术大观》《中国盆景名作选》《中国盆景欣赏与创作》《盆景制作与养护》《山水盆景图解》等书中。

冯连生曾多次在湖北省盆景学术研讨会及华中地区盆景研讨会上做树石盆景学术报告和现场制作表演，2000 年他在湛江中外名家盆景艺术联谊会上做"树石组合盆景"学术报告及现场表演，受到中外盆景界人士的好评。2001 年 5 月，中华人民共和国城乡建设部、中国风景园林学会联合授予冯连生"中国盆景艺术大师"荣誉称号。

4. 田一卫

1955 年生，重庆市人，现为重庆市江北区绿化工程处盆景技师。

田一卫先生出生于盆景世家，从小跟随父亲学习盆景技艺，对传统树桩蟠扎修剪研究尤深。他自幼酷爱造型艺术，亦善绘画，曾拜画家为师，其山水画颇具造诣。1980 年，田一卫先生进入重庆市江北区绿化队从事盆景研究工作，得到重庆盆景界前辈和名师指点。他在继承传统山水盆景创作技艺的基础上，结合自己的中国山水画和雕塑等相关知识，立足巴渝山水，逐步形成了"粗犷厚重，雄壮豪放"的个人艺术风格，并主张走"必须向中国传统文化学习，构图上中西结合，方能形成独特的艺术个性"的创作道路。

"仁者乐山，智者乐水"。田一卫先生热爱山水，也努力表现自然山水。他在选材和创作技法上不墨守陈规，勇于开拓创新。在 20 余年的创作生涯中，他成功地选择青石、黄沙石、加气混凝土、水泥等作为山水盆景的新材料，创作出了一大批优秀的山水盆景，如《更立西江石壁》（龟纹石）、《三峡雄踞》（黄色泡沙石），在四川省第一、二届盆景艺术展览会上分别被评为一等奖；山水盆景《大江东去》（龟纹石）在'99 昆明世界园艺博览会上获金奖；树桩盆景《花花世界》（杜鹃花）、《祥云》（罗汉松）等在国内外大展上获银奖；《夔门抒情》（人工塑石，仿龟纹石）在第二届中国盆景艺术评比展览上，获山水类盆景作品一等奖；山水盆景《夔门雄姿》（加气混凝土）、《蜀道难》（龟纹石）在第四、五届中国盆景艺术评比展览上分获一等奖。

田一卫先生德艺双馨，对求授者无所保留地耐心传艺，门生大多学有所成，成为山水盆景创作的后起之秀。在 20 余年的盆景艺术创作中，田一卫先生为中国盆景事业做出了突出贡献，是中国盆景艺术界年轻一代的杰出代表。2001 年 5 月，中华人民共和国城乡建设部、中国风景园林学会授予他"中国盆景艺术大师"荣誉称号。

5. 朱永源

朱永源，1939 年 5 月生，江苏省苏州市人。退休前任苏州东园管理处副主任。

朱永源出生在一个以生产经营花木，盆景为业的世家，其父朱子安（中国盆景艺术大师）、祖父朱仲良都是制作盆景的高手。他自幼受家庭熏陶，爱上了盆景这门艺术。1959 年，当时还在武汉读机械中专的他，未到毕业就辞学回苏，参加了园林工作，跟随父亲学制盆景。父亲的身传言教，自己的聪明好学，使其很快练了一手传统棕丝蟠扎技艺，掌握了各类树木盆景管理的要领。父亲退休后，由其先后担当留园、万景山庄盆景园的盆景技艺和管理等业务工作。朱永源工作认真，谦虚好学，态度严谨，对同事及外地学徒，能耐心传授技艺，做到百问不厌，没有架子，在同行中颇有好评。

在他从事盆景工作的 20 多年实践中，以制作树木盆景见长，他灵活使用"粗扎细剪"技法，根据桩形进行艺术造型，做到结顶自然，保持苏州盆景的艺术风格和特色，先后创作了一批树木盆景佳作。他参加了 1979 年在北京北海公园举办的全国盆景艺术展览和 1985 年、1989 年在上海虹口公园、武汉群芳馆举办的第一、二届中国盆景评比展览等国内大型展览活动。他和父亲制作（养护）的圆柏盆景《秦汉遗韵》荣获特等奖，锦松盆景《苍干嶙峋》、榔榆盆景《龙湫》荣获一等奖。

1967 年夏季，受极左思潮影响，他所在的盆景园与其他园林一样被迫关闭，一度处于无政府状态。他和父亲二人冒着生命危险，坚守工作岗位，并每天坚持给数千盆景浇水，致使《秦汉遗韵》《苍干嶙峋》等一批国宝级盆景免遭噩运，为苏州盆景做出了较大贡献。

1987 年 3 月至 5 月间，应德国大众汽车、汉莎航空公司邀请，受中国对外园林建设公司委托，朱永源与扬州的万瑞铭一起携带一批典型作品，代表中国盆景赴德国慕尼黑、海德堡、法兰克福、不来梅等六城市巡回展览 3 个月，并每隔一天进行一次现场示范蟠扎表演，传授中国的盆景艺术，受到观众的好评。2001 年 5 月，中华人民共和国城乡建设部、中国风景园林学会联合授予朱永源"中国盆景艺术大师"的荣誉称号。

6. 邢进科

邢进科，1951 年生，河南省南阳市人，现任荆门宾馆园艺部主任、高级工程师，荆门市花木盆景协会常务理事，湖北省盆景研究会委员，华中地区盆景研究会委员。

20 世纪 70 年代，邢进科迁居湖北荆门，1979 年他怀着对盆景艺术的极大兴趣，进入荆门市园林科研所花卉盆景研究室工作，投身到盆景艺术的创作之中。1981 年他参加湖北省举办的盆景艺术学习班的学习并结业，1983 年因其特殊专长被市政府领导点名调入荆门宾馆从事园林绿化工作。1984 年师从中国盆景艺术大师贺淦荪先生，系统学习"动势盆景"的理论和创作。

邢进科创作的作品，风格清新，树形生动，犹如被大风吹袭后的神态，栩栩如生，具有强烈的时代感和鲜明的抒情性，对当代"动势盆景"风格的发展具有推进作用，产生了积极的影响。其代表作有《立马挥戈》《古稀赞》《展望未来》《夕阳红》《纵览云飞》等。其中《立马挥戈》荣获第三届中国盆景评比展览一等奖；《古稀赞》荣获第四届中国盆景评比展览一等奖；《展望未来》荣获第五届中国盆景评比展览一等奖；《纵览云飞》荣获第四届亚太地区盆景赏石会议暨展览会铜奖。

创作之余，邢进科还勤于笔耕，其论文《浅谈本是同根生，树石盆景的制作》选入中国盆景论文集（第二集）；《谈"立马挥戈"的创作》发表于《中国花卉报》，并被选入《中国盆景名作选》；《树石盆景的制作》均先后被《中国花卉报》刊登；同时还有大量的盆景制作及专业论文发表于《花木盆景》《荆门日报》等报刊、杂志。其创作经验和理论见解给盆景界同行留下了深刻的印象。

邢进科襟怀坦诚，朴实谦逊，强调只有继承前辈精粹、借鉴海外经验，才能将我国的盆景艺术发扬光大，才能更好地向世界展示中华盆景艺术的博大与精深。

2001 年 5 月中华人民共和国城乡建设部、中国风景园林学会联合授予邢进科"中国盆景艺术大师"荣誉称号。

7. 苏伦（其简介详见第三批）

8. 陆志伟（其简介详见第三批）

9. 李金林

李金林，1925 年生，浙江省鄞县人，原任上海市昆明中学教师，现任上海市盆景协会副理事长。

李金林 1953 年在教学之余爱好盆景艺术并培养制作盆景。从 1962 年起，他从事微型盆景研究，得到宜兴紫沙厂工艺师徐汉棠的帮助，获得了第一批微型小盆，开始创作和培养微型盆景，并获得成功，后又于 1979 年春首创了陈设于博古架上的微型组合盆景，使传统的盆景平面陈设开创了在博古架上摆设微型盆景和古玩以体现群体美的立体摆设，使欣赏效果产生了质的飞跃，为当时的上海盆景界所瞩目。1979 年，李金林送展的微型组合盆景在北京举办的全国盆景艺术展览上亮相，引起了专家同行的关注和赞赏，《光明日报》对此做了详细报道。1980 年《上海龙华盆景》一书出版，再次介绍了他的微型组合盆景。微型组合盆景由于在北京全国盆景艺术展览上的展示，《光明日报》媒体的传播及《上海龙华盆景》一书的流传，从此微型组合盆景在国内外得到了普遍的推广，并成了海派盆景的特色之一，也成为盆景大类的新类目。

李金林创作的微型组合盆景分别荣获第一届中国盆景评比展览一等奖和二等奖及第四届亚太地区盆景赏石会议暨展览会颁发的银奖。

李金林先后编写盆景专著《微型盆景》《中国微型博古盆景》，主编《中国海派盆景》，担任《中国盆景艺术大观》编委，主写微型组合盆景，并在《花鸟鱼虫赏玩词典》中主写盆景大类目，合著《盆景手册》。在《中国盆景——佳作赏析与技艺》《上海龙华盆景》《盆景艺术展览》《中国盆景艺术》《中国盆景名作选》等盆景专著上，以及上海《解放日报》《文汇报》《新民晚报》等报刊上都曾刊登了李金林所撰写的文章和微型组合盆景作品图照。同时邮电部还发行了他创作的《微型组合盆景》明信片3组。

上海电视台、中国科教电影制片厂曾到李金林家中拍摄了微型组合盆景、大盆景、山水盆景，并多次播放。

上海植物园、上海市盆景协会曾多次邀请李金林在全国性盆景技艺学习班上，讲授"微型盆景"的制作、养护修剪、作品造型示范等。2001年5月中华人民共和国建设部、中国风景园林学会联合授予李金林"中国盆景艺术大师"荣誉称号。

10. 邹秋华

邹秋华，1942年生，重庆市江津人，现任成都市望江公园盆景技师，成都市花卉盆景协会理事。

邹秋华1959年便从事盆景创作工作，在多年盆景创作实践中，逐渐形成"陡峭、俊美、飘逸、潇洒"的独特艺术风格，其在竹石、树木、山水盆景创作上都有较深造诣。他创作的《翠盖》《龙腾虎跃》分别荣获首届中国盆景评比展览一、三等奖；《千秋峥嵘》荣获第二届中国盆景评比展览三等奖；《千佛朝圣》荣获第三届中国盆景评比展览二等奖。

1995年5月邹秋华应邀参加在新加坡举办的第三界亚太地区盆景雅石会议暨展览，并做竹石盆景示范表演。

2001年5月中华人民共和国城乡建设部、中国风景园林学会联合授予邹秋华"中国盆景艺术大师"的荣誉称号。

11. 邵海忠

邵海忠，1944年生，江苏省宜兴市人。现任上海植物园盆景研究室副主任、高级技师，上海盆景协会常务理事。

邵海忠1962年进入上海植物园，从事盆景生产和创作至今已近40春秋。在其盆景创作生涯中对松柏盆景情有独钟，通过长期观察松柏类树木生长习性和多年创作实践，从松柏树的刚柔相济和阳刚之气上，获得创作松柏类盆景之精妙和灵性，并以松柏精神作为创作源泉。故其创作的松柏盆景，以"精气""神韵"的艺术效果，达到"形态美、意境美"。同时在创作松柏盆景时，注重树材的选择取舍，讲究实用和造型取势，运用技法加以细致修饰，使其创作的松柏盆景构图精妙，格调高雅。由于他的聪明勤奋，早在1982年上海植物园就为其举办"邵海忠盆景作品展览"，1984年派他赴丹麦举办"上海盆景展览"，并做示范表演。其创作的黑松盆景《高风亮节》、五针松盆景《平步青云》，分别荣获第二届和第三届中国盆景评比展览一等奖；黑松盆景《高歌颂松风》、五针松盆景《雄鹰》分别荣获第四届亚太地区盆景赏石会议暨展览的银奖和铜奖；黑松盆景《沧海横流》荣获'99昆明世界园艺博览会金奖；五针松盆景《雄风》荣获第五届中国盆景评比展览一等奖。邵海忠与汪彝鼎合著《山水与树桩盆景》，他还担任《中国盆景艺术大观》《中国海派盆景》编委，并编写有关章节。其创作的盆景佳作被《中国盆景》《中国盆景佳作欣赏》《当代中国盆景艺术》《中外盆景名家作品鉴赏》等盆景专著选用。他还曾担任中国教育电视台录制《盆景》专题片的艺术顾问。

邵海忠曾先后担任北京林业大学函授班、上海园林技校以及各地盆景培训班盆景教师，并带美国、英国、加拿大等盆景学员多人。2000年还赴印度尼西亚演讲中国盆景。

2001年5月中华人民共和国城乡建设部、中国风景园林学会联合授予邵海忠"中国盆景艺术大师"荣誉称号。

12. 胡乐国（其简介详见第三批）

13. 赵庆泉（其简介详见第三批）

14. 胡荣庆（其简介详见第三批）

15. 梁玉庆

梁玉庆，1945 年生，山东省济南市人，现任山东省盆景赏石协会常务理事，济南市花卉盆景协会副理事长。

梁玉庆自幼喜爱花卉植物，1968 年起专注于盆景制作，并虚心好学，积极接受园林部门专家在盆景理论与制作方面的指导，通过对植物生理、生态特点和盆景制作造型的研究与实践，总结出松柏类盆景粗枝拿弯的"手指对插法"。近年来的研究侧柏盆景舍利干的形成及利用侧柏枝条培养神枝，特别是在干身生长过程中多次剥皮促其形成枯干的层次变化，尽量少用人工雕凿的方法创作舍利干，又有了新的突破。在山水盆景制作中学习前辈们的技艺章法，潜心研究石上之树的形态特点，提出"突出表现近景"，强调树石有机的结合，使树石融为一体，达到源于自然高于自然的艺术效果。

他早年在上山挖掘树桩的过程中发现，适合制作树木盆景的野桩的形成原因，多由百姓砍柴为主要因素。之后，他经多年实践探索出人工培养树木盆景的途径，"樵夫修剪法"，即"粗养细剪"的方法。

梁玉庆在山东盆景形成"雄浑自然，苍劲古朴"的风格特点上做了积极的探索和实践。他热心传授和探讨盆景制作技艺，较好地带动了济南地区盆景的发展和提高。他的主要论文有：《山东盆景地方风格初探》（中国盆景学术论文集第一集）。在《中国盆景艺术大观》山东盆景部分有：《松柏类盆景制作技法》《山水盆景制作技法》《扦插苗培养树桩盆景技法》等论文发表。在《中国盆景论文集第二集》有《济南山水盆景及风格》等论文发表。在 1990 年淮南华东地区盆景学术研讨会上，他用实物做了关于《用扦插苗培养树桩盆景》的讲演。

梁玉庆数十年来创作的作品有：附石盆景《荟翠》（六月雪附吸水石）荣获首届中国盆景评比展览二等奖；翠柏盆景《齐鲁风韵》、山水盆景《山村》（沙面石、小叶冬青）双获第三届中国盆景评比展览一等奖；《齐鲁风韵》又荣获第四届亚太地区盆景赏石会议暨展览铜奖、'99 昆明世界园艺博览会银奖；米叶冬青盆景《绿荫》、山水盆景《天上人间》（沙面石、米叶冬青）、侧柏盆景《巍然》、微型组合盆景《卧游》分别获第五届中国盆景评比展览金、银奖。

2001 年 5 月中华人民共和国城乡建设部、中国风景园林学会联合授予梁玉庆"中国盆景艺术大师"的荣誉称号。

16. 盛定武（其简介详见第三批）

二、国际互联网与盆景业

（一）现　状

1. 在国际互联网上搜索有关盆景网站

在国际互联网上要搜索盆景的有关网站，可以选择国内和国外著名的网站作为搜索引擎，如中国的搜狐网站（http：//www. sohu. com）、美国的雅虎网站（http：//www. yahoo. com），输入的关键词中文是"盆景"，英文是"Penjing"或"Bonsai"，输入"Bonsai"关键词可以在 yahoo 网上检索出 151 个网站，而以"penjing"做关键词可以在 yahoo 上检索到 3 个网站，其中有不少世界著名的盆景专业性网站，盆景专业网站大致可以分为如下两大类：以营利为目的的个人或企业的盆景网站；不以营利为目的，而是以传播介绍盆景的专业知识为目的的专业性网站。

2. 在国际互联网上进行盆景产品交易

Internet 走向普及化才不过几年，但它已从单纯的信息共享媒体，发展为最兼具"实际用途"的商业窗口。网上盆景经营者的网页一般包括自我介绍、拍卖（Auctions）、分类广告（Classifieds）、帮助论坛（Help Forum）、盆景俱乐部（Bonsai Clubs）、盆景苗圃（Nurseries）、与其他相关盆景专业网站的连接（Links）、产品照片、目录、价格及供求信息、技术信息、网上服务项目、定单、最新产品时尚、盆景知识 powerpoint、有关盆景知识的文章、盆景有关论著和书籍等内容。网上盆景经营者可

提供零售、批发、电话及 E - mail 定购、在线订购、导购、产品养护管理、病虫害防治指南、礼品盆景代送业务、居室装饰建议等任何一种你所需要的服务。除盆景产品外，可提供盆景制作所需的各种材料（按照字母排序介绍植物种类）和工具如盆器、几架、配件、桩景工具、山水盆景制作工具、盆土、专用肥料等。网上的各种盆景贸易组织、协会和销售联盟为本组织成员提供盆景贸易信息，如产品报价、库存、生产现状、市场供求、生产技术的发展、该组织范围内的重大事件、主要盆景展览活动日程安排、国内及世界盆景交易会的时间表。这类站点在方便和加强各成员间的技术、信息交流与协作，拓展经营范围，促进世界盆景贸易的发展方面起着不容忽视的积极作用，这也正是网上盆景贸易优越性的具体体现之一。互联网上有了各种各样的盆景产品和盆景经营者、盆景贸易组织者。专门提供网上盆景交易场所的盆景拍卖市场。http：//www. bonsaibarter. com 网上盆景交易可在盆景拍卖市场进行，也可直接在网上的盆景站点中进行，你只需填写一张电子订单，打个电话、发个 E-mail 或传真，再按照各盆景供应商所能接受的付款方式付款即可。和网上拍卖市场的交易方式相比，这种直接的在线购买方式规模较小，不具有实时交互性，客户的自主性和选择性在一定程度上受到了限制，也少了些讨价还价的乐趣，但快捷方便，如 www. bonsaibarter. com 网站提供的盆景拍卖服务，包括桩景树的拍卖、盆器的拍卖、制作工具的拍卖以及盆

景作品的拍卖，但你必须首先登记成为该网站的注册用户，才可以在网上拍卖自己的产品，或购买你需要的产品。以美国夏威夷地区真正室内盆景（True Indoor Bonsai™：houseplant bonsai）创始人 David W. Fukumoto 先生命名的福枯盆景公司（Fuku-Bonsai）为例介绍如何开展网上交易的。最初该公司的销售方式是零售邮购客户或大量零散的零售商拿着订单付款，这样使订单数量大大减少，此外当福枯盆景栽培中心和夏威夷国家盆景展览馆（Fuku-Bonsai Cultural Center & Hawaii State Bonsai Repository）开放之后，参观者往往不会带支票或足够的现金，只是简单地将参观者选中的盆景挂上标签，等消费者回到家再把支票支付给该公司之后才送货。这样销售速度和销售量大大受到限制，所以这家公司急

切要求网上交易，建立自己的网站成为很大的挑战。在建立起网站之后，人们建议该公司采用信用卡（credit card）支付，他们迟迟没有采纳，原因是由于网上交易最大的问题是存在网上信用卡欺骗（online credit card fraud），他们没有能力为消费者提供足够的网上消费安全。

下面是该公司订购盆景的订货单：

订购说明：打印这张表，手工填写并寄给 Fuku-Bonsai，通过 PayPal 公司信用卡支付费用，所有有关订购信息发送给 sales@fukubonsai.com，我们将给客户发送确认 E-mail 和 PayPal 公司的接款发票。并在接到 PayPal 公司您的付款证明后的下一周开始发货。

买卖双方可在交易中心按以下方式进行交易：使用商品交易中心的电子商务系统洽

Ordered by（订货人）_____
Street address（地址）_____
City, State, ZIP（城市、邮政编码）_____
Day phone（白天电话）_____
Evening phone（夜间电话）_____
Please ship the following to me to arrive（请将以下货物发送到我的地点）
_____
Item(s)#_所要产品种类和数量_____（金额）$ _____
SEND GIFT #1 TO 收货人_____
Street address 地址：_____
City, State, ZIP 邮政编码_____
Day phone 电话(_____)_____ Item # _____ $ _____

谈——确定合同草案后在网上办理合同生效手续并将签章合同寄至交易中心，买方按合同要求向银行支付定金——银行通知交易中心定金到位——交易中心通知卖方发货——卖方向买方发货——卖方向交易中心提交单据——交易中心通知买方向银行付清余款——买方向银行支付余款——银行通知交易中心余款到位——交易中心向买方移交单据——买方收货——交易中心提交《验收报告单》——交易中心通知银行向卖方划付货款——银行向卖方划付货款。虽说目前交易中心的专业市场中仍未建立花卉市场，但随着我国信息产业的迅速发展，网上盆景市场必然会诞生，网上交易方式也将进一步完善。

3. 网上盆景俱乐部

美国 www.bonsaibarter.com 网站的盆景俱乐部栏目列出美国各个州的盆景组织和世界各地有名的盆景组织：包括英国、澳大利亚、加拿大、哥伦比亚、法国、德国、以色列、意大利、卢森堡、新西兰、巴拿马、菲律宾、南非等。

美国各州的盆景学会、组织共269个[见本文（三）]、英国2个、澳大利亚12个、加拿大18个、哥伦比亚2个、法国1个、德国2个、以色列1个、意大利2个、卢森堡1个、新西兰19个、巴拿马1个、菲律宾1个、南非4个、瑞士4个。

4. 网上盆景教育、科研、期刊、书籍和有关信息

国际互联网连接了全球众多的科研院所，其中不乏盆景相关站点。国外几乎每一所综合性大学都设有观赏园艺即花卉（Ornamental Horticulture）或园林（Landscape Architecture）专业。并且有许多盆景的专业网站，除了许多以营利为目的的网站外，有许多不是以营利为目的，而是为了传播盆景艺术的知识，增进国际友谊，网上交流盆景制作的经验、互相解决制作养护中存在的问题，以论坛、在线帮助、盆景知识介绍、各种与盆景有关的信息免费提供等形式为盆景爱好者服务的网站。如 www.internetbonsaiclub.org 可以提供在线课堂（on-line bonsai class），一步步教给你怎样制作和养护盆景，还有提供多媒体盆景的流派、植物材料种类等，还有盆景字典收录所有与盆景有关的名词解释。在连接选项里可以连接其他盆景组织或协会、个人网页、盆景展览、著名盆景大师。又如印度尼西亚的盆景国际俱乐部（www.boansaibci.com）是 2001 年刚成立的专业性盆景网站。美国盆景苗圃协会的网站（www.americanbonsai.com）为你提供各种类的盆景制作素材。www.gardenweb.com 是专门提供网上盆景制作和养护管理讨论的专业性网站。可以提出各种问题，并在网上寻求解答并得到解决。各种各样的盆景参考资料——虚拟图书馆中的盆景书籍、期刊论文、光盘、缩微胶片和电子刊物、网上书店中的最新出版物、各国盆景数据库中的文本和超文本资料（如图像、声音、视频、照片等）……在网上应有尽有，无法穷举。下面列出几个参考资料较集中的站点供大家参考：Amazon（www.amazon.com）——堪称环球网上最大的书店，应该说是世界上最大的书店，其庞大的货物清单上有 100 万种书籍，几乎包括了所有的印刷物，用户能够按作者、学科或种类查找，阅读网上其他读者写的书评，甚至发表自己写的书评。可用鼠标点击并且邮购。Virtual Library（www.fao.Ore/library/librarye.

htm）——使得国际粮农组织的巨大信息资源能为任何一个互联网使用者所接近，该图书馆中的媒体数据库收藏有多种超媒体文件，如照片、声音、录像、图片等，此外还提供了有效的信息检索工具。许多盆景网站都提供有关盆景书籍的信息。如美国盆景学会（American Bonsai Society）网站的网址是：http：//www.absbonsai.org，通过该网站可以获取许多信息，其中之一就是获取有关盆景的书籍（教科书和专著等）如《盆景简明函授教程》Introduction to Bonsai：A Correspondence Course，包括内容简介、使用对象、页数、彩图数、价格、邮寄地址、图书封面彩图等。《盆景设计基础》（Basic Bonsai Design）A Guide for Successful Bonsai Presentations、A Guide for Successful Bonsai Workshops、Introduction to Bonsai - A Course Syllabus、Instructor's Manual for Introduction to Bonsai – A Course Syllabus 邮购地址：美国盆景学会图书服务部（The American Bonsai Society Book Service），美国罗得岛州 W. Kingston 市 324 信箱，邮政编码 02892，电话：（401）783－0964，传真：（401）454－8167，电子信箱：absbooks@aol.com（P. O. Box 324, W. Kingston, RI 02892, U. S. A；Phone：（401）783－0964；Fax：（401）454－8167；E-mail：absbooks@aol.com。日本的盆景网（www.bonsaiweb.com）成立于 1996 年，是专业性提供盆景书籍的专业性网站，可以提供 160 多种盆景专门的书籍网上订购。

互联网上盆景站点数目繁多，种类齐全。许多专业性或非专业性站点均提供了各种与盆景有关的休闲娱乐空间。在盆景新闻讨论组或 BBS 上和其他的盆景爱好者交流养护经验，可以发布自己的广告，如 www.bonsaibarter.com 提供各种广告，广告费用为 30 美元在网上保留 2 周。各类盆景网站间的链接使得网上无边无际的各类专业性或非专业性盆景资源成为一个有序可循的统一的网上盆景世界。在这里能找到你所需的关于盆景的任何信息——可供查询的盆景图片库，盆景生产者、进出口商、零售商、批发商，盆景研究机构。

(二)发展趋势及其建议

1. 网上盆景业发展趋势

网络贸易在当今信息化时代正以一日千里之势向前发展:1994—1996 年,欧洲出现约1800 家网络书店;1997 年欧洲的网上营业额为3.5 亿英镑;1997 年美国网络购物金额约 60 亿美元,比 1996 年增加 4 倍。目前美国网上购物中心已增至 2 万家以上。据美国国际数据公司统计,1997 年网上购物人数达 1800 万(占上网人数的 1/4),2002 年将达 1.28 亿(占上网人数的 40%),网上销售额以每年 103% 的速度增长。1998 年全球电子贸易的营业额达 500 亿美元,2002 年将达 4000 亿美元。1998 年 7 月 2日,国家经贸委下发了[1998]397 号文件《关于加强中国商品交易中心建设工作的通知》,要求全国各地加大力度抓好中国商品交易中心各分支机构的建设,要求国家确定的 512 户重点企业、1000 户企业以及国家财政预算内的40 000户企业都要人人会上网;中国电子商务发展战略国际研讨会 http://ehinareform.com /Summit / summlt. htm 于 1998 年 11 月 9 ~ 12 日在中国北京举行;由中国对外贸易经济合作部和信息产业部联合举办的“中国电子商务应用博览会”,于 1999 年 9 月 6 ~ 9 日在北京展览馆举行。

由此可见,在国际互联网上推广电子商务,已是数字化时代全球贸易的大势所趋,目前已有近十万家企业和 2000 多家银行参与网上商业交易和金融业务,发达国家中 50% ~ 60% 的大型企业在构造自己的 Internet。随着经济发展全球化,电子商务模式、规范和软件的成熟,Internet 将成为世界贸易的公共平台。我国网上盆景业的发展当然不会逆流而行,回顾一下我国网上盆景业近年来的发展变化便可窥一斑。中国没有特别专业的政府和协会团体盆景网站,中国盆景网(www. cnbonsai. com)最初的目的就是为了销售盆景产品,是由浙江金华县赤松乡山口村个体户注册创办的。自 2001 年 10 月运行以来,截至 2002 年 1 月访问人数已经达到24 857人次。开设的栏目有:基地建设、盆景概述、盆景销售、特别销售、苗木销售、网上租赁、在线咨询、结账、友情连接、展览信息发布等。是目前我国维护较好的盆景专业性网站。中国花卉盆景协会没有自己的协会网站。我国许多行业协会、学会没有自己的网站,这是一个带有普遍性的问题,其他有关盆景的内容都穿插在其他网站中。专业性盆景网站非常少。目前国内网上的盆景科研几乎仍是空白。显然,我国未来的网上盆景业不会仅仅局限于提供信息资源和通讯手段,还将为盆景的经济贸易提供全方位的服务。

2. 对发展我国网上盆景业的几点建议

纵观当今网上盆景业的发展状况,我们可看到在网上的盆景世界中,从教育、科研、政府部门到盆景企业,从专业咨讯、学术讨论到与本专业相关的书籍、报刊、杂志、学会协会、专业数据库和图片库,从商业贸易到休闲娱乐,可谓无所不包。Internet 确实给我们带来了诸多的便利和机遇——网络加快了信息的传播,促进了商贸合作和科研技术的交流;网络课堂、网上交易打破了时空限制;网络贸易方式将帮助我国盆景企业及时获取反馈信息,掌握市场需求,减少中间环节,降低营销成本,建立与国际盆景业的直接联系,为打开我国盆景业销售渠道提供更多机会,为参与国际市场开展国际竞争提供现代化的信息手段。为了尽快缩短与发达国家间的差距,完善我国盆景产业的网上建设,可以从以下几方面进行:

(1)丰富网上的盆景资源。与世界网上盆景资源相比,我国网上盆景资源无论是种类还是数量都十分贫乏。目前国内网上盆景站点寥寥无几,大量的网上盆景信息来自公众信息网和花卉信息网,而国外与盆景相关的网站几百个。

(2)建立全国性的大型盆景数据库,尤其

注意增加非文本形式的数据。世界上每一个盆景业较发达的国家都有全国性的大型盆景数据库、盆景植物素材图片库，目前国内还没有有关盆景的图片库。

（3）政府应投资主要的科研教育机构以建立其站点，并在权威性科研机构的站点中提供科研工作者进行交流的场所，如设立盆景 BBS 栏目。目前国内的公众信息网尚无盆景 BBS，而少数企业开通的 BBS 却无人加入。

（4）开拓远程教育、远程合作研究领域。

（5）在网上建设盆景团体组织。全国各省（自治区、直辖市）除西藏外均成立了省级盆景协会，而这些组织却无一建设自己的网站。

（6）丰富网上的专业报刊和杂志。目前中国有关盆景的专业性杂志有：《花木盆景》《中国花卉盆景》《盆景》《中国盆景》。

（7）注重综合性站点的建设。每个国家至少应有一个较全面地收入国内外主要盆景相关站点链接，把全球网上的各类盆景信息整理组织成为有序的、便于查找的、统一资源的综合性站点。一个连接盆景生产者、经营贸易者和消费者，进行网上贸易管理如监督网上交易是否依照国家法规、交易双方是否履行网上合同，保证交易的私密性和安全性，保证网上商品质量等。

（8）提高现有站点建设质量。充实网页内容，增加信息量及时维护和更新网页，丰富相关站点间的链接。注重多语言版本的网页建设，尽量提供除中文以外的世界性语言网页，如英文，以扩大访问对象的区域范围，更有利于进行国际合作和交流。国外的大多数盆景站点尤其是商业性站点都有多语言版本的网页。

（9）改进交易和支付方式，企业除上网发布自己的商品信息外，还应能进入网上加密的虚拟贸易洽谈室进行实时谈判，实现通过网络银行或信用卡支付，目前上海信息产业公司已研制出电子支付方式安全认证系统，上海商业增值网已包含一个信用卡前置服务系统，专门为银行和商户提供信用卡实时转接授权、实时扣款、账务平衡、客户支持等与信用卡受理相关的服务，互联网受理信用卡的种类已有工商银行牡丹卡、农业银行金穗卡、中国银行长城卡、建设银行龙卡等十几种。运用广域电子生产管理系统，建立网络环境下生产盆景产品的企业间的优势重组，即虚拟企业系统或企业联盟，以扩大网上盆景交易的规模和销售经营服务范围。

（10）盆景信息产业的组织管理。政策法规：采用各种优惠政策鼓励全国各地的盆景企业、科研教育单位、协会组织、个体经营者上网，例如，对教育、科研等非经营性的单位提供全免或特别优惠的资费服务。发挥政府组织、引导职能，总体规划，统一管理相关网站的建设和网上信息发布，避免重复投资。

（三）网上可以查到的世界各国盆景学会、俱乐部和各种组织

美国

1. Alabama Bonsai Society
   地址：2612 Lane Park Road, Birmingham, Alabama 35223
2. The Living Art Bonsai Society
   地址：1905 Orba Dr, Huntsville, Alabama 35801
   Tel：(205) 536 - 4659
   Email：bonkers@ro.com
3. Azalea City Bonsai Society
   地址：PO Box 2286, Mobile, Alabama 36652
   Tel：(334) 633 - 9163
4. Borealis Bonsai Club
   地址：2653 Tenakee Way, North Pole, Alaska 57262
   Tel：(907) 488 - 5786
5. American Bonsai Society
   地址：2026 W Northview, Phoenix, Arizona 85021
   Tel：(602) 995 - 3870

Email：derond@ home. com

网址：www. absbonsai. org/

6. Phoenix Bonsai Society

地址：1809 N. 15th Ave. , Phoenix, Arizona 85021

Tel：（602） 995 – 3870, Email：derond @ home. com

网址：www. absbonsai. org/

7. Tucson Bonsai Society

地址：PO Box 32456, Tucson, Arizona 85751

Tel：（520） 749 – 4155

传真：（520） 722 – 0212

Email：bonsai@ theriver. com

8. Bonsai of Payson

地址：905 N. Hillcrest, Payson, Arizona

Tel：（602） 474 – 3370

9. Bonsai of Scottsdale

地址：10440 E Via Linda near Shea Blvd. , Scottsdale, Arizona

Tel：（480） 860 – 9348

10. Bonsai Club of Hot Springs

地址：Hot Springs, Arkansas （501） 624 – 1691

Email：jharwood@ hsnp. com

11. Bonsai Society of Central Arkansas listed on 28 – Jul – 00

1501 Kavanaugh Blvd, Little Rock, Arkansas

Tel：（501） 224 – 5454

12. Santa Anita Bonsai Society, 301 N. Baldwin Ave. , Arcadia, California

Tel：（818） 445 – 4529

13. Shohin Bonsai Society 1021 Sierra Vista Dr. , La Habra, California 90631

Tel：（310） 691 – 3450

14. Humboldt Bonsai Society PO Box 816, Trinidad, California 95570

Tel：（707） 677 – 0636

15. Chico Bonsai Society PO Box 1869, Chico, California 95927

Tel：（916） 342 – 0545

16. Seacrest Bonsai Club 288 W. 5th St. , Crescent City, California 95531

Tel：（707） 464 – 4949

17. Sansui Kai Bonsai Society 4935 Balboa Blvd. , Encino, California

Tel：（818） 349 – 0508

18. Fresno Bonsai Society Fresno California Email：bxfs46b@ prodigy. com

19. Dai Ichi Bonsai Kai 21814 Orrick Ave. , Carson, California 90745

Tel：（310） 830 – 2545

20. Hanford Bonsai Society, Inc PO Box 106, Hanford, California 93232

Tel：（209） 584 – 6274

Email：hanfordbonsai@ gsbf – bonsai. org

网址：www. gsbf – bonsai. org/hanfordbonsaisociety

21. California Bonsai Society Los Angeles California

Tel：（310） 391 – 0147

22. Descanso Bonsai Society 480 Oxford Dr. , Arcadia, California 91007

Tel：（818） 445 – 4529

23. Modesto Bonsai Club PO Box 578518, Modesto, California 95357 – 8518

24. Monterey Bonsai Club PO Box 1053, Pacific Grove, California 93950

Tel：（408） 649 – 5934

Fax：（408） 649 – 5934

Email：joe – byrd@ sbcontent. com

25. Napa Valley Bonsai Club PO Box 2622, Napa, California 94558

Tel：（707） 224 – 8983

Email：pap1142@ juno. com

26. East Bay Bonsai Society PO Box 1575, El Cerrito, California 94530

27. Kusamura Bonsai Club Palo Alto, California

Tel：（415） 323 – 6955

28. Descanso Bonsai Society 2430 Woodlyn Rd, Pasadena, California 91104

Tel：（626） 398 – 8412

Fax：（626） 398 – 8881

29. Inland Empire Bonsai Society 3349 Dwight Ave. , Riverside, California 92507

Tel：（714） 682 – 6623

30. American Bonsai Association of Sacramento

7070 Lakewood Dr. , Pollack Pines, California 95726

Tel：(530) 644 - 5166

Fax：(530) 644 - 1402

Email：fdbonsai@ aol. com

31. Sacramento Bonsai Club 7070 Lakewood Dr. , Pollack Pines, California 95726

Tel：(530) 644 - 5166

Fax：(530) 644 - 1402

Email：fdbonsai@ aol. com

32. Satsuki Aikokai of Sacramento 7070 Lakewood Dr. , Pollack Pines, California 95726

Tel：(530) 644 - 5166

Fax：(530) 644 - 1402

Email：fdbonsai@ aol. com

33. Sekiyu Kai Bonsai Club 7070 Lakewood Dr. , Pollack Pines, California 95726

Tel：(530) 644 - 5166

Fax：(530) 644 - 1402

Email：fdbonsai@ aol. com

34. San Diego Bonsai Club PO Box 40037, San Diego, California 92104

Tel：(619) 231 - 9899

35. Bonsai Society of San Francisco San Francisco, California

Tel：(415) 285 - 6807

36. Midori Bonsai Club, San Jose, California

Tel：(408) 248 - 5743

37. Bay Area Shohin 117 Jefferson Dr. , Tiburon, California 94920

Tel：(415) 388 - 5854

38. Hillsborough Bonsai Society, San Mateo, California

Tel：(415) 348 - 2835

39. Sei Boku Bonsai Kai, 889 Lurine Dr. , Foster City, California 94404

Tel：(415) 574 - 6074

40. Bonsai Club of Santa Barbara, PO Box 3703, Santa Barbara, California 93130

Tel：(805) 964 - 0869

41. Santa Maria Bonsai Club, Santa Maria, California, (805) 489 - 9046

42. Redwood Empire Bonsai Society, Santa Rosa, California, (707) 575 - 7546

Email：nawilli@ sonic. net

43. Baiko - En Bonsai Kenkyukai, 5009 N. Willow Ave. , Covina, California 91724

Tel：(818) 331 - 8382

44. Vaca Valley Bonsai Club, P. O. Box 184, Vacaville, California 95696

Tel：(707) 437 - 6910

Email：kchapnick@ yahoo. com

45. Orange Empire Bonsai Society, P. O. Box 2114, La Habra, California 90632

Tel：(714) 995 - 2762

Email：marieminton@ hotmail. com

46. Kofu Bonsai Kai, 530 North Euclid, Anahiem, California

Tel：(310) 374 - 6584

网址：www. prepgraphics. com/kofu. html

47. Bonsai Club of Leisure World, Anahiem, California

Tel：(714) 472 - 8181

48. Orange County Bonsai Society, California

Tel：(714) 562 - 2549

49. Gold Country Bonsai Club, 3201 Newtown Road, Placerville, California 95667

Tel：(530) 295 - 0200

Email：fdbonsai@ aol. com

50. Rocky Mountain Bonsai Society, Colorado

网址：www. ossie. com/bonsai/

51. The Western Colorado Bonsai Society of Grand Jct. , Colorado

Email：jwtrehaus@ netscape. net

52. Bonsai Society of Greater New Haven, 36 Mulberry Hill St. , Hamden, Connecticut 06517

Tel：(203) 288 - 6744

53. Bonsai Society of Greater Hartford, Newington, Connecticut

Tel：(203) 724 - 0284

54. Yama Ki Bonsai Society, 151 Brookdale Rd. , Stamford, Connecticut 06903

Tel：(914) 633 - 8338

55. Woodbury Online Bonsai Club

Email for Info, Woodbury, Connecticut 06798

Tel: 203 – 263 – 4251

网址:www. WoodburyBonsai. com

56. Washington Bonsai Club, 3501 NY Ave. NE, Washington, District of Columbia 20002

Tel: (202) 583 – 2676

57. Potomac Bonsai Association, 3501 NY Ave. NE, Washington, District of Columbia 20002

Tel: (202) 583 – 2676

58. Lighthouse Bonsai Society, 150 N. W. Crawford Blvd. , Boca Raton, Florida, (305) 566 – 4611

59. Kawa Bonsai Society of Daytona Beach Florida, PO Box 11861, Daytona Beach, Florida 32120

Tel: (904) 441 – 7289

Email: TomZ50925@ aol. com

60. Bonsai Societies of Florida, Daytona Beach, Florida

Email: TomZ50925@ aol. com

网址: www. bonsai – bsf. com

61. Gold Coast Bonsai Society, Inc. , 9525 W. Oakland Park Blvd. , Sunrise, Florida 33351

Tel: (305) 989 – 4123

62. Southwest Florida Bonsai Society, 11411 Waterford Village Dr. , Ft. Myers, Florida 33913 – 7917

Tel: (941) 561 – 3058

Email: jhartner@ peganet. com

63. Treasure Coast Bonsai Society, 8400 Picos Rd. , Fort Pierce, Florida, (407) 562 – 5291

Fax: (407) 562 – 5291

64. Fort Walton Beach Bonsai Society , Ft. Walton Beach, Florida 32549

Email: fwbbs@ multilinkws. com

网址:www. multilinkws. com/bonsai

65. North Florida Bonsai Club, 4161 Seabreeze Dr. , Jacksonville, Florida 32250, (904) 223 – 4749

Email: sprite2668@ aol. com

66. Bonsai Society of the Palm Beaches, Palm Beache, Florida

Email: dmiller@ flinet. com

网址: www. gopbi. com/community/groups/bonsaipb

67. Gainesville Bonsai Society, PO Box 15383, Gainesville, Florida 32604 – 5383

68. Buttonwood Bonsai Club of Crystal River, 10 Boxelder Ct. , Homosassa, Florida 34446

69. Bonsai Club of Miami, 26560 SW 203rd Ave. , Homestead, Florida 33031

Tel: (305) 246 – 1972

70. Bonsai Society of Naples, P. O. Box 704, Bonita Springs, Florida 33959

Tel: (813) 947 – 3552

Fax: (813) 947 – 3552

71. Central Florida Bonsai Club, Orlando, Florida, (407) 425 – 4742

72. Bonsai Society of Brevard, 1263 Serenade St. NW, Palm Bay, Florida 32907

73. Pensacola Gulf Coast Bonsai Society, 1060 Shoreline Dr, Gulf Breeze, Florida 32561

Tel: (904) 492 – 1305

74. Charlotte Ichiban Bonsai Kai, PO Box 8023, Port Charlotte, Florida 33952 – 8023

Tel: (813) 625 – 6468

75. Suncoast Bonsai Club, 7770 52nd St. N, Pinellas Park, Florida

Tel: (813) 398 – 2904

76. Tallahassee Bonsai Society, Tallahassee, Florida

Tel: (850) 894 – 0540

77. Wee Arbor Study Group, 7582 Bowling Green Dr. Rt. 19, Box 1073, Tallahassee, Florida 32301

Tel: (904) 893 – 4442

78. Hukyu Bonsai Society of Tampa, 10704 Lake Carroll Way, Tampa, Florida 33618 – 4236

Tel: (813) 932 – 3714

79. South Palm Bonsai Society, Inc. 531 N. Military Trail, West Palm Beach, Florida

80. Central Florida Bonsai Club, Marks Street and Magnolia, Orlando, Florida

81. Bonsai Society of Miami, P. O. Box 430074, Miami, Florida 33243 – 0074

Tel：（305）754 - 6906

Email：bonsaiofmiami@ juno. com

82. Atlanta Bonsai Society, 3527 Canadian Way, Tucker, Georgia 30084

83. Club 100 Bonsai,1526C Pukele Ave. , Honolulu, Hawaii 96816

Tel：（808）523 - 4603

84. Pacific Bonsai Club, 2907 Alphonse Place, Honolulu, Hawaii

Tel：（808）737 - 0408

85. Rainbow Bonsai Club,2673 East Manoa Rd. , Honolulu, Hawaii 96822

Tel：（808）988 - 7775

86. Wahiawa - Waialua Bonsai Club, Honolulu, Hawaii

Tel：（808）625 - 1885

87. Kona Bonsai Club,Kailua - Kona , Hawaii

Tel：（808）325 - 7606

88. Pearl City Bonsai Club, 98 - 672 Papalealii St. , Aiea, Hawaii 96701

Tel：（808）486 - 8866

89. Prairie State Bonsai Society, PO Box 2634, Glen Ellyn, Illinois 60138

Tel：（630）963 - 5620

90. Midwest Bonsai Society, PO Box 1373, Highland Park, Illinois 60035

Email：sclark@ starnetinc. com

网址：www. midwestbonsai. org

91. De - La - Ke Bonsai Society,PO box 2013, Ottawa, Illinois 61350

Email：bonsai@ gateway. net

92. Bonsai Club Heart of Illinois,109 W. Almond Dr. , Washington, Illinois 61571

Tel：（309）745 - 5256

93. Quad City Bonsai Club,Rock Island, Illinois

Tel：（309）787 - 2927

94. Rock River Bonsai Society,18935 Capron Rd. , Capron, Illinois 61012

Tel：（815）569 - 2123

95. Springfield Bonsai Society,3116 Concord, Springfield, Illinois 62704

Tel：（217）753 - 8500

96. The Greater Evansville Bonsai Society,101 Terry Lane, Lynnville, Indiana 47619

Email：dbbonsai@ webtv. com

97. Ft. Wayne Bonsai Club, 17725 Lima Rd. , Huntertown, Indiana 46748

Tel：（219）637 - 5104

Fax：（219）637 - 7218

Email：Plantlady6@ aol. com

98. Indianapolis Bonsai Club,2450 Shelby Street, Indianapolis, Indiana 46224

Tel：（317）846 - 2640

Email：indybonsai@ mordredmanor. com

网址：www. indybonsai. org

99. Warsaw Bonsai Club,Warsaw, Indiana

Tel：（219）269 - 7664

100. Iowa Bonsai Society, 27887 Timber Rd. , Kelley, Iowa 50134

Tel：（515）769 - 2446

Email：lowman@ netins. net

网址：www. netins. net/showcase/iabonsai

101. Louisiana Bonsai Society,PO Box 41661, Baton Rouge, Louisiana 70835 - 1661

Tel：（225）275 - 2917

Email：hjmerril@ eatel. net

102. Bonsai Society of Acadiana, PO Box 51906, Lafayette, Louisiana 70505 - 1906

Tel：（318）984 - 7286

Email：jmb1520@ usl. edu

网址：www. ucs. usl. edu/ ~ jmb1520/bel html/bonsai. html

103. Lake Charles Bonsai Society, PO Box 1652, Lake Charles, Louisiana 70602 - 1652

Tel：（318）439 - 1632

Fax：（318）433 - 1580

Email：awbonsai@ iamerica. net

104. The Greater New Orleans Bonsai Society ,PO Box 13212, New Orleans, Louisiana 70185 - 3212

Email GaryM70056@ aol. com

网 址： www. acadiacom. net/martinwe/ GNOBS/index. htm

105. Bangor Area Bonsai Society, 1229 Broadway,

Box 417, Bangor, Maine 04401

Tel: (207) 947 – 5588

106. Baltimore Bonsai Club, 3630 Eastwood Dr.,
Baltimore, Maryland 21206

Tel: (410) 426 – 5421

107. Brookside Bonsai Society, Bethesda, Maryland

108. Bowie Bonsai Club, Bowie, Maryland

Tel: (301) 350 – 3586

109. Mei – Hawa Penjing Society, 12412 Shadow
Lane, Bowie, Maryland 20715

Tel: (301) 390 – 6687

110. Cape Cod Bonsai Club, 62 Deepwood Dr.,
East Falmouth, Massachusetts 02536

Tel: (508) 457 – 4953

Fax: (508) 457 – 0242

Email: orrstudio@ aol. com

111. Northeast Bonsai Association, PO Box 1172,
Melrose, Massachusetts 02176

Tel: (781) 662 – 5820

112. Bonsai Study Group of Massachusetts Horti-
cultural Society, Wellesley, Massachusetts

Tel: (617) 235 – 1874

113. Ann Arbor Bonsai Society, Michigan

Tel: (734) 747 – 6493

Email: cbailie@ umich. edu

网址: comnet. org/local/orgs/aabs/index.
html

114. The San Toshi Bonsai Club, Bay City, Michi-
gan

Tel: (517) 631 – 4852

115. Bonsai Society of Kalamazoo, 623 Wildwood
Place, Kalamazoo, Michigan 49008 – 1942

Tel: (616) 343 – 4518

Email: alan. jacobs@ wmich. edu

116. Four Seasons Bonsai Club of Michigan, 40
Fairwood, Pleasant Ridge, Michigan 48069

Tel: (248) 545 – 3879

Email: pdbaresi@ TIR. com

网址: http://www. geocities. com/Tokyo/
Towers/5925/

117. Shores Hokusai Bonsai Kai, Michigan

Tel: (313) 779 – 5625

118. West Michigan Bonsai Club, 520 South Street,
Greenville, Michigan 48838 – 2258

Tel: (616) 754 – 2351

119. Minnesota Bonsai Society, PO Box 32901,
Minneapolis, Minnesota 55432

Tel: (612) 339 – 8808

Email: info@ mnbonsai. org

网址: www. mnbonsai. org

120. Jackson Area Bonsai Society, Brandon, Mis-
sissippi 39047, (601) 992 – 3078

121. Bonsai Society of Greater Kansas City, 9842
Overhill Rd., Kansas City, Missouri 64134

Tel: (816) 762 – 2992

122. Bonsai Society of Greater St. Louis, 666 Les-
lie, Wood River, Missouri 62095

Tel: (618) 254 – 2018

123. Yukiyama Bonsai Kai, P. O. Box 70931, Re-
no, Nevada 89750

Tel: (702) 825 – 1858

Email: ptflynn@ aci. net

124. Las Vegas Bonsai Society, 3333 W Washing-
ton St, Las Vegas, Nevada 89107

Tel: (702) 876 – 6728

125. Cheshire – En Bonsai Group, P. O. Box 580,
Spofford, New Hampshire 03462

Tel: (603) 363 – 4828

Email: jmsmeds@ top. monad. net

126. The Great Swamp Bonsai Society, 483 Route
24, Chester, New Jersey 07930

Tel: (908) 879 – 2828

Email: dyedwab@ worldnet. att. net

127. The Bergen Bonsai Society, 178 Engle St.,
Tenafly, New Jersey 07670

Tel: (201) 568 – 3650

128. Albuquerque Bonsai Club, 1009 Washington
NE, Albuquerque, New Mexico 87110

Tel: (505) 268 – 9132

Fax: (505) 268 – 9132

Email: kensteg@ flash. net

129. Buffalo Bonsai Society, 203 Crosby Ave.,
Kenmore, New York 14217

Tel: (716) 873 – 8193

130. Staten Island Bonsai Society, 142 Lamoka Ave. , Staten Island, New York 10308

Tel：(718)984 – 9739

Email：sibonsai@ aol. com

网址：www. geocities. com/sibonsai

131. Long Island Bonsai Society, Long Island, New York

Tel：(516) 872 – 8153

Email：JimStop@ aol. com

132. Farmingdale Chapter of Bonsai Society of Greater New York,1243 Melville Rd. , Farmingdale, New York 11735

Tel：(516) 293 – 9246

133. Bonsai Kai of Central New York, 104 Flint Path, Syracuse, New York 13219

134. Finger Lakes Bonsai Society, Ithaca, New York

Tel：(607) 257 – 1770

135. Queens Chapter of Bonsai Society of Greater New York,1243 Melville Rd. , Farmingdale, New York 11735

Tel：(516) 293 – 9246

136. Mohawk – Hudson Bonsai Society,6184 Depot Rd. , Altamont, New York 12009

Email：dirvine3@ nycap. rr. com

137. Bonsai Society of Greater New York,PO Box 565, Glen Oaks, New York 11004

Email：ardy01@ earthlink. net

网址：www. geocities. com/RainForest/vines/2647/index. html

138. Bonsai Society of Upstate New York,PO Box 92215, Rochester, New York 14692

139. Saratoga Bonsai & Penjing Society, Saratoga, New York

Tel：(518) 587 – 4417

140. Bonsai Kai of Central New York, 620 West Genesee St. , Syracuse, New York

Tel：(000) 488 – 4536

Email：SFKarpinsk@ aol. com

141. Watertown Bonsai Club, 8021 Black River Rd. , Apt B9, Watertown, New York 13601

Tel：(315) 786 – 0381

142. Bonsai Society of the Carolinas

地址：PO Box 334, Waxhaw, North Carolina 28173

Tel：(704) 552 – 6551

网址：www. perigee. net/ ~ bonsai

143. Blue Ridge Bonsai Society

地址：226 Harrison St. , Swannanoa, North Carolina 28778

Tel：(704) 686 – 3527

Email：buichiro@ aol. com

144. North Carolina Bonsai Association

地址：4208 Brentonshire Ln. , High Point, North Carolina 27265

Tel：(910) 886 – 8247

Email：ncbonsai@ geocities. com

网址：www. geocities. com/Tokyo/Garden/5605

145. Carteret Bonsai Club

地址：117 Bayview Blvd. , Atlantic Beach, North Carolina 28512

Tel：(919) 726 – 0660

146. Triangle Bonsai Society

地址：PO Box 30072, Raleigh, North Carolina 27622 – 0072

Tel：(919) 231 – 9173

147. Akron/Canton Bonsai Society

地址：PO Box 67, Hartville, Ohio 44632 – 0067

Tel：(330) 877 – 9276

Email：DaleCochoy@ PRODIGY. NET

148. Bonsai Society of Greater Cincinnati

地址：2715 Reading Rd. , Cincinnati, Ohio 45206

Tel：(513) 271 – 7070

Email：pwells@ fuse. net

149. Cleveland Bonsai Club

地址：11030 East Blvd. , Cleveland, Ohio 44106

Tel：(216) 382 – 3882

150. Columbus Bonsai Society

地址：4085 Garrett Dr. West, Columbus,

Ohio 43214

Tel：(614) 451－2255

151. Cox Arboretum Bonsai Society
地址：1456 Carriage Trace Blvd. , Dayton, Ohio 45459
Tel：(513) 435－7246

152. Pun Ching Bonsai Club
地址：7770 Jacksontown Rd. , Newark, Ohio 43055
Tel：(614) 323－2355

153. Sandusky Bonsai Club
地址：306 Wayne St. , Sandusky, Ohio 44870
Tel：(419) 626－2703

154. Central Oklahoma Bonsai Society
地址：13009 Red Eable Pass, Edmond, Oklahoma 73013
Tel：(405) 478－3261
Fax：(405) 478－3267
Email：dwaldo@ telepath. com

155. Northeast Oklahoma Bonsai Association
地址：1708 S College Ave, Tulsa, Oklahoma 74104
Tel：(918) 744－6833

156. Tulsa Bonsai Society
地址：Tulsa, Oklahoma
Tel：(918) 258－8907

157. Corvallis Bonsai Society
地址：Corvallis, Oregon
Tel：(503) 757－8261

158. Bay Area Bonsai Society
地址：1434 N Tenth Court, Coos Bay, Oregon 97420
Tel：(503) 269－9696

159. Eugene Bonsai Society, Inc.
地址：Eugene, Oregon
Tel：(503) 683－2882

160. Rogue Valley Bonsai Club
地址：2661 Lawn View Dr. , Medford, Oregon 97504
Tel：(503) 773－7150

161. Bonsai Society of Portland PO Box 219022, Portland, Oregon 97225

Email：markus@ teleport. com
Site：www. charlemagne. net/bonsai/

162. Far－West Bonsai Society
地址：95650 Sixes River Rd. , Sixes, Oregon 97476
Tel：(503) 332－7633

163. Great Lakes Bonsai Society
地址：9395 Falls Rd. , Girard, Pennsylvania 16417
Tel：(814) 734－3690

164. Susquehanna Bonsai Club
地址：1451 Pleasant Hill Rd. , Harrisburg, Pennsylvania 17112
Tel：(717) 545－4555
Email：brian. corll@ paonline. com

165. Brandywine Bonsai Society
地址：Kennett Square, Pennsylvania
Tel：(215) 444－4149
Site：www. delanet. com/~ kelleyjl/brandywine/brandy. html

166. Lancaster Bonsai Society
地址：94 Watson Rd, Delta, Pennsylvania 17314
Email：tafcal@ aol. com

167. Bonsai Society of Lehigh Valley
地址：PO Box 1684, Bethlehem, Pennsylvania 18016－1684
Tel：(610) 837－6688

168. Augusta Bonsai Club
地址：910 Hilltop Dr. , Lewisburg, Pennsylvania 17837
Tel：(717) 524－9134

169. Pennypack Bonsai Society
地址：486 Pineville Rd. , Newton, Pennsylvania 18940
Tel：(215) 598－7599
Email：psgimpel@ aol. com

170. Pennsylvania Bonsai Society
地址：104 Henry Dr. , Royersford, Pennsylvania 19468
Email：jbrant3771@ aol. com
Site：members. aol. com/jbrant3771/penna-

bonsai/index. html

171. Greater Philadelphia Bonsai Society

地址：Philadelphia, Pennsylvania

Tel：（215）663 – 1678

Email：lchiger@ ix. netcom. com

172. Pittsburgh Bonsai Society

地址：239 James St. , Wilkins Twp, Pennsyl-vania 15145

Tel：（412）823 – 2090

Site：www. ccia. com/ ~ tlryan/pbs-main. htm

173. Berks County Bonsai Club

地址：211 Windsor St. , Reading, Pennsylva-nia 19601

Tel：（215）372 – 5490

174. Rhode Island Bonsai Society

地址：P. O. Box 324 W. , Kingston, Rhode Island 02892

175. Coastal Carolina Bonsai Club

地址：2384 High Hammock Rd. , Johns Is-land, South Carolina 29455

Tel：（803）768 – 2192

176. Bonsai Club of South Carolina

地址：PO Box 766, Columbia, South Carolina 29202

Email：SCBonsai@ aol. com

Site：members. aol. com/SCBonsai/Bonsaipag-es/SCBS. html

177. Coastal Carolina Bonsai Club

地址：925 5th St. , Brookings, South Dakota 57006

Tel：（605）692 – 6533

178. Arboresque of South Dakota

地址：6214 Harding Rd. , Nashville, Tennes-see 37205

Tel：（615）356 – 2115

179. Big Country Bonsai Club

地址：1425 Tanglewood Rd. , Abilene, Texas 79605

Tel：（915）692 – 1665

180. Austin Bonsai Society

地址：4005 Paloma Cir. , Austin, Texas 78734

Tel：（512）266 – 2655

Email：hruu@ juno. com

181. Southeast Texas Bonsai Club

地址：PO Box 7975, Beaumont, Texas 77726 – 7975

Tel：（409）899 – 3053

182. Corpus Christi Bonsai Club

地址：1017 Harbor Village Dr. , Corpus Christi, Texas 78412

Tel：（512）992 – 8549

Email：mzdonna@ swbell. net

183. Bonsai Society of Dallas

地址：Dallas, Texas

Email：davidq@ home. net

Site：members. home. net/davidq/bonsai. htm

184. Fort Worth Bonsai Society

地址：3130 Woodland Hts, Colleyville, Texas 76034

Tel：（817）283 – 5985

185. Houston Bonsai Society, Inc.

地址：P. O. Box 540727, Houston, Texas 77254 – 0727

Tel：（281）890 – 3020

Email：HoustonBonsai@ juno. com

186. San Antonio Bonasi Society, Inc.

地址：PO Box 39161, San Antonio, Texas 78239

Tel：（210）650 – 4242

187. Rio Grande Valley Bonsai Society

地址：Weslaco, Texas

Tel：（210）580 – 4303

188. Lone Star Bonsai Federation

地址：12404 Ranch Road 12, Wimberley, Texas 78676

Tel：（512）847 – 2514

Email：bonsaijg@ wimberley. tx. comv

189. Bonsai Club of Utah

地址：PO Box 58975, Salt Lake City, Utah 84158

190. Green Mountain Bonsai Society

地址：RD 1, Box 129, Jericho, Vermont 05465

Tel：（802）899 – 3487

191. Northeast Vermont Bonsai Club
地址：RR#1，Box 4，Derby，Vermont 05829

192. Northern Virginia Bonsai Society
地址：Virginia

193. Peninsula Bonsai Society
地址：110 Marcella Rd.，Hampton，Virginia 23666
Tel：（804）838 – 4961

194. Central Virginia Bonsai Society
地址：PO Box 409，Lynchburg，Virginia 24505
Tel：（804）384 – 7951

195. Virginia Bonsai Society
地址：557 Longleaf Rd.，Virginia Beach，Virginia 23454
Tel：（804）340 – 7723

196. Richmond Bonsai Society
地址：Virginia
Email：RBSFord@ aol. com

197. Hinoki Bonsai Club
地址：5324 Eden Ave，Roanoke，Virginia 24014
Tel：（703）989 – 5891

198. Stillaguamish Study Group
地址：20331 S R 530 NE.，Arlington，Washington 98223
Tel：（206）435 – 5995

199. Puget Sound Bonsai Association
地址：3501 NE 41st St.，Seattle，Washington

200. Dungeness Bonsai Society
地址：PO Box 1441，Sequim，Washington 98382 – 1441
Tel：（206）683 – 3682
Email：ljrt@ tenforward. com

201. Yakima Valley Bonsai Society
地址：PO Box 669，Yakima，Washington 98907
Tel：（509）248 – 7337

202. Inland Empire Bonsai Society
地址：Spokane，Washington
Email：dmhowke@ ix. netcom. com

Site：iebs. 8m. com

203. Fox Valley Bonsai Society
地址：Menasha，Wisconsin
Tel：（414）832 – 6722

204. The Coulee Region Bonsai Club
地址：400 Monitor St.，LaCrosse，Wisconsin 54601
Tel：（608）782 – 4231

205. Badger Bonsai Society
地址：3330 Atwood Ave.，Madison，Wisconsin
Tel：（608）249 – 5227
Fax：（608）249 – 0213
Email：bobonsai@ execpc. com

206. Milwaukee Bonsai Society
地址：PO Box 198，Brookfield，Wisconsin 53008 – 0198
Tel：（414）299 – 9229
Email：crdries@ software. rockwell. com

207. Bonsai Clubs International
地址：PO Box 1176，Brookfield，Wisconsin 53008 – 1176
Tel：（414）860 – 8807
Fax：（414）641 – 0757

208. Laramie Bonsai Study Group Laramie Bonsai Study Group
地址：606 S. 8th St.，Laramie，Wyoming 82070
Tel：（307）745 – 8527

209. Federaction De Bonsai De Puerto Rico
地址：Puerto Rico
Tel：（787）755 – 3362
Fax：（787）745 – 8527
Email：10432. 2162@ compuserve. com

英国

1. Federation of British Bonsai Societies
地址：The Woodlands，New Hall Drive，Welmley，State-Borough B76 1QX England
Tel：121 378 4837
Fax：121 311 1912
Email：fobbs. kath@ virgin，net

2. The National Bonsai Society

地址:2 Lynton Drive , Southport, State-Borough PR8 4QQ England

Tel:01704 - 562966

Email:A2229488@ infotrade. co. uk

澳大利亚

1. Canberra Bonsai Society

地址:P O Box E101, Queen Victoria Terrace, Canberra, ACT 2600 Australia

2. Tokonoma Bonsai Society

地址:3 Sand St. , Coffs Harbour , NSW 2450 Australia

Tel:0266 526439

Fax:0266 537467

3. Bonsai Society of Australia, Inc.

地址:29 Beattie St. , Ryde, NSW Australia

Tel:9809 4902

Email:bsainc@ zip. com. au

4. Nepean Bonsai Society

地址:66B Illawong Ave , Kingswood Park, NSW Australia

Tel:6147393086

Email:godzilla. zeta. org. au/ ~ djterry

Site:www. iform. com. au/homepage/gm/nbs

5. The School of Bonsai

地址:North Rocks Rd. , North Rocks, NSW Australia

Email:shellan@ bigpond. com. au

6. North Rocks Rd. , North Rocks, NSW Australia

Email:shellan@ bigpond. com. au

7. Bonsai Society of the Central Coast

地址:Webb St, East Gosford, NSW Australia

Email:shellan@ bigpond. com. au

8. Bonsai Society of Queensland

地址:PO Box 2097, Brisbane, Queensland Australia

9. Bundaberg Bonsai Group

地址:15 Jocumsen St, Bundaberg, Queensland 4670 Australia

Tel:(07) 41515949

Email:brian@ interworx,com. au

10. Townsville Association of Bonsai Enthusiasts

地址:Queensland Australia

Email:nightowl@ ultra. net. au

11. Bonsai Society of Western Australia

地址:10 Choules Place, Myaree , Perth, Western Australia 6154 Australia

12. The Geelong Bonsai Club

地址:Myer Street, Geelong, Victoria Australia

Tel:(03) 52 561490

Email:ellen@ deakin. edu. au

加拿大

1. The Bonsai Society of Edmonton

地址:3536 104A St. , Edmonton, Alberta T6J 2N2 Canada

Tel:(403) 437 - 0530

Email:dowdell@ agric. gov. ab. ca

2. Bonsai Society of Southern Alberta

地址:1912 - 9A St. , Coaldale, Alberta T1M 1B2 Canada

Tel:(403) 328 - 3855

3. Vancouver Island Bonsai Club

地址:PO Box 8674, Victoria, BC V8W 2P3 Canada

Tel:(250) 595 - 8320

Email:twoheffels@ monday. com

4. Chinese Penjing Society of Canada

地址:50 E. Pender St. , Vancouver, BC V6A 3Z6 Canada

Tel:(604) 872 - 5516

5. Vancouver Bonsai Association

地址:1949 37th Ave. W, Vancouver, BC V8W 2P3 Canada

Tel:(604) 261 - 6060

6. Vancouver Sumi Bonsai Club

地址:6180 Adams Place, Richmond, BC V7C 2W1 Canada

Tel:(604) 277 - 8073

7. Taguchi Bonsai Club

地址:2706 Highbury St, Vancouver, BC V6R 3T5 Canada

Tel:(604) 224 - 1343

8. Japanese Gardeners Association Bonsai Club
地址:996 Cloverley Ave, Vancouver, BC V7L 1N3 Canada
Tel: (604) 980 – 5840

9. Tiawanese Canadian Cultural Society Bonsai Club 1#110 – 1200 W. 73rd Ave. , Vancouver, BC V6P 6G5 Canada
Tel: (604) 267 – 0901

10. West Coast Bonsai Society 3230 E. 15th Ave. , Vancouver, BC V5M 2L4 Canada
Tel: (604) 435 – 5737

11. Wakayama Kenji Kai Bonsai Club 7571 Montana Rd. , Richmond, BC V7C 2K7 Canada
Tel: (604) 274 – 1684

12. British Columbia Bonsai Society 15510 Madrona Drive, Surrey, BC V4A 5N3 Canada
Tel: (604) 535 – 3437

13. Kelowna Bonsai Club 11034 Martin Ave. , Kelowna, BC VIY 6V5 Canada
Tel: (604) 763 – 6750

14. Kamloops Bonsai Club 403 Royal Ave. , Kamloops, BC V2B 3P6 Canada

15. British Columbia Bonsai Clubs Federation 7226 Barnet Rd. , Burnaby, BC V5A 1E2 Canada
Tel: (604) 294 – 4991

16. Bonsai Society of Winnipeg 22 Lake Albrin Bay, Winnipeg, Manitoba R3T 4S7 Canada
Tel: (204) 269 – 7471
Email: stuinnes@ ilos. net

17. Societ? De Bonsai Et Penjing De Montreal 4101 rue Sherbrooke est, Montreal, Quebec H1X 2B2 Canada
Tel: (514) 872 – 1782
Email: tobonsoc@ interlog. com

18. Societ? De Bonsai Et Penjing De Lanaudie 40, rue Imbeault, St. Alphonse de Rodriguez, Quebec J0K 1W0 Canada
Tel: (450) 883 – 1196
Fax: (450) 883 – 1040

哥伦比亚

1. Asociacion Vallecaucana De Bonsai Avenida 9

Norte # 7 – 57 Ap. 801, Cali, Colombia
Tel: 660 0852
Email: mcarbonari@ telesat. com. co

2. Club Bonsai Guayaquil Member's home, Guayaquil, Guayas 09 – 01 – 895 Ecuador
Tel: 5934 – 580 371
Fax: 5934 – 580 375

法国

Bonsai Club Aix En Provence Ventabren, 13122 France
Tel: 04 42 28 74 40

德国

1. Bonsai Club Deutschland E. V. Germany
Tel: 49 – 7062 – 64172
Fax: 49 – 7062 – 61601
Email: L. Leach. JCS@ t – online.

2. Deutsche Suiseki – Gesellschaft E V Karlsruher Sts. 101, Ketsch, 68775 Germany
Tel: 0049 6202 65901
Fax: 0049 6202 65901

以色列

Jerusalem Bonsai Club Moshav Bet Zahit 108, Israel
Tel: 2 53463 7

意大利

1. Arcobonsai Club Del Garda Trentino Via Caproni Maini, 26/D, Arco , 38062 Italy
Email: info@ arcobonsai. com
Site: www. arcobonsai. com

2. Unione Bonsaisti Italiani Via Brodolini, 14, Montappone , 63020 Italy
Tel: 39 – 734 761022
Fax: 39 – 734 761022
Email: ubi@ migamma. it
Site: www. migamma. it/ubi

卢森堡

European Suiseki Association Ettelbruck,

L – 9088 Luxembourg

Tel：00352 – 818287

Fax：00352 – 818285

Email：norry. kirschten@ link. lu

新西兰

1. New Zealand Bonsai Association 6 Cobar Close, Maupuia, Wellington 6003 New Zealand

Tel：04 – 388 3835

Fax：04 – 388 3835

Email：colink@ voyager. co. nz

Site：www. voyager. co. nz/ ~ colink/bonsainz. htm

2. Auckland Bonsai Society Cnr Windmill & Mt Eden Rds, Mt. Eden, Auckland New Zealand

Tel：09 – 410 0685

Fax：09 – 410 0685

3. Avon Bonsai Society Farrington Avenue, Bishopdale, Christchurch New Zealand

Tel：03 – 322 8038

4. Balclutha Bonsai Club Balclutha New Zealand

Tel：03 – 418 1310

5. Bay of Plenty Bonsai Society23 Granada Street, Mount Manganui, New Zealand

Tel：07 – 572 1944

6. Christchurch Bonsai Society Shirley Road, Christchurch New Zealand

Tel：03 – 385 5459

7. Eastern Bay of Plenty Bonsai Society Kawerau New Zealand

Tel：07 – 323 7560

8. Gore Bonsai Club Old High School Gore, New Zealand

Tel：03 – 208 6793

9. Hamilton Bonsai Club Cate Road, RD 1, Hamilton, New Zealand

Tel：07 – 843 4474

Email：dmiller@ waikato. ac. nz

10. Hawkes Bay Bonsai Society Napier New Zealand

Tel：06 – 843 4717

Email：iansayer@ xtra. co. nz

11. Invercargill Bonsai Group Yarrow Street, Invercargill, New Zealand

Tel：03 – 217 3052

12. Matamata Bonsai State Highway 27, Matamata, New Zealand

Tel：07 – 888 8140

13. Nelson Bonsai Club 411 Nayland Road, Stoke, New Zealand

Tel：03 – 541 8761

14. New Plymouth Bonsai Club 131 Vivian St, New Plymouth, New Zealand

Tel：06 – 753 9644

Email：michaelj@ netsource. co. nz

15. North Shore Bonsai Group 131 Oteha Valley Road R D 1, Albany Auckland, New Zealand

Tel：09 – 479 6213

16. Otago Bonsai Society Cnr. Ajax & Richardson St, St. Kilda, Dunedin New Zealand

Tel：03 – 489 4527

Fax：03 – 488 4224

Email：rjmac@ es. co. nz

17. South Canterbury Bonsai Society Gleniti Road, St. Kilda, Timaru New Zealand

Tel：03 – 388 8396

18. Wanganui Bonsai Buddies Wanganui, New Zealand

Tel：06 – 345 0294

19. Wellington Bonsai Club Laings Rd, Lower Hutt, New Zealand

Tel：04 – 388 2898

Fax：04 – 388 3835

巴拿马

Panama Bonsai Kai partado 87 13167, Obarrio Zona 7, Panama, Panama

Tel：507 – 269 – 8787

Fax：507 – 269 – 4095

菲律宾

Philippine Bonsai Society 124 Bayanihan St, Baesa, Caloocan City, Philippines

Tel：3636977

Fax：3636977

Email：lawfirm@ skyinet. net

南非

1. Cape Bonsai Kai Victoria Road, Hout Bay, 7800 South Africa

   Tel：(021) 790 3478

   Fax：(021) 790 3478

2. Eastern Bonsai Society Houghton 2041, South Africa

   Tel：27 – 11 – 804 – 3160

   Fax：27 – 11 – 804 – 3160

   Email：bonsai@ pixie. co. za

3. Klerksdorp Bonsai Kai 9 Goudkoplaan, Klerksdorp , 2570 South Africa

   Tel：27 018 462 2435

   Fax：27 018 462 2435

   Email：kbkmail@ hotmail. com

   Site：www. geocities. com/RainForest/4580/index. html

4. Oyama Bonsai Kai listed on 05 – Aug – 00

   PO Box 292, Rondebosch , Cape Town 7701 South Africa

   Tel：27 21 671 5030

Email：Oyamakai@ hotmail

瑞士

1. Vereinigung Schweizer Bonsai Freunde (vsb) listed on 05 – Aug – 00

   Xaver – Herzogweg 3, Ballwil, 6275 Switzerland

   Tel：0041 (0) 41 448

   Fax：0041 (0) 41 448

   Email：hdeak@ hotmail. com

2. Bonsai Club Abc listed on 05 – Aug – 00

   Gotthelfstrasse 31, Ulzenstorf, 3427 Switzerland

3. Sociedad Venezolana De Bonsai listed on 05 – Aug – 00b

   Caracas 106, El Cafetal, Venezuela

   Tel：582 986 6289

   Fax：582 986 6289

   Email：sovevo@ hotmail. com

4. Bonsai Society of St. Lucia listed on 05 – Aug – 00

   PO Box 279, Castries, St. Lucia West Indies

   Tel：758 450 1258

   Fax：758 452 3945

   Email：charles@ candw. lc

三、盆景学"五个三"教学法

随着人民生活的日益改善和不断提高以及盆景产业和国内外市场的人才发展，带动了盆景教育的大发展。在大好形势下，我国大多数高等农林院校先后都开设了盆景学这门新课。如何深化高校盆景学教学改革，努力使其适应盆景产业大发展的需要，并逐步建立起适应社会主义市场经济体制的教学新模式、新方法就成了我们当前亟待解决的一个新课题。为此，近年来，我们在盆景学教改中进行了大胆的实践和探索，加大了盆景学教改力度，以改革推动发展，千方百计把提高教学质量和教学效益放在突出位置，把教学内容和教学方法作为改革的重点，把培养人的全面素质即各种能力培养，作为盆景人才培养的目标。解放思想，转变教学观念，在学校附近农村，开辟了盆景学生产实习新战场，以"太行山道路"为榜样，在教学实践中努力坚持走教学、科研、生产相结合的道路，探索出了在社会主义市场经济条件下高校盆景学"五个三"的教学新模式新方法，即"三个基本""三种教法""三个代替""三个结合"和"三个分数"，并在实践探索中获得了较理想的教学效益。盆景课教学效果方面受到本科、大专、函授和各种培训班学员们的一致欢迎和好评，都把上盆景课视作一种美的享受；帮助学校附近后八家村鲜花盆景生产初步打开了局面，颇受农民们的赞扬；我的自选科研项目"北京阳台盆景的研制"目前亦通过了专家鉴定，并在今年上海举办的全国花卉博览会上获得了科技进步优秀成果奖。

现将"五个三"的具体做法和经验总结如下。

(一)三个基本与三种教法

在农林高校中，盆景课属于小课程，在我校大本、大专中只有 40 学时，然而盆景学的内容却是比较庞杂的，共分 4 篇 15 章(详见《盆景学》)，如何解决课时少与内容多的矛盾，并使学生在有限的时间内最大限度地学到知识，进而提高教学质量呢？我们探索出来的做法是：在教学内容上牢牢抓住三个基本：①盆景基本理论的讲授，以提高学生的分析能力和鉴赏能力；②盆景基本材料的识别，以提高学生对材料识别能力；③盆景基本技法的要领，旨在提高学生的动手操作能力。这"三个基本"是盆景学系统知识的浓缩和概括，是全面知识的核心与精髓，抓住了这三个基本就等于突出了盆景学的教学内容的重点，就是做到了少而精。不管听课对象如何变和教学时数如何变(如函授生和培训班的教学时数是 14 ~ 105 学时)，三个基本不能变，只是在内容安排上有所侧重和随着盆景科技进步与盆景市场，生产的发展需要而不断充实和更新盆景新理论、新材料和新技法而已。在教材和教学方法上，一改过去呆板单一的文字教材和教师口授的教学模式而向现代化多媒体优化组合的立体教材上要质量要效益，根据盆景为视觉艺术和实践性强的课程特点而采用了讲、看、做三种教法的教学法体系(图_{附录}1)。

将所有盆景学章节内容都配上幻灯或录相、电视、光盘、电影。实践证明，采用多媒体立体教材和新教学法体系，符合学生接受知识的心理、生理规律，将讲解、板书、幻灯、电视、电影、动画、软件、VCD 光盘等运用于盆景教学，既增强了学生的学习趣味感和新鲜感，又使课堂教学更加生动活泼，有利于调节学生大脑皮层各种接收细胞的接收率，因而有利于知识的接受和记忆。多种感官的协同作用无疑是最大限度地提高了教学质量和教学效果。

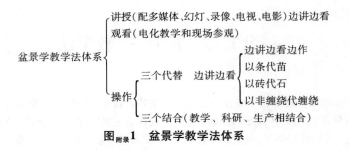

图附录1 盆景学教学法体系

(二)三个代替与三个结合

盆景实验课历来是个花钱较多的开支项目，苗木、石料、铁丝等实验材料都属于一次性消耗品，年年都要花钱买，而且这些材料几乎年年都在涨价。面对投入不足，教学经费紧缺而又想提高教学质量的现实，我们通过教改实践不断总结经验，探索出了"三个代替"的办法：①以条代苗。桩景造型基本功训练的实验课采用枝条代替树苗，一个实践下来，每个学生只需用2根迎春条和一个多分枝的树枝就把盆景所有流派造型(10种身法、枝法)的基本功都练会了，这样下来比过去单用一棵树苗练习一种造型好了不知多少倍！取得了不花钱也办事甚至事半功倍的教学效果。②以砖代石。软石山水盆景制作实验课中采用泡沫砖(加气混凝土或加气块)代替江浮石、海浮石、沙积石等软石石料。教改实践中我们观察到，泡沫砖不论从颜色、硬度、质地哪一方面看，都跟过去使用过的长白山地区出产的江浮石(3000元/m³左右)相似，只是 pH 值太高(pH 值11左右)，不能种植植物，但它完全可以满足软石山水盆景造型实验课的功能。经过反复实践，教学效果确实不错，而且这种材料非常便宜，又很易行，比起日益涨价的江浮石来，几年下来已经为学校节省了不少的教学经费。③以铁丝非缠绕造型法代替铁丝缠绕法造型。桩景金属丝(铜丝、铝丝、铁丝)缠绕造型法是当今国内外流行的一种普通方法，但铜丝、铝丝价格昂贵。棕法为国内传统的造型法，但棕法比较难学，棕法所用的棕丝产自南方，来之不易。因而过去上桩景造型实验课一直采用铁丝缠绕造型法。可是同学们用这个方法给树苗造型常常因缠绕时用力不当而把树皮勒伤。结果造型出来了，不是树死就是枝枯，盆景生产中也存在这个问题。

再者，铁丝缠上去过一两年还得把它拆下来，拆铁丝时也有树死枝伤现象出现。拆下来的铁丝不能再重复使用，费工费料不讨好。在教改实践中，我们摸索出了铁丝非缠绕造型法。用这个方法省工省料又省时间，还能把因缠绕而造成的死树伤枝的几率降低为零。这项新技术已申报了发明专利，并在盆景教学、生产上广泛推广开来，效益十分显著。

所谓"三个结合"，是指盆景实习实验课与科研、生产相结合。4年来，笔者一直从事"北京阳台盆景的研制"自选科研课题的研究，并结合课题帮助学校附近后八家村七队农民搞起了北京阳台盆景生产，园林93、94级同学的桩景生产实习课就是在七队鲜花盆景生产基地进行的，同学们实习中学到了真本事，七队农民既节省了劳力，又创造了一定的经济效益，笔者也从中获得了科研数据，一举三得，提高了办学效益，为盆景学教学"走太行山之路"，搞产学研相结合迈出了可喜的一步。

（三）三个分数

　　根据盆景学的特点，考核成绩单凭考试一种方式不行，考试只能起到考核学生理论水平的高低，不能全面反映学生的多种能力和全面素质。所以盆景学成绩考核应该由三个分数组成：平时成绩（接受能力和表达能力）30% ＋实验课作品成绩（动手能力和鉴赏水平）35% ＋结业考试成绩（理论水平和综合分析能力等）35%。只有这样做才符合"把培养人的全面素质作为人才培养的目标"的要求。

四、历代盆景诗词选录

现选录历代盆景诗词如下，供参考。

（一）唐代5首

1. 五粒小松歌
李贺

蛇子蛇孙鳞蜿蜒，新香几粒洪崖饭。
绿波绿叶浓满光，细束龙髯铰刀剪。
主人壁上铺州图，主人堂前多俗儒。
月明白露秋泪滴，石笋溪云肯寄书。

2. 假山
杜甫

一篑功盈尺，三峰意出群。
望中疑在野，幽处欲出云。
慈竹春荫复，香炉晓势分。
惟南将献寿，佳气日氤氲。

3. 酬裴相公题兴化小池见招长句
白居易

为爱小池招散客，不嫌老监与新诗。
山公倒栽无妨学，范蠡扁舟未要追。
蓬断偶飘桃李径，鸥惊误拂凤凰池。
敢辞课诣酬高韵，一勺争禁万顷波。

4. 南侍御以石相赠助成水声因以绝句谢之
白居易

泉石潾潾声似琴，闲眠静听洗尘心；
莫轻两片青苔石，一夜潺湲值万金。

5. 太湖石

烟萃三秋色，波涛万古痕。
削成青玉片，截断碧云根。
风气通岩穴，苔文护洞门。
三峰具体小，应是华山孙。

（二）宋代6首

6. 双石
苏轼

序：至扬州获二石，其一绿色，岗峦迤逦，有穴达于背；其一玉白可鉴，渍以盆水。置几案间，忽忆在颖川日梦人请往一官府，榜曰"仇池"，觉而诵杜子美诗曰："万古仇池穴，潜通小有天"。乃戏作小诗为僚友一笑。

梦时良是觉时非，汲水埋盆放自痴。
但见玉峰模太白，便从鸟道绝峨嵋。
秋风与作烟云意，晓日令涵草木姿。
一点空明是何处？老人真欲住仇池。

7. 壶中九华
苏轼

湖口人李正臣蓄异石，九峰玲珑，宛转若窗棂然，余欲以百金买之，与仇池石为偶，方南迁未暇也。名之曰"壶中九华"且以诗记之。

我家岷蜀最高峰，梦里犹惊翠扫空。
五岭莫愁千嶂外，九华今在一壶中。
天池水落层层见，玉女窗虚处处通。
念我仇池太孤绝，百金买回小玲珑。

8. 木假山
苏轼

吾先君蓄木山三峰，为之记与诗，诗人梅二丈圣俞见而赋之，今三十年矣。而犹子千秋，又得五峰，益奇，因此圣俞韵并刻之其侧。

木生不愿回万牛，愿终天年仆沙洲。
时来幸逢河伯秋，掀波见怪推不流。
蓬婆雪领巧雕镂，蛰虫行蚁为豪酋。
阿咸大胆忽持去，河伯好事不汝尤。
城中古治浸坤轴，一林瘦竹吾菟裘。

二顷良田不难买，三年栖木行可樯。
今将白发对苍巘，鲁人不厌东家丘。

9. 云溪石
黄庭坚

造物成形妙画工，地形咫尺远连空。
蛟龙出没三万顷，云雨纵横十二峰。
清座使人无俗气，闲来当暑起凉风。
诸山落木萧萧夜，醉梦江湖一叶中。

10. 菖蒲
陆游

雁山菖蒲昆山石，陈叟持来慰幽寂。
寸根蹙密九节瘦，一拳突兀千金值。
清泉碧缶相发挥，高僧野人动颜色。
盆山苍然日在眼，此物一来俱扫迹。
根幡叶茂看俞好，向来恨不相从早。
所嗟我亦饱风霜，养气无功日衰槁。

11. 江城子·盆中梅
吕胜己

年年腊后见冰姑，玉肌肤，点琼酥，不老花容，经岁转敷腴。向背稀调如画里，明月下，影疏疏。

江南有客问征途，寄音书，定来无，且旁盆池，巧石倚浮图。静对北山林处土，装点就，小西湖。

（三）元代1首

12. 为平江韫上人赋些子景
丁鹤年

尺树盆池曲槛前，老禅清供拟林泉。
气吞渤澥波盈掬，势压崆峒石一拳。
仿佛烟霞生隙地，分明日月在壶天。
旁人莫讶胸襟隘，毫发从来立大千。

（四）清代1首

13. 咏御制盆景榴花
康熙

小树枝头一点红，嫣然六月杂荷风。
攒青叶里珊瑚朵，疑是移银金碧中。

（五）现代3首

14. 七律
周瘦鹃

西眺苏台不见家，更从何处课桑麻？
燕来莺去流光换，地暗天昏望眼赊。
敦品无惭彭泽菊，治生未种邵平瓜。
剧怜臣朔饥难疗，日间江头学卖花。

15. 苏州盆景展览
徐晓白

留恋几席室中宽，好景当前极尽饮。
寸树居然归古茂，尺泓犹得起波澜。
山河壮丽标新貌，花木清奇蔚大观。
祖国千年遗宝产，莫将盆艺等闲看。

现代七律——盆景八大流派造型歌
彭春生

苏圆扬云徽游龙[1]，岭南大树高耸型[2]；
浙江高干合栽式[3]，川派对称通鞠躬[4]；
各地桩景多特色，上海造型自然风[5]；
传统精华应承继，创新流派待后生[6]。

注：[1]苏派造型是圆片，扬派是云片，徽派是游龙式。
[2]岭南派造型有两个，一个是大树型，一个是高耸型。
[3]浙派造型是高干型合栽式。
[4]川派以规律类对称造型为主，通派代表造型是鞠躬式即两弯半。
[5]海派造型是自然型。
[6]后生指新生力量。

听涛 *

沧桑历尽人未老，腹有诗书气自豪。
东岳巅峰览地小，俯身东海听惊涛。

三义柏

义结桃园死生同，三分天下建奇功。
亭侯大意荆州失，身首异处在麦城。

---

* 以下诗词作者皆为彭春生、戴纪秀。

白帝城中君王泪，桃花园里手足情。
兵将纷纷出巴蜀，干戈阵阵向吴宫。

柏魂

古柏何处寻？手植知何代？
黄陵半万岁，圣庙两千载。
苍苍似铁石，青青如碧盖。
些许盆中景，摄取柏魂来。

刺破青天

片片碧云锁孤峰，白衣仙子戏芙蓉。
一剑直刺云天外，九曲印和罗长空。

千寻志

心负千寻志，身临九仞峰。
贞心凌晚桂，劲节掩寒松。

海峡情

一轮明月出海署，两地炎黄子孙情。
但愿身化浮云去，秉烛夜谈到天明。

盖世豪情

项王气魄力拔山，盖世豪情千古传。
乌江一曲肝肠断，常使英雄泪阑干。

五岳独尊

夫子登临天下小，杜陵至此胸生云。
千载帝王谁不朝，五岳之中唯我尊。

老骥伏枥

愿君莫叹廉颇老，放翁耄耋尚听雨。
烈士暮年心犹壮，老骥伏枥志千里。

蹉跎岁月

时光只解催人老，而今已似郭橐驼。
闲来且供儿孙乐，汲水灌园自吟哦。

春秋

春秋势如何，五公各称雄。
千载帝王业，万民血泪同。
荒冢堆阿房，花草怨吴宫。
青牛今何去？绳烂只青葱。

天问

大夫忠见放，令伊惑怀王。
魂随鸾凤去，身赴汨罗江。
九歌千年忧，离骚万古伤。
浊世何时尽，举首问莽苍。

故乡的云

漂泊异地已生根，老来归梦日日深。
窗前月色合依旧，邻居故老恐不存。
十年经营案头树，何时一看故园春。
思绪千万无人问，唯将心事托于盆。

大江东去

大江东去入汪洋，淘尽英雄暗感伤。
古今豪杰多少个，千载风流数周郎。

愚公移山

壮志移山老英雄，智叟只解小聪明。
人人皆有愚公志，何虑中华业不兴。

我欲凌空去

仙姿飘举欲凌空，窃得灵药入寒宫。
早知天上寂寞苦，不若蚕桑来务农。

泰山印象

昔图观奇景，只身访岱宗。
汉柏姿犹健，唐槐干已空。
心游八荒去，身置白云中。
览物开耳目，登山阔心胸。
今为盆中景，无语气自雄。

道家风骨

入的三清便自然，日日采药云霞间。
往昔盛火丹炉壮，而今性比孤云闲。
有营何止事如毛，无欲自然身似仙。
回首风尘千里外，故园烟雨五峰寒。

清风

盆中翠柏手自栽，时时拂拭未惹埃。
春夏秋冬无异色，朝暮清风阔胸怀。

路漫漫

长路何漫漫，天涯求之遍。
不见意中人，空令肝肠断。

日月轮回

日月轮回几千载，物换星移几度秋。
芳叶青葱颜依旧，唯有年华似水流。

平稳过渡

大海航行靠舵手，骄傲自满必翻船。
而今换得平稳渡，所赖艄公技艺娴。

汉宫遗韵

苍干染的公主泪，翠叶应识昭君颜。
而今犹记汉宫曲，风吹虬枝动管弦。

乘风破浪

漂泊海上行，破浪乘长风。
心怀报国志，天下任纵横。

炎黄子孙

曾经浅草里，渐觉出蓬蒿。
既挺千丈干，亦生百尺条。
青青恒一色，落落非一朝。
挺立风雪里，干折未弯腰。

苍官

千秋风雨过，傲然尤独立。
干凝冬雪白，色染秋烟碧。
耻竞桃李华，夺尽松簧气。
岁寒颜未改，凡木岂能敌。

金雀

金叶展金羽，逸姿生就奇。
唯问惊人曲，何时能一啼。

云起

人生莫强求，自然是真知。
行至水穷处，坐看云起时。

黄陵神柏

黄陵神柏黄帝植，帝去柏留启人思。

乘荫莫忘植树者，饮水长念挖井人。
盆景为道实非易，尺树欲至参天姿。
雕干缠枝多辛苦，删繁去冗费神思。
百年之后我何在，盆中秀色更堪食。
前人创业艰难重，后来子孙当守之。

鞠躬尽"翠"

逸势参天姿，飘然思不群。
鞠躬尽翠色，此道亦如人。

舞

排山倒海风雷势，追云逐月杨柳姿。
妙姿常令观者醉，个中甘苦几人知。

耸入云天

怀此清秀姿，高节只自持。
耸入南天外，白云无尽时。

古柏论寿

亭亭原上柏，青青柏下石。
石上二老者，论寿觅相知。
老者知何去，唯留柏与石。

汉柏凌风

苍皮几度经风雨，干舞龙蛇亦动人。
一如汉柏凌风姿，浑似轩辕立乾坤。

涌翠

干经千年雨，叶飘几片云。
风骨依然在，早已无机心。

四老同堂

昔年曾为生计谋，天南海北似浮云。
人老尚且图个甚，四老同堂乐天伦。

虚怀若谷

香叶尚葳蕤，枝干已苍苍。
枝铸千年铁，干凝九秋霜。
白云胸中出，东海腹内藏。
量容天下事，无人亦自芳。

蛟龙探海

春秋遗宝鼎，配我盆中景。
盆景似蛟龙，舞爪张牙形。
意欲腾空去，忽又入青冥。
翻动千层波，掀起浪几重。

无题

芳荫能覆地，劲节凌晚空。
一啸风雷动，志在白云中。

东岳魂

莫觑盆中景，气魄盖昆仑。
足踏齐鲁地，头顶岱宗云。
身历千秋雪，心系东岳魂。
一临天下小，海内只独尊。

傲雪

千劫历尽干已空，更挺芳华志未穷。
香叶不曾惧风雨，劲节傲然霜雪中。

百折不挠耀古今

春秋战国兵戈频，晚清近代战火纷。
千击万磨仍坚劲，百折不挠耀古今。

有容乃大

东海有容纳百川，岱宗无语自威严。
为人亦需河海量，莫将鸡虫对客谈。

直挂云帆济沧海

参天秀色忆当年，春山如黛草如烟。
老子曾经系牛去，武帝西行挂甲还。
风华正茂实堪羡，老却英雄莫等闲。
更有心智存高远，沧海横流挂云帆。

枯木逢春

昔负千寻志，高临九仞天。
树折名犹在，身残志更坚。
霜干翻成雪，翠叶凌冬寒。
春来复为色，光彩照人间。

虚心（夏）

园中多奇木，唯同尔最亲。

非为后凋故，爱尔能虚心。

高"枫"亮节

可怜盆中树，巧姿卧虬龙。
春芽丹心赤，霜叶似火红。
贞洁凌晚桂，劲节傲秋风。
若待重阳日，真堪醉老翁。

有凤来仪

春秋无义战，夫子嗟凤时。
今逢太平世，有凤来相仪。
翠叶展翎羽，芳姿欲向西。
亭亭盆中景，见者皆称奇。

情意缠绵

老树伴枯藤，相依晚风中。
如何佛家子，朝暮只诵经。

望断江天

终日思儿泪已尽，老树怜命日相偎。
夕阳西下几时回，望断江天人未归。

碧云飞天

碧云青青一树烟，芳心早已弃人间。
逸势真欲乘云去，仙姿飘举似飞天。

迎来春色换人间

曾经霜雪颜未改，铁骨生来不惧寒。
待到霜消雪亦尽，迎来春色换人间。

田园风光

芳草塞行径，矶畔更无船。
岭上几棵树，山下一村烟。

哪吒闹海

生就非凡骨，三头六臂雄。
抖动乾坤带，闹海缚苍龙。

小憩

日日常病酒，时时总抱琴。
忙来采薇去，小憩但观云。

同根梦圆

掩面相别去，星稀月正明。
虽云男儿泪，同根岂无情。
孤云无所依，天涯任飘零。
岁岁月明时，相逢只梦中。

大唐风骨

长生殿内舞霓裳，马嵬坡前香魂丧。
至今风骨依然在，分明曲罢谢唐王。

岱宗风韵

叶堆岭外千层碧，干拔天南百丈峰。
姿拟芙蓉几分秀，万般风韵写岱宗。

东方人

咬定东岳一方土，托起南天几片云。
枝柯如雪疑画出，逸势英姿只似人。

龙腾

翻江倒海戏浪后，神州无处舞金鳞。
万里碧霄终一去，不知驭龙是何人。

邀月

九月初三月似弓，未必圆时即有情。
如何邀得明月下，共与嫦娥舞清风。

依恋故乡

两株老树弄清影，一泓碧水照晴空。
四时花草皆成景，几间茅屋画图中。

高山流水

根咬一片石，干飘百重泉。
势高声自远，琴韵响天边。

高瞻远瞩

占得峰头望眼开，无边风景一时来。
不历万仞攀登苦，哪得丘壑在胸怀。

古柏归棹图

家在青崖住，门对江水清。
晓岚天边月，暮霭江上风。
浮云柏姿逸，落日帆影红。

奔波烟雨里，往来画图中。

饱经风霜

树坚不怕风吹动，节操棱棱还自持。
冰霜历尽心不移，更有老干堪入诗。

阅尽人间春色

春来春去苦自驰，花开花落且由之。
更无凌云干霄志，岂有豪情似旧时。

志在青云

志在青云上，盘旋欲干霄。
本是凌云木，岂可老蓬蒿。

擎天

独立东南，势盖远山。
女娲去后，留我擎天。

同舞共乐

画鼓催来锦臂襄，小娥双起整霓裳。
但能惹得君王醉，岂复深究宫与商。

举案齐眉

虽结秦晋好，宁将厘来非。
相敬如宾客，举案能齐眉。

比翼双飞

花开能并蒂，鸳鸯不独栖。
飞时双比翼，生死莫相离。

一见钟情

缘从前生定，心中自有灵。
何烦花传语，一见便钟情。

淮阴造困

穷时垂钓淮水滨，只应漂母识王孙。
饭里恩薄终未忘，胯下辱重当挂心。
君子可达亦可困，丈夫能曲更能伸。
开得汉室千秋业，成时败时只一人。

孔雀东南飞

仲卿与兰芝，两情自相知。

恩同磐石固，爱比蒲苇丝。
兰芝赴清池，仲卿挂南枝。
朝三暮四郎，念此当自思。

丹凤朝阳

为景如丹凤，日日只朝阳。
意欲天外飞，又拟空中翔。
海为龙世界，云是鹤家乡。
梧桐知何处？四顾只茫茫。

江苏阳光草书盆景奥运书怀

白榆砧木，金冠层层；盆景风味，草书造型；
民族风格，时代内容；新的奥运，新的北京；
同一世界，同一个梦；为政放歌，替民抒情；
自成一家，彭派盆景；阳光参与，企业兴隆。

盆景草书字帖

自古学艺，模仿为先；熟能生巧，勤学苦练
书法领域，真草隶篆；盆景草书，另类相传
彭体字帖，独家之言；所有汉字，一笔连贯

顶级抽象，删繁就简；不似似之，载体树干
传统技法，速度忒慢；继承创新，沧海桑田
推广普及，两个关键；一懂字帖，二会非缠

杜绝山采保护环境

杜绝山采，保护环境；苗圃自繁，创作盆景；
天人和谐，生态文明；科学发展，牢记践行。

栽培农谚

挖桩不带土，树死白辛苦；运输不包装，
桩根难保墒。

栽桩不掺沙，树桩活得差；养坯不遮荫，
叶黄不精神。

养坯不治虫，桩坯死无穷。选盆要得当，
好比穿衣裳。

换盆不施肥，长孬你怨谁；不干不用浇，
浇透才活好。

光照与透风，念好场地经。只挖不育苗，
子孙可不饶。

三分骨粉七分饼，叶色浓绿好盆景。

五、盆景景名辑录

1988 年彭春生、刘长雄、游永楠曾对全国展览的盆景景名进行了全面调查并全部作了记录，现摘录桩景景名、山水景名供参考。

1. 桩景景名

献

流云　野趣　翠盖　迎客　听涛　探海　秋影　妙趣

宝珠璀璨　犀牛望月　红峰翠云　枯木峥嵘　丹凤朝阳　牧童唱晚　新安枯笔　丰收在望　步步青云　云蒸霞蔚

刘松年笔意

牧童遥指杏花村

2. 山水盆景景名

渔歌　云海　飞瀑　归帆

八骏图　漓江图

孤岛远眺　小桥流水　波光倒影　别有洞天　孤帆远影　武夷春色　群峰竞秀　刺破青天　枫林唱晚　寒江独钓　秦岱遗韵　石林缩影　北国江南

六、花卉进出口程序

（一）花卉产品进口的一般程序

花卉产品进口的一般程序大致都是相同的。从贸易洽商到合同履行完成，不外乎订立合同、租船投保、结汇赎单、报关提货、验货索赔等几个环节。但花卉产品本身具有特殊性，一方面是属于农产品，具有很强的季节性，所以时效性十分重要；另一方面，是属于国家规定必须经过检疫方可进口的产品，所以植物检疫工作必须重视。

1. 合同订立

（1）通过询盘、还盘、与外商磋商，初步商定购销协议书，确定所需进口的品种、数量、规格、预计装船期等条款。

（2）办理进口所需的批文

进口种苗所需批文主要有《引进种子、苗木检疫审批申请书》《进（出）口农作物种子（苗）审批表》《引进种子、苗木检疫审批单》等。一般程序是先由引种者到所在地的省一级农业厅植保站、种子站或畜牧局办理申请单，然后到农业部有关部门及海关总署办理有关批文。其中办理的批文有的是要收取一定费用的。

（3）了解进出口商的资信情况

在与外商磋商及订立正式合同之前，应尽可能多地了解进口商的资信情况，对他们的信誉度及偿付能力做到心中有数，并挑选资信情况好的外商成交。最保险的付款方式为即期不可撤销信用证或预付款，以此确保全数货款回收。如果出口方对进口方不够了解，就应该选择可靠的出口代理商。

（4）重合同，守信用

"重合同，守信用"是任何合同履行必须遵守的准则，也是花卉产品出口的原则。按时、按质、按量履行合同的规定，不仅关系到买卖双方各自的权利和义务，而且关系到国家和出口商的对外信誉，应严格遵守。

2. 合同履行

在进口业务中，大多是以信用证 CIV 的价格条件成交。其程序包括开立信用证、审单付款、报关、提货、植检、索赔等环节。

（1）开立信用证和付款赎单

根据合同条款打制开立信用证申请书，要求银行开立信用证。当银行收到国外客户的全套单据时，包括提单、发票、装箱单、国外植检证书、质量证书、原产地证书等，进口商应对照合同仔细审单。如做到"单单相符，单证相符"，即承兑付款，从银行赎回全套单据；如有不符之处，则应立即向银行提出，拒付货款，全套单据退回，开立信用证时需向银行缴纳相关费用。

（2）报关提货

①报关　进口报关是指按海关规定的对外关系人应向海关申报进口的手续，旨在核实进口货物是否依法入关。由于海关规定报关手续应当自运输工具申报进境之日起 14 日内向海关申报，完税手续应当自海关填发税款纳税证的次日起 7 日内缴纳税款，否则须缴纳滞报金。又由于港口规定普通集装箱自运输工具进境 10 日内，冷藏集装箱自运输工具进境 4 日内应提走货物，否则须缴纳滞箱费。所以，报关工作必须完成得准确及时。

为能从港口提走货物，所需要的主要手续

包括：换取提货单，填制报关单、海关报关、申报商检、卫检、植检等。办理这些手续，需向有关的各个部门提交相关的单证。向海关报关时，除应提交报关单外，还应提交贸易合同、提货单、检疫审批单、国外植检单、发票、装箱单、原产地证书等；属免税商品的，还需要农业部及海关总署批的免税单。由此可见，订立合同时的批文准备和付款赎单时的审单工作非常重要而具体，环环相扣，不能出任何差错。

②提货　当报关手续全部完成后，即可到港区申请提货。首先，应填报提货计划书，由港区安排吊装提货的时间。然后，港口植检人员在开箱时进行抽样检疫。经检验未发现植物检疫对象的，由植检部门发给《植检放行单》，货物就可以提送到引种目的地了。若发现有植物检疫对象，由植检机构封存，或做消毒处理，或停止调运，或销毁。

③相关费用　在提货报关中，由于进口商品的品种、数量、价值以及提货方式的不同，费用支出也有所不同。但所发生的费用大致包括：植检费、换单费、制单费、报关费、商检费、卫检费、港杂费、集装箱出港运费、吊装费、掏箱费、装车费、滞箱费等项。

（3）索赔和种植监测

开箱验货时，如发现进口商品的品质、规格、数量、包装等方面不符合合同规定或发生残损，需根据不同情况，向有关责任方提出索赔。进口索赔的对象主要有出口商、承运人和保险公司三个方面。索赔应在有效期内提出，并应提交相关单据，包括索赔函件、商检证明、植检证明、发票、装箱单、提单副本等。索赔应提出充足的理由和索赔的具体要求，做到有理有据。

进口的花卉种苗（球）由于存在发芽率和开花率问题，所以如合同中有规定的，当植物的一个生产周期完成时，存在索赔问题。另外，根据我国的植物检疫条例，植物在生长期间，应受到所在省（自治区、直辖市）植保站的监测，所以为保证生产安全，应与植保站很好配合，做好疫情监测工作。按规定，疫情监测费用由引种单位负责。

（二）花卉出口的一般程序

1. 一般程序

出口工作是个复杂的过程，涉及的工作环节较多，涉及的面较广，手续也较繁杂。花卉产品，由于包括种子、种苗、种球、切花、盆花等多类产品，不同类的产品手续各有不同，所以其出口程序较一般产品出口更复杂。盆花、盆景出口，不能带土出境，同时要根据保持生命力和保证花期的原则，选择合适的运输方式。鲜切花产品出口，因其保鲜时限短，相应的包装、运输（一般空运）条件要求则更为严格。但是，商品出口的一般程序是大致相同的，包括订立合同 、备货、催证、审证、改证、租船或飞机、订舱、报检；报关、投保、装船和制单结汇等环节的工作。

鉴于大多数的出口合同为 CIF 或 CFR 合同，并且通常都采用信用证付款及集装箱船运的方式，现以此为例，阐述一下花卉产品出口的一般程序：

根据花卉产品的分类，按品种、规格、株高（茎长）、颜色、开花期、供货期、可供数量、运费、税率及包装等项，对外商报价，视不同要求及方式而定。经过与外商的往来函电磋商和确定，签订正式销售合同。并至少在装运期一个月之前，进口方通过所在地银行向出口方指定银行申请开立信用证。出口方在收到银行转送的信用证后，经严格的审证之后加紧备货，若条款有误应立即与进口方联系改证事宜，并应同时联系租船、订舱，向出口地动植物检疫局报检，取得出口植检证书，制好货物出口的全套单据后向海关报关，并根据合同规定办理出口货物投保事宜。待货物装运后，开制汇票，备齐单据后交出口地银行议付。

2. 要求和注意事项

出口合同的履行以货(备货)、证(催证、审证、改证)、船或飞机(租船、定舱)、款(制单结汇)4 个环节的工作最为重要。只有做好这些环节的工作，使其环环紧扣，才能提高履约率。而作为花卉产品，根据其本身产品的特性，在出口中应特别注意以下几点：

(1)注重时效性

时效性主要包括两点，一是指花卉产品的生长和消费具有时效性，二是指合同履行的各个环节具有时效性。

花卉产品作为植物，有一定的生长周期，有很强的季节性，鲜花又存在花期长短的问题。同时作为消费品，花卉产品的市场需求同样具有很强的时令性，特别是鲜切花。所以，花卉产品的出口需根据产品的不同生产和消费特点，特别注意其时效性，否则，季节一过，什么都来不及了。

也正是因为这个原因，合同从磋商订立开始一直到履行结束为止，每一个环节都必须进行得细致、准确、及时。

(2)做好植物检疫

一般花卉产品的进口国都规定出口国的检疫部门必须出具植检证书，同时多数进口商也都对花卉产品的质量和检疫对象提出了具体要求。尤其对鲜切花产品的出口，要求更为严格。若出口植检发现病虫害，须对鲜切花进口熏蒸消毒灭菌，但这样会影响质量、数量并导致货值的下降。如果有检疫对象，整批花卉都将被销毁。对此，我们必须认真对待，根据外方提出的检疫要求到我国检疫局进行检疫，以避免因此遭到外方海关拒收而发生索赔(摘自《中国花卉报》)。

参 考 文 献

1. 北京市盆景协会. 2000. 北京赏石与盆景[M]. 北京：中国林业出版社.

2. 北京市盆景艺术研究会. 1999. 北京盆景艺术[M]. 北京：中国林业出版社.

3. 陈思甫. 1982. 盆景桩头蟠扎技艺[M]. 成都：四川人民出版社.

4. 陈有民. 1990. 园林树木学[M]. 北京：中国林业出版社.

5. 辞海编辑委员会. 1979. 辞海[M]. 上海：上海辞书出版社.

6. 冯连生. 1996. 树石盆景的制作[J]. 花木盆景,（6）

7. 冯钦铎. 1985. 树桩盆景设计与制作[M]. 济南：山东科学技术出版社.

8. 冯天哲. 1984. 花卉病虫害综合防治手册[M]. 北京：北京农业科学编辑部.

9. 广州市市政管理局等编. 2001. 东亚盆景[M]. 上海：上海三联书店.

10. 贺淦荪. 1996. 论树石盆景[J]. 花木盆景,（5）

11. 胡三生. 1999. 常见盆景植物的栽培[M]. 海南：南海出版公司.

12. 胡运骅, 等. 1988. 中国盆景——佳作赏析与技艺[M]. 合肥：安徽科学技术出版社.

13. 花木盆景杂志社编. 1999. 湖北盆景.

14. 教师百科辞典编委会. 1987. 教师百科辞典[M]. 北京：社会科学文献出版社.

15. 孔泰初, 李伟钊, 樊衍锡. 1985. 岭南盆景[M]. 广州：广东科学技术出版社.

16. 连智兴. 1995. 树木盆景造型[M]. 北京：金盾出版社.

17. 梁悦美. 1990. 盆栽艺术[M]. 台北：汉光文化事业股份有限公司.

18. 马文其. 1993. 盆景制作与养护[M]. 北京：金盾出版社.

19. 耐翁. 1987. 关于做好盆景品评工作的建议[J]. 中国花卉盆景, 4.

20. 耐翁. 1981. 盆栽技艺[M]. 北京：中国林业出版社.

21. 牛文生, 彭春生. 2000. 鲁新派侧柏盆景[M]. 香港：香港新时代出版社.

22. 潘传瑞. 1985. 成都盆景[M]. 成都：四川科学技术出版社.

23. 彭春生, 李淑萍. 1990. 盆景制作[M]. 北京：解放军出版社.

24. 彭春生. 2001. 盆景评比标准非改不可[N]. 中国花卉报, 12.

25. 彭春生, 等. 1993-10-25. 发展盆景苗圃, 坚决制止上山挖桩[N]. 北京晚报.

26. 彭春生. 1998. 中国盆景流派技法大全[M]. 南宁：广西科学技术出版社.

27. 全国十一所民族院校编写组. 1982. 美学十讲[M]. 昆明：云南人民出版社.

28. 邵忠编. 2002. 中国盆景艺术[M]. 北京：中国林业出版社.

29. 邵忠编. 2002. 中国山水盆景艺术[M]. 北京：中国林业出版社.

30. 沈荫椿. 1981. 微型盆栽艺术[M]. 南京：江苏科学技术出版社.

31. 苏本一, 林新华. 2002. 中外盆景名家作品鉴赏[M]. 北京：中国农业出版社.

32. 苏本一, 马文其. 1997. 当代中国盆景艺术[M]. 北京：中国林业出版社.

33. 王朝闻. 1981. 美学概论[M]. 北京：人民出版社.

34. 王川. 1997. 家庭养花[M]. 海南：南海出版公司.

35. 王志英. 1985. 海派盆景造型[M]. 上海：同济大学出版社.

36. 韦金笙. 1998. 中国盆景艺术大观[M]. 上海：上海科学技术出版社.

37. 魏文富. 1996. 树、石互补，组合新意[J]. 花木盆景，(5)

38. 文艺美学丛书编委会. 1985. 美学向导[M]. 北京：北京大学出版社.

39. 吴培德. 1999. 中国岭南盆景[M]. 广州：广东科学技术出版社.

40. 吴泽椿，等. 1981. 中国盆景艺术[M]. 北京：城市建设杂志社出版.

41. 徐晓白，吴诗华，赵庆泉. 1985. 中国盆景[M]. 合肥：安徽科学技术出版社.

42. 徐晓白，张人龙，赵庆泉. 盆景[M]. 北京：中国建筑工业出版社.

43. 杨念慈，冯钦铎. 1987. 花木与盆景手册[M]. 济南：山东科学技术出版社.

44. 姚毓醪，潘仲连，刘延捷. 1996. 盆景制作与欣赏[M]. 杭州：浙江科学技术出版社.

45. 余树勋. 1987. 园林美与园林艺术[M]. 北京：科学出版社.

46. 翟中齐. 1996. 对经济建设和生态建设关系浅见[J]. 北京林业大学学报社会科学版.

47. 张辉. 1996. 密而不塞，疏而不散[J]. 花木盆景，(5)

48. 张天麟. 1990. 园林树木1000种[M]. 北京：学术书刊出版社.

49. 章本义. 1981. 苏州盆景[M]. 南京：江苏人民出版社.

50. 赵正达. 1989. 中国花卉盆景全书[M]. 哈尔滨：黑龙江人民出版社.

51. 郑祖良，文树基. 1984. 广州三个专业性花园之一——盆景园艺苑[J]. 广东园林.

52. 周瘦鹃，周铮. 1957. 盆栽趣味[M]. 上海：上海文化出版社.

53. World Bonsai Friendship Federation. 1993. Bonsai of the World.

54. Doroehy S. Young. 1985. Bonsai，The Art and Technique. Prentice—Hall，Inc.

55. Shufunotomo and Donald Richie. 1982. The Essentials of Bonsai，David and Charies，Ncwto abbot London.

56. Harry Tomlinson. 1998. 盆景栽培要诀[M]. 戴茵，译. 长沙：湖南文艺出版社.